건축이야기

건축이야기

차례

	8	**책 머리에**
1	10	**건축에 관한 몇 가지 기초적인 사실:** 토속 건축
2	16	**야만적인 웅대함:** 최초의 문명
3	28	**영원불멸의 기하학:** 고대 이집트
4	42	**신성한 산과 성스러운 자궁:** 인도 아대륙
5	56	**퍼즐과 모듈:** 중국과 일본
6	76	**피의 제전:** 메소 아메리카
7	86	**신들의 풍경:** 고대 그리스
8	102	**권위와 권능:** 고대 로마
9	116	**예배하는 사회:** 초기 그리스도교와 비잔틴 제국
10	130	**수도회와 성역:** 로마네스크 양식
11	144	**사막의 전성기:** 이슬람
12	158	**빛의 형이상학:** 중세와 고딕
13	176	**인간의 완벽함을 재는 척도:** 이탈리아 르네상스
14	190	**알프스 산맥을 넘어서:** 르네상스의 확산
15	202	**형상과 공간의 드라마:** 바로크와 로코코
16	218	**단아한 아름다움의 예언자들:** 낭만적 고전주의
17	230	**개척자에서 기성 체제로:** 아메리카와 그 너머
18	240	**철의 승리:** 새로운 양식을 찾아서
19	252	**새로운 비전:** 20세기 전환기
20	266	**새로운 사회를 위한 설계:** 국제주의 양식
21	284	**다원주의 건축:** 확실성의 종말
	298	**에필로그**
	304	지도
	308	연표
	317	용어 해설
	321	참고 문헌
	325	건축가 프로필
	335	찾아보기

책 머리에

우리가 의식하건 그렇지 않건, 건축은 모든 사람의 개인사에서 한 부분을 차지한다. 우리는 대개 건물에서 태어나 건물에서 사랑하고 건물에서 죽는다. 또한 건물에서 일하고 건물에서 놀고 건물에서 배우고 가르치며 건물에서 기도한다. 우리는 건물에서 생각하고 건물에서 만들고 건물에서 사고팔고 건물에서 조직하고 건물에서 협상하고 건물에서 범죄를 저지르고 건물에서 발명하고 건물에서 사람을 돌본다. 우리들 대부분은 건물에서 일어나 다른 건물로 가거나 이 건물 저 건물 돌아다니다가 밤이 되면 다시 건물로 돌아와 잠을 잔다.

건물에서 살고 있다는 이유만으로도, 우리는 모두 건축 이야기에 대한 공부를 시작해도 좋을 정도로 충분한 전문 지식을 가지고 있다. 그러나 시작하기에 앞서 염두에 두어야 할 기본적인 사실이 있다. 즉, 건물은 매력적이면서 실용적이어야 한다는 점, 아름다우면서도 쓸모가 있어야 한다는 점이다. 이런 점에서 건축은 다른 예술과 다르고, 판단하기도 어렵다.

17세기 초에 헨리 워튼 경은 1세기의 로마 건축가이며 이론가인 비트루비우스의 명언을 조금 바꿔, "좋은 건물에는 세 가지 조건이 있으며, 그것은 견고함과 유용함, 기쁨"이라고 말했다. 그가 처음 말한 두 가지 조건은 건축의 현실적인 측면과, 세 번째 조건은 미학적 측면과 관계가 있다. '유용함'은 건물의 쓰임새, 즉 건물에 의해 형성된 공간이 그 건물을 지은 원래 목적에 부합하는가 하는 점이고, '견고함'은 건물이 구조적으로 튼튼하고 안전한가, 즉 건물의 소재와 구조가 그 건물이 세워진 특정한 장소와 기후에 알맞은가 하는 점이다. '기쁨'에는 건물을 보거나 사용하는 사람이 건물에서 얻는 미학적 즐거움과 만족이 포함되므로, 이 부분에서는 다양한 의견이 있을 것이다.

이 책의 이야기는 전 세계를 포괄한다. 동양과 중동 지역 그리고 선사 시대의 건축에 관한 우리의 지식은 해마다 늘고 있으며, 이 지식은 우리 주변의 환경을 바라보는 방식에 영향을 주어 환경의 형태와 역사적 위상, 상대적 중요성에 변화를 가져온다. 그러나 건축에 대한 나의 견해는 내가 건물을 설계하는 건축가로서 훈련된 사람이라는 사실에 의해서도 영향을 받을 것이다. 따라서 내 견해는 예술사가들의 견해와 다를 수도 있다. 나는 내 방식으로 문제를 이해하려 할 것이고, 그에 따라 설계자들이 문제에 접근할 때 무슨 생각을 했을까 상상할 것이기 때문이다. 그래서 내가 줄곧 건물에 대해 던지는 질문은 '이 건물은 왜 이렇게 생겼을까?'라는 것이다. 여기에는 여러 가지 이유가 있다. 그 중에서 역사와 정치, 종교의 영향이나 사회적 열망과 같은 몇 가지 이유를 발견할 수 있다면, 우리는 건물 설계자가 왜 그렇게 생각했는지, 왜 그런 특정한 건축 방식을 선택했는지 좀더 명쾌하게 이해할 수 있을 것이다. 건물을 짓는 데는 한 가지 이유만 있는 것이 아니므로, 필요를 충족시키는 방법도 한 가지만 있지는 않을 것이다. 결국 설계자는 선택을 하며, 우리가 물어야 할 것은 왜 설계자가 그런 선택을 했는가 하는 것이다.

루트비히 미스 반 데어 로에, 시그램 빌딩, 뉴욕, 1954~1958

1　건축에 관한 몇 가지 기초적인 사실: 토속 건축

건축 이야기에 들어가기 전에, 종류에 관계없이 모든 건물에 적용되는 몇 가지 기초적인 사실을 분명히 하는 것이 필수적이다. 그것은 세계 어느 지역에서나 흔히 볼 수 있는 단순한 건물에서 쉽게 찾을 수 있고 이해할 수 있다.

오늘날까지의 인류 역사에서 건물을 짓는 방식은 많은 혁명적 변화를 겪었지만, 기본적으로는 두 가지 방식으로 대별된다. 하나는 건축 자재를 하나씩 쌓아올리는 방식이었고, 다른 하나는 틀이나 뼈대를 만들고 거죽을 덮어씌우는 방식이었다.

세계의 거의 모든 지역에서 사람들은 말린 진흙 덩어리나 진흙 벽돌, 돌을 차곡차곡 쌓아올려 건물을 지었다. 사람들은 이렇게 건축 재료를 쌓아올리면서 방향을 돌려 모퉁이를 만드는 방법이며, 사람이 드나들고 빛이 들어오고 연기가 빠져나갈 수 있는 구멍을 남기는 방법을 발명했다. 그리고 마지막으로 전체 구조를 덮어 안식처로 삼았다. 이것이 가장 단순하면서 흔한 주거 형태였다. 어떤 지역에서는 이용할 수 있는 재료에 따라 다른 양식을 따랐다. 그들은 나무나 골풀 다발로(나중에는 철과 강철로) 뼈대를 만들고 그 위에 동물 가죽이나 두껍고 질긴 천, 진흙에 볏짚을 섞은 것(나중에는 각종 슬래브) 등 많은 종류의 거죽을 뒤집어씌워 건물을 지었다.

건물을 쌓아올리는 건축 재료는 거의 모든 것으로 만들 수 있다. 고대 메소포타미아나 이집트에서처럼 진흙(사진 1)으로 만들 수도 있고(때로는 그것을 지푸라기로 묶어 더 단단하고 오래가게 하였으며, 있는 돌을 그대로 쓰거나 다듬어 쓸 수도 있고, 북극 지방에 사는 에스키모인의 이글루처럼 얼음으로 만들 수도 있다. 그러나 사용된 모든 재료 가운데 가장 변형이 자유롭고 영구적이며 여러 형태로 표현할 수 있는 것은 돌이다. 뼈대를 세우고 거죽을 뒤집어씌우는 방식을 보여주는 고전적인 예는 장대를 여러 개 엇갈려 세우고 동물 가죽으로 둥글게 싼 북아메리카 인디언의 티피(사진 2)이다. 그러나 이 밖에도 유럽 최북단에 있는 라플란드 지역의 동물 가죽 천막과 나무와 종이로 지은 일본의 집(사진 4)에서부터 관목이나 진흙과 갈대로 뼈대를 만든 것에 이르기까지 여러 가지 변형태가 많다. 이것이 19세기에는 철과 유리로 짓고 20세기에는 강철과 유리로 지은 골조 구조의 원형이다.

이와 같은 건물의 기본적인 구조를 알았다면, 이제 우리는 건물을 지을 때 맞닥뜨리게 되는 몇 가지 현실적인 문제를 살펴봐야 한다. 건물을 지으려고 하는 사람이 가장 먼저 해결해야 했던 건축상의 난제는 어떤 면에 어떻게 구멍을 낼 것인가 하는 것보다 꼭대기에서 건물

1 | 뉴멕시코의 푸에블로(집단주택). 기본적으로 단칸방으로 이루어진 집들이 한 무리를 이루고 있다. 건축 재료는 진흙

2 | 북아메리카 인디언의 원뿔꼴 천막집인 티피

3 | 안마당을 중심으로 지은 집들이 촌락을 이루고 있다. 말리

4 | 일본의 사무라이 집

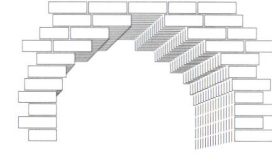

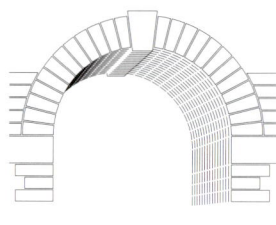

5 | 내쌓기 아치와 진짜 아치

구조에서는 돌이나 벽돌이 내리누르는 힘, 즉 압축력에 의해 건물의 내구력이 좌우된다. 이에 비해 골조 구조에서는 바람에 구부러지는 나무 꼭대기에서 볼 수 있듯이 목재의 뛰어난 특성인 변형력에 의해 내구력이 좌우된다. 그리고 인공 밧줄을 사용하면, 일부 원시적인 구조뿐 아니라 훨씬 세련된 구조에서도 이것의 내구력은 잡아당기는 힘을 견디는 힘, 즉 인장력에 좌우된다.

압축력이 강한 재료가 있는가 하면 인장력이나 변형력이 강한 재료가 있기 때문에, 세계 어디서나 그곳에서 채택하는 구조의 종류는 거기서 구할 수 있는 재료에 의해 결정되었다. 건물을 짓는 데는 거의 모든 것을 사용할 수 있으며, 실제로도 거의 모든 것이 사용되었다. 따라서 전 세계의 건축에 가장 큰 영향을 끼친 것은 돌과 진흙, 나무, 가죽, 유리, 나뭇잎, 모래, 물과 같이 쉽게 구할 수 있는 재료였다. 그러나 그런 재료의 분포 상태, 즉 그것을 자연에서 쉽게 구할 수 있는가, 그것을 쉽게 구하려면 무엇을 해야 하는가에 의해서도 많은 것이 결정되었다.

이런 재료를 조합하기 위해 사용된 모든 구조적 방법 가운데 두 가지는 아주 기본적이면서 오늘날까지 영향을 미치고 있어서, 그것이 건축상의 기본 문제를 해결하는 방법으로서 어떻게 등장하게 되었는지 살펴볼 가치가 있다.

집 짓는 장난감 블록을 가지고 놀다 보면 아이들은 저마다 일단 벽을 쌓았으면 다음 단계는 블록 두 개를 세로로 세우고 그 사이를 가로지르기 위해 블록 하나를 수평으로 얹어 기둥과 들보 구조가 되게 하는 것임을 조만간 깨닫게 된다. 그런데 이런 요령은 원시 시대 사람들도 발견한 것으로, 때로는 여기에 신비하고 의식적인 의미를 부여하여 원형으로 늘어서 있는 스톤헨지의 돌기둥(사진 7)처럼 해가 떠오르거나 질 때 기둥과 들보 사이로 빛이 통과하게 하기도 했다. 정교함에 관계없이 이런 기둥과 들보(인방식) 구조는 전 세계 건물에 쓰인 기본 형식이다. 이집트인들은 이것을 기둥이 앤테블러처를 떠받치고 있는 형태로 변형시켰

을 어떻게 마무리지을 것인가 하는 것이었다. 이 문제를 해결하는 방법에도 두 가지가 있었는데, 가장 흔한 것은 위에서 설명한 대로 나무로 평평하거나 경사진 틀을 만든 다음 그 위에 태양과 비바람을 막아줄 어떤 소재를 덮고, 때로는 바람에 날아가지 않게 그것을 바닥에 붙들어매는 방법이었다. 그러나 가장 소박한 (따라서 건축에 있어 가장 흥미로운) 것은 벽을 쌓을 때 안쪽으로 점점 구부러지게 하여 결국 꼭대기에서 만나도록 아랫돌보다 윗돌을 약간씩 내밀어 쌓는 것이다. 이렇게 내쌓기(사진 5)를 하면 터널이 될 수도 있고, 원형으로 둘러 쌓으면 돔이 될 수도 있었다.

지금까지 남아 있는 건물 중에 이것을 보여주는 가장 매력적인 예는 이탈리아 남부의 풀리아 주 알베로벨로에 있는 트룰로(사진 6)이다. 석조 돔형의 지붕을 올린 집들은 16세기 이전에 지어진 것이 없지만, 세월이 흐르면서 더 장식적으로 되었을 뿐 그 전통은 원시 시대로까지 소급되는 오래된 것으로 알려져 있다.

그럼 여기서 한 단계 더 올라가 보자. 가장 먼저 집을 지은 사람들은 집을 어떻게 지을까 궁리하다가 결국 재료를 이용할 수 있는 방법이 몇 가지 안 된다는 것을 깨달았을 것이다. 즉, 재료를 압축하거나 잡아 늘이거나 구부리는 것이다. 현대의 구조공학적 용어로 말하면, 건물의 내구력은 압축력과 인장력, 변형력에 좌우된다. 건축 재료를 차곡차곡 쌓아올리는

고, 이것은 다시 고대 그리스 건축에서 전형적인 주랑(柱廊)으로 변형되었다. 이런 주랑은 아테네의 파르테논 신전과 같은 중요한 건물에 권능과 위엄을 부여하기 위해 사용되었다. 또한 재질이 가벼운 나무가 풍부한 중국에서는 이 형식을 목재에 적용해, 기둥과 들보를 계단식 피라미드처럼 층층이 쌓고 층마다 처마가 넓은 지붕을 올린 독특한 지붕 구조를 발전시켰다. 일본에서는 절에 들어가는 문에 이 형식이 이용되었다.

건축의 두 번째 기본 형식은 아치이다. 우리는 돌로 벽을 쌓으면서 갓돌(冠石)이나 들보를 얹지 않고도 서로 마주보는 벽이 만날 수 있도록 층마다 아래층보다 윗층을 약간씩 내밀어 쌓는 방식에서 이미 아치의 원시적인 형태를 보았다. 이런 내쌓기 아치는 인도 최초의 문명 발상지인 모헨조다로에서 발견된 벽돌조의 커다란 물통, 반원통형 천장을 올린 3세기 중국의 무덤, 바빌론의 공중 정원에 물을 대는 수로를 떠받치고 있는 아치에서 볼 수 있듯이 세계의 많은 지역에서 발전했다. 흔히 가짜 아치라 불리는 내쌓기 아치와 달리 홍예석이라 불리는 쐐기 모양의 돌을 방사형으로 둥글게 쌓아 반원이 되게 한 진짜 아치는 건축에 온갖 가능성을 열어준, 뛰어난 상상력의 소산이었다.

그럼 기본 재료와 건축의 기본 형식을 알았으니, 이제 가장 기초적인 건물인 집을 보기로 하자.

사람들이 가장 먼저 살았던 집은 동굴 또는 땅을 우묵하게 파고 그 위를 텐트 구조물이나 진흙 벽돌로 덮고 지붕으로 드나들던 반 동굴 형태인 단칸방이었다. 이런 초기의 집은 세계 모든 곳에서 발견된다. 요르단과 지금의 터키인 아나톨리아에는 아주 초기 형태의 이런 집들이 있는데, 그 가운데는 기원전 8000년경에 지어진 것으로 추정되는 것도 있다. 우리는 땅에 구덩이를 파고 나뭇가지와 뗏장으로 지붕을 올린 일본 야요이 시대의 천막집(BC 200~AD 200)에서도 이런 예를 찾아볼 수 있다. 후에 아무리 많은 변형이 이루어졌다 해도, 초기

6 | 트룰로, 알베로벨로, 풀리아, 이탈리아, 내쌓기 돔으로 이루어진 지붕이 보인다.

에 집을 지은 사람들은 두 가지 기본적인 형태로만 집을 지었으며 집을 구성하는 요소를 결합하는 데에도 두 가지 기초적인 방식만 사용한 것 같다.

먼저 형태적인 측면을 보면, 집은 원형이나 사각형으로 지을 수 있었다. 모퉁이를 만드는 문제에 부딪힐 필요가 없기 때문에라도 집은 원형으로 지은 것이 먼저 나왔을 것이다. 모퉁이를 만들려면 돌을 자르거나 벽돌을 만들어야 했기 때문이다. 그리고 사각형 집일 때에도 초기에는 스코틀랜드의 초기 오두막집이나 아일랜드의 작은 마을에서 볼 수 있듯이 모퉁이를 둥글게 처리했다. 사각형 집은 보통 지붕을 가로지르거나 뼈대를 만들 수 있는 목재가 있는 곳에서 발견된다. 예를 들면, 스칸디나비아 반도의 공동 주택과 아치 모양의 목재(크럭)를 땅에 박은 다음 그것을 중심으로 벽과 지붕을 올린 잉글랜드의 크럭 구조 집이 이런 사각형 집이다.

사람들은 하나의 공간으로 이루어진 거주 형태에서 벗어나기 시작하면서 바로 이런 집의 구성 단위가 되는 방을 결합시키는 방법 두 가지를 생각해냈다. 먼저 그런 집을 여러 개 모아

7 | 스톤헨지, 월트셔, 잉글랜드, 기원전 2000년경

놓을 수 있었다. 즉 저마다 지붕이 따로 있는 집을 바짝 붙이거나 약간 여유 있게 붙여 놓은 것이다. 앞서 언급한 알베로벨로의 트룰로가 이런 형식을 보여주는 예로는 가장 오래된 것인데, 이런 둥근 지붕을 얹은 돌집은 두 개를 하나로 묶을 수도 있고 서너 개를 하나로 묶을 수도 있었지만, 결국에는 훨씬 정교하면서도 매혹적인 건물 복합체로 발전했다. 사막의 아랍인 거주지에서 볼 수 있듯이, 천막 역시 이와 비슷한 식으로 한데 모아 놓을 수 있었다. 그러나 무엇보다도 매혹적인 것은 스코틀랜드 북동부 오크니 섬에서 발굴된 스카라 브레(Skara Brae)이다. 1850년에 휘몰아친 폭풍은 3000년 전쯤에 다른 폭풍이 이루어낸 일을 무산시키고, 단칸방 돌집으로 이루어진 석기 시대의 마

을을 드러냈다. 이 집들은 나무나 고래수염으로 서까래를 얹고 그 위에 뗏장을 입힌 지붕을 올린 것으로 보이는데, 여기에는 돌난로와 돌침대에 돌옷장과 돌찬장까지 있었다.

또 한 가지 방법은 한 지붕 아래 모든 방을 오밀조밀 붙여 놓는 것이었다. 원래 이런 집에서는 한 지붕 아래 사람과 짐승이 함께 살았다. 스코틀랜드의 고지대와 섬에 있던 가장 초기의 집이 이와 같았는데, 여기서는 나중에 벽이 된 난로를 사이에 두고 한쪽에서는 사람이 살고 한쪽에서는 소가 살았다. 그러나 일단 짐승을 집 밖으로 내보내 따로 살게 하면서, 이 형태는 바깥방과 안방으로 이루어진 두 칸짜리 조그만 집으로 발전해, 하나는 거실로 쓰이고 하나는 침실로 쓰였다.

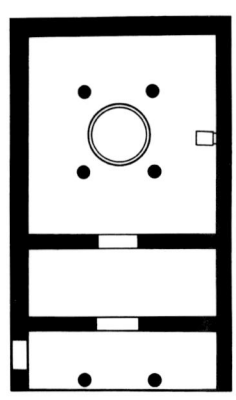

8 | *메가론, 미케네, 그리스, 기원전 1250년경, 평면도*

이런 형태는 하나의 방에 다른 방보다 더 중요한 의미를 부여하면서 한층 복잡해졌다. 그 고전적인 형태가 미케네에서 처음 발견된 그리스의 메가론(사진 8)이다. 메가론은 현관이 따로 있는 넓은 방을 말하는데, 이 단순한 형태는 머지않아 어떤 저택이나 성에서도 볼 수 있는 건물의 기본 구성 요소가 되었다. 그 다음에는 집이 위로 올라갔다. 그리고 윗층이나 발코니를 덧붙이려면 건물 안이나 밖에 계단도 만들어야 했다.

온도를 조절하는 방법이 개발되면서 집은 더욱 세련돼졌다. 동양에서는 추위를 막기 위해 안마당을 중심으로 집이나 방을 둘러 짓는 것이 일반화되었고(사진 3), 가장 초기의 수도승인 사막의 은자들도 이 방법을 택했으며, 이것이 편리하다는 것이 알려지면서 유럽의 수도원을 통해 대학과 같은 교육 기관으로도 퍼져 나갔다. 유럽의 대부분 지역, 특히 북부처럼 날씨가 혹독한 곳에서는 난로를 만든 것이 가장 중요한 발전이었다. 가장 초기의 집에서는 난로가 방 한가운데 있고 지붕에 있는 구멍을 통해 연기가 빠져나갔는데, 이 구멍에는 비가 새지 않게 각진 덧문이 달려 있기도 했다. 집이 어느 정도 꼴새를 갖추게 된 것은 난로를 벽(사각형 집에서는 보통 바깥벽)으로 옮기고 처음에는 나무로, 나중에는 돌로 만든 굴뚝이 발전하면서부터였다. 난로를 바깥벽에 두면 그만큼 따뜻한 열을 손해보았을지 몰라도, 더욱 편리해진 생활과 깨끗한 공기가 이를 충분히 보상해 주었다. 아마 이것이 건축에서 기술적 효율보다 편안함을 우위에 둔 첫 번째 시도일 것이다.

그러나 이쯤에서 분명히 구분할 것이 있다. 건축에 관한 기초적인 사실에 관해 지금껏 이야기한 것은 모두 온갖 형태의 건물 가운데서도 가장 기초적인 것, 즉 집에 관한 이야기였다. 집이 가장 기초적이고 가장 평범하며 가장 일반적인 건축, 즉 토속 건축으로 알려진 것의 출발점이라면, 위대한 건축 역사로서 알려진 것의 출발점은 집이 아니라 우리가 앞으로 보게 될 무덤과 사원(또는 신전)이다.

위대한 건축 역사는 어떤 개인이나 집단이 원래는 인간의 기본적인 욕구를 충족시키기 위해 발전시킨 구조, 평면, 설계, 통로, 부대 설비를 가지고 어떻게 인간 정신의 숭고한 표현으로 변형시켰는가를 보여주는 놀라운 이야기이다. 우리가 지금부터 할 이야기는 이런 순수 건축에 관한 것이다.

야만적인 웅대함: 최초의 문명

건축 이야기는 사람들이 유목 생활을 청산하고 정착하면서 발생한 문명에 관한 이야기로 시작된다. 그때까지 우리 조상들은 이리저리 떠돌아다니며 씨앗이나 열매를 먹고, 식량으로 쓸 사냥감을 찾아 동물을 쫓아다녔다. 물론 따뜻한 기후에서도 사람들에게는 여전히 안식처가 필요했다. 사나운 날씨도 피해야 했지만 자는 동안 공격해 올지도 모를 동물도 피해야 했기 때문이다. 그러나 떠돌아다닐 때는 동굴이나 나무 같이 자연이 만들어준 안식처를 이용했다. 영구적인 안식처는 사람들이 스스로 씨를 뿌리고 수확하면서 비로소 필요해졌다. 당연히 사람들은 힘을 합쳐 물을 끌어들이고 땅을 가는 것이 유리하다는 걸 알았고, 그리하여 이때부터 사회가 시작되고 도시가 형성되기 시작했다.

'문명'이라는 말 자체가 시민 또는 도시에 사는 사람을 뜻하는 라틴어 civis에서 나왔을 정도로 인간이 최초의 도시를 건설한 것과 문명화된 생활 양식이 발전한 것 사이에는 밀접한 관계가 있다. 케니스 클라크는 영속성을 느끼는 것이 문명의 전제 조건이라고 말했지만, 도시의 건설만큼 사람들이 떠돌아다니는 생활을 버리고 정착했다는 것을 보여주는 명백한 증거가 또 어디 있겠는가? 아리스토텔레스는 사람들이 살기 위해 도시로 모이고 더 잘 살기 위해 도시에 머문다고 말했다.

그럼 이 모든 것은 언제, 어디서 시작되었을까? 우리는 먼저 우리가 초기 도시에 관해 알고 있는 많은 것들이 고고학자들의 발견에서 나왔다는 것을 기억해야 한다. 르네상스 시대부터 골동품 수집가들이 그리스 로마 문명의 유적을 조사하기 시작했고, 이런 탐사는 그 이전 사회로까지 확대되었다. 나폴레옹은 1798년 이집트 원정 때 군대뿐 아니라 151명의 의사와 과학자, 학자들을 배에 태우고 가서 고대 문명에 대한 연구를 크게 진작시켰다. 공교롭게도 나폴레옹 자신은 정치적인 이유로 많은 측근을 이집트에 남겨 놓은 채 급히 본국으로 돌아가야 했지만, 피라미드를 비롯한 고대 이집트 유물에 관해 처음으로 상세한 보고서를 낸 것이 바로 이들이었던 것이다. 하지만 19세기의 상당 기간 동안 고고학은 머나먼 오지로 전출되어 따분한 시간을 때울 흥미거리를 찾던 외교관과 사업가 같은 비전문가들에 의해 이루어졌다. 우리 시대의 중요한 발견들은 초기 정착민에 대한 우리의 지식을 끊임없이 확장시키며, 같은 이유로 그들에 대한 우리의 생각을 변화시키고 있다. 아울러 연대 측정을 위한 새로운 과학적 방법의 발전으로 누가, 언제, 어디서에 대한 우리의 생각은 끊임없이 수정되고 있다. 분명한 것은 우리가 생각했던 것보다 유적들이 훨씬 오래된 것으로 확인되고 있다는 것이다. 사람들은 옛날 책들이 말했던 것보다 훨씬 오래전에 문명화되어 있었던 것이다.

그럼에도 이런 정착 과정이 가장 먼저 나타난 것이 기원전 9000년부터 기원전 5000년 사이에 지금의 터키인 아나톨리아 고원과 자그로스 산맥, 시리아의 남부와 서부, 요르단에서

9 | 공중에서 본 튀니지의 카라아 스그리라. 좁은 길과 안뜰을 둘러싸고 있는 집이 밀집되어 있는 전형적인 모습이다. 사진 11 참조

발견된 촌락이라는 것은 확정적이다. 지중해로 들어가면 키프로스의 키로키티아에서 발견된 회반죽을 바른 수천 개의 벌집형 가옥이 이런 촌락 가운데 하나이다. 오늘날 레몬 과수원이 곳곳에 흩어져 있는, 야자나무 무성한 오아시스 도시인 요르단 사막의 예리코와 신전들이 발견된 자그로스 산맥의 샤탈 휘위크는 선사 시대 사람들에게 '도시'라고 불렸다는 공통점이 있다. 예리코는 기원전 7000년경에 지어진 것으로 보이는 성벽과 탑(사진 10)이 있고, 샤탈 휘위크는 부싯돌과 흑요석 교역이 정착했다는 증거가 있기 때문이다. 그러나 가장 먼저 조성된 것으로 알려진 진정한 의미의 도시 건축을 보려면, 그보다 더 동쪽에 있는 큰 도시와 복잡한 조직을 보아야 한다.

10 | 탑과 방벽 유적, 예리코, 요르단, 기원전 7000년경

지금은 문명의 발상지로 널리 인정되고 있는 이 땅이 그리스인에게는 메소포타미아로 알려져 있었다. 메소포타미아는 '강 사이에 있는 땅'이란 뜻이며, 성경에서는 이것이 '시날의 땅'이다. 오늘날 이란과 이라크에 부분적으로 걸쳐 있는 이 땅은, 아나톨리아의 반 호 근처의 수원지에서 남동쪽으로 페르시아 만까지, 티그리스-유프라테스 강을 따라 700마일에 이른다. 그리고 창세기에 따르면 인간의 삶이 시작된 곳이라는 에덴 동산이 있었던 자리라고 전해 내려오고 있다.

오늘날에는 별로 호감이 안 가는 땅이지만, 고고학자들은 문명이 태동하던 5000년 동안은 이 황폐한 땅이 비옥한 충적 평야였고 물고기와 날짐승이 풍부한 땅이었다는 것을 밝혀냈다. 레너드 카트럴이 『잃어버린 도시』에서 묘사하고 있듯이, 이 땅은 "푸른 초원과 야자나무 숲, 포도밭이 드넓게 펼쳐져 있고, 종횡으로 교차하는 수많은 수로가…… 새벽녘이나 해질녘에도 충적 평야를 가로지르는 검은 선처럼 보이는…… 지상에서 가장 비옥한 땅"이었다. 걸프전과 서쪽 습지의 배수 공사가 이런 광경에 치명타를 날렸을지라도, 또 역사가들이 말하듯 문명의 태동기에 이곳이 정말 '비옥한 초승달 지대'였을지라도, 이 땅이 그렇게 비옥했던 것은 순전히 인간의 노력 덕분이었다는 점을 기억해야 한다. 강우량이 매우 적었기 때문에, 이 땅에 수렵인과 채집인으로 흘러들어온 부족들은 대규모 관개 공사로 두 강을 끌어들여야만 생존할 수 있다는 것을 알았다. 물론 이런 협동 작업은, 문명의 특징이면서 도시 건설을 촉진하는 복잡한 조직이 발전할 수 있는 고전적 조건을 제공한다. 세대를 거듭할수록 더욱더 많은 고대의 유적이 발견되고 있는 오늘날에 보면, 이 땅의 형태는 초승달이라기보다는 점점이 원형을 이루고 있는 흑해와 카스피 해, 페르시아 만, 홍해, 지중해 사이에 골고루 퍼져 있는 잉크 자국과 흡사하다.

적어도 기원전 5500년부터 기원전 1000년까지는 메소포타미아가 수많은 부족이 밀려들어와 온갖 다양한 문화를 꽃피웠던 세계의 중심지였다. 이곳에 들어와 정착한 부족들은 우리 기준으로 보면 작지만 저마다 도시 국가를 이루었고(수메르인의 도시 국가 중 가장 컸던 우루크는 인구가 약 5만이었던 것으로 추정된다), 이 도시 국가들은 수세기에 걸쳐 이합집산을 거듭하며 새로 들어온 침략자에게 정복당해 사라지기도 하고 다시 나타나 세력을 잡기도 했다.

우리의 관심은 건축이므로 메소포타미아에서 발원한 문명 가운데 가장 위대한 세 문명에 집중할 수 있을 것이다. 가장 먼저 문명을 건설한 수메르와 아카드(BC 약 5000~2000)는 페르시아 만까지 뻗어 있는 습지대인 칼데아를 포함해 오늘날 바그다드 이남의 남부 지역을 차지하고 있었다. 이들이 세운 도시 중에는 우루크 이외에도 에리두, 라가시, 칼데아인의 우르와 같은 기개 있는 이름을 가진 도시도 있었다. 아카드의 수도인 아가데는 아직 발견되지 않았다.

기원전 2000년경에는 바빌로니아 왕국(수도는 바빌론)을 건설한 아모리족이 패권을 차지했다. 폐허가 된 바빌로니아의 유적지는 바그다드에서 약 90킬로미터 떨어진 곳에 있는데, 바빌로니아는 6세기에 네부카드네자르 2세의 재건으로 제2의 부흥기를 맞이했으나(사진 11), 북부 지역에 살던 셈족의 일원인 아시리아인의 계속된 공격으로 결국 멸망하고 말았다. 처음에는 아슈르였고, 기원전 9세기에는 님루드, 기원전 722년에서 기원전 705년까지는 코르사바드, 기원전 7세기에는 니네베였던 아시리아의 수도는 가장 먼저 발굴된 유적에 속하며, 이들 지역에서는 많은 것을 말해주는 훌륭한 유물이 계속 발굴되었다.

아시리아의 수도가 남부 지역에 있던 다른 나라의 수도들보다 지금까지 잘 보존된 이유는 간단하다. 북부 지역에는 건물을 지을 수 있는 돌이 있었던 것이다. 그래서 이 지역의 건축은 나무와 돌 그리고 모든 광물이 부족했던 수메르나 바빌론의 건축보다는 히타이트족(BC 2000~BC 629)이 패권을 차지했던 아나톨리아처럼 비슷한 지형을 가진 나라의 건축과 비슷하다. 아시리아의 청동기 시대 수도인 하투사에 관해서는 남아 있는 것이 거의 없지만, 하투사는 요새화되어 있었을 뿐 아니라 수도 자체가 하나의 완벽한 요새였고, 이는 전쟁과 전쟁의 위협을 말해준다. 하투사는 현대 터키의 도시인 보가스쾨이의 북쪽 산등성이에 있었는데, 이곳은 폭포가 떨어지는 깎아지른 듯한 절벽으로 둘러싸여 있다. 이제 살펴보겠지만 아시리아와 아나톨리아의 요새화된 도시는 많은 공통점을 가지고 있다. 여기서 일단 아시리아 멸망까지의 간략한 연대기적 설명을 마치면, 아시리아는 많은 적들의 치하에서 오랫동안 서서히 쇠퇴의 길을 걷다가 기원전 614년에 바빌로니아와 메디아의 협공으로 결국 멸망했다. 그리고 기원전 539년에는 신바빌로니아 제국이 그대로 페르시아 제국의 일부가 되었다.

북부의 건축 재료가 돌이었다면, 남부의 수메르인은 대체 무엇으로 건물을 지었을까? 19세기에 여행가 오스틴 헨리 레어드 경이나 프

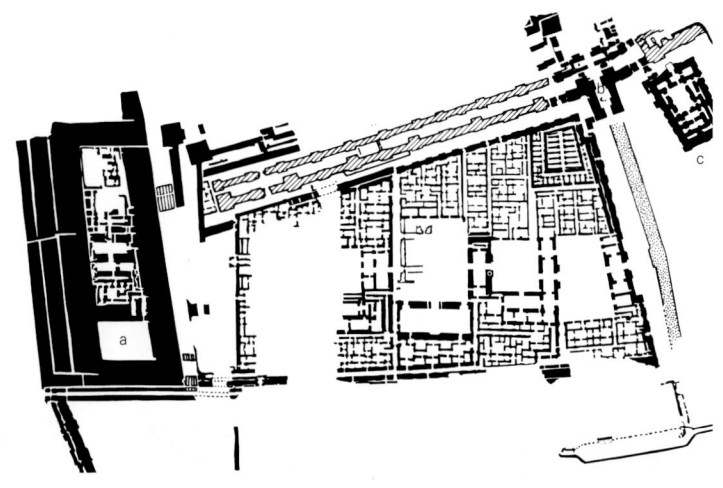

11 | 바빌론, 네부카드네자르 2세(기원전 605~562) 때의 바빌론 북부 지역의 일부를 그린 배치도. 성채(a)와 이슈타르 문(b), 닌마 신전(c)이 보인다.

랑스 외교관 에밀 보타와 같은 초기 고고학자들이 발굴을 시작했을 때, '비옥한 초승달 지대'는 더 이상 비옥하지 않았다. 대신 이곳은 '드넓게 펼쳐져 있는 적막한 모래 벌판'일 뿐이었고, 그 끝에는 전부터 많은 여행가들의 호기심을 불러일으켰던 이상한 흙무더기가 있었다. 그들은 일반적인 건축 재료가 햇볕에 말린 진흙이었던 시대에는 이 흙무더기가 실은 산산이 부서져 폐허가 돼버린 건물이나 도시였다는 것을 전혀 눈치채지 못했다. 그러니 그들이 기껏 발견해 놓고도 자신도 모르게 그만 파괴해버리고 만 것은 어찌 보면 당연하다. 우리는 영국의 대영박물관과 외무성에서 파견한 J. E. 테일러가 (다행스럽게도) 소환될 때까지 우르의 지구라트에서 적어도 꼭대기 두 개 층은 파괴시킨 것을 알고 있다.

이들 고대 도시에 대한 설명에는 언제나 어느 정도의 추측이 들어갈 수밖에 없지만, 우리는 수메르가 하나로 통일된 국가라기보다는 저마다 독립된 조직과 특정한 신에 대한 독점권이 있는 여러 도시 국가들의 집합체였다는 사실을 알고 있다. 수메르는 사르곤 대왕이 이끄는 아카드라는 한 도시 국가가 다른 모든 도시 국가를 정복해 150년 동안 짧지만 눈부신 번영을 구가한 세계 최초의 제국을 건설하기 전까지, 1000년이 넘는 시간 동안 메소포타미아 문화를 지속하고 있었다. 아카드는 사르곤 대왕 때 아카드어를 모든 메소포타미아의 문자로 확립하는 역사를 세우기도 했는데, 점토판 위에 갈대로 쓴 쐐기 모양의 설형문자가 그것이다. 우리는 또 수메르가 청동 제품에 대해서는 항상 대가로 손꼽히는 중국보다 1500년이나 앞서 청동 공예품을 만들었다는 것도 알고 있다(사르곤의 것으로 생각되는 인상적인 두상과 다리를 감싸고 있어 마치 인어처럼 보이는 청동 여인상이 있다).

수메르와 아카드의 전통 가운데 많은 것이 바빌로니아 문화에도 계속 이어졌기 때문에 수메르의 건축과 바빌로니아의 건축에 대해 함께 이야기할 수 있다. 이렇게 전통이 이어진 것은 무엇보다도 이들 지역에는 나무도, 돌도 없어서 건축 재료로 진흙 벽돌을 사용했기 때문이다. 지금은 메소포타미아의 도시 계획과 건축이 그들의 도시 조직이나 종교 조직과 밀접한 관계가 있다는 것이 분명해졌다. 바빌론의 배치도를 보면 모든 주요 건물과 주요 사원이 도시 한쪽에 밀집되어 있다. 사람들은 도시의 다른 지역보다 높게 올린 이 지역을 도시의 특별한 신에게 바쳤다. 그리하여 여기서 신이 살았고, 성직자와 왕족들이 신의 대리인으로서 나라를 통치했다. 예를 들어, 달의 신 난나는 우르의 북서쪽 끝에 땅을 높이 올리고 담을 둘러친 곳에 살았는데, 요새처럼 두꺼운 벽을 쌓아올린 다섯 개의 신전이 그의 집(지구라트, 사진 12)을 둘러싸고 있었다. 이 가운데 가장 큰 신전은 달의 신 난나에게 바친 것이고, 다른 하나는 그의 아내 닌갈에게 바친 것이었다. 이 신전 지역에서는 또 관리들이 신을 대신해 법을 시행하고 세금을 거두었다. 모든 시민이 신전에 소속되어 있고 세금은 현물로 냈기 때문에, 국고를 관리하고 세금을 걷고 물건을 쌓아둘 공간이 필요했다.

12 | 우르-남무의 *지구라트*, 우르, 이라크, 기원전 2100년경

거기에 덧붙여 수공예품을 만드는 곳까지 있어서, 여기서 여인들이 일을 했다면 신전이 얼마나 생기 넘치는 곳이었는지 조금은 짐작할 수 있을 것이다.

발굴된 신전 안에서는 신전에서 부른 찬가 및 신전에 얽힌 신화와 역사가 적힌 글자판뿐만 아니라 제곱근과 세제곱근을 말해주는 숫자표도 발견되어, 천문학적인 숫자 계산이 발달했을지도 모른다는 짐작을 하게 한다. 그리고 그 안에서는 분수와 역청으로 선이 그려진 물통과 벽돌로 만든 탁자 위에 제물로 바칠 동물의 목을 벤 수를 칼로 새긴 자국도 있었다. 이렇게 제물로 바친 동물은 신전 부엌에 있는 화로에서 요리되었는데, 사제들은 일상적인 의식을 위해서도 똑같이 이 부엌을 사용했다. 빵을 굽는 화덕의 발견은 특히 울리 교수를 기쁘게 했다. 그는 발굴 일지에 "3000년이 지난 지금 우리는 다시 불을 붙여, 세계에서 가장 오래된 부엌이 다시 한 번 제 구실을 할 수 있게 해주었다"고 썼다.

우르에서 기원전 2500년경에 조성된 왕족들의 무덤에서 발견된 금과 은, 청금석과 조개껍질로 만든 공예품을 보거나 니네베의 아슈르바니팔(BC 669~627) 도서관에서 발견된 놀랄 정도로 많은 점토판(이 가운데 많은 것들이 세계에서 가장 오래된 이야기인 길가메시 서사시의 일부를 이루고 있다)을 보고 판단하건대, 상류층의 생활은 몹시 사치스러웠던 것으로 보인다. 그러나 니네베 자체에서는 35만으로 추정되는 인구가 골목길과 시장, 안마당으로 이루어진 5평방마일 안에 밀집되어 살았으며, 진흙 벽돌집은 다닥다닥 붙여 지어 서로 구조적인 버팀목이 되게 했을 뿐 아니라 뜨거운 햇볕이 생활 공간에 들어오는 것도 막았다. 이것은 오늘날에도 이 지역의 일반 주택에서 볼 수 있는 형태이다(사진 9).

바빌론은 이보다 훨씬 인상적이었다. 오늘날 바그다드에서 남쪽으로 약 40킬로미터 떨어진 곳에 있었던 바빌론은 유프라테스 강 동안에서 티그리스 강과 가장 가까운 곳에 자리잡고 있었다. 기원전 1750년경 아시리아의 북쪽 수도인 아슈르와 동시대에 건설된 이 함무라비의 도시는 거대한 계획 도시였다. 그리고 기원전 6세기에 네부카드네자르 2세(BC 605~562)가 재건하면서, 유프라테스 강 서안에 작은 도시를 덧붙여, 운하와 다리로 연결하였다. 거대한 행렬이 지나는 길이 강을 따라 죽 뻗어 있었고, 여섯 개의 다리가 해자를 가로질러 여섯 개의 문과 연결되어 있었다. 그리스 여행가 헤로도토스는 기원전 5세기에 여기서 볼 수 있었던 것을 이렇게 묘사했다.

"이 도시는 드넓은 평원에 서 있는 정사각형 도시이다. 넓고 가파른 해자로 둘러싸여 있으며, 해자 뒤에는 성벽이 높이 올라가 있다.…… 그들은 해자를 파면서 바로 그 흙으로 벽돌을 만들어 가마에 구워 해자의 가장자리를 쌓는 데 썼다고 한다.…… 성벽에는 뜨거운 역청을 시멘트로 사용했고, 벽돌을 쌓을 때마다 층층이 윗가지로 엮은 갈대를 끼워넣었다(역청은 석유의 부산물이며, 우리가 지금 알고 있듯이 세계적으로 이 지역에는 역청이 풍부하다. 시멘트로 사용된 역청은 3000년이 지난 지금도 곡괭이로도 부수기 힘들 정도로 아주 강력한 접착제 구실을 했다). 성벽 위에는 사이사이 사륜마차가 방향을 돌릴 수 있는 공간을 남기고 방 하나로 된 건물이 죽 늘어서 있다. 성벽에는 기둥과 들보까지 모두 놋쇠로 만든 문이 백 개가 나 있다. 집은 3, 4층 건물이며, 길은 강을 따라 평행선으로 달리는 길이나 그 길을 가로질러 강변으로 가는 길이나 모두 직선으로 격자 모양을 이루고 있다. 바깥벽과 거의 두께가 같은 안벽이 있다. 구획된 도시의 각 중앙에는 요새가 있다. 한편에는 왕궁이 있고 다른 한편에는 단단한 놋쇠로 만든 문이 있는 쥬피터 벨루스(아마 바빌론의 수호신인 마르두크일 것이다)의 신전이 있다."

지금까지 발굴된 바에 의하면, 바빌론은 상업의 중심지였을 뿐 아니라 신전이 108개나 있

13 | *사자의 문*, 미케네, 그리스, 기원전 1300년경

14 | 남서쪽 접근로를 지키고 있는 *사자 문*, 하투사, 보가스쾨이 근처, 터키, 기원전 1300년경

고(그 가운데 55개는 마르두크의 신전) 예배당과 제단이 1000개가 넘는 종교의 중심지이기도 했다. 헤로도토스는 행렬이 지나는 길과 멀리 떨어져 정확히 자유의 여신상과 같은 높이로 서 있던 에테메난키 신전(이 지구라트가 아마 바벨탑의 원형일 것이다)과 고대 그리스인이 세계 7대 불가사의 중 하나로 꼽은 공중 정원도 보았을지 모른다. 이 공중 정원은 실은 내쌓기한 반원통형 천장(내쌓기 볼트)이 있는 건물 위에 지은 계단식 테라스로서 이 건물에는 우물이 있어 펌프로 퍼올린 물이 각 층에 있는 나무와 풀을 무성하게 자라게 했을 뿐 아니라 메디아 공주의 입맛을 즐겁게 할 샤벗을 저장하는 얼음집 또는 냉장고까지 있었다. 이 공중 정원 자체를 메디아 공주를 위해 지었다는 말도 있다.

우리는 바빌론의 장식 예술이 과거 수메르인이 채택했던 단순한 방식에서 얼마나 발전했는지 알 수 있다. 초기 수메르인은 그들의 요새 같은 벽에 버팀벽을 구축하여 벽면을 요철 모양으로 들쑥날쑥하게 하고 원뿔꼴 찰흙을 붙여 장식을 했다. 그리고 이라크에 남아 있는 아주 초기의 와르카 신전 유적을 보면, 이 원뿔꼴 장식에 때로는 크림색이나 검정색, 빨강색으로 색칠을 해 진흙을 얇게 덧바른 벽에 동그랗게 원형으로 박아 넣었다는 것을 알 수 있다. 그러나 이와는 대조적으로 바빌론에서는 유약을 바른 벽돌을 사용했을 정도로 화려한 장식 문화를 선보였다. 이런 벽돌은 역청을 칠해 거의 대부분 청색이었으나 때로는 이와 대조적인 황금색을 칠하기도 했는데, 우리는 이와 같은 색을 나중에 바로 이 지역에서 발전한 이슬람 건축 양식의 궁전과 모스크에서 다시 만나게 된다. 네부카드네자르의 이슈타르 문(사진 16)은 청색 타일에 거의 실물 크기의 황금색 동물 152마리가 수놓아져 있어 눈부시게 화려하다. 이 동물들을 보면 황소와 사자임을 알 수 있는데, 그 사이 번갈아가며 앞다리는 스라소니고 뒷다리는 독수리이며 머리와 꼬리는 뱀인 신화상의 동물 '시루스(sirrush)'도 끼어 있다. 최근의 연구에 따르면, 네부카드네자르가 속박을 풀고 이스라엘 사람들을 풀어주었을 때, 이스라엘 지도자들이 백성들에게 이스라엘로 돌아가자고 설득하는 데 무척 어려움을 겪었을 정도로 바빌론은 매력적인 곳이었다고 한다.

그러나 모든 메소포타미아 국가가 다 그렇게 인간적이었던 것 같지는 않다.

니네베는 세나케리브 왕(BC 705~681)이 운하와 석조 수도교를 통해 도시로 마실 물을 끌어들였을 정도로 아주 세련된 도시였지만, 일반적으로 아시리아의 도시는 아나톨리아의 히타이트의 도시와 마찬가지로 훨씬 거친 특성을 드러냈다.

끊임없이 경쟁 국가와 부족 전쟁의 위협을 받는 국가에서는 대대적인 요새화가 필수적이었다. 요새를 쌓는 재료는 지역에 따라 다양했는데, 메소포타미아 남부에서는 진흙 벽돌을 사용했고, 아나톨리아는 돌을 사용했으나 하부 구조에는 대개 진흙 벽돌을 썼다. 요새는 흔히 동심원 모양으로 축조되었다. 이것은 중세까지, 아니 총의 발명으로 요새화된 도시가 쓸모 없어질 때까지 면면히 이어져 내려온, 아주 실용적인 방어 형태였다. 바깥벽에는 망을 보는 작은 탑(터릿)이 즐비하게 설치되어 있고, 문이 군데군데 나 있었는데, 이런 문은 기둥과 들보 구조로 지어진 것도 있지만 히타이트의 수도 하투사에서 볼 수 있는 것처럼 타원형 아치 모양을 한 것도 있었다(사진 14). 주요 문은 망루에서 지켰고, 대개 문기둥에는 성을 지키는 동물이나 전사의 모습이 새겨져 있었다. 당시 이와 같은 석조 방어 시설은 더 서쪽에 있던 미케네와 그리스 본토의 항구 도시 티린스의 성채에서도 볼 수 있었다. 트로이 전쟁 때 그리스군을 이끌었던 아가멤논 왕의 도시 미케네에서는 두 마리의 거대한 돌사자가 주요 문을 지키고 있었다(사진 13).

아시리아인과 그 후의 페르시아인은 모두 바깥벽과 안벽, 청동문을 자신의 역사를 묘사한 부조로 장식했으며, 때로는 그런 장면을 설명하는 설형문자를 새겨넣기도 했다(사진 15). 님루드의 아슈르바니팔 왕과 에자르하돈 왕의 왕궁 벽에는 성경에서 말한 아시리아인의 잔인함을 그대로 보여주는 글이 새겨져 있다. "나는 도시의 거대한 문 앞에 성벽을 세우고, 반란 주동자들의 살가죽을 벗겨 성벽을 뒤덮

16 | 베를린의 포르데라지아티슈스 박물관에 다시 세운 바빌론의 *이슈타르* 문, 기원전 580년경. 사진 11 참조

15 | 행렬을 지어 공물을 나르고 있는 바빌로니아와 박트리아 사람들. 다리우스 대왕의 아파다나(알현실) 동쪽 정면을 장식하고 있는 프리즈의 세부. 페르세폴리스, 이란, 기원전 5세기

17 | 초가 잠빌의 지구라트, 수사 부근, 기원전 14세기

었다. 이들 중 일부는 성벽의 벽돌 안에 산 채로 집어넣었고, 일부는 성벽에 나란히 세워 십자가에 못 박았다. 그리고 대다수는 내 앞에서 살가죽을 벗기라 하여 그 가죽으로 성벽을 덮었다."

그러나 이들 초기 국가에서 쌓아올린 건물은 아직도 구조나 평면 배치가 단순했다. 메소포타미아에서 유일하게 성취한 독특한 건축 형식이 있다면, 그것은 바로 지구라트였다. 지구라트는 막돌과 진흙 벽돌로 지은 계단식 피라미드로, 꼭대기에 있는 제실까지 올라가는 거대한 의식용 계단이 설치되어 있었다. 수메르의 평원에서는 이 작은 산처럼 생긴 신전이 일종의 경계 표지판 구실을 하여, 도시에서 멀리 떨어진 들판이나 대추야자밭에서 일하는 사람들이 이것을 보고 '신이 우리를 지켜주고 있다'고 생각하며 안심할 수 있었다. 그러나 지구라트가 도시의 신과 동일시되었던 통치자의 권능을 드러내는 수단이었음은 말할 필요도 없다. 우르의 지구라트에는 벽돌 하나하나마다 "난나의 신전을 세운 우르의 왕, 우르–남무"라는 글자가 찍혀 있다.

원래 지구라트는 우연히 생겼을지도 모른다. 진흙 벽돌의 짧은 수명은 끊임없는 재건이 필요함을 의미했지만, 신전 지역은 영원히 신의 소유였고 따라서 이전에 지은 신전의 잔해로 기단을 쌓고 그 위에 계속 재건하는 일이 생겼을지도 모르며, 어쩌면 고위 성직자의 무덤을 기단에 파묻고 그 위에 신전을 세웠을지도 모른다. 헤로도토스는 이러한 우리의 지식에 몇 가지를 덧붙여준다.

"신전의 경내 한가운데에는 그 위로 이층, 삼층, 팔층까지 올라간 탑이 있다. 탑 꼭대기는 바깥쪽으로 탑을 휘감고 있는 길을 따라 올라가게 되어 있다. 중간쯤 올라가면 앉는 자리와 쉬는 곳이 있다. 신전은 맨 위층에 있는데, 여기에는 화려하게 장식된 커다란 침상이 있고 그 옆에 황금 탁자가 놓여 있다. 그러나 조각상은 없고, 이 왕조의 사제인 칼데아인에 따르면, 이곳에서는 단 한 사람, 신이 다른 모든 사람들 중에서 뽑은 원주민 여성만이 잘 수 있었다고 한다."

18 | 알현실, 미노스 궁, 크노소스, 크레타, 기원전 1600년경

물론 지구라트에는 세계의 산으로서 이 산꼭대기를 중심으로 하늘이 회전한다는 상징적인 의미도 있었을 것이다. 하늘신 숭배와 관계 있는 이런 주제는 역사상 빈번히 나타났으며, 원형 신전이나 스톤헨지처럼 원형으로 늘어선 돌기둥도 이런 주제의 구체적인 표현이다.

엘람이라는 작은 왕국에 있던 가장 아름다운 지구라트인 초가 잠빌의 지구라트(사진 17)처럼 아주 훌륭한 석조 건물도 있지만, 이들 초기 건축물 가운데는 가장 중요한 건축물에도 구조가 복잡하고 정교한 것이 없다. 이들 초기 건축물은 기껏해야 돌이나 벽돌을 차곡차곡 쌓아올린 뒤 내쌓기를 하거나 갈대를 엮어 지붕을 덮었을 뿐이다. 그러나 때로는 이런 석조 건축물이 거인족이 세운 게 아닐까 싶을 정도로 어마어마하게 커서, 때로는 이것을 외눈박이 거인인 '키클롭스'의 이름을 붙여 '키클롭스식'이라고 부른다. 우리는 공격적이면서도 정교하고 조각 장식이 풍부한 이런 과대망상적인 권력의 표현에 입이 벌어질 뿐이며, 경사로와 계단으로 이루어진 건축물에서 당당하게 산꼭대기로 올라가는 인물상들은 저 아래 갈대로 엮은 오두막에 사는 평범한 사람들을 거만하게 깔보는 것 같다. 이것은 야만이 빚어낸 웅대한 건축이다.

아주 공격적이면서도 방어적인 이 모든 문명이 험한 세상에서 생존과 지배를 위해 고투하고 있을 때, 놀랍게도 우리는 기원전 3000년경에 훨씬 부드러워 보이는 문명과 만나게 된다. 이것이 크레타 섬에서는 미노아 문명이라 불렸던 그리스 문명이다. 우리는 여기서도 미노스 왕의 미궁(迷宮)에 갇혀 잡아먹을 젊은 이들을 달라고 으르렁거리는 괴물 미노타우로스의 신화와 마주쳐야 하지만, 위로 올라갈수록 가늘어지며 마치 거꾸로 세워놓은 듯한 붉은 기둥이나 크노소스 궁전에 있는 왕의 공식 알현실(사진 18)에 가서 에번스 경이 재구성해 놓은 프레스코화에서 왕자와 아가씨들이 꽃이 만발한 초원에서 한가로이 노닐고 있는 모습은 훨씬 편안하고 안락한 느낌을 준다. 어쩌면 이런 태평스런 태도가 이들 문명의 몰락을 낳았고, 그리스 본토의 미케네에서 온 호전적인 그리스인의 공격을 받아 크노소스와 파이스토스의 궁전들이 불타 없어졌는지도 모른다. 그러나 기원전 1500년경에 이 문명이 갑자기 사라진 것은 화산 폭발 때문이었고 크레타 섬과 그리스 본토 사이에는 정말로 분화구가 있다는 그럴 듯한 설명도 나왔다. 크레타 섬의 벽화와 비슷한 고대 벽화가 산토리니(티라) 섬처럼 분화구 주변에 있었을 수도 있는 다른 섬에서 발굴된 것도 이런 설명을 뒷받침해 주었을 것이다.

그러나 크레타 섬의 건축도 우리가 메소포타

19 | 다리우스 대왕의 아파다나(알현실) 서쪽 계단, 페르세폴리스, 이란, 기원전 5세기

20 | 크세시폰 궁전 연회장의 원통형 천장(이완), 이라크, 서기 550년경

미아와 아나톨리아에서 본 것과 마찬가지로 구조적으로는 전혀 복잡하지 않다. 비옥한 초승달 지대에는 그로부터 약 2500년 후인 서기 6세기에 이르러서야 비로소 진정으로 정교한 구조의 건축물이 나타났다. 그러나 그때는 이미 크노소스뿐 아니라 바빌로니아와 아시리아도 존재하지 않았다. 여기에 옛 페르시아 제국을 부활시킨 사산 왕조는 티그리스 강 연안에 있는 크세시폰 궁전의 커다란 홀 위에 가마에 구운 벽돌을 비스듬히 쌓아올려 포물선 모양의 원통형 천장(이완)을 올렸다(사진 20). 이 아치의 한쪽 끝은 오늘날에도 남아 있어 우리도 볼 수 있다. 그에 앞서 옛 페르시아 왕조인 아케메네스 왕조는 다리우스 1세와 크세르크세스 1세, 아르탁세르크세스 왕이 기원전 518년부터 기원전 460년까지 건설한 수도 페르세폴리스에 우리에게 훨씬 친숙한 건축물을 세웠다. 왜냐하면 우리는 기둥을 사용한 이런 건축물에서 고대 이집트의 자취와 함께 고대 그리스의 건축을 미리 보게 되기 때문이다. 페르세폴리스에서는 웅장한 계단으로 올라가는 기단 위에 궁전이 세워져 있었고, 이 기단은 23개 속국이 페르시아 황제에게 공물을 바치러 가는 모습을 새긴 프리즈로 장식되어 있었다

(사진 15). 그리고 기단 북쪽에 나 있는 문과 통로를 지나 올라가면 서쪽의 아파다나(알현실, 사진 19)와 동쪽의 알현실을 만나게 되며, 이런 의전용 방 뒷편으로 남쪽에는 생활 공간이 있었다. 지금은 크세르크세스 왕의 알현실을 떠받치고 있던 100개의 기둥이 밑동만 남아 있지만, 다리우스 대왕의 아파다나 기둥 위에는 동물 머리 모양의 독특한 기둥머리가 얹혀 있다. 경외심을 불러일으키는 이런 위압적인 유적들은, 아케메네스 왕조가 지금까지 이야기한 모든 문명은 물론, 이집트와 인더스 강 유역에서 발생한 문명까지 모두 흡수해 그때까지 알려진 가장 거대한 제국을 건설했다는 사실을 상기시켜 준다. 따라서 영국의 극작가 크리스토퍼 말로가 희곡 〈템벌레인 대왕〉에서 페르시아를 정복한 몽고의 정복자 티무르에게 "왕이 되어 말을 타고 의기양양하게 페르세폴리스를 질주하는 것도 대단한 용기가 아닐까?"라고 자신의 위대한 꿈을 말하게 한 것도 놀라운 일은 아니다. 그러나 이 모든 문명도 결국은 4세기에, 한때 더 이상 정복할 땅이 없다고 한탄했다는 일화로 유명한 마케도니아의 전설적인 젊은 왕, 알렉산드로스 대왕에게 멸망당해 흩어져 없어지고 말았다. 그러나 바로 이 알렉산드로스 대왕의 정복에 의해, 이전 시대의 문명이 인도에 영향을 미치고 거기서 다시 중국과 일본에 그리고 마침내 전 세계에 영향을 미칠 수 있었다.

그러나 그보다 훨씬 오래전에 비옥한 초승달 지대에서 멀리 떨어진 나라들에서 문명이 태동하여, 중동에서와 마찬가지로 비옥한 강 유역을 따라 발달하기 시작했다. 지금은 파키스탄에 있지만 인도에서는 인더스 강과 그 지류를 따라 기원전 2500년에서 기원전 1500년 사이에 조성된 일련의 정착지가 발견되었다. 함무라비가 바빌론에서 권력을 잡고 있고 크레타 섬이 아직 황금기를 누리고 있던 기원전 18세기 중엽에, 문화적 준비기를 거친 중국에서는 처음에는 황허(黃河) 유역을 중심으로 하여 문명이 싹트기 시작했다. 그리고 대양의 장벽을 가로질러, 중앙 아메리카에서는 신세계의 문화가 발전하고 있었다.

우리는 4장, 5장, 6장에서 인도와 중국, 중앙 아메리카 문명에 관한 이야기를 하게 될 것이다. 그러나 먼저 중동에 그대로 머물러 모든 고대 문명 중에서도 가장 불가사의한 고대 이집트 문명부터 살펴보기로 하자.

3   영원불멸의 기하학: 고대 이집트

이집트 이야기의 열쇠는 나일 강이다. 나일 강은 절대로 마르지 않는다는 희귀한 특징을 가지고 있다. 나일 강은 강 줄기를 따라서는 거의 비가 내리지 않는데도 중앙 아프리카의 거대한 호수에서 발원한 백나일 강과 에티오피아의 고원 지대에서 발원한 청나일 강에서 흘러 들어오는 물로 항상 가득하다. 강은 지형상 두 개의 뚜렷한 지역으로 나누어지는데, 이것이 고대 이집트가 상이집트와 하이집트로 나누어지는 토대가 되었다. 그러나 메네스가 기원전 2400년경에 두 왕국을 통합하고 멤피스에 수도를 건설한 후에도, 이집트인의 사고는 어둠과 빛, 밤과 낮, 홍수와 가뭄 등의 이원성에 계속 집착했던 것으로 보이며, 우리는 이제 이런 사고가 건축에 미친 영향을 보게 될 것이다.

카이로의 남서쪽으로는 나일강 서안을 따라 약 80킬로미터에 걸쳐 약 80개의 피라미드가 태양면을 향해 한껏 위용을 자랑하며 신기한 모습을 드러내고 있다. 이것을 보고 사람들은 여기에도 메소포타미아와 아주 비슷한 문명이 있었다고 생각할지도 모른다. 두 문명 모두 강 유역에서 진화론적으로 같은 시기에 같은 중동에서 시작되었고, 그것이 지구라트건 신전이건 피라미드건 상관없이 똑같이 거대한 건축물을 세웠기 때문이다. 그러나 사실 두 문명의 건축은 전혀 다르다. 메소포타미아의 거대 건축물이 방어와 공격을 위한 것이었다면, 이집트의 건축은 웅장하고 안전하며 신비로웠던 3000년의 역사를 반영하는 것이다. 이집트의 문화와 건축은 그 오랜 세월을 지나면서도 놀라울 정도로 변하지 않아 완고하다고 할 수 있을 정도로 보수적인 특성을 보인다.

메소포타미아 평원은 위치상 이민이나 전쟁을 통해 땅을 얻으려는 수많은 인종이 들끓는 곳이었다. 그러나 이와 대조적으로 이집트는 사막의 요새와 같은 나일 강 유역에 고립되어 있어, 어쩌면 평화로울 수밖에 없었다고 말해도 좋을 것이다. 이집트인은 방어를 위해 요새화된 도시에 오밀조밀 모여 살 필요가 없었고 실제로도 좀처럼 도시를 발전시키지 않았다. 도시에 가까운 것으로 가장 먼저 나타난 것이 작은 집 같은 무덤이 격자 모양으로 줄지어 늘어서 있는 사자(死者)들의 도시였고, 살아 있는 도시도 파라오가 자신의 피라미드나 다른 토목 공사를 위해 일할 사람들이 거주할 도시를 지으라고 명령한 고왕국 시대(BC 2686~2181)에야 모습을 드러냈다. 테베의 나일 강 서안에 있는 다이르알마디나에서 네크로폴리스를 건설하던 노동자들이 살았던 작은 상자 같은 집들이 격자 모양으로 밀집되어 있던 마을도 이런 도시 가운데 하나였다. 이집트의 취약한 점은 나일 강 상류와 하류를 통한 침입뿐이었다. 결국 그리스 로마 정복 때처럼, 상류는 지중해를 통해 침입해 올 수 있었고, 하류는 남쪽에 있는 누비아에서 침입해 올 수 있었다. 그러나 여기서도 자연은 어느 정도 보호막을 마련해 주었다. 왜냐하면 고왕국 시대에는 방어할 수 있는 엘레판티네 섬과 필라이 섬의 두 섬, 그리고 일련의 큰 폭포에 의해 천연의 경계가 지어졌기 때문이다. 사람들은 여기에 더해 상나일

21 | *람세스 2세의 대신전*, 아부 심벨, 기원전 1250년경

22 | 트라야누스의 정자 또는 트라야누스의 침대, 필라이 섬, 1~2세기경

강 상류에 요새를 쌓았고, 더불어 신전을 지었다. 그 가운데 하나인 부헨의 요새는 사방 1마일이 한눈에 들어오는 멋진 요새로서 벽에 성처럼 버팀벽이 대어 있었다. 지금은 처음 조성되었을 때만 해도 세계에서 가장 큰 인공 호수였던 나세르 호에 잠겨 있다. 나세르 호는 아스완 댐을 건설하면서 생긴 호수이며, 댐을 건설할 때 가장 아름다운 몇 개 신전은 물에 잠기는 것을 피해 다른 곳으로 옮겨졌다. 이시스 신전은 탑문(塔門)과 함께 필라이 섬에서 아길키아 섬으로 옮겨졌고, 로마 정복 시대부터 트라야누스의 정자 또는 트라야누스 침대로 알려진 작은 보물도 수몰을 피할 수 있었다(사진 22). 작은 덴둔 신전은 해외로 갔는데, 분해되어 뉴욕 센트럴파크에 다시 세워졌다. 공학적 측면에서 가장 흥미로운 것은 아부 심벨 신전을 70

미터 들어올려 더 높은 곳에 올려놓은 것이다. 원래 이 신전은 신왕국 시대 건축가들이 사암 절벽을 깎아 만든 것이라서, 신전을 들어올리기 위해서는 절벽에서 잘라내야 했고, 자리를 옮긴 뒤에는 원래 분위기를 살리기 위해 강철로 둥근 지붕을 만들어 씌운 다음 암벽처럼 보이도록 위장했다. 그리하여 오늘날에도 람세스 2세(BC 1279~1212)의 거대한 4개 좌상(하나는 머리가 없다)은 지난 3000년 동안 그랬던 것처럼 바실리스크 같은 눈초리로 남쪽의 침입자들을 위협하며, 춘분이나 추분이 되면 신전 전체를 꿰뚫는 아침 햇살을 기다리면서, 거대한 모습으로 준엄하게 앉아 있다(사진 21). 대신전(BC 1250년경)의 주실(主室)은 높이가 9미터이고 오시리스 신의 머리가 조각된 8개의 기둥이 있으며, 뒤에 작은 홀이 있고, 양쪽으로

방이 여러 개 두서 없이 놓여 있다.

폭포 아래쪽에 있는 나일 강은 상이집트 왕국과 하이집트 왕국에 완벽한 뱃길을 마련해 주었다. 늘 잘 부는 바람이 편리하게도 북쪽에서 남쪽으로 불어, 배가 쉽게 강을 거슬러 올라갈 수 있었다. 그리고 중왕국 시대(BC 2040~1782)에는 상류로 배를 끌어올릴 수 있는 진흙 경사로를 건설하여, 폭포를 우회해 누비스의 항구와 교역을 위한 요새까지 안전하게 갈 수 있는 길이 열렸다. 돌아가는 길에는, 커다란 갈색 돛을 감고 강물에 배를 맡기면 빠른 물살이 목적지까지 데려다 주었다.

이런 식으로 이집트인은 아스완의 돌산에서 캐낸 거대한 화강암 덩어리를 거룻배나 뗏목에 실어 날라 신전이나 무덤을 짓는 데 썼고, 파라오가 독점권을 행사했던 아프리카 오지에 있는 광산에서 캐낸 금과 보석뿐 아니라 향신료와 상아, 동물 가죽도 거래하게 되었다.

나일 강은 건축에도 많은 영향을 끼쳤다. 일반 주거지는 물론 신전과 피라미드, 무덤과 같이 오래가도록 지은 건물들은 나일강이 아무리 크게 범람해도 수몰되지 않는 사막 언저리에 자리잡고 있었고, 이것은 나일 강을 따라 길게 띠를 이루고 있는 비옥한 땅의 끝부분이기도 했다. 식물이 한창 자라는 시기에는 한 발은 농작물에 한 발은 사막에 딛고 서 있어도 될 만큼 비옥한 땅이 사막이 끝나는 곳에서 곧바로 시작되었다. 사자들의 땅인 나일 강 서안에 있는 이런 지역에는 장제전과 복합 건물군, 무덤의 도시 네크로폴리스에서 일하는 사람들이 사는 마을로 들어가는 둑길이 있었다. 신왕조 시대(BC 1570~1070)에는 테베의 고지대 절벽이 온통 이런 무덤으로 벌집 모양이 되었다.

산 사람들의 땅인 나일 강 동안에는 부두와 배를 건조하는 곳, 부둣가 선술집과 식당이 있고, 마을을 이루고 있는 일반 주택과 작업장, 상점과 함께 거대한 신전은 그 너머에 있었는데, 흔히 부두에서 신전으로 가는 길에는 스핑크스가 즐비하게 늘어서 있었다. 일반 주택은 대부분 진흙 벽돌로 지어 지금은 남아 있는 것이 없다. 그러나 무덤에서 발견된, 아주 납작해 거의 평면적인 '영혼의 집'이라 불리는 모형을 보면, 그때도 지금과 별로 다르지 않은 집에서 살았다는 것을 알 수 있다(사진 23). 그러나 귀족의 집은 아주 사치스러워, 로지아(한 면 이상이 막힌 벽 없이 트인 방이나 회랑)와 정원, 분수, 모기를 없애는 데 사용된 장식적인 연못에다 온갖 종류의 방이 높은 진흙 담에 둘러싸여 있었다. 문은 하나만 통과하면 집안으로 들어갈 수 있었으나, 부잣집에는 여러 개의 생활 공간으로 통하는 회랑이 있었다. 한 고관의 무덤 벽에 그려진 세부도를 보면 그의 집에는 회랑이 세 개 있는데, 하나는 하인들의 거처로 통하고 하나는 여자들의 거처로 통했으며, 나머지 하나는 화려한 응접실이 딸린 생활 공간으로 통했다. 이 응접실은 진홍색으로 채색된 기둥이 지붕을 떠받치고 있고, 기둥머리에는 연꽃 무늬가 장식되어 있었으며, 벽은 꽃과 새 그림으로 뒤덮여 있었다.

나일 강 양안에는 천연 암벽이나 돌로 쌓은 벽에 나일 강의 증수량을 재는 수위표가 새겨져 있었다. 그런데 파라오와 이것을 재는 파라오의 사제이자 점성가인 사람이 정확한 범람 수위를 예측하지 못해 갑자기 홍수가 나면, 진흙 벽돌 담이 건물의 침수를 막아주었다. 나일 강은 9~10월쯤 되면 원래 수위로 돌아간다. 그리고 그 뒤로 드넓은 푸른 농지를 남겨놓지만, 이것은 해가 지나면 쨍쨍 내리쬐는 햇살에 암갈색에서 회색으로 변해 쩍쩍 갈라져서 구운 진흙이 되었다. 이 진흙 덩어리는 여기에 짚과 소똥을 넣어 벽돌을 만들면 훨씬 강한 덩어리가 된다는 것을 알 때까지 원시적인 집을 짓는 데 사용되었을 것이다. 그러나 나일 강은 이집트 건축에 이보다 훨씬 깊은 영향을 끼쳤다. 이집트에서는 3~9월 사이에 적어도 3개월은 나일 강이 범람하여 농사를 지을 수 없었다. 따라서 파라오는 농부들의 엄청난 노동력을 이용할 수 있었고, 정복 노예로 인해 노동력은 더욱 불어났다. 파라오는 노예와 농부들을 동원해 자신의 필생의 작업인 피라미드나 무덤 복합 건물을 짓게 했다.

그동안 사람들은 그런 어마어마한 피라미드

23 | 이집트 무덤에서 발견된 '영혼의 집', 기원전 1900년경

를 지을 수 있었던 것은 이런 엄청난 노동력 덕분이라고 설명했다. 그러나 아직은 온통 수수께끼라고 해야 할 정도로 여전히 풀리지 않는 의문이 많다. 아스완처럼 멀리 떨어진 곳에서 거룻배로 나일 강을 따라 돌을 실어 날랐다는 것도 그렇고, 케오프스 왕의 피라미드에는 돌덩어리 2만 개가 사용되었고 그 가운데는 무게가 15톤이나 나가는 것이 있었다는 것도 그렇다. 또 카르나크의 아몬 레 신전에 있는 다주실(多柱室; 기둥이나 원주가 천장을 받치고 있는 내부 공간)의 기둥 가운데 일부는 오늘날에도 그것을 들어올릴 수 있는 기중기가 세계에서 단 두 대밖에 없을 거라는 말이 나왔을 정도로 어마어마하게 큰 것도 그렇다. 이집트인은 기중기도 없었고, 지레를 사용한 것은 분명하지만 도르래의 원리는 전혀 몰랐을지 모른다.

그들이 이용할 수 있는 기술은 아주 단순했다. 그들은 구리를 단련시키는 법을 몰랐다. 그래서 구리 톱과 구리 송곳이 있어도 아스완의 단단한 화강암을 절단하기 위해서는 먼저 돌로라이트라 불리는 공 모양의 단단한 암석 덩어리로 바위를 쳐 수직으로 홈을 판 다음 그 사이에 금속이나 물에 불린 나무로 쐐기를 박아야 했다. 그리고 이렇게 잘라낸 돌은 나일 강을 통해 실어낸 다음 다시 썰매로 공사 현장까지 끌고 갔다(이런 돌 가운데는 아직도 채석공이 새긴 표시가 남아 있는 것도 있다).

우리는 카르나크에서 발견된 경사로를 보고 피라미드를 지은 사람들이 평평한 기단 위에 돌을 한 줄 쌓은 다음부터는 일이 진행됨에 따라 흙이나 진흙 벽돌로 점점 높이 쌓아올린 경사로를 통해 오르락내리락하며 공사를 했을 거라고 생각한다. 그러나 설사 그랬다 치더라도 우리는 여기서 또 다른 문제에 부딪힌다. 몸이 불편한 사람을 휠체어에 태우고 밀어본 사람은 경사가 아주 급하면 아무리 한 사람이라도 휠체어를 밀어올리거나 끌어당기기가 얼마나 힘든지 알 것이다. 그리고 146미터나 우뚝 솟아오른 피라미드에서 일하기 위해 경사로를 쌓는 것 자체도 거의 기적에 가까운 엄청난 공사였을 것이다. 게다가 채석장에서 돌을 잘라 공사 현장에 실어오면 때맞춰 수백 수천 명이나 되는 일꾼을 동원해야 하는 일을 어떻게 조직적으로 해냈을까? 진실은 이집트인이 어떻게 그런 일을 해냈는지 우리는 도저히 안다고 할 수 없다는 것이다.

이집트의 중요한 기념 건축물 가운데 가장 먼저 나타난 것은 귀족과 왕족을 위한 진흙 벽

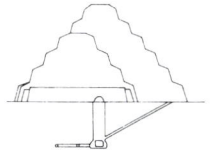

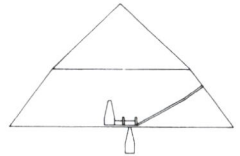

24 | 조세르 왕의 계단식 피라미드 (사카라, 기원전 약 2630~2610)와 스네프루의 굽은 피라미드(기원전 약 2570~2250)의 단면도. 굽은 피라미드는 피라미드가 순수한 사각뿔 피라미드로 발전해가는 과정의 마지막 단계를 보여준다.

25 | 조세르 왕의 계단식 피라미드, 사카라, 기원전 약 2630~2610

26 | 머리 기둥이 파피루스의 꽃차례 모양으로 조각된 북쪽의 집, 사카라, 기원전 약 2630~2610

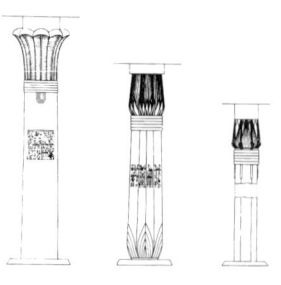

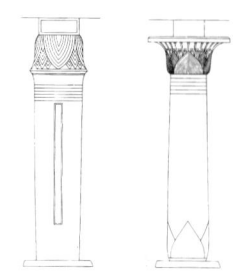

27 | 이집트의 여러 가지 기둥머리: 야자나무 잎, 파피루스의 꽃봉오리, 연꽃, '텐트 기둥', 파피루스의 꽃차례 모양

넣어둔 방이 있었다. 널을 넣는 널방 자체는 바위 밑으로 깊숙이 파들어간 곳에 있었는데, 대개 널방은 한 칸이었고, 아마 널방과 떨어져 저장실이 있었을 것이다. 무덤 옆에는 세상을 떠난 영혼을 위해 빵과 포도주 등의 음식을 바칠 수 있는 작은 사당이 지어져 있었다. 나중에는 무덤에 딸린 이런 방들이 무덤과 통합되어 하나의 벽에 둘러싸인 거대한 무덤 복합 건물이 되었다. 고왕국 시대에 왕족의 무덤이 완전히 피라미드에 둘러싸이게 되었을 때도, 귀족들은 여전히 처음에는 벽돌로 나중에는 돌로 이런 마스타바 무덤을 지었다.

고왕국 시대에는 기원전 2630년부터 제3왕조의 조세르 왕을 위해 멤피스 서쪽에 짓고 있던 석조 마스타바가 여러 차례 변화를 겪다가 계단식 피라미드로 발전해(사진 24, 25), 이집트는 여기서 세계 건축에 독특한 기여를 하게 된다. 이집트인의 개인 숭배 덕분에 우리는 오늘날까지 보존된 이 계단식 피라미드의 건축가를 기억하고 있는데, 왕의 고문이며 고관이었고 창의력과 독창성이 뛰어난 이 건축가가 바로 임호테프였다. 임호테프는 사제이자 학자였고 점성가이자 마술사였으며, 200년 후에는 의술의 신으로 받들어졌을 정도로 의술에도 뛰어났다. 임호테프가 사카라에 조세르 왕을 위해 지은 무덤 건물군은 드넓은 지역에 9.7미터 높이의 흰 담에 둘러싸여 있었고, 이 안에는 널방까지 깊게 뻗어 있는 지하 통로 위에 61미터 높이로 올라간 6단으로 된 계단식 피라미드뿐 아니라 왕실의 다른 가족을 위한 구덩 무덤 11개도 있었다. 이 무덤 건물군에서 우리는 후에 건축의 대들보가 된 몇 가지 특징을 발견하게 된다.

먼저 임호테프는 돌을 사용하고, 과거에 나무와 진흙 벽돌로 건물을 지을 때 썼던 기법을 이 단단한 매체에 변형시켜 적용했다. 그는 최초로 마름돌을 사용한 건축가이다. 즉, 돌과 돌 사이에 바른 이음매로 돌 하나하나가 분명하게 구별되는 막돌 건축물과 달리 표면이 매끄럽게 보이도록 석판을 가지런히 대었던 것이다. 그러나 더 중요한 것은 일반적인 토속

돌 무덤이었다. 마스타바로 알려진 이런 무덤은 시체를 소금의 일종인 탄산나트륨에 절여서 매장한 구덩식 무덤 위에 흙무더기를 쌓아 올린 아주 단순한 형태에서 시작되었다(기자의 피라미드 바로 옆에 소금 광맥이 있다). 고졸기(BC 3150~2686)의 왕족 무덤 가운데 현재 가장 오래된 것은 멤피스가 내려다보이는 사막의 깎아지른 듯한 절벽 위에 자리잡은 사카라의 무덤들이다. 이 무덤들은 평면이 직사각형이고, 4면이 납작한 꼭대기까지 75도 각도로 기울어져 있다. 따라서 나중에 나온 피라미드처럼 이 무덤들도 계단식으로 지었으리라 생각해도 큰 무리는 없을 것이다. 이 무덤들은 높이가 7.5미터까지 올라갔을지도 모르며, 무덤 바깥쪽에도 흔히 벽이 장식된 방이 하나 딸려 있었고, 안쪽 깊숙한 곳에는 가족의 조상을

28 | 피라미드, 기자, 기원전 약 2550~2470

29 | 피라미드, 기자, 배치도

건축에서 진흙을 채워넣은 벽을 지탱하기 위해 썼던 갈대 다발을 석조 건축물의 기본 요소인 기둥으로 변형시킨 것이다. 사카라의 건물 복합체에 있는 관청 건물인 '북쪽의 집'을 보면, 현재 남아 있는 한쪽 벽에 하이집트의 습지에서 자라는 파피루스 갈대 모양의 기둥 받침 위에 산뜻하고 아름다운 기둥 세 개가 벽에 반쯤 묻힌 채 서 있는 것을 볼 수 있다(사진 26). 거기에 기둥 몸체는 파피루스 갈대의 삼각형 줄기를 닮았고, 지붕을 떠받치는 대들보를 얹은 기둥머리는 활짝 핀 파피루스의 우산 모양 꽃차례처럼 생겼다. 그리고 북쪽의 집과 짝을 이루는 '남쪽의 집'에서는 기둥머리가 상이집트의 상징인 연꽃 모양이다. 이집트 건축가들은 이 기발한 착상을 사장시키지 않았다. 룩소르의 아몬 레 신전에서 볼 수 있는 파피루스 꽃봉오리 모양의 기둥머리를 비롯하여 후에 나타난 연꽃 모양, 야자나무잎 모양의 기둥머리는 임호테프의 기발한 착상이 되풀이된 것이며(사진 27), 나중에 보게 되겠지만 고대 그리스 건축가들 역시 임호테프의 발상을 받아들여 갈대 다발 모양의 기둥 받침 위에 세로 홈이 있는 기둥을 세우기도 하고 기둥머리에 아칸서스 잎과 같은 그리스 토착 식물을 적용하기도 했다.

제4왕조(BC 2613~2498) 때 대대적인 피라미드 건설 바람이 일어난 것은 아마 제3왕조의 마지막 파라오인 후니에 의해 예고된 현상이었을 것이다. 그는 임호테프의 과업을 이어받아, 원래는 마이둠에 있는 것과 같은 일곱 계단 피라미드였을 것으로 생각되는 것을 우리가 이집트의 피라미드 하면 떠올리는 이상하면서도 매력적인 기하학적 형태로 변형시켰다. 이것이 직사각형 토대 위에 올린 네 개의 삼각형 벽이 정상에서 만나도록 설계된 사각뿔 피라미드이다. 이런 피라미드 가운데 가장 유명한 세 피라미드는 쿠푸(케오프스)와 카프레(케프렌), 멘카우레(미케리노스) 파라오의 피라미드이다(괄호 안은 그리스어명). 이 세 피라미드는 모두 지금은 카이로의 변두리인 기자에 있으며, 쿠푸의 피라미드에는 그의 왕비들을 매장한 작은 피라미드 세 개가 딸려 있다(사진 28, 29).

피라미드는 영원불멸을 갈망하는 파라오의 염원이 빚어낸 건축물이다. 파라오는 바빌론을 건설한 네부카드네자르나 페르세폴리스를 건설한 다리우스와 크세르크세스, 알렉산드리아를 건설한 알렉산드로스, 콘스탄티노플을 건설한 콘스탄티누스와는 달리 권력을 과시하기 위해 거대한 도시를 건설하지는 않았다. 파라오의 의도는 훨씬 현실적이고 집요했다. 파라오는 영원불멸의 삶을 얻으려면 자신의 몸과 이승에서의 자신의 모습, 생전의 자기 생활 모습이 모형으로라도 남아 있어야 한다고 믿었다. 그러면 이 지상에서의 생명이 다해 더 이상 영혼이 동물의 모습으로 이 세상을 떠돌지 않더라도, 그의 육신과 집은 그대로 남아 그의 영원한 안식처가 될 터였다. 이를 위해 이집트에서는 영혼이 자유롭게 움직이고 또한 항상 자신의 육신을 지키기 위해 들여다볼 수 있도록 문과 창을 그대로 열어두었다.

이 모든 것을 위해서는 먼저 시체를 방부 처리해야 했는데, 이는 제대로 하려면 70일이나 걸리며 무덤 주위에 방부 처리를 하는 장례실까지 지어야 하는 아주 길고 복잡한 과정이었다. 죽은 사람의 모습을 영원히 간직하기 위해서 투탕카멘의 황금 마스크 같은 데스마스크를 만들고, 고인의 흉상을 장례실 전체에 빙 둘러싸이게 늘어놓았다. 그리고 벽면에는 부적과 함께 누구의 무덤인지 알 수 있도록 상형문자를 기록하고 고인의 생전 이야기를 그림으로 그려놓았으며, 다른 방에는 고인의 집과 정원, 배 등 고인이 사후에도 계속 지니고 싶어하는 소유물의 모형을 넣어두었다. 또한 대개는 아내와 첩, 다른 가족을 위한 묘소도 마련되었다.

일단 건축가들이 이 모든 준비를 마치면, 피라미드와 그 내용물을 악천후뿐만 아니라 고인과 함께 묻은 값비싼 껴묻거리를 탐내는 강도들로부터도 안전하게 지켜야 했다. 그리고 흔히 피라미드의 북쪽면 어딘가에 뚫려 있는 입구를 막았는데, 이 입구의 위치는 분명하게 정해져 있지 않았다. 그리고 기울기가 제멋대로인 지하 통로 역시 널방으로 한 번에 쭉 내려가지 않고 길이 한 번 꺾이기도 했다. 예를 들어, 쿠푸의 피라미드에서는 설계상의 변경이 있었던 것 같다. 왜냐하면 입구에서 널방이 있음직한 곳으로 내려가는 지하 통로를 도중에 포기하고 이번에는 커다란 회랑을 거쳐 '왕의 방'으로 올라가는 새 지하 통로를 판 것으로 보이기 때문이다(사진 30). 이 왕의 방은 피라미드의 중심에 있고 기단의 중심과도 일치하는 곳에 있다. 그러나 때로는 통풍구 구실도 하면서 가족 무덤인 경우에는 다른 무덤으로 가거나 저장실로 가는 지하 통로와 연결된 회랑이 항상 미로처럼 어지러운 것을 보면, 이 모든 것이 장차 있을지도 모를 도굴범의 눈을 속이기 위한 것일 수도 있다. 그래서 도굴범들은 미로에서처럼 가짜 입구나 도중에 막힌 출입구에 속기도 하고, 애써 들어갔는데 갑자기 무덤에 스민 빗물을 모으기도 하는 지상의 다른 무덤에서 길이 끊겨 낭패를 보기도 했을 것이다. 피라미드는 미리 널방의 높이를 정해놓고 여기에 맞춰 쌓았으며, 파라오의 시체를 안치한 후에야 건물로 들어가는 지하 통로를 메우고 입구도 막았다.

이렇게 생각하는 이유는 이 기자의 거대한 세 피라미드 역시 구조면에서나 사실면에서 우리에게 수수께끼 같은 의문을 던지기 때문이다. 우리는 피라미드 표면에 댄 돌과 돌 사이에 얇게 모르타르를 바른 것을 알고 있다. 그런데 그 이유가 돌을 제자리에 고정시키는 것이 아니라 돌을 이웃한 돌에 기대어 차곡차곡 쌓아올리기 위한 것이라고 믿고 있다. 그러나 쿠프의 피라미드에서 왕의 방으로 통하는 대회랑을 지붕처럼 덮고 있는 내쌓기를 한 석판은 그렇다 치더라도, 도대체 그들은 어떻게 계산을 해서 그 거대한 석판을 제자리에 갖다댔을까? 왕의 방으로 통하는 회랑은 26도 각도로 올라가며 46.5미터나 길게 뻗어 있다. 또한 널방의 돌널이 비어 있는 것이나 껴묻거리가 하나도 없는 것도 이상하다. 그러나 더욱 놀라운 것은 이들 피라미드의 벽에는 파라오의 칭호나 그들의 업적을 기리는 그림과 조각이 하나도 없다는 것이다. 이는 기자의 피라미드가 진짜 무덤이 아니라 상징적인 무덤이고, 파라오가 죽으면 하늘로 올라가 별의 신이 된다는 신화에 비추어볼 때 오히려 종교적으로 더 중요한 의미가 있었을 것이라는 추측을 낳았다.

제5왕조의 마지막 왕 우나스(BC 2375~2345)의 피라미드 텍스트에는 이렇게 적혀 있다. "그를 위해 준비된 계단을 타고 그가 올라간다. 구름처럼 뭉게뭉게 향이 피어오르는 가운데 그가 올라간다. 우나스가 새처럼 날아간다." 지금은 파라오가 죽으면 오시리스 신이 된다는 신화와 기자에 있는 세 피라미드의 배치(세 피라미드 가운데 두 개는 나란히 있고 가장 작은 멘카우레의 피라미드는 약간 왼쪽으로 비켜나 있다) 사이에 연관이 있을 거라고 생

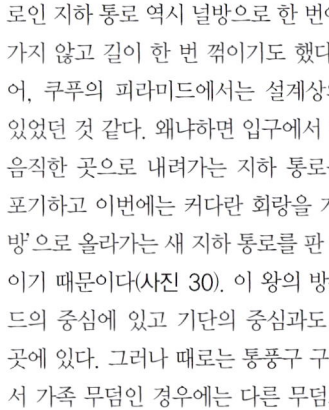

30 | 쿠푸의 피라미드의 단면도. 왕의 방과 여왕의 방, 대회랑과 입구, 지하 통로가 보인다.

31 | 호루스 신전의 탑문, 이드푸, 기원전 237~57

각하는데, 사실 이러한 배치는 오리온의 허리띠에 있는 세 별의 상대적 위치를 정확히 반영하고 있다. 어쩌면 이에 근거하여 왕의 무덤에 있는 지하 통로도 쿠푸 왕 시절의 오리온 별자리 모양을 하고 있을 것이라고 말할 수 있을지도 모른다. 그러나 이것도 이집트의 풀리지 않는 수많은 수수께끼 중의 하나일 뿐이다.

그런데 기자의 피라미드는 위에서 가정한 대로 도굴을 피했는지 몰라도, 대부분의 다른 피라미드와 무덤은 전혀 그렇지 않았으며, 피라미드가 기원전 2000년경에 암벽을 깎아 만든 암굴 무덤으로 변한 데에는 도굴의 위험도 하나의 원인이 되었다. 투트모세(BC 1524~1518)와 함께 시작된 신왕국의 파라오들은 테베의 고지대에 있는 외딴 골짜기의 절벽을 300미터나 파고 들어가 왕들의 계곡을 만들었다. 왕들의 계곡에 있는 무덤들도 나일 강 서안의 사자들의 땅에 있기는 마찬가지였다. 그러나 비밀에 붙여진 무덤의 위치가 발각되지 않을 정도로 장제전과는 충분히 거리를 두고 있었

32 | *아몬 레 신전*, 카르나크, 테베, 기원전 약 1500~320, 투트모세 1세와 하트셉수트 여왕의 오벨리스크가 보인다.

다. 입구는 높이를 특별히 정하지 않고 암벽 아무 데나 낸 점에서 피라미드의 양식을 그대로 따랐으며, 장례용 썰매를 끌어내릴 수 있는 깔때기 모양의 지하 통로는 입구에서 절벽 속으로 파들어가다가 두 갈래로 갈라지는 T자 형을 이루었는데, 저마다 다른 방으로 통하는 두 갈래 길이 갈라지는 지점에는 죽은 사람의 조상을 세워 입구에서 들어온 아침 햇살이 그의 얼굴을 환히 비치게 했다. 그리고 요소요소에 비스듬히 기울어진 청동 거울을 설치해 반사된 빛이 안에 있는 통로와 방을 비추게 하여 무덤 예술가들이 그 빛에 기대어 작업하도록 했다. 피라미드를 암굴 무덤으로 바꿨다고 해서 도굴범을 속이는 데 크게 성공한 것 같지는 않지만, 젊어서 세상을 떠나 자신이 거느린 고관의 무덤에 묻힌 투탕카멘의 경우는 예외였다.

피라미드의 수수께끼는, 내부는 교묘할 정도로 불규칙하게 배치해놓고는 겉모습은 마치 전시된 조각 작품처럼 사막에 우뚝 서 있는 것이 지나칠 정도로 단순하다는 것이다. 쿠푸의 피라미드는 네 변이 동서남북 방향과 정확히 일치하며 네 측면은 지면에서 51~52도 각도로 기울어진 거의 정확한 정삼각형이다. 놀라울 정도로 정확한 기하학적 구조라 하지 않을 수 없다. 거기에 카프레의 피라미드는 기단이 축구장 6개를 만들고도 남을 정도로 넓지만, 오차가 15밀리미터밖에 안 되는 완벽한 정사각형이다. 여기에 이르면 그들이 어떻게 이런 형태를 만들 수 있었는지 놀라움을 금할 수 없다. 이런 의문은 이집트인이 신왕국 시대부터 후기 왕조 시대와 프톨레마이오스 왕조 시대(BC 1070~1030)에 만들어낸 두 가지 기하학적 형태에 의해 더욱 강해지는데, 오벨리스크와 탑문이 바로 그것이다. 가장 멋진 탑문(완만한 경사를 이루며 입구 양쪽에 붙어 있는 버팀벽) 가운데 하나는 기원전 3세기에 세워진 이드푸의 탑문(사진 31)이다. 30미터 높이로 하늘 높이 솟아 있는 이 탑문은 오시리스의 아들이며 매의 신이자 파라오가 그의 화신이라고 하는 호루스의 신전으로 들어가는 입구의 정면을 이루고 있다. 카르나크에 있는 아몬 레 신전과 달의

37

33 | *아몬 레 신전 복합체, 카르나크, 테베, 기원전 약 1500~320*

신 콘스의 신전(BC 1500~320년경)에는 오벨리스크와 탑문이 함께 서 있다(사진 32).

신전의 벽이 완만한 경사를 이루고 있는 것은 구조적인 이유 때문일 것이다. 신전은 홍수가 나도 물에 잠기지 않는 곳에 세워졌는데, 이는 해마다 범람하는 나일 강변의 귀중한 농토를 잠식당하지 않기 위해서가 아니라 건물의 지반이 어느 정도 내려앉을 것을 고려한 것일 뿐이었다. 분명히 벽의 아랫쪽을 넓게 하면 건물의 토대가 훨씬 튼튼해졌을 것이다. 그러나 벽 안쪽은 납작하기 때문에, 벽 바깥쪽이 완만한 경사를 이루고 있는 것은 벽이 위로 갈수록 가늘어져 진흙 벽돌을 누리는 힘이 줄어든다는 것을 의미했다.

오벨리스크와 탑문, 피라미드의 수수께끼에 대해 이것들이 정확히 계산된 기하학적 형태가 아니라 자연에서 추상해낸 것일 뿐이라고 설명할 수도 있을 것이며, 어쩌면 햇살이 비치는 지하 통로에 대해서도 비슷한 설명을 할 수 있을지 모른다. 오벨리스크와 탑문, 피라미드는 모두 태양신 숭배에서 나온 것이며, 태양은 이집트인의 생활에서 지배적인 역할을 하는 탓에 아몬 레 또는 비교적 덜 엄숙한 아톤의 모습으로 신 가운데 가장 위대한 신이 되었다.

피라미드가 하늘로 올라가는 계단이었다는 것은 피라미드와 오벨리스크의 꼭대기에 호박금을 바르고 피라미드의 모든 면과 탑문 위에 날개 달린 태양면을 새겨 넣는 관습이 있었다는 데서도 짐작할 수 있다. 우리는 여기서 다시 한 번 빛과 어둠이라는 이집트인의 이원성과 만나게 된다. 바깥은 피라미드의 바깥에서도 구체적으로 드러나듯이 활활 타오르는 사

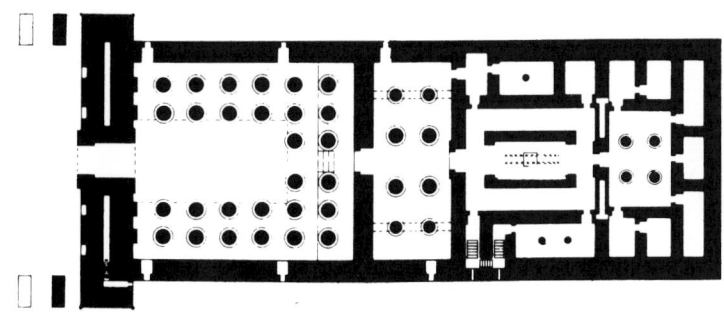

34 | 콘스 신전, 카르나크, 테베, 평면도

막의 태양이 뿜어내는 강렬한 햇살로 눈부신데, 안은 H. V. 모튼이 1937년 쿠푸의 무덤을 찾았을 때 생생하게 묘사했듯이 깜깜한 어둠 속에 갇혀 있다.

"그것은 지금까지 내가 본 가장 으스스한 공간 가운데 하나였다. 정말 끔찍했고, 귀신이라도 나올 것 같은 곳이었다. 공기는 퀴퀴하고 뜨거웠으며, 박쥐에서 나는 악취가 심해 난 줄곧 박쥐가 매달려 있을 것 같은 구석진 벽에 신경을 곤두세우며 위쪽을 힐끔거렸다. 그 방(널방)은 태양이 빛나는 사막의 모래 언덕 위로 43미터나 높이 올라와 있지만, 마치 지하 깊숙한 곳에 있는 듯한 느낌을 준다.…… 그야말로 무덤 속 같은 어둠이었으며, 그 어둠에 죽음의 침묵이 도사리고 있었다."

신왕국 시대에 테베는 수도이자 아몬 레 신을 숭배하는 종교의 중심지가 되었으며, 숫양의 머리 모양을 한 스핑크스가 줄지어 서 있는 길에 의해 서로 연결되어 있는 카르나크와 룩소르까지 통합한 당시 지구상에서 가장 큰 도시가 되었다. 신전과 궁전 건설 바람은 신왕국 시대의 세 왕조에 걸쳐 절정에 이르렀는데, 특히 람세스 2세의 치세 기간에 활발했다. 이 시기는 이집트가 최고의 패권을 누린 시기였다. 국경이 북쪽과 동쪽으로는 유프라테스 강까지 뻗어나갔고 남쪽으로는 황금의 땅 누비아(또는 쿠시)에 이르렀다. 어떤 신전들은 카르나크의 아몬 레 신전(사진 33)처럼 파라오들이 잇달아 궁전과 홀을 덧붙이면서 오랜 기간에 걸쳐 건설되었다. 특히 아몬 레 신전은 기원전 1500년경에 건설되기 시작하여 유명한 다주실은 그로부터 400년 후에야 덧붙여졌고 여섯 개 탑문 가운데 가장 늦게 세워진 신전 입구의 탑

35 | *아몬 레 신전*, 룩소르, 테베, 기원전 약 1460~320, 기둥머리가 파피루스 꽃봉오리 모양인 기둥이 보인다.

36 | *하트셉수트 여왕의 장제전, 다이르알바리, 테베, 기원전 약 1458*

문은 4세기에 이르러서야 세워졌을 정도로 오랜 기간 건설되었는데도 전체적인 통일성을 이루고 있는 것을 보면 정말 놀랍다.

여기서 전 세계 성지에서 보게 될 하나의 양식을 발견하게 되는데, 바로 건물이 하나의 축을 중심으로 늘어서 있는 것이다. 즉, 신전을 이루고 있는 방이나 공간이 넓고 공개적인 곳에서 그보다 좁고 특별한 사람들만 들어갈 수 있는 곳(여기서는 사제와 파라오)을 거쳐 성상이 있는 방, 신의 집, 은밀한 성소, 가장 신성한 곳으로 나아가며 일직선을 이루고 있는 것이다. 우리는 인도 아대륙의 힌두교 건축을 다루게 될 다음 장에서 이것을 뚜렷이 보게 될 것이다. 또한 이집트 신전은 어느 정도 터널 효과가 있는데, 그것은 뒤로 갈수록 바닥의 높이가 상승해 대개는 계단을 통해서 공개적인 다주실에서 한층 은밀한 곳으로 나아갈 뿐 아니라 각 공간을 덮고 있는 지붕이 점점 낮아져 성상과 성상을 실어나르는 범선이 있는 안쪽 성소에 이르면 지붕에 난 격자창을 통해서만 희미하게 빛이 들어오기 때문이다.

카르나크에 있는 달의 신 콘스의 신전(사진 34)은 단순해서 이런 축선을 쉽게 볼 수 있지만, 수세기에 걸쳐 조성된 아몬 레 신전에서도 이것을 확인할 수 있다. 또 아몬 레 신전에서 열린 공간인 넓은 안뜰과 이와는 대조적으로 닫힌 공간인 다주실(이곳에는 기둥머리가 파피루스 갈대의 꽃차례와 꽃봉오리 모양으로 조각된 기둥 134개가 빼곡이 들어서 있다)에서부터 어마어마하게 큰 사제 조각상들이 지키고 있는 탑문(이들 사제의 발 사이에 있는 실물 크기의 인물상은 키가 이들의 무릎밖에 안 된다)과 널방으로 통하는 전형적인 통로인 드로모스(여기서는 숫양의 머리 모양을 한 스핑크스가 양쪽으로 도열해 있는 사이로 통로가 나 있다. 숫양은 아몬 레의 상징이다)까지 신전에서 볼 수 있는 전형적인 기념비적 건축물들이 모두 한데 모여 있는 것을 볼 수 있다. 그리고 여기서 의식이 거행될 경우 드넓은 안뜰과 다주실이, 파라오 앞에서 춤추게 될 여사제들과 트럼펫과 심벌을 들고 있는 음악가들 그리고 안에 있는 성소로 파라오를 수행할 준비가 되어 있는 사제들이 삭발한 머리에 하얀 예복을 입고 서 있는 행렬로 가득하여 장관을 이루었을 광경을 상상하면 숨이 막힐 지경이다.

임호테프가 돌에 관심을 돌리기 전까지 이집트인의 나무 다루는 솜씨는 아주 뛰어났다. 아마 이런 목공 기술은 배를 만들면서 발전했을 것이다. 이집트인은 6겹이나 되는 합판을 만들 수 있었고, 나무 상감에 능숙했으며, (버드나무와 무화과나무 같은 토종 나무에서는 좁은 널빤지밖에 안 나와 목재를 이어야 했던 탓에) 장붓구멍과 장부를 포함해 오늘날 우리가 사용하는 대부분의 목재 이음 방식을 개발했다. 석재보다 목재에 적합한 건축 전통은 신전에서도 계속되었다. 이집트인은 무덤을 제외하고는 아치나 볼트(원통형 천장)를 전혀 사용하지 않았고, 그래서 다주실에서도 석재 들보를 가로지른 넓은 공간이 채광창의 격자무늬 창살과 건물에 웅장함과 신비함을 더해주는 설화석고로 포장된 바닥에서 되반사된 빛에 의해서만 채광이 되는 거대한 기둥 숲이 되었다.

룩소르의 아몬 레 대신전(사진 35)이 가장 맵시있고 정교한 신전이었다면, 카르나크의 아몬 레 신전은 가장 크고 장엄한 신전이었다. 이 신전을 세우는 데는 여왕 파라오 하트셉수트(BC 1479~1458년경)가 중요한 역할을 했다. 프톨레마이오스 왕조와 로마 정복 시대의 신전들은, 이드푸에 있는 매의 신 호루스의 신전이나 암소의 신이며 그리스인이 그리스 여신인 '아프로티테'와 동일시하게 될 하토르에 바친 단다라의 신전처럼, 이전 시대의 신전에 비해 규모가 작았다. 가장 훌륭한 신전 가운데는 무덤과 연관된 장제전이 많았으며, 특히 나일 강 서안의 다이르알바리에 있는 하트셉수트 여왕의 장제전(사진 36)은 특기할 만하다. 다이르알바리는 계곡의 아름다운 축제를 통해 강 건너 나일 강 동안에 있는 테베와 종교적인 교류를 계속했으며, 이 축제 때는 의식을 위해 숭배의 대상인 아몬 레의 조상을 카르나크에서 거룻배로 실어왔다. 계곡 신전과 장제실, 둑길이 있는 이 복합 건물은 시원하고 우아한 수평선과 수직으로 우뚝 선 절벽이 인상적인 대조를 이루며, 기둥과 들보 구조의 매끄러운 장식 아케이드로 이루어진 테라스는 거대한 경사로에 의해 층층이 연결되는데, 그 모습이 결코 거만하거나 공격적이지 않으며 평온하고 우아하다. 이 신전이 유일한 여성 파라오이자 나름대로 거만하고 공격적이었던 하트셉수트를 위해 지은 건물임을 생각하면 조금 놀라울 정도다. 하트셉수트는 어린 의붓아들인 투트모세 3세의 왕권을 찬탈해 제위에 올랐고, 그 사후에 왕권을 되찾은 투트모세 3세는 계곡 신전에 있는 여왕의 조상에서 머리를 모두 깨부숨으로써 자신의 감정을 후세에 전했다.

하트셉수트 신전은 우리 이야기에서 이집트 단계를 마치기에 좋은 지점이다. 그리스 신전이 이집트 신전처럼 일직선 구조로 되어 있다는 것을 보기 위해서는 이 신전의 사진과 아티카의 수니온 곶에 있는 포세이돈 신전의 주랑 사진을 나란히 놓고 보기만 하면 되기 때문이다. 하트셉수트 신전의 기둥 중에는 정사각형인 것도 있지만 어떤 것은 초기의 도리아식 기둥과 같은 16면체이며, 이는 고대 그리스 건축을 예고해주는 것으로서 베니하산에 있는 중왕국 시대의 암굴 무덤 입구에 있는, 위로 갈수록 가늘어지는 세로 줄무늬 기둥 같은 몇몇 다른 이집트 건축물에서도 발견되는 특징이다.

그러나 그리스와 로마로 건너가 서양 건축의 주요 흐름에 접근하기 전에 다음 몇 개 장에서 세계의 다른 지역도 살펴보기로 한다. 지금껏 살펴본 중동의 문명보다 짧지 않은 역사를 가진 이들 문명도 분명 우리의 이야기에 독자적인 기여를 했기 때문이다.

4 신성한 산과 성스러운 자궁: 인도 아대륙

인도와 동남아시아, 중국과 일본, 콜럼버스 이전의 아메리카 건축은 어떤 시점에서 살펴봐야 할지 결정하기가 어렵다. 이들의 건축 이야기는 서구의 발전 과정과 연대기적으로 다른 경로를 밟았기 때문이다. 서구 세계는 온갖 건축 양식과 건축 형태를 거쳐 발전했지만 메소포타미아와 이집트, 고대 페르시아와 달리 이들 문명은 완전히 소멸되지 않고 수세기 동안 같은 수준에 머물러 있곤 했다.

우리가 지금 살펴보려는 지역은 서쪽으로 힌두쿠시 산맥에서 동쪽으로 중국의 쓰촨성 고원 지대까지 길게 뻗은 산악 지대에서 바다를 향해 길게 늘어뜨린 삼각보 형태의 광대한 반도 아대륙이다. 이 지역은 워낙 넓다 보니, 건축 재료도 아주 다양했고 기후 조건 역시 마찬가지였다.

이 장에서 우리는 지금까지 발견된 가장 초기의 인도 도시들, 즉 인더스 강 유역에서 발생한 문명에 대해서는 크게 관심을 기울이지 않고 잠깐 스치듯이 훑어보기만 할 것이다. 우리는 이들 도시가 저 멀리 기원전 6000년경부터 다사족이라 불리는 종족이 차지하고 있었고, 이들의 문명이 기원전 2500년경부터 기원전 1500년경까지 거의 1000년 동안 번영을 누렸을 것이라고 생각한다. 1920년대에 최초의 고고학적 발견이 이루어진 이래 이곳에서는 100곳이 넘는 유적이 발견되었는데, 특별히 관심을 끄는 것은 지금은 사막으로 분리된 두 중심, 즉 인더스 강 지류가 흐르는 북쪽(펀자브) 지역에 모여 살았던 무리와 남쪽으로 인더스 유역의 신드라는 곳에 모여 살았던 무리이다. 이들 지역의 주요 도시였던 하라파와 모헨조다로는 지름이 5킬로미터나 되는 큰 도시였을 것으로 생각되며, 진흙 벽돌로 쌓은 기단 위에 서 있던 높은 성채에서 바라보면 서로 종횡으로 교차하는 길이 바둑판 모양으로 뻗어 있었던 것 같다. 안타깝게도 하라파는 19세기에 철도에 까는 자갈과 집 지을 벽돌을 얻느라 마구 파헤치는 바람에 크게 황폐해졌다. 따라서 우리에게 훨씬 많은 것을 말해주는 것은 모헨조다로이다. 모헨조다로에는 고고학자들에 의해 '집회소'로 알려진 건물과 미로 같은 통로가 있는 훌륭한 곡물 창고, 대규모의 '대욕장'(사진 37)으로 구성된 거대한 건물 복합체가 있었다. 둘레에 탈의실 또는 작은 욕장으로 보이는 것들이 있는 대욕장은 그 규모가 아주 커서 어떤 의식(아마도 종교적인)과 관련된 의미가 있지 않았을까 생각된다. 우리는 흔히 이들 초기 주민의 생활에서 종교적인 신앙이 중요한 역할을 했을 것이라고 기대하지만, 만일 이 거대한 욕장이 종교적인 것이 아니었다면, 초기 건축물이 사원이나 무덤이었을 것이라는 우리의 확신은 여지없이 깨지고 만다. 왜냐하면 팔뚝이나 관자놀이에 부적 같은 것을 감고 있는 사제이자 왕인 인물의 조각상이 발견되어 우리를 감질나게 하긴 해도, 이곳에서는 사원과 무덤이 하나도 발견되지 않았기 때문이다. 아마 더 많은 것을 알려면 부적이 해독될 때까지 기다려야 할 것이다.

아마 인더스 문명은 기원전 1750년경에 카

37 | '대욕장', 모헨조다로, 신드, 파키스탄, 기원전 약 2500~1700

38 | 보로부두르 사원, 자바, 800년경, 부처와 종 모양 스투파

39 | 호이살레슈바라 사원 남쪽 입구에 새겨진 조각 장식, 할레비드, 마이소르, 인도, 14세기

이바르 고개를 통해 인도에 침입해 들어오기 시작한 아리아인 또는 인도유럽인에 의해 서서히 파괴되었을 것이며, 이는 당시 거듭된 인더스 강의 범람으로 더욱 가속화되었을 것이다. 침략자들은 수렵인에서 농경 정착민으로 발전해가는 일반적인 경로를 밟았던 것으로 보이는데, 점차 이 땅을 점령하기 시작한 이들은 기원전 900년에는 갠지스 강까지 이르렀고, 그로부터 1세기 후에는 데칸 고원까지 세력을 뻗어 이곳 원주민인 드라비다인을 남쪽으로 몰아냈던 것 같다. 이 시기가 베다 시대로 알려진 시기인데, 여기에 베다라는 이름이 붙은 것은 우리가 인도의 기원전 마지막 2000년간에 대해 갖고 있는 상이 대부분 아리아인의 '베다'에서 주워 모은 것이기 때문이다. 베다는 산스크리트어로 쓰여진 성스러운 찬가집으로, 이들 종족의 기원과 전설에 관한 두 편의 길고 흥미로운 서사시가 포함되어 있다. 베다는 18세기에 와서야 기록되었으나, 분명히 오랜 세월 구전되어온 전통을 간직하고 있을 것이다. 기원전 5세기경에는 베다교가 힌두교에 길을 내준 것으로 보이며, 서력 기원이 시작될 무렵에는 힌두교의 가장 위대한 신 세 명으로 구성된 삼신일체(三神一體)가 마침내 분명하지도 않고 서로 구분도 잘 되지 않는 베다교의 많은 신을 대체했다.

우리는 아직도 이 시대의 건축에 관해 말해줄 실마리를 찾고 있다. 대나무로 지어 이엉을 얹은 일반 건물은 당연히 흔적도 없이 사라졌고, 얼마 남지 않은 유적이 그 주요 건축 재료가 나무, 그 중에서도 재질이 연한 티크였음을 말해줄 뿐이다. 티크는 미얀마에서 자라는 최상의 티크에서 인도의 골짜기에서 자라거나 나무가 많은 산악 지대에서 강물로 떠내려보낸 하질의 티크까지 여러 종류가 쓰였다. 그동안 이따금씩 벵골의 강변 평야와 펀자브, 스리랑카와 미얀마에서 모헨조다로의 벽돌 건축의 뛰어난 전통을 상기시켜주는 유적이 발견되었지만, 산스크리트어로 쓰여진 작품을 보면, 1500년 동안 거대한 도시가 있었다는 언급이 전혀 없다가 1565년에야 이슬람군의 정복으로 인도 남부에 있던 비자야나가라 왕국의 거대한 궁전 복합체가 파괴되었다는 이야기가 나온다. 지금은 이것이 1336년에 창건된 힌두 왕국인 바자야나가라 왕국의 궁전으로 확인되었으며, 또 귀부인의 욕장과 코끼리 우리, 시바신에게 바친 신전과 같은 뛰어난 건축물도 발견되었다. 그러나 서력 기원이 시작되기 전 1000년 동안은 인도 전역에서 많은 왕국과 공화국이 발전하여, 최초로 인도 전체를 통일한 찬드라 굽타(BC 316~292)의 마우리아 제국이 건설될 수 있는 터전이 마련되었다. 처음으로 잘 다듬은 마름돌이 사용된 것은 찬드라 굽타의 손자인 마우리아 제국의 아소카(BC 273~232) 때의 일이다. 이때부터 돌은 사원을 짓는 '신성한' 재료로 받아들여졌고, 그 결과 건축 이야기에 기여할 수 있는 건축물을 남길 수 있었다. 돌이 귀한 지역에서는 마름돌이 막돌로 쌓은 벽에 붙이는 마감재로 사용되었으나, 돌 공급에 문제가 없었던 스리랑카에서는 사원 건축에서 독보적인 모습을 보여주었다. 인도는 인더스 강 남쪽에서 사암과 대리석이 났고, 더 아래로 내려간 데칸 고원에서는 사암이 났다. 그러나 목조 건축물에 쓰이던 기법이 그대로 석조 건축물에도 적용되어, 목재 이음 방식을 포함해 사라진 목재 건축물에 대해 많은 것을 말해주며, 심지어는 오늘날에도 인도 장인들이 상자와 쟁반에 새긴 소박한 조각이나 힌두 그림과 신전의 정면을 뒤덮고 있는 아주 뛰어난 조각 사이에서 예술적 표현의 유사성을 발견할 수 있을 정도이다.

이 지역 건축은 오늘날까지 면면히 이어져 내려온 세계적 종교인 힌두교와 불교에 의해 널리 퍼졌고, 이들 종교에서 생명력을 얻었다. 특히 건물을 장식한 조각을 볼 때, 이 지역 건축만큼 그것을 지은 사람들의 철학이 생생하게 반영되어 있는 예는 없을 것이다. 힌두 건축물에서 흔히 볼 수 있듯이 층층이 코끼리와 사자, 마부, 중무장을 한 신이 새겨져 있는 14세

40 | 부처상, 갈 비하라, 폴론나루와, 스리랑카, 12세기

기 할레비드의 호이살레슈바라 사원(사진 39)과 부처가 사후 열반한 모습을 새긴 스리랑카의 폴론나루와에 있는 갈 비하라(僧園)의 부처상(사진 40, 부처의 표정이 그의 발 아래 있는 연꽃처럼 온화하고 기쁨이 넘쳐 보인다)을 나란히 비교해보면, 두 종교의 대조적인 분위기를 느낄 수 있다. 두 종교에서 나온 건축물은 세속적인 것일수록 정서적인 차이가 줄어들지만 현실적인 목적에서는 큰 차이가 났다. 힌두교가 공개적인 의식은 사제들이 하고 개인은 혼자서 날마다 기도를 하는 종교라면, 불교는 매우 공동체 지향적이어서 안뜰 주위에 승방이 무리져 있는 승원인 비하라와 예배당(법당) 또는 집회소인 차이티야 그리고 순례자들이 주위에 모여 불공을 드리고 큰 집회도 여는 불탑인 스투파의 건설을 낳았다. 물론 이것은 두 종교의 차이를 극단적으로 단순화한 것이다. 힌두교와 불교는 나란히 공존했을 뿐 아니라 수세기 동안 서로 얽히고설키면서 신앙과 예배 형태가 서로 혼동될 정도로 뒤섞였고, 특히 외부인이 볼 때는 종종 구분이 안 되어 당황스러울 정도이다. 원래 사제 계급의 이름을 본떠 브라만교라 불린 힌두교 자체가 여러 가지 다양한 신앙 형태가 기묘하게 결합된 것이다. 예컨대 힌두교에는 숭배의 신상과 다산의 상징으로 가득 찬 아주 세속적인 드라비다인의 종교가 있는가 하면 우상 숭배를 하지 않는 창백한 피부의 아리아인의 종교도 있다.

힌두 건축을 이해하는 열쇠는 때로 서로 모순되어 보이기까지 하는 요소들이 서로 화해하고 조화를 이루고 있는 데에서 찾을 수 있다. 우리는 노골적으로 성애를 다루고 있는 카마수트라와 많은 사원의 벽에 뒤틀린 형태로 조각된 포르노그라피적인 환상을, 시간과 육체의 고통 따윈 아랑곳없이 뜨거운 불 위에 꼼짝도 않고 앉아 있는 성스러운 사두(성자 또는 수행자)의 모습에서 가장 극명하게 나타나는 불가능할 정도로 엄격한 요가의 금욕주의와 화해시켜야 한다. 그러나 이 모든 것이 힌두교도에게는 전혀 모순이 아니다. 이 모든 것은 같은 신의 다른 측면일 뿐이다. 이런 야누스적인 얼굴은 추상적인 평면과 상징적인 윤곽이 (정글의 수풀처럼 무성하고 팔이 여러 개 달린 신과 꽥꽥거리는 원숭이로 현란하기 짝이 없는 조각으로 뒤덮인) 알뿌리 모양의 화려한 탑과 결합된 형태로 아시아 건축에 끊임없이 나타났다.

불교는 브라만 계급의 억압으로부터 벗어나고자 했던 두 운동 가운데 하나였는데, 다른 하나는 건축에서는 별로 중요하지 않은 자이나교였다. 불교는 기원전 6세기에 갠지스 강 북쪽 평원에 있는 나라에서 왕족으로 태어나, 카스트에 관계 없이 누구나 끊임없는 윤회에서 벗어나 해탈에 이를 수 있는 길인 팔정도(八正道)를 가르친 '깨달음을 얻은 자', 고타마 싯달타의 가르침에 바탕을 두고 있다.

기원전 255년에는 북인도의 마우리아 왕조의 세 번째 왕이었던 아소카가 불교로 개종하면서 불교를 국교로 정했다. 아소카는 역사상 최초로 인도를 통일한 정력적인 통치자였으며, 파트나에서 북서쪽으로 거대한 간선 도로인 왕도(王道)를 건설하기도 했다. 그런데 동인도의 칼링가국에 대한 피비린내 나는 정복전에서 승리한 후 회개한 그는 종교에 귀의하여, 바라바르 언덕에 자이나교 수행자를 위한 첫 번째 석굴 사원을 짓도록 명령했고(BC 6~5세기의 페르시아 아케메네스 왕조의 무덤에 기초해 지은 것 같다), 고대 그리스 세계와 네팔, 스리랑카까지 포교 활동을 벌여 그의 제국을 정신적으로 확장시켰다. 우리가 건축 이야기에서 흔히 관찰하게 되는 문화적 영향의 쌍방향성은 페르시아 제국과 알렉산드로스 대왕의 제국, 거기에 불교의 정신적인 제국까지 이런 거대한 제국들이 당시 알려진 세계를 서로 중복해서 통치한 결과로 설명할 수 있다. 예를 들어, 아소카의 영향을 말해주는 증거는 인도 전역에 흩어져 있는 유적에서 발견할 수 있는데, 종교적 가르침이 새겨진 기둥과 암벽, 석굴 사원과 하나의 바위로 된 사원 장식물, 수많은 스투파(그는 3년 동안 84,000개의 스투파를 세웠다고 한다), 파탈리푸트라(지금의 파트나)의 거대한 다주실이 있는 궁전의 폐허 등이 그것이다.

불교와 자이나교, 힌두교의 밑바탕에 있는 생각은 우주는 거대한 바다이고 세계는 그 한가운데 떠 있다는 것이다. 그리고 세계의 중심에는 5개 또는 6개의 단으로 이루어진 거대한 산이 있는데, 맨 아랫단에는 인간이 살고, 중간에 있는 단에는 수호신들이 살며, 그 위로 신들이 사는 27개의 하늘이 있다고 한다. 우리는 건축 형태와 건물의 세부 장식에서 지구라트의 형태와 관련하여 앞에서 언급한 바 있는 이런 기본적인 생각의 자취를 놀랄 정도로 자주 발견하게 된다.

먼저 세계의 중심에 신성한 산이 있다는 생각은 신은 산이나 동굴에 산다는 힌두교의 믿음과 정확히 일치하며, 이런 믿음은 지상에 산과 자궁의 건축이라고 불러도 좋을 신의 임시 거처를 짓게 되면서 더욱 촉진되었다. 모든 힌두 사원은 산 모양이며, 전형적인 불교 구조물인 스투파는 기원에서 분묘보다 뒤에 나온 건축물이며, 단단하고 속이 꽉 찬 흙무더기인 이런 분묘는 영구 보존을 위해 점차 벽돌이나 돌로 표면을 싸게 되었다.

가장 초기의 스투파는 거의 남아 있지 않다.

중인도에 있는 산치의 대 스투파는 19세기에 이루어진 많은 개축과 복원에도 불구하고 아소카가 기원전 273~236년까지 정착시킨 기본 형태를 간직하고 있다. 1세기쯤에 세워진 것으

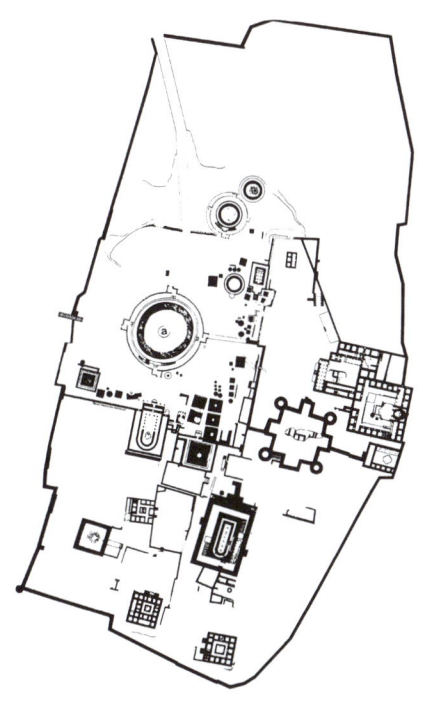

42 | 대스투파, 산치, 사원 전체의 배치도

41 | 대스투파, 산치, 인도, 1세기

43 | 스와얌부나트 스투파, 카트만두 강 유역, 네팔. 400년경에 세워졌으나 여러 차례 개축

로 보이는 현재의 스투파(사진 41, 42)는 높이가 낮고 옆으로 퍼진 전형적인 분묘 형태로, 지름이 32미터, 높이가 15미터이다. 이 산치의 대 스투파에서는 고전적인 스투파의 특징을 모두 볼 수 있다. 먼저 스투파가 있는 신성한 공간을 세속적인 공간과 분리시키는 울타리인 돌로 만든 난간은 동서남북 방향에 '토라나'라 불리는 높고 장식적인 탑문(塔門; 후에 중국의 파일루와 일본의 도리이에 영향을 주었다)이 자리잡고 있으며, 분묘 둘레에 있는 회랑은 계단으로 스투파의 납작한 꼭대기와 연결되어 있고, 꼭대기에는 제단이 놓여 있다. 모든 스투파는 신성한 기념비이며 성골함이다. 왜냐하면 설사 그 안에 생전의 부처의 유물이 들어 있지 않더라도 부처나 부처의 제자들이 한 번씩은 그곳에 들러 신성해진 곳이기 때문이다.

이것이 상징하는 것은 분명하다. 거대한 반구형의 하늘은 우주의 축을 중심으로 회전하는데, 영혼이 지나게 되는 의식의 다양한 층위를 상징하는 우산 모양의 작은 뾰족탑이 가리키는 것이 바로 이 우주의 축이며, 부처를 상징하는 바퀴와 나무, 삼지창, 연꽃으로 장식된 4개의 탑문은 나침반의 네 방위를 가리킨다. 그리고 울타리를 둘러 회랑을 만든 것은 참배자들이 벽에 새겨진 부처의 삶을 공부하면서 분묘를 시계 방향으로 돌며 예배하도록 하기 위한 것이다.

스투파는 여러 가지 매혹적인 형태를 거치면서 발전했다. 최초의 형태는 3세기에 고대의 수도였던 아누라다푸라에 세워진 루반벨리 다가바(스리랑카에서는 스투파를 다가바라 부른다)에서 볼 수 있듯이 스리랑카에 보존되어 있었다. 여기서는 폐허가 된 승원에 남아 있는 기둥도 볼 수 있다. 또 아누라다푸라는 바빌론

신성한 산과 성스러운 자궁: 인도 아대륙

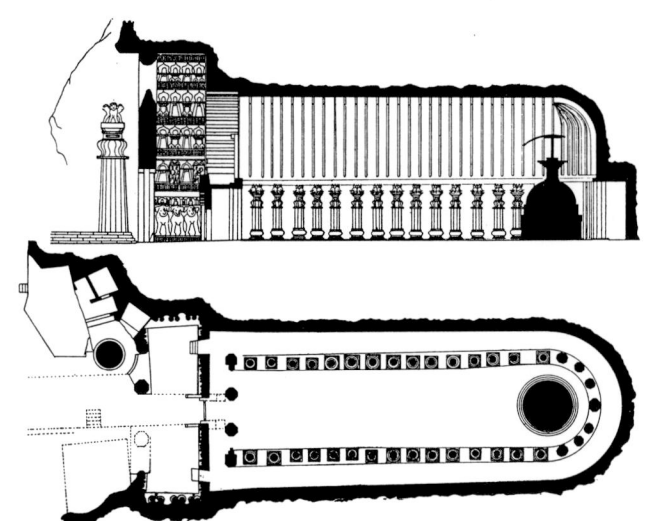

44 | 석굴 *차이티야*, 카를리, 데칸 고원, 인도, 기원전 78, 단면도와 평면도

45 | *차이티야*, 카를리, 실내

이나 니네베의 유적만큼이나 광대한 유적이 발견된 곳으로도 유명한데, 아직도 공작 궁전과 청동 궁전에서는 기둥을 볼 수 있으며, 특히 청동 궁전은 한때 청동 기와 지붕을 얹은 많은 방과 진주와 금으로 만든 넓은 홀, 해와 달과 별로 장식된 상아 왕관이 있었던 것으로 유명했다.

한때 미얀마의 수도였던 파간에는 일찍이 동남아시아를 정복하려 했던 13세기 몽고의 황제 쿠빌라이 칸이 파괴하기 전까지는 이라와디 강을 따라 32킬로미터나 길게 늘어서 있던 13,000개의 종 모양 사원 가운데 아직도 5,000개가 남아 있으며, 어떤 것은 아직도 슈웨다곤 파고다처럼 곱게 바른 회반죽 위에 금박이 되어 있다. 한편 카트만두 강 유역에 있는 스와얌부나트 스투파(사진 43)에서는 네팔 스타일을 볼 수 있는데, 사원의 사각형 면에 그려진 게슴츠레한 부처의 눈이 불교의 하늘을 뜻하는 13개의 우산 모양 고리(傘蓋)로 된 지붕 바로 밑에서 사방을 내려다보고 있는 것이 특징이다. 스투파의 형태는 분묘 형태에서 종형, 계단식 무덤, 파고다에 이르기까지 지역에 따라 여러 가지 형태로 번안되었기 때문에, 사원과 스투파를 명확히 구분하기는 어렵다. 기본적으로 사원은 신성한 곳이고 집단 예배를 보는 곳이지만, 이런 예배는 항상 스투파나 불상을 중심으로 해서 이루어진다. 왜냐하면 말 그대로 스투파나 불상 주위를 도는 것이 예배에서 매우 중요한 부분을 차지하기 때문이다.

그럼 분묘 형태의 스투파에 대해서는 이 정도로 하고, 산 모양의 사원 건축물과는 정반대의 형태를 취하는 자궁 모양의 건축물로 넘어가면, 이것은 세 종교에서 모두 사용된 종교적 표현 형식이다. 힌두교도와 자이나교도, 불교도는 일찍이 기원전 200년부터 서기 9세기까지 아주 초기의 인도 건축 전통을 간직하고 있으면서도 경이로운 솜씨와 고된 노동으로 암벽을 직접 파내 석굴 사원과 예배당을 지었다.

원래 차이티야는 사당을 일컫는 일반 명사였으나, 지금은 거의 불교 예배당을 말하며 흔히 승려들이 거주하는 승원인 비하라가 딸려 있다. 암벽 속에 지은 차이티야는 스투파와 정반대의 형태를 취했다. 그러니까 분묘 형태로 높

46 | 석굴 사원 19 입구, 아잔타, 인도, 250년경

이 쌓아올린 것이 아니라 암벽을 분묘 형태로 파낸 것이다. 여기서는 회랑이 그리스도교 교회에서 볼 수 있는 유보 회랑(遊步回廊)과 비슷한 형태를 취하고 있다. 회랑은 바위를 그대로 깎아 만든 열주에 의해 본당과 구분되어 있으며, 끝에 반원형 성소가 있다. 데칸 고원의 카를리에 있는 차이티야(BC 78; 사진 44, 45)에서는 땅딸막한 기둥 위에 골진 과일 모양의 기둥머리가 얹혀 있는데, 이런 형식은 인도 건축에서 1000년간이나 존속했다. 불교 승려들이 사용했던 바자의 차이티야(1세기)는 카를리의 차이티야와 마찬가지로 반원통형의 높은 천장이 있었다. 그리고 끝에 있는 반원형 성소에는 작은 스투파가 서 있는 것이 특징인데, 흔히 암반에서 직접 올라온 바위 기둥을 깎아 만든 이런 스투파에는 우산 모양의 꼭대기 장식이 꽂혀 있어, 산 모양의 스투파에서 볼 수 있었던 우산 모양 장식을 그대로 재현했다. 차이티야는 서기 250년경에 조성된 아잔타의 석굴 사원(사진 46)처럼 대개 말굽 모양의 창을 통해 빛이 들어왔다. 아잔타에는 암벽을 깎아 학교와 예배당을 지은 승가 대학이 있었다. 해질 무렵이면 재칼의 구슬픈 울음 소리가 들리는 중인도의 산골짜기에 있는 아잔타는 기원전 2세기부터 서기 640년까지 오랜 세월에 걸쳐 판 29개의 동굴이 있는 것으로 유명하다. 이들 석굴 사원의 창문에서 볼 수 있는 장식적인 창살 무늬는 나무로 만든 것이나 돌로 만든 것이나 모두 나무를 조각한 것 같다.

힌두교 사원은 불교 사원과 다르다. 힌두교 사원은 암벽 안으로 파들어간 건축 형태(그 결과 건축물 내부만 생김)에서 자연 그대로의 바위 표면에서 안을 깎아내고 위를 깎아내어 하나의 사원을 조각해내는 형태로 변한다. 시바 신에게 바치기 위해 히말라야 산맥에 있는 산 모양의 사원을 그대로 복제한 엘로라의 카일라사 사원(750~950)은 단단한 암벽에서 사원 형태를 조각해내기 위해 무려 2백만 톤이나 되는 검은 화산암을 깎아낸 것으로 추정된다(사진 47). 안뜰에는 비문이 새겨진 외기둥인 스탐바가 서 있는데, 이것은 때로 인물상이나 등(燈)을 세우는 받침대로 쓰였다. 이 사원의 아래층은 나중에 암벽을 더 깎아내어 힘과 계절풍의 상징인 코끼리 형상을 조각해낸 것이라, 마치 사원이 코끼리 등에 올라탄 형상이다. 남인도의 마드라스 부근에 있는 마하발리푸람의 단일암체(單一巖體)들은 7~8세기에 팔라바 왕조의 왕들에 의해 그 자리에 있는 한 덩어리의 화강암에서 라타(인도의 사륜마차)와 코끼리 형상을 조각해낸 것이다(사진 48). 오리사의 코나라크에 있는 태양 사원은 입구 현관만 지어졌지만, 이 사원의 힘은 바깥편에 빙 둘러 조각되어 있는 유명한 에로틱한 조각에 있는 게 아니라 이 건물 전체가 태양신의 사륜마차(사진 49)로 조각되었다는 사실에 있다. 인도 아리아인의 태양신인 수리아는 날마다 네 마리 또는 일곱 마리의 말이 끄는 자신의 사륜마차를 타고 지구를 도는데, 이 붉은 사암으로 지은 사원은 12궁에 맞추어 바퀴가 12개나 달려 있어 마치 달리고 있는 느낌이다. 봄베이 항의 엘레판타 섬에 있는 9세기의 엘레판타 사원의 실내에는 조각된 처마 장식과 네모진 기둥이 있으며, 기둥머리가 골이 진 과일 모양이라 카를리의 기둥머리와 비슷하다.

석굴 사원이나 자연 그대로의 암벽에서 조각해낸 사원과 달리 독립적으로 서 있는 사원 유적 가운데 가장 오래된 것은 아프가니스탄에 있으며, 이 사원들은 4~6세기의 굽타 왕조 시

대에 지어졌다. 데칸 고원의 아이홀레에 있는 하차파이야 사원(320~630)은 자궁 같은 동굴에서 나와 땅 위에 놓인, 현존하는 가장 오래된 사원이다. 그러나 원래의 상징성이 희미해졌는가 하면 전혀 그렇지 않다. 즉, 땅 위에 있는 힌두교 사원의 중심에는 가르바 그리하라 불리는 작고 어두운 성소가 있고 그 안에 신이 봉안되어 있어, 자궁과 같은 모습을 그대로 간직하고 있었던 것이다. 이곳은 사제들만 들어가 신을 모시는 가장 신성한 곳이다. 오리사를 비롯한 북인도의 사원에서 공통적으로 볼 수 있는 특징은 성소로 들어가는 입구에 일련의 방이 있고, 이런 방들이 이집트 사원에서 본 것처럼 성소와 같은 축을 중심으로 일렬로 서 있는 것이다(사진 50). 흔히 사원의 기저부를 형성하는 이곳에는 만다파라는 집회 및 의식 공간이 있다. 그리고 성소의 바로 위에서 바깥에 성소의 존재를 알리는 것이 산봉우리를 뜻하는 시카라라는 뾰족탑 같은 지붕이다. 시카라는 위로 올라갈수록 가늘어지도록 층층이 돌을 쌓아올린 것으로, 안은 비어 있다. 이것의 유일한 목적은 산과 같은 모양을 통해 바깥 세상에 그곳에 동굴과 산을 통해 우주로 들어가는 신성한 입구가 있음을 알리는 것이다. 시카라는 지역에 따라 크기와 모양이 다양하지만, 어디서나 신의 위엄을 드러내는 것은 대개 비좁고 어두우며 공기가 탁한 신상을 모신 방이 아니라 하늘을 향해 우뚝 서 있는 시카라와 시카라에 새겨진 인상적인 조각들이다. 이는 마하발리푸람의 해변에 서 있는 8세기의 두 해안 사원에서 아주 분명하게 나타난다(사진 51). 그 중 큰 사원은 동쪽을 향해 있고 작은 사원은 지는 해를 바라보고 있는데, 세월이 흘러 접근을 막는 시바의 황소 '난디'의 특징이 희미해지기는 했지만, 세 개의 회랑에 둘러싸인 피라미드 모양의 시카라는 여전히 아주 인상적이며, 세

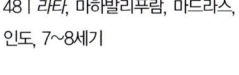

48 | *라타*, 마하발리푸람, 마드라스, 인도, 7~8세기

47 | *카일라사 사원*, 엘로라, 인도, 750~950, 판화

49 | 태양(수리야) 사원, 코나라크, 오리사, 인도, 13세기

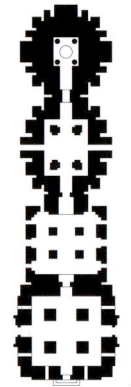

50 | 링가라자 사원, 부바네스와르, 오리사, 인도, 9~10세기, 배치도

없은 것도 있다. 각 안뜰은 탑이 있는 대문인 고푸람으로 들어가는데, 계단식 피라미드인 고푸람은 평면이 직사각형이고 중앙에 있는 성소에 가까울수록 크기가 작아진다. 그러나 고푸람은 절대 자신을 내세우지 않는 건축물이 아니다. 비스듬히 경사를 이루고 있는 계단식 측면이 꼭대기에서 돔형 지붕을 올린 모형집과 결합되어 있는 형상은 마치 신성한 산 모양 사원 같으며, 맨 아래층에 있는 인간에서부터 맨 위층에 있는 신까지 창조 순서에 따라 층층이 새겨진 온갖 형상은 눈이 어지러울 정도로 현란하다.

사자와 질주하는 말 형상의 기둥 2000개가 떠받치고 있는 긴 회랑이 있는 마두라의 대사원(1623)은 남인도의 드라비다 양식을 보여주는 좋은 예이다(사진 52). 이 사원은 사실상 하나의 도시이며, 시바와 그의 배우자 파르바티에게 바친 최초의 작은 사원은 나중에 대규모로 조성된 안뜰과 홀, 대문에 가려 거의 눈에 안 보일 정도이다. 그리고 번화한 시장은 나팔을 불듯 코를 높이 쳐들고 울어대는 사원의 코끼리며 호수라고 해도 좋을 황금백합꽃 저수지에서 몸과 옷을 깨끗이 하는 참배자들의 모습은 신성한 것과 세속적인 것이 하나로 융합된 인도인의 생활을 생생하게 보여준다.

모든 사원에 공통적인 것은 만다파 안에 있든 성소 둘레에 있든 사원 바깥에 있든, 신성한 조각이 줄지어 조각돼 있는 회랑이 있다는 것이다. 힌두교 사원은 그 자체가 숭배의 대상이

회랑의 바닥은 저마다 아래층이 지붕 노릇을 하고 있다.

마드라스와 마이소르, 케랄라, 안드라와 같은 주에서 발견되는 남인도의 드라비다 양식 사원(약 600~1750)은 성소에 신을 모셔 두고 사제들이 신을 받들기만 하는 사원이 아닌 유일한 힌두 사원이다. 드라비다 양식의 사원은 안뜰과 탑과 만다파가 훨씬 복잡하게 무리져 있어 집단 예배와 일상 생활을 할 수 있게 되어 있다. 만다파는 일련의 시카라 밑에 있는 반복적인 지붕으로 덮여 있거나 하늘로 우뚝 솟은 시카라를 중심으로 올라가 있는 일련의 지붕으로 덮여 있다. 현재 70개의 사원이 남아 있는데, 일반적으로 가운데 축을 중심으로 여러 개의 안뜰이 바깥쪽으로 빙 둘러 있으며, 중심에 가까운 안뜰 가운데는 납작한 지붕을

51 | 해안 사원, 마하발리푸람, 마드라스, 인도, 8세기

52 | 대사원의 세 주요 고푸라, 마두라, 인도, 1623

고, 사원의 주위를 도는 것 자체가 예배 행위이다. 힌두교에서는 살아 있는 사원에서는 동쪽 입구에서 시계 방향으로, 거대한 크메르 제국의 사원인 캄보디아의 앙코르와트와 같은 장제전에서는 서쪽 입구에서 시계 반대 방향으로 사원을 돈다. 모든 사원에 공통적인 것 또 한 가지는 아무리 하늘 높이 올라가 있는 것처럼 보이거나 땅 밑으로 들어가 있는 것처럼 보여도 사용할 수 있는 공간은 항상 건물 안에 있건 건물 주변에 있건 지상에 있다는 것이다. 이것은 하루 중 많은 시간을 옥외에서 생활하는 뜨거운 지역에서는 놀라운 일도 아니다. 그러나 지역에서 선호하는 양식과 구할 수 있는 재료, 지붕과 시카라의 형태와 기울기에 영향을 미치는 강우량과 같은 요인 때문에 사원의 윤곽과 배치는 지역마다 다르다. 사원이 탑과 유보회랑에 둘러싸인 현관, 신성한 지역과 세속적인 지역을 분리시키는 1.8미터 가량의 담으로 구성된 북인도 양식이든, 한 축을 중심으로 안뜰이 여러 개 펼쳐져 있는 복잡한 남인도의 드라비다 양식이든, 사원을 구성하는 개개의 요소는 바깥에서도 분명히 구분할 수 있다. 설사 통로로 연결되어 있더라도 그것들은 모두 개별적인 존재로서 설계된 것이다. 사원 안에 있는 두 가지 주요 구조물은 흔히 낮게 웅크리고 있는 윤곽을 지닌 넓은 예배당과 위로 시카라가 높이 솟아 있는 작은 성소이다. 9세기는 오리사에 대대적으로 사원이 건립된 시기이다. 오리사 주의 수도인 부바네스와르에 있는 브라메스바라 사원(사진 53)은 그 겉모습에서

53 | 브라메스바라 사원, 부바네스와르, 오리사, 인도, 9세기

내가 지금 말하려고 하는 세 가지 요소, 즉 기저부와 띠를 이루고 있는 장식 조각, 하늘 높이 솟아 있는 시카라를 아주 뚜렷이 보여준다. 브라메스바라 사원은 한때는 신성한 호수를 둘러싸고 있던 7000개의 오사라 양식 기념 건축물 가운데 현존하는 가장 큰 사원이다. 이 사원의 시카라는 옥수수 속대 같은 모양으로 우뚝 서 있으며, 시카라 위에는 납작하고 멋진, 벨벳 방석 같지만 실은 돌을 깎아 만든 골 진 원반이 얹혀 있다.

어떤 윤곽을 지니고 있든 사원은 항상 생명을 주는 신의 숨결로 가득한 우주의 상을 하고 있다. 사원을 세울 때는 그 시기에 대해 점성가들에게 조언을 구했고, 몇몇 복잡한 사원의 배치는 만다라의 완벽한 대칭과 신비로운 완벽성을 지니고 있다. 달리 말하면, 사원은 우주의 창조 과정을 나타낸 기하학적 도형이다. 난간과 동서남북의 네 방향에 문이 있는 산치의 대스투파는 이런 사실을 극명하게 보여준다.

아름답게 표현된 많은 아시아 예술 가운데 우리가 절대 빼놓을 수 없는 웅대한 건축물 두 가지는 캄보디아의 앙코르와트와 산 모양의 불교 사원인 자바의 보로부두르 사원이다. 이 두 사원의 장점은 아주 인상적인 자연을 배경으로 하고 있다는 것이다. 보로부두르는 화산을 배경으로 그것을 꼭 닮은 모습으로 서 있고 (원래는 산을 깎아 만든 사원이었다), 정글 가운데 우뚝 서 있는 앙코르와트(사진 54)는 4킬로미터나 되는 해자에 의해 정글과 분리되어 있다. 크메르 왕국의 왕이며 데바-라자(신-왕)인 수리아바르만 2세(1113~1150)는 여기에 자신의 왕조를 기념하는 건축물로서 세계에서 가장 큰 종교 건축물을 지었다. 어찌나 광대한지, 이곳을 완전히 돌려면 순례자들은 꼬박 19킬로미터를 걸어야 한다. 사원의 중앙은 5개의 단 위에 65.5미터 높이로 솟아 있으며, 그 위에 메루 산을 상징하는 전나무 열매 모양의 탑 5개가 있고, 이곳은 바닥을 높이 올린 길과 입구에 있는 십자 모양의 승강대를 통해 올라간다.

로즈 매콜리는 『유적지의 즐거움』에서, "둑길과 백합 같은 해자를 통해 들어가면 마치 어떤 황홀한 꿈 속으로 빠져드는 것 같았다"고 쓰고 있다. 그리고는 이어 이곳을 찾은 사람들이 구불구불하거나 위로 곧장 뻗어 있는 계단과 미로 같은 안뜰, 그리고 벽에 암사라라는 춤추는 요정과 항상 명상에 잠겨 있는 신의 모습이 새겨진 회랑을 지나 마침내 근처에 있는 도시인 앙코르톰을 둘러싸고 있는 숲이 보일 때까지 한단 한단 정상을 향해 올라가는 모습을 자세하게 묘사하고 있다. 크메르 제국이 멸망한 뒤 다시 숲이 무성해지면서 제국의 도시들은 무성한 숲에 휩싸이고 말았다. 그러나 지금은 난간으로 변해 신전 울타리에 둘러싸여 있는 신의 뱀 상징물은 훨씬 배배 꼬인 뱀 형상을 하고 있는 무화과나무와 뱅골보리수의 꼬불꼬불한 뿌리·가지와 수세기 동안 경쟁을 벌였다. 이 거대한 건축물은 무려 500년 동안이나 정글에 갇혀 있었으나, 1861년 프랑스 박물학자이자 작가인 피에르 로티가 열대의 희귀 식물을 찾아 돌아다니다가 우연히 발견하게 되었다. 그리하여 힘든 작업을 통해 1973년에는 거의 원상을 회복해 다시 옛날의 영광을 누릴 수 있었다. 그러나 안타깝게도 크메르 루즈의 군사 독재 치하였던 1975년부터 이것은 다시 한 번 무관심과 비, 버섯과 덩굴 식물의 먹이가 되고 말았다. 지금은 악의적인 문화재 파괴와 좀도둑의 극성으로 대부분의 신이 머리를 강탈당해, 아직도 명상에 잠길 수 있는 신은 거의 없다.

서기 800년경에 세워진 불교 건축의 백미,

54 | 앙코르와트, 캄보디아, 12세기

55 | 보로부두르 사원, 자바, 800년경, 공중에서 본 모습

보로부두르 사원(사진 55)은 엄청난 자연의 매력을 지니고 있다. 왜냐하면 사원 전체가 한 덩어리의 바위에서 조각해낸 것인 데다 그 크기 또한 어마어마하기 때문이다. 또한 밑에서 보면, 단을 둘러친 벽에 부처상을 모신 벽감이 빼곡이 들어서 있는 것이 마치 인간의 작품이 아니라 바위가 무너져내려 자연스럽게 생긴 절벽에 은둔자들의 동굴이 빼곡이 들어서 있는 것 같다. 이것은 건축물 전체가 열반으로 나아가는 영혼의 여정을 나타내고 있다. 왜냐하면 순례자들은 앙코르와트에서처럼 계속 위로 안으로 올라가는 긴 회랑을 따라 해탈로 나아가는 9단계의 극기 과정을 거쳐야 하기 때문이다. 먼저 기단부를 지나 벽으로 둘러싸인 4개의 사각형 단을 지나면 담이 없는 3개의 원형 단이 나타나는데, 여기에는 격자 모양으로 돌을 쌓은 바둑판 무늬의 종 모양 스투파 72개가 있고, 그 안에 허리부터 보여 마치 목욕통에 기분좋게 앉아 있는 듯한 부처상 72개가 있다(사진 38). 그리고 마침내 정상에 오르면 벽으로 둘러싸인 작은 뾰족탑 모양의 스투파가 있는데, 순례자들은 영원히 기다리면 언젠가는 여기서 존재의 핵심에 있는 수수께끼가 풀릴 것을 믿어 의심치 않는다.

5 퍼즐과 모듈: 중국과 일본

극동 지역의 건축은 차갑고 냉정하며 자부심이 강한 문화에서 오는, 아주 독특하면서도 강렬한 개성이 돋보인다. 물론 타인과 거리를 두는 냉정함은 서양에서 보았을 때 그렇다는 말이다. 지리적으로 보면, 중국은 서쪽을 등지고 동쪽을 바라보고 있다. 극동 지역과 세계의 나머지 지역을 가르는 장벽인 광대한 산악 지대를 뒤로 하고 한국과 일본, 떠오르는 해를 바라보고 있는 것이다.

중국의 초기 건축에 대한 우리의 생각은 누더기를 기워놓은 것처럼 아주 단편적이다. 이는 중국의 전통적인 건축 재료가 썩기 쉬운 나무인 탓도 있지만, 중국과 일본에는 아주 오랫동안 종교적인 위엄이나 세속적인 권위를 기념비적인 건축물에 영원히 간직하려는 경향이 없었기 때문이다. 그런데 1970년대에 황허 강 유역의 황토에서 진나라(BC 221~206) 황제의 무덤이 발견되었는데, 그 규모가 실로 엄청났다. 수많은 무덤 가운데 정작 중국을 최초로 통일한 진시황제의 무덤 자체는 1996년에 발견되었는데, 아직 완전히 출토되지는 않았지만, 오랜 세월 속에서도 하나도 손상되지 않은 채 고스란히 남아 있었다. 진시황제는 새로운 수도 셴양(咸陽)을 건설하고 몽고의 침입을 막기 위해 만리장성을 세웠을 뿐 아니라, 36년에 걸쳐 각지에서 징발한 약 70만 명의 일꾼을 동원해 지하에 '영혼의 도시'를 건설하고 그 안에 앞서 황제를 이 무덤까지 수행했을 수많은 사람들의 모습을 그대로 본뜬 토우(土偶)를 제작하게 했다. 이 진흙으로 빚은 6000명의 인물상은 키가 1.8미터나 되고(BC 200년에는 중국인이 이렇게 키가 큰 민족이었나?), 마치 병사들 하나하나의 모습을 그대로 본뜬 것처럼 얼굴 모습이 각기 다르다. 여기에는 또 진시황제가 생각한 하늘의 모습도 제작해놓아, 해와 달과 별이 기계 장치에 의해 움직이게 되어 있었다. 우리에게 가장 많은 정보를 전해주는 것은 당시 진나라 때의 모습을 재현해놓은 것으로 농가와 궁전, 정자 등 옛 수도의 건물들이 제작되어 있었을 뿐 아니라 수은으로 만들어 흐르게 한 황허 강과 양쯔 강이 기계 장치에 의해 순환하도록 되어 있었다.

이 진시황릉과 그 후에 발견된 많은 무덤에서 출토된 모형(사진 56)들은, 20~30년마다 원래 모습 그대로 건물을 다시 짓는 습관이 있는 친절한 일본인들 덕분에, 전통적으로 일정한 간격을 두고 중국 건물을 본떠 다시 짓기로 유명한 일본의 목조 건축물에서 추론할 수밖에 없었던 초기 중국의 목조 건축물의 모습을 구체적으로 보여주었다. 고대의 범신론적인 일본 종교인 신도(神道)의 태양신을 모신 이세 신사(사진 57)와 이즈모 신사와 같은 사당들이 그런 예이며, 이는 이 지역에 고유한 토속 건축을 보여주는 훌륭한 예이기도 하다.

그러나 여러 가지 단서를 종합하면 3500년 전의 중국 사회에 가까운 모습을 비교적 쉽게 상상해볼 수 있다. 왜냐하면 중국은 일찍부터 고립된 상태에서 혼자 자신만의 세련된 문화를 발전시켰고 그런 다음에는 중국인의 체질에 맞는 기술적 발전만 추구하기로 했는지 20

56 | 후한시대 무덤에서 출토된, 도기로 제작된 집의 모형, 중국, 1세기

57 | 이세 신사, 미에 현, 일본, 7세기부터 20~30년 간격으로 계속 같은 자리에 다시 지었다고 한다.

58 | 히메지 성, 효고 현, 일본, 1570년경. '백로'라고 불린다

59 | 명나라 역대 13제왕의 능묘로 들어가는 입구에 있는 대리석 파일루, 창평의 십삼릉(十三陵). 베이징 근처, 중국, 1540년경

세기까지도 많은 분야에서 큰 변동 없이 그대로 이어져 내려왔기 때문이다.

중국은 울창한 숲으로 덮여 있던 산이 19세기에 이르러서는 벌거숭이 민둥산이 될 정도로 줄곧 나무로 건물을 지어왔다. 그러나 그렇다고 해서 중국인이 벽돌이나 돌을 쓸 줄 몰랐던 것은 아니다. 중국인은 기원전 3세기부터 무덤과 반원통형 천장에 벽돌 아치를 사용했고, 서기 2~3세기에는 불교와 함께 돌로 건물을 짓는 인도와 미얀마의 전통도 들여왔다. 요나라(907~1125) 때 세운 만주의 전탑과 같은 불탑과 현재 시의 관문으로 쓰이고 있는 인상적인 개선문(사진 59), 이 비 많은 나라에서 항상 빼어난 아름다움을 보여주는 다리는 그 좋은 예이며, 원나라(1260~1368)를 세운 몽고의 쿠빌라이 칸(1214~1294)의 궁전과 명나라(1368~1644) 때의 궁전과 요새 가운데도 뛰어난 벽돌 건축물이 있다.

그러나 분명 중국인이 가장 만족스럽게 생각한 것은 나무였다. 중국에서 먼저 발달해 일본으로 건너간, 기둥과 보로 이루어진 목재 인방식 구조는 중국 건축의 두드러진 특징 가운데 하나였다. 두 번째 특징은 어떤 도시에서 어떤 건물을 지을 때도 반드시 지켜야 했던, 건물의 위치와 방향, 배치는 물론 색깔에까지 영향을 미친 일종의 불문율과도 같은 일련의 규칙이 있었다는 것이다. 이런 규칙은 물리적·사회적·정치적인 필요에서도 나왔지만, 기본적으로는 자연의 조화를 받아들이는 설계 철학에 바탕을 두고 있으며, 이런 풍수지리에 따르면 '상서로운' 것이었다. 이것은 건축의 영원한 주제인 공간의 쓰임새에 관한 법이었고, 공간의 창조에 관한 법이었다. 왜냐하면 중국 철학에서는 공간이 중요했기 때문이다. 어떤 평자들은 공간이 시간보다 중요했다고 주장하지만, 어쨌든 공간이 구조보다 중요했던 것은 분

명하다. 그러나 우리는 건물의 상을 얻어야 하니 건물의 구조를 보아야 할 것이다.

초기 건물 형태에서 나무를 사용하게 된 것은 무엇보다도 나무가 풍부했기 때문이다. 아무르 강 이북 지역에서는 가장 초기의 주거 형태가 동굴이 아니라 땅에 구덩이를 파고 지붕을 얹은 움집이었으며, 이때 지붕은 땅에 박은 통나무 기둥으로 지탱되었다. 일본의 초기 주거 형태도 이와 비슷하게 만들어졌는데, 조몬 문화에서 이것이 땅 위에 올린 지붕에 이엉을 얹은 형태였다면, 야요이 문화에서는 끝이 갈라진 두 개의 막대 사이에 걸친 들보에 의해 지탱되는 텐트 모양의 지붕이 윗가지를 엮어 진흙을 바른 벽 위에 얹혀 있는 형태로 변해 마치 자연스럽게 풀이 난 흙무더기 같았다. 그런데 이것이 일본에서는 일반적인 농가의 형태로 남았다면, 중국 남부와 동남 아시아, 인도네시아에서는 홍수의 위험 때문에 말뚝을 세우고 그 위에 올린 목조 건물이 이 지역의 일반적인 주거 형태로 남았다.

그러나 중국의 전통적인 구조가 된 것은 중부인 황허 강 유역에서 발전했고, 그것은 기단 위에 세운 목구조 형태였다. 중국에서도 지진이 자주 일어나고 일본에서는 지진이 풍토병과 같은 것이니, 이런 구조의 발전에는 분명히 지진이 영향을 끼쳤을 것이다. 그렇다면 이런 상황에서 필요한 것은 한번 지각이 융기했다 하면 쩍쩍 금이 가거나 산산이 부서질 위험이 있는 단단한 벽이 아니라, 잘하면 융기된 지반 위에 올라탄 채 흔들리다가 다시 내려앉을 수도 있고 잘못 되어도 재난이 지나간 후 허물고 다시 지을 수 있는 구조였다.

초기 중국의 건축을 보여주는 예는 산시성 우타이 현에 있는 9세기의 포광사(佛光寺)이다(사진 61). 여기서는 중국과 일본 건축의 세 가지 기본 요소를 볼 수 있는데, 세 가지 요소란

61 | 포광사, 우타이 산, 산시 성, 중국, 857년경

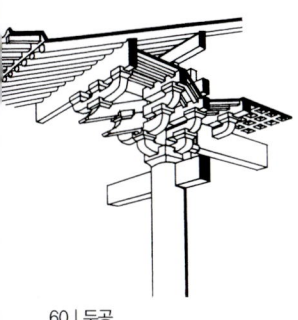

60 | 두공

62 | 가스가 대신사(春日大社) 내부의 붉은 칠을 한 기둥, 나라, 일본, 768

높이 쌓아올린 기단과 칸막이 벽, 지붕이다. 칸막이 벽이란 천장을 받칠 필요 없이 벽 자체의 무게만 견디면 되는 벽으로, 기둥을 세우고 보나 도리를 올리는 구조에서 기둥과 기둥 사이를 막을 때 생기는 벽을 말한다. 일반적으로 기단은 속을 비우지 않고 꽉 채워 지하실이 없었으며, 이것은 흙으로 쌓을 수도 있었지만 진흙 벽돌이나 막돌, 심지어는 마름돌로도 쌓았다. 기단을 흙으로 쌓은 경우에는 흔히 벽돌이나 돌로 표면을 싸고 그 위에 목구조의 집을 올렸다. 우리 이야기에서 소위 '위대한' 건축의 일반적인 건축 형태가 기둥과 들보(상인방)를 기본 틀로 하는 구조인 경우는 이번이 처음인데, 이것은 건물 모서리에 있는 기둥이 지붕을 떠받치게 하고 벽은 나중에 채우는 방식이다. 극동 지역의 목조 주택에서는 건물의 구조가 보이지 않게 바깥을 싸는 일을 최대한 삼가고 구조 자체를 그대로 드러내는 꾸밈없는 골조미를 볼 수 있다.

중국의 초기 건축 형태를 보여주는 또 하나의 예는 한국의 묘향산 보현사에 있는 칠성각(七星閣)이다. 칠성각은 일반적인 초기 건축 양식에 따라 지붕을 받치는 모서리 기둥에 굵은 통나무를 쓰고 기둥 위에 들보를 하나만 올렸다(그러나 나중에는 들보를 이중으로 쓰게 되었다). 소나무나 삼나무로 만드는 기둥은 일반적으로 돌이나 청동으로 된 기둥 받침 위에 세웠고, 이것은 시간이 흐르면서 점차 조각으로 정교하게 장식되었다. 또 악천후나 흰개미로부터 보호하기 위해 기둥에 옻칠을 했는데, 어쩌면 여기서 기둥과 두공(枓栱)을 모두 한 가지 색(대개는 선홍색)으로 칠하는 관습이 생겼을지도 모른다(사진 62; 대개 선홍색인 옻칠은 옻나무의 수액에서 나온 것으로, 햇볕에 노출되면 강해지는 성질이 있어 초기부터—특히 3세기부터—기둥이나 종 모양의 구조물처럼 하중을 받는 구조물을 칠하는 데 사용되었다). 그리고 기둥 위에는 독특한 인방식 구조물을 올려 지붕을 떠받쳤다. 굴뚝이 없어 난방은 이동 가능한 난로에 의지했고, 연기는 벽면이나 지붕의 마룻대 밑으로 빠져나갔다. 벽을 장식용 칸막이 벽으로만 채우고 그것도 높이가 반밖에 올라오지 않는 것은 고온다습한 남부에서는 문제가 안 되었다. 그러나 목재로 벽을 1미터나 쌓았던 추운 북부에서도 지붕선 밑에 약간의 간격을 두는 것이 관례였다. 창문은 대개 종이로 되어 있었고, 뜨거운 날씨면 시원한 바람이 들어오도록 차일처럼 둘둘 말아올릴 수 있었다. 르 코르뷔지에는 창문의 기능으로 빛이 들어오는 기능(채광), 밖을 내다보는 기능(관망), 공기가 들어오는 기능(통풍) 등 세 가지가 있다고 말한 적이 있는데, 1년 중 햇볕에 노출되는 날이 많은 나라에서는 첫 번째 기능이 해당되지 않을 테고, 아마 통풍구로서의 기능이 가장 클 것이다. 일본에서는 칸막이 벽이 안벽과 바깥벽 모두 종이로 되어 있기도 했다.

지붕도 주목할 만하다. 여기서는 중세 유럽의 반(半)목구조 주택에서 볼 수 있는 삼각 결합 구조를 사용하지 않았다. 극동에서는 지붕을 떠받치는 힘을 강화하기 위해 대각선으로 가로지르는 버팀목을 사용하지 않았다. 한나라 무덤에서 출토된 몇몇 농가 모형에서 표면에 대각선으로 가로지른 나무 막대가 보이지만 이것은 순전히 장식에 지나지 않았다. 중국과 일본 주택의 넓은 처마는 용마루와 평행하게 서까래를 떠받치고 있는 들보(종도리)뿐만 아니라 모서리의 두 기둥 위를 가로지른 들보(이음 가로장)가 짧은 수직 부재(쌍대공)를 떠받치고 이것이 다시 더 짧은 들보(이중보)를 떠받치고

63 | 아유왕 사, 닝보(寧波), 저장성(折江城), 중국

있는 피라미드 모양의 인방식 구조에 의해서도 지탱된다. 이 형태는 지붕 쪽으로 올라갈수록 들보의 길이가 짧아지면서 무게가 다시 최초의 두 왕대공에 실리게 하는 방식으로도 되풀이될 수 있을 것이다. 처마의 무게를 지탱하는 것을 거들거나 처마를 더 길게 내기 위해 추가로 옆에 기둥을 세우고 기둥마다 자신의 인방식 구조물을 떠받치게 하는 방법도 썼는데, 이것은 노대나 안뜰에 햇볕이 들거나 비가 들이치지 않게 하는 고전적인 방법이었다.

이렇게 추가로 기둥을 세우면 안쪽에 주랑과 복도 비슷한 공간이 생겼다. 그런데 건축가들은 이렇게 기둥을 세워 실내 공간을 어지럽히지 않고서도 처마를 길게 낼 수 없을까 고민하다 한 가지 멋진 방법을 생각해냈다. 두공이라 불리는 일련의 까치발로 앞으로 튀어나온 처마를 받쳐 처마의 무게가 기둥과 벽으로 전달되게 한 것이다. 마치 난해한 퍼즐처럼 서로 꽉 물려 있는 두공은 그 자체가 하나의 예술 작품이다(사진 60). 이 두공은 들보와 들보가 떠받치고 있는 서까래를 화려하게 색칠하는 전통 때문에 더욱 주목을 받았다. 이런 두공에 대한 영감은 인도를 거쳐 페르시아를 통해 들어왔을지도 모른다. 두공의 중요성은 중국 문화의 개화기인 송나라(960~1279) 때 뛰어난 건축가인 이계(李誡)의 책임 아래 건축의 방법과 설계에 관한 『영조법식(營造法式)』(1100)이 편찬되면서 더욱 강조되었다. 전에는 아주 불규칙

64 | 숭악사 *12면탑*, 숭산, 허난 성, 중국, 520

65 | 개원사 요적탑, 정현, 허베이 성, 중국, 1001~1050

했던 기둥과 들보의 간격에 대한 모듈을 두공의 크기에 기초해 정하고 이를 전국에서 사용하도록 했던 것이다. 17세기 청나라(1644~1912) 때 황실의 공부(工部)에서 새로운 모듈을 내놓았을 때도, 이것 역시 두공에 기초하고 있었다.

하늘로 올라갈 듯 날렵한 곡선을 그리는 중국의 지붕이 가능했던 것은 각도를 자유롭게 변화시킬 수 있는 두공 덕분이었고(사진 63), 여기에 맞배지붕이나 모임지붕, 반쪽 모임지붕, 피라미드형 지붕을 선택하면 아주 매혹적인 윤곽을 만들어낼 수 있었다. 한나라(BC 206~AD 220) 때부터는 처마가 사슬의 양끝을 잡고 늘어뜨렸을 때 생기는 곡선 모양을 했고, 따라서 용마루와 추녀마루도 곡선을 그렸다. 그리고 때로는 용의 이빨처럼 처마끝이 들쭉날쭉하기도 했고, 하늘을 향해 비상하듯 날렵하게 올라간 처마의 네 귀퉁이에 작은 청동 종을 달기도 했다. 중국인은 마룻대를 아주 중요하게 생각하여, 마룻대를 올릴 때는 특별한 의식을 가졌다. 기와는 북부는 회색이고 기타 다른 곳은 청색이거나 녹색, 자주색 또는 황금색이었을 것이다. 황금색은 황제의 색깔이었는데, 명나라 때의 베이징을 높은 데에서 바라보면 지붕 색깔에 따라 각 지역의 지위를 알 수 있었

을지도 모른다.

사람들은 종종 극동 지역에 특징적인 건물 형태는 불탑(파고다)이라고 생각한다. 확실히 중국의 거의 모든 도시에는 적어도 불탑이 하나는 있고, 대개 동북쪽에서 오는 나쁜 기운을 막을 수 있는 자리에 있다. 그러나 사실 중국의 전형적인 건물 형태는 안뜰을 중심으로 1층 아니면 기껏해야 2층밖에 안 되는 사각형 건물이 빙 둘러 배치되어 있는 형태이다. 또 하나 주목할 만한 흥미로운 사실은 신성한 건축물이 나라 전체의 건축 양식에 어떤 '질적' 표준을 제시해주는 대부분의 나라와는 대조적으로 중국과 일본의 사원은 일반적인 가정집 형태로 지어졌다는 것이다. 신성한 것과 세속적인 것의 이런 역전이 어쩌면 극동 지역의 일반적인 정신적 경향일지도 모르며, 이것이 일본의 가정집에서 흔히 볼 수 있는 다도(茶道)의 성스러운 성격을 설명해줄지도 모르겠다.

그동안 일반적으로 사원에 딸려 있는 불탑이 어쩌면 앞서 한나라 무덤에서 출토된 모형으로 본 전형적인 주택에서 발전되어 나왔을지도 모른다는 의견이 있었다. 그 주택은 1층에 사각형 방이 있고, 그 위에 주인이 혼자 생각할 일이 있으면 슬그머니 올라갔을지도 모를 공부방이 하나 있었으며, 다시 그 위 다락방에 곡물 창고가 있는 형태였다. 그런가 하면 또 불탑이 불교의 영향 아래 시카라나 우산 모양의 덮개(傘蓋)가 있는 피라미드 모양의 불교 스투파에서 발전되어 왔으리라는 그럴듯한 설명도 있었다. 그러나 층층이 올라간 누각은 이미 고대 중국에서부터 있었던 형태이며, 한나라 무덤에서 출토된 시계탑이나 급수탑 같은 모형에서도 그 기원을 찾아볼 수 있다. 따라서 불탑은 이 세 가지 형태가 결합되어 나왔을 것이라고 보는 것이 가장 그럴듯한 설명일 것이다.

우리는 세 개의 불탑을 통해 불탑의 발전 과정을 추적할 수 있다. 먼저 520년경에 세워진 허난 성(河南城) 숭산(嵩山) 숭악사(嵩岳寺)의 12면탑은 중국에 남아 있는 가장 오래된 벽돌 건물로, 인도 사원의 흔적이 강하게 남아 있다(사진 64). 두 번째는 1001~1050년에 세워진

66 | 포궁사 석가탑, 산시 성, 중국, 1056, 단면도

67 | 중국의 만리장성, 기원전 210년에 완성

허베이 성(河北城) 정현(定縣)의 개원사(開元寺)에 있는 등대처럼 생긴 요적탑(사진 65)으로, 이것은 송나라 때 요나라와의 경계에 세워진 망루이다. 마지막으로 1056년에 세워진 산시 성 포궁사(佛宮寺)의 석가탑(釋迦塔)에서 전형적인 중국의 불탑을 발견하게 된다(사진 66). 완전히 나무로만 지은 팔면체의 목탑은 반드시 홀수층으로 지어야 했다(보통은 7층탑이나 9층탑). 처음 불교가 들어왔을 당시에는 하늘이 9층으로 되어 있다는 주나라 때 신앙 때문에 9층탑을 즐겨 지었다. 포광사에서는 5층탑도 볼 수 있는데, 이것이 5층탑이라는 것은 옆으로 튀어나온 지붕으로 알 수 있으나, 중간에 안쪽으로 회랑이 있는 층이 있다는 것은 겉으로 표현되지 않았다. 원래 불탑은 승원에 딸린 성소나 성골함이었다. 그래서 인도의 시카라처럼 1층에 신상이 있고 위는 비어 있거나 몇 층까지 올라간 큰 신상이 들어 있기도 했고 회랑이 있는 층에 일련의 신상이 놓여 있기도 했다.

형태는 비슷해도 중국의 불탑에는 수직으로 뻗어 있는 우주의 회전축이라는 시카라와 같은 신비로운 의미는 없었다. 중국인도 우주의 축에 관심을 가졌지만, 그들에게는 그것이 지면에 있는 수평 축이었다. 그리하여 중국에서는 동서남북 네 방위가 아주 중요했고, 각 방위를 상징하는 색깔·동물·계절이 있었다. 예를 들면, 검은색은 북쪽과 겨울, 밤을 상징

63

68 | 천단, 베이징, 1420

했다. 이는 몽고에서 불어오는 찬바람을 생각하면 이상할 것이 없다. 북쪽은 귀신이 오는 방향이라고 여겨졌다. 지금까지 발견된 초기의 예에서도 볼 수 있듯이, 중국의 도시와 집은 남북을 축으로 뻗어 있었으며, 바둑판 무늬로 펼쳐져 있는 도시를 관통하는 주요 간선 도로 역시 남북으로 뻗어 있었고, 집은 봉황과 여름, 태양을 상징하는 남쪽으로 문이 나 있었다. 그리고 서쪽은 흰색과 가을, 저녁, 호랑이, 평화, 상복을 뜻했다. 따라서 조상 숭배를 중요시하는 중국에서는 집의 남서쪽을 신성시하였으며 이곳에는 실용적인 목적을 가진 공간을 두지 않았다.

그러나 집이나 무덤, 도시의 위치를 정할 때는 방위 말고도 신경 써야 할 것이 24가지나 되었다. 역술가들은 앞에서도 언급한 풍수라는 고대 '학문'을 가지고 지세의 좋고 나쁨('우주의 기운'과의 조화)을 판단했다. 사람들은 지금도 이런 역술가들에게 조언을 구하며, 홍콩 상하이 은행 같은 현대적인 은행도 1982~1983년에 역술가의 도움을 청했을 정도다. 풍수에서는 산과 강, 길과 관련한 위치뿐만 아니라 건물의 방향과 문의 위치(한 싱가폴 은행은 입구를 바꿀 때까지 계속 영업 실적이 안 좋았다), 한 울타리 안에 있는 건물들의 관계, 심지어는 방의 수까지도 정한다(방이 세 개, 네 개, 여덟 개면 좋지 않으므로 절대 피해야 한다).

위치가 정해지면 이제 벽을 쌓는데, 이때 대개 풍수를 살펴 불길한 방향에서 나쁜 기운이 오는 것을 막았다. 벽과 벽이 제공해주는 프라

69 | 천단의 소란반자로 된 천장, 베이징, 1420

70 | 오문에서 바라본 자금성의 말발굽 모양 수로와 *태화문* 앞에 펼쳐져 있는 거대한 의식용 광장, 베이징

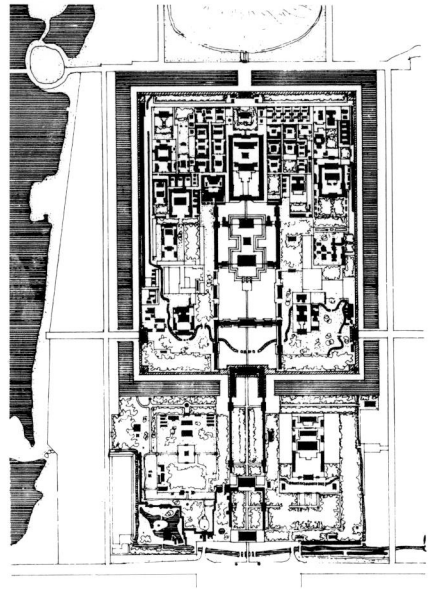

71 | 베이징의 *자금성*, 1406~1420, 배치도

이버시가 중국인에게는 중요하다. 그 좋은 예로, 진시황제는 서로 앙숙인 이웃한 일족끼리 각자 상대방을 겨냥해 세운 북쪽 변경의 성벽들을 모두 이어 만리장성을 쌓았다(사진 67). 우주 공간에서 볼 수 있는 유일한 인공적 지형인 만리장성은, 보하이 만(渤海灣)에서 간쑤 성의 자위관(嘉峪關)까지 산의 자연스런 등고선을 따라 3,813킬로미터나 구불구불하게 이어져 있는, 인간과 환경의 상호작용을 보여주는 훌륭한 예이다. 기원전 210년에 완성된 만리장성은 후대에도 계속 유지되다가, 15세기에서 16세기에 걸쳐 있던 명나라 때에 이르러 오늘날의 모습으로 완성되었다.

앞에서 목조 인방식 구조와 건축할 때 지켜야 할 일련의 규칙을 중국 건축의 두 가지 중요한 특징이라고 말했는데, 세 번째 특징으로 이런 방벽에 대한 집착을 꼽을 수 있을 것이다. 무엇보다도 방벽은 씨족들과 봉건 영주들 사이의 싸움으로 점철된 오랜 역사를 가진 나라에서 이상하게도 성이 없었던 상황을 설명해준다. 귀족에게는 도시가 바로 성이었다. 진나라 수도 셴양은 1만 명을 수용할 수 있도록 설계되었고, 베이징의 황성(皇城)도 필요하면 성벽 안에 도시 인구 전체를 수용할 수 있을 정도로 크게 건설되었다. 기원전 3세기에 진시황제가 전국을 통일하면서 중국은 위계적인 봉건제 사회가 되었고, 도시는 관료 정치와 행정의 중심이 되었다. 각 행정 구역의 정체성과 자율성, 방어를 위해 설치된 방벽 시스템은 대우주에서 소우주까지 똑같이 반복되었다. 먼저 나라 전체가 성벽에 둘러싸여 있었고, 도시들도 저마다 성벽에 둘러싸여 있었으며(도시마다 성벽과 해자의 수호신이 있었다), 도시 안에 있는 집 역시 집집마다 담으로 둘러싸인 대지 위에 서 있었다. 그리고 그 안에 있는 여러 채의 건물에 모두 합치면 100명도 될 수 있는 전통적인 대가족이 살았다. 사실 중국에서는 '벽'이라는 말과 '도시'라는 말이 같은 뜻이었다.

북쪽 수도였던 베이징은 이런 시스템을 보여주는 전형적인 도시다. 항상 수도로서의 위치가 흔들렸던 베이징은 1552년에 명나라 황제가 폭발적인 인구 증가로 남쪽으로 뻗어나간 주변 지역을 끌어들이기 위해 성문이 7개 있는 14.5킬로미터의 성벽을 세운 다음에야 그 위치가 확고해졌다. 이 새로운 성벽으로 베이징은 저 유명한 4개의 성벽으로 둘러싸인 도시가 되었으며, 1420년에 세운 천단(天壇, 사진 68, 69)도 외성(外城) 안으로 들어왔다. 천단은 수도의 남쪽에 관례대로 노천에 세운 단이었다. 남쪽에 있는 외성과 북쪽에 있는 내성(內城)은 해자와 함께 능보를 갖춘 성벽에 둘러싸여 있고, 내성 안에서도 황성 입구에 있는 천안문

72 | 안뜰이 있는 중국의 집, 베이징

73 | *이화원*에 있는 긴 회랑, 베이징 근처, 18세기에 처음 조성

광장에 들어가려면 천안문을 통해 성벽 하나를 지나야 했다. 그리고 이 거대한 도시 한가운데 있는 자금성(紫禁城, 사진 71) 안으로 들어가려면, 오문(午門)을 통해 성벽을 하나 더 지나 다섯 개의 다리 가운데 하나를 통해 말발굽 모양의 수로를 건넌 다음, 먼저 건륭제(乾隆帝)의 거대한 청동 석사자상이 지키고 있는 문루(門樓)와 태화문(太和門)을 지나야 태화전(太和殿, 사진 70) 자체가 서 있는 높은 기단에 다다를 수 있었다. 이것을 보면 상자 안에 상자가 있고 상자 안에 또 상자가 있는 정교한 상자가 떠오른다. 중국인은 상아로 이런 상자를 만드는 솜씨가 뛰어난데, 안으로 안으로 자꾸 들어가면 권력과 위엄이 넘치는 자리가 있을 것 같은 신비로운 기대감을 갖게 된다. 어쩌면 이렇게 방벽 안에 둘러싸여 있어, 중국 사회의 각 부분이 그 자체로서 자신을 지키며, 외부 세계와도 자신의 방식으로 관계를 형성할 수 있었는지도 모르겠다.

일정한 거리를 두는 이런 냉정함은 도시와 집의 설계에서도 나타난다. 집은 안에서 밖을 내다보도록 되어 있으며, 이는 집집마다 길 가는 행인에게 집의 위치며 상태, 아름다움을 잔뜩 뽐내는 서양의 거리와는 정반대되는 태도

67

74 | 뵤도인의 아미타당, 우지, 교토 근처, 일본, 11세기

이다. 그러나 사실은 바둑판 무늬를 이루고 있는 도시의 한 구획 안에서 그 집이 차지하는 위치로써 집주인의 지위를 짐작할 수 있다. 그리고 일단 대문 안으로 들어가면 집이 서 있는 기단의 높이며 집안에 있는 안뜰의 수에서도 집주인의 지위를 짐작할 수 있다. 명나라 때는 하나의 방으로 이루어진 거주 공간의 주간(柱間; 벽의 지주와 지주로 구획되는 규칙적인 사각형 구역)의 수를 황제는 9개, 제후는 7개, 관리는 5개, 일반 서민은 3개로 정한 칙령이 내려졌다. 그러나 거리에서 볼 수 있는 것은 아무것도 없는 담뿐이다. 집은 안에 있는 뜰을 바라보고 있으며(사진 72), 따라서 현관 입구에 있는 안뜰을 둘러싸고 있는 담에는 창문이 없다. 게다가 대문 안으로 들어서도 입구 바로 안쪽에 있는 영벽(靈壁)에 가로막혀 안을 들여다볼 수 없고 그 위로 안뜰에 있는 아름다운 꽃나무 가지나 볼 수 있으면 다행이다. 그러나 직선으로만 움직이는 나쁜 기운이 들어오는 것을 막기 위해 세워놓은 영벽(靈壁)은 돌이 점점이 박혀있는 공원길 같은 무늬나 '잘게 부순 얼음 조각'과 같은 무늬 위에 연꽃이나 대나무 가지가 그려져 있기도 하고 희게 칠한 벽면에 길조를 나타내는 글자가 검게 써 있기도 하는 등 여러 가지 기하학적 무늬나 자연적인 무늬가 새겨져 있어 무척 아름답다.

대개 입구에 있는 뜰은 옆문을 통해 들어가지만, 방문객을 맞이하는 것은 인상적인 정면이 아니라 집의 한쪽 긴 벽면이고, 이 벽면 중앙에 안으로 들어가는 문이 있다(박공벽에는 문이 하나도 없다). 어떤 집이나 행운을 얻으려면 앞문뿐만 아니라 뒷문도 있어야 한다. 그러나 나쁜 기운이 들어오는 것을 막으려면 앞문과 뒷문이 일직선상에 있으면 안 된다. 그리고 바로 이 지점에서 방문객을 안으로 더 들일지 말지가 결정되는데, 여기서 더 안으로 들라는 청을 받은 방문객은 집이 앞뒤 두 부분으로 나뉘어 대칭을 이루고 있으며, 앞부분은 밝고 공개적인 방들이고 뒷부분에 있는 차갑고 어둡고 그늘진 방들은 가족들이 생활하는 사적인 공간이라는 것을 알게 될 것이다. 물론 이런 배치는 통풍을 위해 실내에서 바람이 맞통하게 할 필요성에서도 나왔겠지만, 여기에는 형식과 프라이버시를 중시하는 중국인의 사고가 반영되어 있다. 그리고 뒤에 있는 방으로 갈 때는 좌우에 계단이 있어, 주인은 동쪽에서 오른쪽 계단을 통해 들어가고 손님은 서쪽에서 왼쪽 계단을 통해 들어가게 되어 있어, 손님은 주인의 허락 아래 그 가족의 공간에 들어왔다는 것을 분명히 깨닫게 되어 집안에서 함부로 돌아다니지 못할 것이다.

1103년에 『영조법식』으로 건축에 대한 지침을 내리기 전부터도 정원은 오랫동안 중국 건축의 중요한 특징 가운데 하나였다. 당나라 때

측천무후(625~705)는 심지어 장안 황궁의 정원을 야생 동식물 공원처럼 꾸며, 160킬로미터나 되는 울타리 안에서 인도에서 들여온 코뿔소들이 호수와 언덕, 수풀 사이를 어슬렁거리게 했다. 베이징에서 북서쪽으로 10킬로미터쯤 떨어진 곳에 있는 이화원(頤和園)은 아름답게 조성된 풍치림과 호수 사이로 만(卍)자 무늬 세공을 한 문이 있는 둥근 팔면체의 정자와 불탑, 호수를 둘러싸고 있는 긴 회랑(長廊)과 호수를 가로지르는 다리, 대문과 계단 등 매력적이고 특이한 건물들이 산재해 있다(사진 73). 여기서는 물이 용솟음치는가 하면 콸콸 소리 내어 흐르기도 하고 맑은 방울 소리로 흐르기도 하며, 살랑거리는 나뭇잎 사이로 미로처럼 오솔길이 뻗어 있고, 호수 위에 보름달처럼 떠 있는 수련이 바람에 이는 물결에 부드럽게 흔들린다.

일반 주택에서와 마찬가지로 궁전에서도 건물은 기하학적이고 형식적이지만 정원은 격식에서 벗어나 한층 자유롭게 펼쳐져 있다. 대우주와 소우주의 쌍대성은 여기서도 그대로 반복된다. 중국인은 세계가 오면체의 열린 상자이며 하늘이 그것을 덮고 있는 뚜껑이라는 세계관을 가지고 있다. 주택이 이런 세계관의 축소판이라면, 정원은 자연의 축소판이다. 그리하여 정원에서 산은 바위로 표현되고, 숲은 나무와 이끼로, 강과 바다는 시내와 연못으로 표현된다. 정원에는 일직선으로 뻗은 선이 없다. 언제 들어올지 모르는 나쁜 기운을 막기 위해서는 모든 것이 비탈지고 구불구불해야 한다. 문과 노대, 칸막이 벽, 난간, 계단 등 집과 정원을 연결하는 구조물 역시 집의 기하학적 형태를 버리고 물 흐르듯 부드러운 선과 자연에서 보이는 불규칙한 무늬와 형태—잘게 부서진 얼음 조각이나 이음매 있는 줄기, 술이 달린 듯 끝이 잘게 갈라진 잎사귀, 구불구불한 고사리, 바람에 흔들리는 대나무 등—를 택하고 있다.

평자들은 지금껏 주택과 정원의 대조적인 양식을 중국 고유의 위대한 철학인 유교 및 도교와 연결지어 설명하곤 했다. 두 철학의 창시자는 모두 중국 역사상 격랑이 일던 시대에 삶의 조화라는 원리를 찾으려 했던 사람들이다. 기원전 6세기에 살았던 노자는 『도덕경』에서 자신의 철학을 설파했고, 정부 관리였던 공자는 기원전 5세기에 나라의 봉록을 먹고 백성을 위해 일하는 사람들이 생활의 문제를 풀 수 있는 길을 가르쳤다. 보수적이고 권위적이었던 공자는 선조들의 전통을 존중하고, 합리적이고 유능한 정치가 가져올 사회 질서와 평화의 길을 옹호했다. 우리는 전국 시대(BC 475~221)에 이어 중국을 통일하고 1911년까지 지속된 강력한 관료주의적 봉건제를 확립한 진나라와 중국의 주택을 특징짓는 질서와 위계, 빈틈없는 기하학적 형태에서 공자 철학의 영향을 엿볼 수 있다. 그러나 이와 반대로 정원에는 감정과 직관, 신비주의에 관심을 기울인 도교의 영향이 반영되어 있다. 도교는 합리주의와 질서, 균형에서 벗어나 자유와 실험, 관조를 추구한 철학이다. 중국은 태초에 천제(天帝)가 서로 상반되는 힘인 음과 양을 내보내 함께 우주를 통제하도록 했다는 신화를 가지고 있다. 우리는 중국의 주택과 정원에서 두 양극단이 서로 화해하고 보완하는 모습을 볼 수 있다.

앞서 언급했듯이 일본의 건축에는 중국 문화의 영향이 아주 강하게 배어 있다. 아시아 대륙에서 200킬로미터쯤 떨어진 태평양에 길게 누워 있는 일련의 섬으로 이루어진 일본은 최근까지도 아주 고립되어 있었다. 일본의 역사는 토착 세력과 토착 문화가 지배하던 시기와 해외의 점령을 받은 시기가 번갈아 교차하였다. 최초의 신석기 시대 문화인 조몬 문화와 토착 종교인 신도는 먼저 1~3세기에 중국에서 한국을 거쳐 들어온 이민자들의 문화인 야요이 문화의 침입을 받았다. 그리고 얼마 안 되어 바로 불교가 들어왔는데, 이 종교가 중국에서 들어왔다는 것을 가장 잘 보여주는 건축물은 아마 교토 남쪽 우지(宇治) 시의 뵤도인(平等院) 아미타당일 것이다. 날개를 펼친 새 모양으로 배치되어 있어 흔히 봉황당이라고도 불리는 아미타당은 11세기에 지어졌는데, 건물의 정면은 당의 궁전을 그대로 모방했으며, 금과 은, 진주모와 옻칠로 화려하게 장식된 모습은 화

75 | *야쿠시지의 동탑*, 나라, 일본, 680

려한 중국 양식과 일본 양식, 불교 양식의 총화와 같다(사진 74).

중국에서 당이 멸망하자, 일본은 다시 자신의 강한 생명력을 과시하기 시작했다. 천황은 수도를 헤이안으로 옮겼고, 8~12세기까지 일본의 고유한 건축은 지방 호족들의 저택 형태로 나타났다. 일반적으로 이것은 여기저기 두서없이 흩어져 있는 일련의 사각형 건물들이 연못과 섬으로 아름답게 꾸며진 정원에 불규칙하게 뻗어 있는 회랑으로 연결되어 있었다.

그러나 계속되는 호족들의 싸움은 급기야 1세기 동안의 내전으로 이어져, 권력이 천황에게서 무가 정권의 실력자인 쇼군에게로 넘어가는 결과를 낳았다. 12~19세기까지 주된 권력은 사병인 사무라이를 거느리고 있는 이들 쇼군에게 있었다. 쇼군 정치와 화약의 도입이 건축에 가져온 결과는 요새와 같은 거대한 성채였으며, 일본에서는 이것이 성벽에 둘러싸인 중국의 도시 방어 체계를 대신했다. 해자에 둘러싸여 있고, 통나무로 지은 상부구조에 가장 큰 위협이 되는, 불에 타지 않는 화강암 류의 마름돌로 기단을 높이 쌓고, 지각의 변동에도 견딜 수 있게 위쪽보다 아래쪽을 두껍게 쌓아 벽면의 기울기가 곡선을 그리고 있는 이런

76 | 호류지, 나라, 일본, 670~714

인상적인 건물은 주변 경관이 훤히 내려다보이는 곳에 자리잡고 있었고, 그 밑에 마을이 어지럽게 형성되어 있었다.

1630년대에는 쇼군인 도쿠가와 이에야스가 외국인을 몰아내고 외국과의 모든 통상을 금지하는 엄격한 쇄국 정책을 폈다. 이를 어긴 사람은 사형에 처해질 정도였고, 따라서 네덜란드와 스페인, 포르투갈 사람들과 함께 들어온 그리스도교 역시 완전히 압살당했다. 그후 일본은 이른바 우키요에(浮世繪; 우키요는 '덧없는 세상'이라는 뜻. 우키요에는 에도 시대에 서민 계층을 토대로 발달한 풍속화로, 미인, 기녀, 광대 등을 중심 소재로 삼았고, 목판화를 주된 형식으로 삼았다 – 옮긴이) 시대에 들어가는데, 이 시대는 중산층이 번영하고 예술이 화려하게 꽃펴, 음악과 인형극, 노가쿠(일본의 대표적인 가면 음악극), 하이쿠(일본의 단형시), 그림, 목판화가 발전하였고, 특히 화가들은 꽃과 후지산을 즐겨 그렸다. 이어 200년 동안 계속된 번영기에는 인구의 폭발적인 증가로 인구가 3천만에 이르렀으며, 문맹률도 아주 낮아졌다. 1854년에 일본은 외부 세계와 관계를 재개할 준비를 하였고, 마침내 오늘날에는 과학기술이 발달한 세계의 주요 국가가 되었다.

그럼 일본 건축의 두드러진 특징은 무엇일까? 처음에 받아들인 중국 양식은 나무로 된

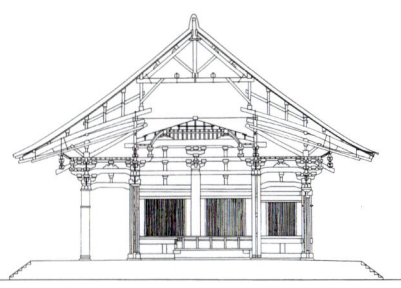

77 | 도쇼다이지의 본당에서 볼 수 있는 일본 지붕의 박공 구조. 나라, 8세기

긴 받침 기둥 위에 사각형 건물을 올린 형태였다. 여기에 일본인이 흔히 낚싯대라고 부르는 툇마루를 덧붙였는데, 낚싯대라는 이름은 가능하면 언제나 신선한 생선을 잡을 수 있는 연못이나 호숫가에 집을 지으면서 붙여진 것이다. 텐트의 들보 양끝에 V자 모양으로 나와 있는 나무 막대가 특징적인 최초의 텐트 지붕은 아무리 적게 잡아도 2000년 이상 존속했다. 그러나 가장 일반적인 지붕은 맞배지붕과 반쪽 모임지붕이 합쳐진 팔작지붕 형태로, 박공 지붕에서 내려오는 처마의 곡선이 뒤로 살짝 올라가 둥글게 싼 추녀마루 뒤로 숨어, 앞에서 보면 차양이 넓은 농부의 모자 같은 특이한 윤곽을 그린다.

가늘고 긴 지붕이 다섯 달린 일본의 불탑은 중국의 5층탑보다 훨씬 세련된 형태를 지니고 있다. 지붕 모양이 훨씬 간결하고 가늘어, 하늘로 날아오를 듯이 날개를 활짝 펴고 있는 형상이며, 처마 길이가 2.4미터나 되는 경우도 있

78 | 기타야마덴에 있는 긴카쿠지의 금빛 정자, 교토, 1397

다. 크기가 일정하지 않을 때도 있는 지붕은 방추 위에 얹은 원반처럼 네모진 탑 위에 차곡차곡 쌓여 있으며, 맨 위 지붕 꼭대기에는 하늘을 찌를 듯이 높고 가는 호쇼라는 장식이 있어, 하늘을 향해 길게 내지르는 새 울음소리처럼 푸른 하늘 속으로 점점이 사라지는 듯하다. 불탑의 윤곽은 휘갈려 쓴 붓글씨 같기도 하고 일본 풍경에서 흔히 볼 수 있는 소나무를 닮은 것 같기도 하다. 680년에 세워진, 나라(奈良)의 야쿠시지(藥師寺)에 있는 동탑(東塔, 사진 75)은 좁은 지붕과 넓은 지붕이 번갈아가며 쌓여 있고, 지붕이 좁은 층에 탑문이 있다. 그러나 정작 안으로 들어갈 수 있는 문은 1층에 있는 문 하나뿐이며, 회랑이 있는 층의 문은 그냥 붙여놓은 문일 뿐이다. 나라에서 가까운 이카루가(斑鳩)에 있는 호류지(法隆寺) 5층탑은 원래는 670~714년에 지어졌고, 지붕이 위로 올라갈수록 10 : 9 : 8 : 7 : 6의 비율로 조금씩 작아진다(사진 76). 하지만 가장 흥미진진한 지붕은 성에서 볼 수 있다. 층마다 박공 지붕이 다른 방향을 보게 하려고 노력하면서 건축상 어려운 문제를 아주 멋들어지게 풀어놓은 탓이다. 물 위에 떠 있는 하얀 회벽칠을 한 성들은 하늘을 향해 막 비상하려는 한 무리의 거대한 백로를 연상시킨다. 그러니 1570년에 세워진 효고 현의 히메지(姬路) 성이 백로로 알려진 것도 놀라운 일은 아니다(사진 58).

일본인의 목공 기술은 중국인을 능가할 정도로 아주 뛰어났다. 이들은 지진이나 태풍이 지나간 후 다시 건물을 지을 필요도 있었지만 710년에 나라에 영원한 수도가 정해질 때까지 수세기 동안 황궁이 이리저리 옮겨다닌 탓에 많은 훈련을 거쳤고, 또한 건물을 재빨리 철거하고 다시 지을 수 있도록 건물을 정교하게 잇고 끼워맞추는 일에도 능숙해야 했기 때문이다(사진 77). 그러나 원형 그대로 남아 있는 목조 건물로는 아시아에서 가장 오래된 호류지의 본당인 금당(金堂)도 그렇지만, 일본인은 신사로 들어가는 관문인 아주 단순한 형태의 도리이에서도 일찍부터 목공의 대가다운 솜씨를 보여주었다. 중국의 파일루에 해당하는 도리이는 여러 가지 변형이 있지만, 기본적으로는 두 개의 원통 수직 기둥 위에 직사각형 들보를 두 개 얹은 아주 단순한 형태이다.

호류지는 원래 초기 일본의 영웅인 쇼토쿠 태자(574~622)가 불교 승려들을 위해 지은 사원으로서, 거대한 처마를 떠받치고 있는 두공이 아주 튼튼하면서도 아름답다. 그러나 균형에 대한 중국인의 집착은 일찍감치 떨쳐버려, 처음 경내를 지을 때는 남북의 축을 고수했으나, 670년 화재 뒤에 다시 경내를 지어야 했을 때는 건축가들이 금당(金堂) 안에 현재의 사당을 통합시키고, 그 옆에 탑을 세워 열반에 든 부처의 상을 그린 그림을 봉안했다. 그리고 733년에 경내의 둔덕 위에 호케도를 덧붙였는데, 이것도 기본적으로는 하나의 건물이었으며, 초기 건축물에서 흔히 그렇듯이 기둥의 간격은 고르지 않았지만, 은회색 기와를 얹은 낮은 지붕의 오래된 문양과 부드러운 곡선을 그리고 있는 처마로 한층 부드럽고 말끔해졌다.

또한 방향에 대한 전통은 지켜졌으나, 그것은 현실적인 목적 때문이었다. 오후에 서쪽에서 드는 강한 햇빛을 피하기 위해 동서 축을 따라 건물의 긴 면을 놓았고, 거실은 남향이나 동남향이었으며, 또한 계절이 바뀌면 생활 공간도 바뀌어 한여름에는 대개 어두운 쪽에서 생활했다. 중국 양식에서 벗어나려는 움직임은 독자적인 축을 발견한 데서 그치지 않고 뚜렷이 불균형을 선호하는 방향으로 나아갔다. 거기에 건물의 정면을 다양하게 꾸미는 취미가 발달하여, 소재의 자연적인 특성에 대한 관심과 함께 표면의 질감을 아름답게 대조시키는 취미를 낳았다. 1960년대의 경향과 당시 중요한 흐름이었던 옛 건물을 보존하려는 움직임을 다룰 때 보겠지만, 이것은 일본인이 현대 건축에 물려준 중요한 유산 가운데 하나가 되었다. 우리는 1397년에 세워진, 교토의 기타야마덴(北山殿)에 있는 긴카쿠지(金閣寺)(사진 78)에서 그 대표적인 예를 볼 수 있는데, 층마다 다른 표면과 세부 묘사가 주는 즐거움은 호수에 비친 상으로 인해 더욱 배가된다.

질감에 대한 관심은 쇼군의 부상과 함께 중요하게 떠오른 선불교에 의해 더욱 촉발되었다. 쇼군들은 검소함을 강조했고, 이는 현대 서양 건축에서 선과 색, 세부 장식을 삼가는 경향에도 영향을 끼쳤다. 그것은 일본 고대 건축의 또 하나의 원칙인 모듈에 따른 것이기도 했다. 집 자체뿐만 아니라 실내 공간의 크기, 건물의 정면에 주간(株間)을 만들어내는 칸막이 벽이 모두 1.8×0.9미터의 모듈에 따라 정해졌고, 이는 볏짚으로 만든 돗자리인 다다미의 크기와 같았다. 원래는 다다미를 바닥에 띄엄띄엄 깔았으나, 나중에는 이것이 마룻바닥이 되었고, 1615년에 수도를 에도(오늘날의 도쿄)로 옮기면서 마침내 다다미에 기초한 모듈의 표준화가 이루어졌다. 그리고 그 즈음에는 따로따로 떨어져 있는 건물을 이어주던 회랑의 초기 형태가 이미 종이벽에 의해 칸막이된 집 안의 회랑으로 변한 지 오래였다. 12세기 이후에는 종이벽을 미닫이문처럼 여닫을 수 있게 마루에 홈을 파 개탕(開錫)을 설치하여 새로운 공간이 열리게 하거나 집의 전면이 여름에는 정원을 향해 훤히 트이게 했다. 일본에는 전통적으로 가구가 없다. 그래서 일본인은 바닥에 앉고, 상에서 밥을 먹으며, 돗자리 위에서 잠을 잔다. 이는 두 가지 결과를 낳았다. 우선, 생활이 아주 낮은 높이에서 이루어지므로 천장이 낮아도 되고, 집안에서 한두 발만 내려가도 아름다운 정원이 펼쳐진다. 더 중요한 것은 두 번째 결과, 즉 집의 공간을 아주 유연하게 사용할 수 있게 된 것이다. 전통 가옥에는 바닥을 높이 올린 곳이 두 군데 있었다. 하나는 생활하고 잠을 자는 주된 공간으로, 다다미가 깔려 있는 이곳에 들어갈 때는 신발을 벗었다. 또 하나는 복도나 툇마루로 사용된 곳으로 바닥에 마루가 깔려 있었다. 바닥을 깔지 않은 낮은 곳에는 대개 창고와 목욕실, 부엌이 있었다. 그리하여 일본인은 건물의 구성 요소를 대량 생산하기에도 알맞으면서 개성도 있는 아주 유연한 전통 가옥을 갖게 되어 서양의 부러움을 샀다.

흰 벽을 배경으로 한 줄기 꽃이 고고하게 뻗어 올라간 일본의 꽃꽂이도 그렇지만, 차를 마시는 의식을 위한 다실 또한 엄격한 규칙 아래 간소하게 지어진 일본 건축의 대명사 같은 건물이다. 차를 마시는 습관은 원래 선승들이 명상을 하는 동안 정신을 맑게 하기 위해 녹차를 마신 것과 관련이 있다. 슈코라고 불리는 한 선승이 친구인 아시카가 요시마사 쇼군을 설득해 교토의 긴카쿠지에 특별히 작은 다실을 짓게 했고, 따라서 다실은 관조적이고 순수하며 아름다운, 승려의 간소한 방에 기초하고 있다(사진 79). 처마가 깊은 집에서는 햇빛이 주요 광원이었기에, 벽과 문은 바깥의 땅바닥에서 반사된 빛이 안으로 들어오도록 흰색이나 반투명이었고, 바닥에는 다다미가 깔려 있었으나, 가구라고는 다기를 올려놓을 수 있는 선반과 예술 작품 하나를 전시해놓을 수 있는 받침이 고작이었다. 아마 여기에는 그림이나 도자기 또는 아주 소박한 꽃꽂이 하나가 전시되

79 | 가쓰라 이궁(桂離宮)의 다실, 교토, 1590년경

다실에 배어 있는 이런 일본의 정신을 우리는 정원에서도 뚜렷이 볼 수 있다. 특히 선불교는 자연과 하나되는 것을 강조했고, 따라서 크기에 상관없이 정원이 아주 중요했다. 중국의 정원처럼 일본의 정원도 세계의 축소판이기는 마찬가지다. 하지만 일본의 정원에서는 자연이 한층 예술적으로 섬세하게 묘사되어 있다. 그리고 나무와 이끼로 뒤덮인 정원에는 걸어 들어갈 수 있지만, 모래 정원은 테라스나 툇마루에서 바라볼 수만 있다. 소아미(相阿彌 1472~1525; 일본의 화가이자 미술평론가, 시인, 조경가 - 옮긴이)가 설계한, 교토의 한 절에 있는 다실 옆의 모래 정원처럼, 일본인은 꽃꽂이뿐만 아니라 이런 정원을 설계할 때도 걸출한 화가들을 초빙했다. 일본인이 아주 좋아하는 수묵화처럼, 정성들여 찾아낸 자연 그대로의 바위(바위를 자르는 것은 자연을 파괴하는 것이므로)로 꾸민 바위 조형물, 낮은 둔덕처럼 긁어모으거나 물결 무늬, 소용돌이 무늬로 갈퀴질되어 있는 하얀 모래에, 공간이 허락되면 나무나 호수, 연못, 폭포 등을 조그맣게 축소해놓은 모래 정원 역시 빛과 어둠으로 표현된 정교한 스케치 같은 것이어야 했다

80 | 모래와 이끼로 꾸민 일본 정원, 료안지(龍安寺), 교토.

(사진 80).

16세기부터는 유럽의 미술과 건축에서도 중국의 영향이 두드러지게 나타났지만 장기적으로 보았을 때 훨씬 영향력 있었던 것으로 드러난 것은 일본 건축이었다. 세계가 일본 건축에서 끌어낸 특징으로는, 모듈에 기초해 표준화된 건물의 구성 요소, 바닥 전체에 깔 수 있게 되어 있는 융단과 방석 그리고 쓰지 않을 때는 간단히 벽장에 집어넣을 수 있는 침구로 꾸며진 실내에 대한 재고, 가공하지 않은 자연 소재를 사용하여 좁은 범위의 색깔(흰색과 검은색, 자연색)로 서로 대조적인 질감(아마포, 양모, 라피아 섬유, 삼, 나무)을 표현해냄으로써 구조를 강조하는 경향, 그리고 마지막으로 20세기 건축에서 아주 중요한 역할을 한 집과 정원의 교류를 들 수 있을 것이다.

6 피의 제전: 메소 아메리카

16세기에 스페인의 카를로스 1세가 신세계에 보낸 스페인 정복자들은 기원전 1000년경부터 존재한 낯선 문명을 발견했다. 멕시코 만에 상륙해 가시덤불과 모기가 무성한 열대 우림을 지나 아스텍 왕국의 수도인 테노치티틀란(오늘날의 멕시코시티)에 도착했을 때, 이들이 원주민 인디언과 서로 눈을 동그랗게 뜨고 바라본 데는 여러 가지 이유가 있었다. 먼저 스페인 사람들의 갑작스런 출현으로 인디언들은 예로부터 전해오던 예언이 현실로 나타났다고 생각했다. 예언에 따르면 깃털 달린 뱀신 케찰코아틀이 다시 한 번 동쪽에서 하얀 얼굴에 수염을 달고 위엄 있는 모습으로 나타나기로 되어 있었고, 따라서 아스텍 왕국의 황제인 몬테수마 2세와 그의 신하들은 지금 자신이 두 번째 도래한 케찰코아틀을 보고 있다고 생각했다. 땅을 디딜 때마다 쿵 소리를 내는 발굽에 마구 흩날리는 갈기와 사납게 흔들어대는 꼬리를 가진 괴물을 타고, 번쩍이는 칼과 펑 소리 나는 화기에 천둥 소리를 내는 대포로 무장한 전사들의 낯선 모습은 이들의 눈길을 끌기에 충분했다. 왜냐하면 그때까지 인디언들은 철도 강철도 없이 청동과 흑요석으로 만든 무기와 독화살만 가지고 싸웠기 때문이다. 게다가 스페인 사람들이 침략하기 전까지 이들은 바퀴도 몰랐을 뿐 아니라 말도 본 적이 없었다. 이 나라에서는 짐을 나르는 짐승으로 때로 라마를 이용하는 페루의 안데스 산맥 지대를 제외하고는 사람들이 직접 짐을 날랐다. 그리고 이런 전통이 얼마나 뿌리 깊은지, 오늘날에도 건설 노동자들은 대개 외바퀴차나 손수레를 쓰기보다 등에 짊어진 커다란 바구니에 큼지막한 돌을 싣고 나르기를 좋아한다. 말 역시 이들에게는 역사적인 만남이었고, 이때부터 한 세기 이상 계속될, 말에 대한 사랑이 시작되었다.

그럼 스페인 사람들의 발길을 붙들은 것은 무엇이었을까? 이들이 침입한 곳은 북아메리카와 남아메리카를 잇는 지협으로, 그로부터 27년 전쯤인 1492년에 이 지역 남쪽에 크리스토퍼 콜럼버스가 상륙했었다. 그리고 오늘날 멕시코와 유카탄 반도, 온두라스, 과테말라를 포괄하는 이 지역과 페루와 볼리비아, 칠레의 끝자락을 포괄하는 남아메리카의 태평양 해안 지대에서, 아메리카의 고대 문명들은 마지막 단계에 와 있었다. 유카탄 반도를 통해 내륙 깊숙이 들어간 스페인 사람들은 어쩌면 처음에 고대 올멕족이 남긴 2.5미터의 거대한 석조 두상과 함께 메소 아메리카의 고전적인 두 가지 건축 형태인 피라미드와 구기장(틀라치틀리) 유적과 마주쳤을지도 모르며, 울창한 나무 사이에 홀로 우뚝 서 있는 마야족의 사원을 멀리서 흘끗 보았을지도 모른다.

그리고 마침내 스페인 사람들은 멕시코의 웅대한 화산 아래서 한 줌밖에 안 되는 자기들보다 수적으로 훨씬 우세한 일단의 사람들에게 가로막혔다. 이들은 검고 생기 있고 강하고 호전적인 것이 지금껏 본 사람들과는 사뭇 달랐다. 바로 아스텍족이었다. 아스텍족은 선인장에 앉아 뱀을 먹고 있는 독수리를 발견하면 그곳이 바로 그들이 정착해야 할 땅이라는 전쟁

81 | 제1신전 피라미드, 티칼, 과테말라, 약 687~730

의 신 벌새 우위칠로포크틀리의 말에 따라 이 땅에 들어온 이민족이었다. 현재 멕시코 국기를 장식하고 있는 이 상징적인 독수리는 염수호인 텍스코코 호수에 있는 섬에서 발견되었다. 그리하여 1325년, 아스텍족은 호수의 늪지에 건물의 토대가 가라앉지 않게 테손틀레라는 가벼운 화산재를 이용해 근처에 있는 두 섬에 틀라텔롤코와 테노치티틀란이라는 도시를 건설했다. 오늘날의 멕시코시티는 바로 이 지역에 자리 잡고 있다.

스페인 사람들은 오늘날에도 충분히 인정될 만한 거대한 도시 건설 계획에 따라 질서정연하게 배치된 테노치티틀란에 깊은 감명을 받았다. 그러나 사실 이런 질서정연한 도시의 모습은 테노치티틀란만의 특징이 아니라 메소아메리카에 건설된 거의 모든 도시에 공통된 특징이었다. 테노치티틀란은 아주 넓은 광장을 중심으로 그 둘레에 피라미드 모양의 거대한 둔덕 위에 사원과 궁전이 세워져 있었고, 스페인 정복자 여덟 명이 말을 타고 나란히 지날 수 있을 정도로 넓은 둑길을 연결하고 있는 다리와 수로로 각 지역이 연결되어 있는가 하면, 신선한 물을 끌어들이는 수로가 따로 있고, 정원에는 꽃이 만발해 있었다. 그러나 대기중에는 악취가 나고, 사람의 피로 붉게 물든 도시의 모습에는 피에 굶주린 스페인 병사들조차 뒷걸음질 정도였다. 피는 재규어(사진 82)와 우위칠로포크틀리, 라틴 아메리카 부족 대부분이 섬기는 깃털 달린 뱀 케찰코아틀을 숭배하는 오래된 의식에도 자주 등장했다. 사제들은 밤마다 유혈제(流血祭)에 빠져 있었고, 공개적인 숭배 의식에서도 동물과 사람을 산 제물로 바쳤다. 사실 장엄한 도시의 중심이 건설된 것도 바로 이런 의식을 위해서였다. 이런 도시의 중심에는 군중이 모여 종교적인 춤을 추고 경기를 하는 거대한 광장이 피라미드 신전 앞에 펼쳐져 있고, 가파른 계단을 따라 신전 위로 올라가면 꼭대기에 작은 신의 집이 있었다. 그리고 계단 꼭대기에는 신상(神像)이 있어, 여기서 사제들이 공개적인 희생 제의를 거행했고, 광장을 가득 메운 열광적인 숭배자들 위로 탑처럼 우뚝 솟은 대좌에는 하늘에 닿을 듯이 작은 조각상들이 세워져 있었다. 이런 피라미드 신전 가운데 하나인, 멕시코시티 외곽에 있는 산타 세실리아 신전(사진 83)은 완전히 부스러진 상부 구조 밑에서 비교적 좋은 상태로 발굴되어 지금도 과거의 모습을 짐작할 수 있다.

아스텍족의 의식은 특히 잔인했다. 왜냐하면 우위칠로포크틀리가 날마다 하늘을 가로지르는 순례를 계속하려면 제물로 바친 희생자들의 가슴에서 금방 꺼낸 인간의 심장을 먹어야 했기 때문이다. 그래서 사제들이 열을 지어 내려가 희생자를 계단 위로 끌고 와서는 몸을 뒤로 젖힌 다음 사제들이 양옆에서 팔과 다리를 꽉 붙잡고 우위칠로포크틀리의 상 앞에 서 있는 돌 위에 눕혔다. 그런 다음, 한 스페인 사람의 기록에 의하면, "그의 가슴을 열고…… 심장을 꺼낸 다음…… 그의 몸을 굴려 밑으로 떨어뜨렸다." 그리고 치첸이트사에서는 91개의 계단으로 된 피라미드 꼭대기에서 잔인한 비의 신 차크의 무릎에 심장을 던졌다.

최근까지도 우리는 이들 도시에 관해 남아 있는 것은 스페인 왕실이나 수도원의 문서 기록 보관소에서 간직하고 있는 기록이나 편지가 전부라고 생각했다. 그런데 최근 몇 년 사이 지하철과 하수도, 전기 케이블 공사를 위해 터널을 파던 중 스페인의 설명과 일치하는 흥미

83 | 산타 세실리아 피라미드 신전, 멕시코시티 근처, 약 500~900

82 | 멕시코의 약스칠란(Yaxchilan)에서 출토된 석재 들보, 약 600~900, 방패 재규어라는 이름의 마야 왕이 싸움터에 나가기 위해 무장을 하고 있다.

84 | 카라콜 천체 관측소, 치첸이트사, 멕시코, 900년경

로운 사실들이 발견되었다. 삼문화 광장(Plaza of the Three Cultures)에 있는 아스텍족의 마지막 패배지에는 붉은 화성암으로 지은 틀라텔롤코 신전의 유적이 스페인 교회와 수도원 옆에 서 있다. 그리고 거대한 소칼로 광장에 서 있는 멕시코시티의 웅장한 바로크 성당 바로 뒤에서 테노치티틀란 대신전의 기부가 발견되었다. 1487년 이 신전의 봉헌식 때는 엄청난 희생자를 낳은 희생 제의가 벌어졌는데, 그 수는 10만에서 8만까지 다양하게 추정되지만, 한 번에 네 명씩 일출부터 일몰까지 나흘 동안 대대적인 살육이 있었다고 한다.

고대 메소 아메리카 문명이 독자적으로 발전했는지에 대해서는 오랫동안 논란이 많았다. 어쩌면 동쪽에서 서쪽으로, 북아프리카에서 대서양을 건너 페루에서 폴리네시아까지 부족의 이동이 있었을지도 모르며, 그래서 건축을 포함해 그렇게 넓은 지역에 펼쳐져 있는 문화들이 서로 놀라울 정도로 비슷한지도 모른다. 어쩌면 그래서 남북에 있는 인디언 부족들은 원시적인 단계에 머물러 있었는데, 이 띠를 이루고 있는 중간 지대에 살았던 몇 안 되는 부족들—마야족과 올멕족, 아스텍족과 사포텍족, 토토낙족—은 그토록 선진적인 문명을 발전시켰는지도 모른다. 또 그래서 남쪽과 북쪽에 살았던 부족들이 여전히 나뭇가지와 잎으로 지은 오두막에 살았을 때, 이들 부족은 메소포타미아인들처럼 진흙과 짚으로 만든 아도비 벽돌로 때로는 고층에 홈통과 도로, 상하수도가 완비된 세련된 집을 지어 살았는지도 모르고, 그래서 어쩌면 정글이나 사막 해안에서 멀리 돌을 날라와 계단식 피라미드를 세울 수 있었는지도 모른다.

이들은 토지 측량과 시간 계산, 천문학에서 바빌론이나 이집트 사람들보다 훨씬 뛰어났던 것 같다. 천체가 뜨고 지는 위치를 관찰하는 천체 관측소에서 발견된 터널과 각진 구멍은 천문학적 계산이 어떻게 이루어졌는지 짐작할 수 있게 해준다. 사포텍족의 '신들의 도시'인 몬테알반에는 배 모양의 천체 관측소가 있는데, 중앙에 터널이 있는 이 관측소는 서기 500년에서 700년 사이에 지어진 것으로 추정된다. 그리고 거의 같은 시기인 서기 600년 전에 토토낙족은 그들의 걸프 해안 수도인 엘타힌에

85 | 구기장, 치첸이트사, 멕시코, 약 900~1200

86 | 케찰코아틀 신전의 파사드와 계단 측면, 테우티우아칸, 멕시코, 약 400~600, 케찰코아틀의 머리(가운데 아래쪽)와 비의 신 차크(오른쪽 아래)의 머리가 보인다.

87 | 나비 모양의 가슴받이를 한 전사 모습의 기둥, 700년경, 원래는 멕시코의 툴라에 있는 케찰코아틀 신전의 지붕을 떠받치고 있었다.

시켰을 때 지었거나 아니면 그 이전에 지었을 것으로 추정된다. 달팽이라는 이름이 붙은 것은 3미터 높이로 서 있는 탑 안에 나선형 계단이 있고 그 계단을 따라 두 개 층에 천체를 관측하는 곳이 있기 때문이다. 일련의 계단식 단 위에 서 있는 이 관측소는 지금까지 발견된 원형 건물로는 유일하게 마야의 고전적인 내쌓기 방식의 반원통형 천장(내쌓기 볼트)을 가지고 있다.

아메리카 원주민의 복합 건축물은 도시의 거주 지역에서 멀리 떨어진 공공 지역에 있는 장엄하고 광대한 건물로 유명하다. 이 지역에서는 특히 길고 낮은 유카탄 반도의 저지대에 있는 북부 마야 문명의 푸크 양식 건물들조차, 훤히 트인 곳에 자리하고 있어 정글 위로 우뚝 솟아오르게 할 필요가 없는데도, 아주 높은 기단 위에 세워져 있다. 한 예로, 욱스말에 있는 길이 100미터의 통치자의 궁전은 13미터나 되는 높은 둔덕 위에 있는데, 이런 둔덕을 쌓으려면 1년에 200일을 일한다고 했을 때 2000명이 3년 동안 하루에 약 1000톤의 건축 재료를 날라야 했을 것으로 추정된다. 중앙의 제의 공간의 양식은 수백 년 동안 메소 아메리카의 문화적 수도였으며 오늘날 멕시코시티의 북동쪽에 있는 테오티우아칸에서 확립되었다(사진 86). 이 도시의 기원에 대해서는 논란이 많지만, 아마 기원전 5세기에 톨텍족이 세웠을 것이다. 아스텍족의 지배 아래 있던 1세기에는 로마 제국 시대의 로마보다도 컸다. 테오티우아칸 역시 춤을 추고 희생 제의를 치르기 위해 남겨둔 공간을 중심으로 그 둘레에 수많은 신전이 늘어서 있었다.

최초의 메소 아메리카의 주랑 가운데 하나는 후기 톨텍족의 수도인 툴라에서 발견할 수 있다. 여기서는 기둥에 톨텍족의 정복에 관한 이야기가 기록되어 있는데, 신전으로 들어가는 입구에 있는 기둥은 전형적인 케찰코아틀 기둥으로, 기둥 받침에는 뾰족한 독니를 드러낸 날개 달린 뱀의 머리가 장식되어 있고, 꼬리는 문의 들보를 떠받치고 있으며(여러 부족에게 공통적인 모티프이다), 정면에는 깃털 달린 투

벽감이 있는 피라미드(사진 94)를 세웠다. 1950년대에 고고학자들이 이것을 발견하고 이런 이름을 붙인 것은 벽감처럼 안으로 쑥 들어간 나팔꽃 모양의 창문에 원래는 조각상이 세워져 있었을 거라고 생각했기 때문이다. 그러나 지금은 하나하나가 1년 365일을 뜻하는 이 벽감 같은 창문이 인디언들에게는 점성술과 관련된 의미가 있었을 것이라 생각하고 있다. 배치를 보면 이 피라미드는 보로부두르의 만다라와 비슷하나, 만다라가 인간의 무의식적인 의미와 만족으로 가득 찬 우주의 상징이라고 보았을 때, 이들 사이에 어떤 영향이 있었을 것 같지는 않다. 치첸이트사의 달팽이라는 뜻의 카라콜 천체 관측소(사진 84)는 9~10세기에 톨텍족이 이 마야 문명 후기의 도시를 부흥

구에 나비 모양의 가슴받이를 한 냉혹한 톨텍족 전사의 모습을 한 거대한 기둥이 서 있다(사진 87). 치첸이트사에서는 제의 공간을 연결하는 주랑과 주랑 현관에서 톨텍족의 영향을 볼 수 있다.

치첸이트사에는 또 메소 아메리카에서 발견되는 또 하나의 제의 공간인 구기장 가운데 가장 크고 웅장한 구기장이 있다(사진 85). 경기는 엉덩이와 팔꿈치, 넙적다리를 이용해 지름이 25센티미터쯤 되는 딱딱한 고무공(주위에 고무가 많아, 스페인 사람들이 올멕족을 '고무 사람'이라고 불렀다 한다)을 경기장 벽에 높이 설치해놓은 돌 고리에 넣는 것이었다. 경기에 진 팀이 때로 의식에 따라 희생되었음을 보여주는 경기장의 벽화는 이 경기가 종교적인 의미가 있었음을 말해주며, 이는 구기장이 신전 옆에 있는 것으로도 짐작할 수 있다. 흔히 신전과 구기장 사이에는 사제와 고관들을 위한 관람석까지 연결하는 길이 있었다.

그러나 웅장한 겉모습과는 대조적으로 건물의 실내는 비좁고 창문도 없어 어두웠다. 높이 치솟은 피라미드 꼭대기에 있는 작은 신전들은 오늘날에도 마야족 농부들이 살고 있을지도 모를 아도비 벽돌로 지은 작은 오두막을 그대로 복제해놓은 형태였고, 마야족의 도시인 욱스말의 통치자 궁전에서 볼 수 있는 것처럼 심지어는 궁전에도 창문이 없었다(사진 91). 이런 건물은 출입구에서 들어오는 자연광이 유일한 광원이었으며, 하나의 토대 위에 때로 2열로 오밀조밀하게 밀집해 있는 어둡고 좁은 방은 일상 생활을 위한 방이라기보다는 이따금씩 문 밖에서 행해지는 볼거리를 위해 마련된 것이었다.

우리는 메소 아메리카의 유적에서 각 부족만의 특유한 세부 장식으로 그것이 어떤 부족이 남긴 유적인지 짐작할 수 있다. 예를 들어, 지난 세기에 완전히 정글에 갇혀 있다 풀려난 초기 마야족의 도시들은 가파른 피라미드 위에 작은 사각형 신전이 있고 내쌓기를 한 이 신전의 반원통형 지붕을 지붕 뒤로 올라온 투구의 깃털 장식 같은 돌 장식물이 덮고 있는 것이 특징이다(사진 89). 스페인어로 크레스테리아로 알려진 이 장식물은 흔히 초목 위로 우뚝 솟아 올라 있어, 피라미드 전체가 마치 높은 기단 위에 있는 화려하게 장식된 왕좌 같은 인상을 준다. 신은 아마 이 작은 집에서 자신의 정글 왕국을 내려다보았을 것이다. 이는 그런 상부구조를 떠받칠 수 있을 정도로 단단한, 들보로 사용된 열대 지방의 풍부한 목재 덕분에 가능했는데, 아마 이를 보여주는 가장 좋은 예가 과테말라 남부의 페텐 정글 위에 우뚝 솟아 있는, 종교 중심지 티칼의 위풍당당한 5개의 주요 신전 피라미드일 것이다(사진 81, 88). 이 신전들은 기원전 1000년경에 나타나기 시작해 서기 200년에서 900년 사이에 절정에 달한 것으로 보이는 고지대 마야 문명기에 세워진 것들이다. 1877년에 티칼이 처음 발굴되기 시작한 이

89 | 태양 신전, 팔랑케, 멕시코, 700년경, 투구의 깃털 장식과 같은 크레스테리아가 보인다.

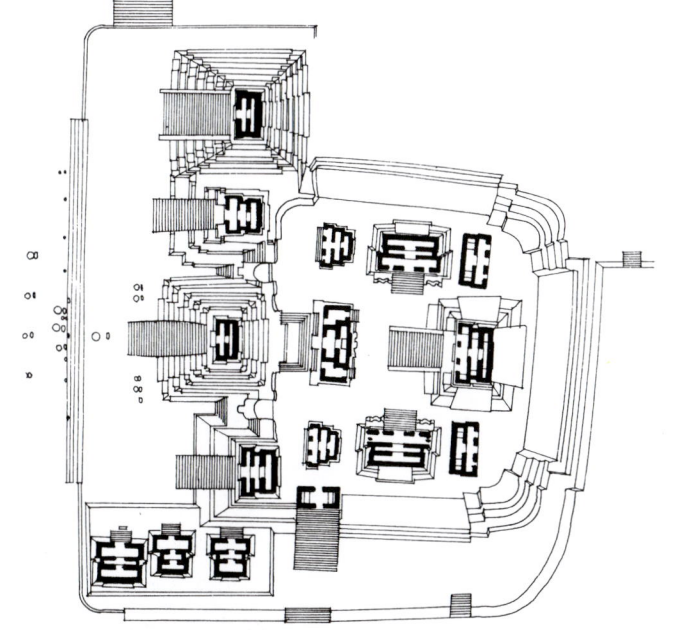

88 | 티칼 북쪽 성채의 배치도, 과테말라, 기원전 100년경~서기 730년경

90 | 거북이 집, 욱스말, 유카탄 반도, 멕시코, 약 600~900

래 지금까지 이 정글에서는 약 3000개의 구조물이 발굴되었다.

아메리카 원주민에게 9는 신성한 숫자였으며, 따라서 많은 피라미드가 기본적으로는 9개의 단으로 이루어져 있었다. 그러나 계단의 배열 형태는 다양하여, 어떤 것은 네 개의 계단이 완벽한 대칭을 이루며 피라미드의 사면을 따라 죽 올라간 치첸이트사의 카스티요 피라미드(사진 92, 93)처럼 계단이 가파르게 꼭대기까지 죽 연결되어 있는가 하면, 어떤 것은 욱스말의 마술사의 피라미드처럼 일련의 가파른 계단이 흙과 잡석을 쌓아올려 피라미드의 몸체를 이루고 있는 단과 대개는 일치하지 않는 방식으로 배열되어 있다. 이 마술사의 피라미드에서는 마야족에게 특징적인 내쌓기한 반원통형 천장을 볼 수 있는데, 여기서는 돌출된 마지막 두 개 층만 자신의 무게로 구조물을 고정시키고 있는 거대한 대들보 아래에서 만난다. 이런 종류의 반원통형 천장은 마야족의 도시인 팔랑케의 다목적 중정(Multiple Court)의 정면과 비문(碑文) 신전에서 발견된 사제 통치자의 지하 널방에서도 볼 수 있다. 메소 아메리카

91 | 통치자의 궁전, 욱스말, 유카탄 반도, 멕시코, 약 600~900

92 | 카스티요 피라미드, 치첸이트사, 멕시코, 1000년경

에서 보기 드문 무덤용 피라미드인 이 비문 신전은 벽 안으로 난 계단을 통해 삼각형 문으로 들어간다. 화살촉처럼 뾰족하게 내쌓기를 한 통로는, 욱스말의 통치자의 궁전에서 중앙 건물과 양쪽 날개에 있는 건물을 연결하는 아케이드에서도 볼 수 있듯이, 북부 마야족이 지은 후기 푸크 양식의 건물에서도 발견된다.

유카탄 반도에서도 건조한 저지대인 푸크 지역 건축물에서 발견되는 잘 보존된 프리즈는 청동과 흑요석 도구만으로 완성시킨 것이라는 점에서도 놀랍지만 그 다양성 또한 놀라울 정도이다. 예를 들어 부드럽고 따뜻하면서도 웅장한 느낌을 주는 욱스말의 거북이의 집(사진 90)은 거의 고대 그리스나 이집트의 건축물 못지않게 단순하지만, 이와는 대조적으로 통치자의 궁전을 장식하고 있는 띠는 거의 건물 전체 높이의 반이나 되는 폭으로 길게 불쑥 튀어 나와 있다. 그런가 하면 욱스말 근처에 있는 마야족의 도시 카바에 있는 가면 궁전의 경우는 비의 신 샤크의 가면이 건물 전체를 완전히 뒤덮고 있다. 아마 1센티미터만 어긋났어도 이런 수천 개나 되는 동일한 무늬의 반복적인 배치는 불가능했을 것이다.

고대 톨텍족의 수도인 테오티우아칸을 비롯해 멕시코 지협에 건설된 도시에서는 일정하게 표준화된 비율과 윤곽을 사용한 점과 타블레로라 불리는 사각형 판을 붙여 계단식 피라미드의 단을 강조한 점이 눈에 띈다. 일반적으로 타블레로는 탈루드로 알려진 경사진 벽면에 외팔보 식으로 뻗어나와 있다. 그리고 윤곽을 보면 라틴 아메리카 사람들이 눈부신 햇살이 만들어내는 명암의 대조와 날카로운 윤곽

93 | 카스티요 피라미드, 평면도

94 | 벽감 피라미드, 엘타힌, 멕시코, 약 500~600

에 대한 눈썰미가 있었다는 것을 알 수 있는데, 이런 특징은 멕시코의 남부 해안선을 따라 북쪽으로 뻗어 있는 오악사카와, 약 1200명의 주민이 살았던 믹스텍족의 도시 미틀라에서 발견된 기둥 궁전의 아름다운 남쪽 정면(이것을 장식하고 있는 길고 얕은 선과 산뜻한 기하학적 무늬의 프리즈는 마야족의 푸크 양식을 상기시킨다), 쿠에르나바카에서 가까운 호치칼코의 깃털 달린 뱀으로 뒤덮인 케찰코아틀 피라미드에서도 발견된다. 요새 도시인 호치칼코에서는 잇따라 여러 부족에게 점령된 탓에 마야족과 톨텍족, 사포텍족, 믹스텍족의 영향을 볼 수 있다.

엘타힌의 벽감 피라미드(사진 94)에서는 날아갈 듯한 처마 장식이 움푹 들어간 벽감 위로 뻗어나와 명암이 날카롭게 대조되는 효과를 낳는다. 그러나 건축가들의 의도는 미학적 요구를 충족시키는 데 있었다기보다는 벽감과 같은 틀을 이용하여 구조를 보강해 흙으로 가득 채운 중심 부분이 무너지지 않게 하는 데 있었을지도 모른다. 그리고 피라미드에 붉은색과 파란색, 검은색 칠을 한 흔적이 남아 있는 것을 보면, 아메리카 대륙 발견 이전의 신전들은 마감재로 사용한 돌이나 아도비 진흙 벽돌 위에 태운 석회암으로 만든 여러 가지 밝은 색깔의 회벽칠을 했다는 것을 알 수 있으며, 어떤 경우에는 여기에 벽화가 그려져 있기도 했다.

이제 마지막으로 페루의 잉카족이 건축에 이바지한 것을 보아야 할 텐데, 이들의 건축은 멕시코 지협의 문화에서 발견되는 건축과는 사뭇 다른 모습을 보여주었다. 그렇다면 이는 잉카족이 아마도 다른 부족들처럼 마지막 빙하기에 아시아에서 배링 해협을 건넌 뒤 1000년 동안 떠돌아다니다 멕시코 지협에 정착한 부족들보다 더 남쪽으로 내려간 인디언 부족이라는 것을 의미하지 않을까? 우리는 그저 추측할 수밖에 없지만, 한 가지 분명한 것은 잉카족이 서기 1000년경에 쿠스코 계곡에 정착한 후 1531년 프란시스코 피사로가 이끄는 정복군이 도착할 때까지 거대한 제국을 건설했다는 것이다. 잉카 건축의 가장 두드러진 특징은 절단하지 않은 거대한 돌을 모르타르를 쓰지 않고 쌓아올린 웅장한 벽이다. 한때 잉카의 수도였던 쿠스코의 몇몇 거리에서는 아직도 세계에서 가장 훌륭한 솜씨로 쌓아올린 이런 거석쌓기 벽을 볼 수 있는데, 조각 그림 맞추듯 차곡차곡 쌓아올린 이런 벽의 돌 하나하나가 얼마나 큰지는 3열로 쌓여 있는 사크사우아만 요새의 누벽 아래서 풀을 뜯고 있는 한 떼의 라마나 그 아래 서 있는 사람을 보면 알 수 있다. 아마 이런 벽은 열대산 칡의 일종인 리아나 밧줄과 굴림대를 이용해 거석을 끌어올린 뒤 주변에 있는 거석들 사이에 잘 끼워 맞춰질 때까지 들었다 놓았다를 거듭하며 완성시켰을 것이다.

그러나 이런 거석을 쌓아올린 벽이 잉카족이 남긴 유일한 업적은 아니었다. 기차에서 승객에게 산소를 제공할 정도로 고도가 높은 안데스 산맥을 올라가면, 잉카족이 세운 요새와 수로 그리고 크게 갈라진 바위 틈과 골짜기를 잇는 다리와 도로로 이루어진 통신망뿐만 아니라 깎아지른 듯한 깊은 협곡 양편에 빼곡하게 열을 지어 조성한 계단식 경지를 볼 수 있다. 이 모든 것은 해마다 건장한 젊은이들을 동원해 부역을 시킬 수 있었던 아주 엄격하게 통제되는 봉건 사회가 있었기에 가능했으나, 이런 노력 봉사에 대한 대가로 나라에서는 거의 복지 국가와 같은 형태로 기근이나 질병, 노후에 대한 대비책을 마련해주었다.

그 중에서도 잉카족 왕 만코 2세가 스페인 침략자들을 피해 찾은 지성소였을지도 모르는 산 위의 요새 도시 마추픽추는 건축에서 가장 손꼽히는 걸작 가운데 하나이다(사진 95). 아직 완전히 발굴되지는 않았지만, 이곳에서는 집과 계단, 안뜰, 사원, 곡물 창고, 묘지뿐 아니라 태양의 처녀로 알려진 일종의 견습 수녀들이 기거했던 수녀원인 몬하스도 발견되었다. 자연의 웅대한 구상에 손길을 가한다는 건 불가능함을 깨달았는지, 이곳의 건설자들은 사람들이 쉽게 접근할 수 없는 산골짜기, 허리를 가로지르는 구름 위로 원뿔꼴 정상이 우뚝 솟아 있는 웅대한 두 봉우리 사이 말안장 같은 곳에 도시를 앉혔고, 이 깎아지른 듯한 암벽으로 이루어진 요새 저 밑으로 까마득히 우루밤바 강이 뱀처럼 꿈틀거리며 흘러간다. 그 요새로서의 견고함과 단순함은 어떤 정의나 설명도 불허한다. 겉으로 드러난 암벽을 집 벽으로 삼으면서 인간과 초목과 광물이, 과거와 현재가, 살아 있는 것과 죽은 것이, 지상과 천상이 회색과 푸른색 속에 상호 침투되어 있는 것 같아, 바로 이 산에서 안개와 눈에 둘러싸인 집들이 홀연히 나타난 듯하다. 마추픽추는 아주 경쾌한 건축의 경험을 제공하면서 인간과 환경의 상호 작용에서 인간과 자연을 구성하는 어떤 기초적인 요소들까지 엿볼 수 있게 한다.

95 | *마추픽추*, 페루, 1500년경

7 신들의 풍경: 고대 그리스

이제 우리는 고대 그리스 건축과 함께 유럽의 전통으로 되돌아간다. 서구 유럽의 전통에서 미학적으로 가장 완벽한 일군의 작품을 남긴 고대 그리스 건축은 이후 세계 곳곳에서 발전한 여러 양식의 토대가 되었다. 따라서 고대 그리스 건축은 이 이야기에서 독특한 위치를 차지하며, 따라서 우리는 고대 그리스 건축과 그것의 형성 과정을 주의깊게 살펴보아야 할 것이다. 고대 그리스 건축의 성장과 발전은 건축사에서 가장 흥미롭고 매혹적인 일화 가운데 하나이다. 고대 그리스 문명이 발명하고 상연했던 연극과 마찬가지로, 거기에는 어떤 논리가 있었고 그럴 수밖에 없는 필연성이 있었다.

배를 타고 아티카로 들어가면서 수니온 곶에 서 있는 포세이돈 신전(사진 96; 가장 오래된 건물 가운데 하나는 아니지만, 기원전 440년경에 세워진 것으로 추정된다)의 하얀 기둥을 처음 본 여행자들은, 무엇보다도 눈부시도록 푸른 바다 위로 어슴푸레 빛나는 유적과 함께 그 주변에 펼쳐진 풍경과 빛에 금방 압도될 것이다. 뜻밖에 펼쳐진 높고 낮은 언덕과 이런 풍경이 펼쳐 보이는 극적인 순간들, 그리고 여기저기 흩어져 있는 올리브나무 숲과 하얗게 표백된 풀에 사람들은 이곳에서 가슴 뭉클한 감회에 젖는다. 플루타크에서부터 특히 맑고 깨끗하고 상쾌하여 건강에 좋다고 말한 존 헨리 뉴먼에 이르기까지 모든 사람의 칭찬을 받았던 이곳의 빛은 분명 고전기 건축 양식의 발전에 결정적인 영향을 미쳤을 것이다. 맑고 눈부신 햇살은 풍경 속에서 건물의 형태를 한층 선명하고 뚜렷하게 부각시킨다. 그리고 이곳에는 그것을 가능하게 하는 재료가 있었으니, 처음에는 대리석처럼 보이도록 치장 벽토를 발랐고 나중에는 대리석 자체로 치장했던 이 지역 특유의 석회암이 바로 그것이다.

흠 하나 없이 완벽한 건축은 바로 이런 배경에서 출현했고, 이는 또한 더할 나위 없이 성숙한 국민 의식의 표출이었다. 그리스에서는 건축 역시 점진적인 발전 경로를 걸었다. 왜냐하면 그리스는 역사상 대부분의 기간에 통일된 국가가 아니었기 때문이다. 산이 많은 본토와 여기저기 흩어져 있는 섬으로 이루어졌던 고대 그리스는 경쟁 관계에 있던 한 무리의 도시 국가로 출발했다. 따라서 건축과 함께 문화의 절정기를 가져온 것은 아테네의 패권이었다. 그리스에서는 알렉산드로스 대왕 이전 고전기로 알려진 황금기(BC 800~323)에 사회의 기초로서 도시 국가가 확립되고, 새로운 도시가 건설되었으며, 침략해온 페르시아인에게 결정적인 승리를 거두면서 아테네가 패권을 차지했다. 5세기에는 최절정기에 달했는데 이 시기가 고전기 최고의 절정기로 알려진 것은 이때 철학과 건축, 미술, 문학, 연극이 눈부시게 발전했기 때문이다. 뒤에서 좀더 자세히 살펴볼 파르테논 신전도 이 시기에 달성한 최고의 업적 가운데 하나였다. 그러나 그리스 도시 국가의 독립성은 인도까지 정복의 손길을 뻗은 알렉산드로스 대왕에 의해 파괴되고, 그의 사후인 기원전 323년부터 시작된 헬레니즘 시대에는 그의 제국이 프톨레마이오스의 이집트를

96 | 포세이돈 신전, 수니온 곶, 그리스, 기원전 440년경

비롯한 여러 그리스 왕국으로 분할되었다가, 결국 기원전 30년에 로마 제국에 합병되었다.

이미 앞에서 보았듯이 나중에 그리스가 된 지역의 최초의 문명은 크레타 섬에서 발생했고, 이는 크노소스 궁전(사진 18)에서 절정에 달했다. 이것이 바로 크레타 문명(BC 3000~1400)인데, 이 시기 위대한 건축물의 배치는 어느 모로 보나 (구조는 아닐지라도) 당대 어느 나라 건물 못지않게 복잡했다(미노타우로스가 갇힌 미궁처럼 말 그대로 미로와 같았다). 그 후 크레타 문명을 계승한 것이 미케네와 티린스 문화(BC 1600~1050년경)인데, 이들 문화는 건축에서는 섬세하고 우아한 면이 떨어질지 몰라도, 깎아지른 듯한 고지에서 아르고스 평원을 굽어보는 미케네의 요새에서 볼 수 있듯 훨씬 호전적이고 무서웠다(사진 13). 그리스 국가 대부분이 지니고 있던 호전성은 알렉산드로스 대왕에까지 그대로 이어져, 알렉산드로스 대왕은 철학자 아리스토텔레스에게 교육을 받았으면서도 견줄 데 없는 활력과 총기를 지닌 사나운 무사로서 명성을 떨치며 초기에 이룩한 위대한 문명의 유산을 파괴하는 데 진력했고, 페르시아인들은 분명 그의 피비린내 나는 승리를 예술과 질서정연한 삶의 파괴로 보았을 것이다. 아테네인들이 기원전 5세기에 꽃피운 문화가 더욱 돋보이는 것은 이 때문이기도 하다. 이 시기에는 건축에서도 이야기의 줄기가 요새에서 시장으로, 성채에서 아고라로 이동했다. 한 그리스 철학자는 높은 곳은 귀족 정치를 하기에 좋고 낮은 곳은 민주주의를 하기에 좋다고 말했다. 이제 신전이 요새의 자리를 차지했고, 이는 아테네에서 완벽한 경지에 이르렀으며, 시장은 사람들이 모여 얘기하고 토론하며 거래하는 사회적 공공 건물로 완성되고, 기둥과 들보는 그리스 건축에 통일성을 가져왔다.

아치를 알고 있었고 따라서 원하기만 하면 아치를 사용할 수 있었을 텐데도 그리스인은 아치를 버리고 기후와 재료, 그리고 그 건물을 사용하는 사회에 가장 걸맞는 구조적 요소를 완성시키는 데 전력을 기울였다. 왜냐하면 그리스 사회는 건물을 실내 공간으로 이용하고 실내 공간으로서 본 것이 아니라 밖에서 사용하고 보았기 때문이다. 그리스에서는 신전이나 아고라 모두 실내 건축물이 아니라 야외 건축물이었다. 그리스인은 바깥을 꾸미고 가꾸는 데 온 힘을 기울였다. 일이 벌어지는 곳이 어둡고 가까이하기 힘든 실내가 아니라 건물 바깥이었고, 손짓하듯 유혹하는 산들바람이 리라를 타듯 좁은 주랑을 따라 흘러들어가고, 한 줄기 빛이 이오니아식 기둥의 경쾌함을 강조하고, 태양과 그림자의 숨바꼭질이 조형물에 분명하게 각인되는 바깥에서 신과 인간의 상호 작용이 일어났기 때문이다.

따라서 우리는 먼저 신전을 살펴보아야 할 것이며, 그 중에서도 이후 전 세계에서 사용된 양식 가운데 첫 번째 양식이 된 도리아식으로 세워진 신전부터 살펴보아야 할 것이다.

도리아식 신전을 하나하나 뜯어보면, 금방 이집트인이나 페르시아인이 고안해낸 소박한 구조적 요소들을 확인할 수 있다. 우리는 여기서 갈대 다발을 묶어 문설주나 지붕을 떠받치는 기둥으로 썼던 것이 어떻게 처음에는 나무로 그리고 600년경 이후에는 돌로 된, 세로 홈이 파인 기둥으로 변했는지 보게 된다. 그리고 기둥이 땅으로 들어가 있는 것을 보게 되는데, 사실 기둥 받침은 이오니아식과 더불어 비로소 출현한 세련된 장식이었다. 여기에는 지붕 구조물을 떠받치기 위해 갈대 다발 위에 얹었던 납작한 나무 토막도 여전히 기둥머리로 남아 있으며, 이것이 건축가가 건물에 도리아식과 이오니아식, 코린트식 가운데 어떤 그리스 건축 양식을 썼는지 확인할 때 먼저 보아야 할 특징이다. 기원전 7세기부터 4세기까지 기둥과 기둥 사이를 가로질렀던 나무 들보(접합은 기둥의 정상 중심에서 이루어진다)는 석재로 변해 아키트레이브가 되었다. 그런데 때로는 넓은 기둥머리 위에 석재 부재 두 개를 나란히 얹기도 했다(BC 445). 이는 아테네의 아고라에 있는, 흔히 테세이온이라 불리는 헤파이스토스 신전의 기둥 사이를 걸으며 위를 바라보면 알 수 있다. 기둥과 기둥 사이에 둘 수 있는 최

97 | **므네시클레스**, 아크로폴리스의 관문인 *프로필라이온*, 아테네, 기원전 437년경

대 간격은 약 6미터였으며, 따라서 그보다 간격이 넓어지면 그 사이에 기둥을 또 하나 끼워 넣어야 한다는 것을 의미했다. 아키트레이브 위에는 트리글리프와 메토프로 이루어진 프리즈가 있는데, 트리글리프가 나무 지붕을 떠받치는 대들보의 끝부분에서 유래했다는 것을 쉽게 알 수 있으며, 따라서 여기서 목구조가 돌로 변형된 것을 뚜렷이 볼 수 있다. 그리스인들은 이 들보의 끝부분 사이사이에 테라코타 판을 붙여 장식했고, 돌로 지은 신전에서는 이 공간(메토프)의 표면에 상징적인 장면을 조각해 장식했다. 그리고 프리즈 위로는 지붕의 가장자리와 페디먼트(넓은 경사진 처마 아래 삼각형을 이루고 있는 박공벽)의 밑부분을 따라 하나의 돌림띠처럼 튀어나온 부분이 있는데, 이것을 코니스라고 불렀다. 코니스와 처마는 둘 다 빗물이 들이치지 않게 하는 실용적인 목적을 지니고 있었다. 기둥 꼭대기에서 삼각형의 페디먼트 아래에 있는 부분(아키트레이브와 프리즈, 코니스로 이루어진 대들보)을 모두 합쳐 앤테블러처라 부른다.

돌로 지은 신전에서도 지붕을 이는 재료로는 여전히 나무가 쓰였다. 따라서 쉽게 불에 타는 나무의 성질을 생각하면 왜 아크로폴리스에

98 | 그리스의 기둥 양식 : 도리아식, 이오니아식, 코린트식, 복합식

로 이음매의 가는 틈새를 메웠다. 기둥의 몸체는 짧은 원통형 석재인 드럼을 층층이 쌓아올려 만들었는데, 이때 기둥이 허물어지는 것을 막기 위해 드럼의 중앙에 납으로 둘러싼 나무(나중에는 쇠) 은못을 박아 드럼과 드럼을 서로 끼워맞췄고, 같은 층에 있는 석재끼리는 쇠 꺾쇠를 이용해 연결했으며, 아크로폴리스의 관문인 프로필라이온의 아키트레이브에서 볼 수 있듯이, 쇠막대로 이를 보강했다(사진 97). 기원전 525년경부터는 신전에 대리석을 일반적으로 사용하게 되면서, 프리즈와 기둥에 조각하는 일이 크게 확산되었다. 아크로폴리스의 신전에는 아테네 근처의 채석장에서 캐낸 펜텔리쿠스산 대리석이 사용되었다. 그러나 그리스인은 이 재료에 만족하지 않았다. 그리스인은 눈과 입술, 젖꼭지에 색깔 있는 돌을 박아 동상을 화려하게 장식했듯이, 건물과 조각상, 세부 장식에도 우리가 보기엔 좀 야하다 싶은 붉은색, 푸른색, 황금색으로 칠했다.

그런데 이상하게도 그리스가 세계일주 여행객이 즐겨 찾는 관광지가 된 18세기 후반 이후에도 그리스 신전에는 색깔이 없는 것으로 생각되었다. 그때까지도 그리스인은 색깔에는 관심이 없고 오로지 형식에만 관심을 기울인 것으로 이야기되었던 것이다. 게다가 심지어는 오늘날까지도 이 장을 열면 푸른 하늘과 푸른 바다를 배경으로 서 있는 하얀 열주의 모습이 사람들의 마음속에 강하게 각인되어 있다. 그러나 건축 비평가인 빈센트 스컬리는 고대 그리스 사회의 건축에 관한 자신의 책을 "밝은 빛깔이 도는 하얀 형상은 그 기하학적 형태가 배경을 이루고 있는 산, 계곡과 날카로운 대조를 이룬다"는 말로 시작하고 있다. 그리고 그는 "이것이 신들의 신전이었다"고 말한다.

바로 그런 신전으로 다시 돌아가면, 고전기인 기원전 5세기의 신전은 화로 대신 신상이 들어서고 지붕을 떠받치기 위해 가운데 줄지어 서 있던 기둥이 사각형 건물의 외곽을 둘러싼 열주로 바뀌었을 뿐, 구조적으로는 미케네 왕궁의 거실인 메가론(사진 8)보다 더 복잡해지지는 않았다. 입구는 항상 건물의 짧은 축에

있는 신전과 같은 그 많은 신전이 우리에게는 지붕 없는 유적으로 남아 있는지 충분히 이해할 수 있다. 그러나 나중에는 석조 지붕이 나왔으며, 헬레니즘 시대(BC 323~30)에는 석조 지붕이 보다 일반화되었다. 헤파이스토스 신전은 육중한 돌의 무게를 줄이기 위해 천장이 소란반자로 되어 있다(즉, 석재 들보 사이사이를 깎아내, 마치 천장이 거꾸로 뒤집어 놓은 빈 상자로 이루어진 것처럼 보인다). 헬레니즘 시대의 이집트 도시 알렉산드리아는 틀림없이 석조 지붕이었을 것이다. 왜냐하면 율리우스 카이사르가, 그 때문에 자신의 군대가 알렉산드리아에 거의 피해를 입히지 못했다고 전하고 있기 때문이다.

그리스인은 모르타르을 쓰지 않았지만, 돌을 쌓는 이음매를 약간 오목하게 만들고, 후에 페루의 잉카족이 썼던 방식과 비슷하게 돌을 하나하나 조금씩 갈아서 끼워맞추면서 그 가루

99 | 헤라 신전, 파에스툼, 이탈리아, 기원전 530년경

있는 여섯 개의 기둥 사이에 있었으며, 열린 문을 통해 신상이 떠오르는 태양을 바라보고 있었다. 그리고 현관 입구는 흔히 두 번째 열을 이루고 있는 여섯 개의 기둥으로 칸막이가 되어 있었고, 현관과 균형을 맞추기 위해 신전의 맞은편 끝부분 뒤에서 들어가는 봉헌물 창고가 있는 경우도 있었다.

그리스 신전을 분류하는 기준이 되는 세 가지 오더(order; 기둥 양식)를 조사해보면, 크노소스에 있는 알현실이나 페르세폴리스에 있는 다리우스 대왕의 궁전(사진 19), 카르나크에 있는 아몬레 신전(사진 33) 같은 다른 문명권의 신전과 달리 그리스 신전만이 가지고 있는 독특한 특징이 눈에 띄기 시작한다. '오더'라는 말은 신전을 구성하는 요소들의 유기적인 조직뿐 아니라 이 구성 요소들이 서로에 대해 그리고 전체에 대해 일정하게 만족스런 관계와 비례를 지니고 있다는 것을 의미하므로, 사실 좋은 말이다. 이 말을 처음 도입한 사람은 로마의 건축 저술가 비트루비우스이다. 이 말은 라틴어 ordo에서 왔고, 아주 질서정연한 조직이라는 의미에서 이 말에 해당하는 그리스어는 '우주(cosmos)'였다. 세 가지 양식 가운데 도리아식과 이오니아식은 기원전 7세기부터 5세기까지 점진적으로 발전했는데, 이오니아식이 도리아식보다 조금 후에 나왔다. 그리고 세 번째 양식인 코린트식은 5세기에 그리스에서 나왔으나 로마 시대까지 존속했으며, 로마인은 이오니아식과 코린트식을 조합하여 복합식이라 불리는 새로운 양식을 창조했다(사진 98).

가장 일찍 나왔고 가장 단순한 도리아식 신전은 기둥 받침이 없을 뿐더러 기둥머리와 기둥 몸체에도 다른 장식 없이 세로 홈이 파여 있을 뿐이다. 기원전 700년에서 500년 사이 발칸 제국에서 침입해온 도리아인의 정착지였던 그리스 본토에서 나왔다. 그러나 같은 도리아식 신전이라도 초기와 후기에 나온 신전이 차이를 보여, 전자를 대표하는 신전으로서 그리스의 식민지였던 이탈리아 파에스툼에 있는 헤라 신전(BC 530년경; 사진 99)은 기둥이 짧고 묵직하여 장중한 느낌을 준다면, 후기 도리아식 신전(BC 490)인 아이기나의 아파이아 여신

100 | *리시크라테스 코라고스 대좌, 아테네, 기원전 335~334*

토프와 트리글리프는 사라졌으나, 프리즈와 페디먼트 전체에 조각이 되어 있는 경우가 많다. 스타일로베이트로 올라가는 계단도 도리아식보다 육중하지 않아, 참배자들이 오르기 쉽다. 이오니아인들은 나일강 삼각주에 조약에 의한 개항장이 있어 거대한 이집트 신전과 자주 접촉할 기회가 있었고, 이 영향으로 나중에 헬레니즘 시대에는 아티카의 도리아식 신전 못지 않게 거대한 이오니아식 신전이 출현하게 된다. 한 예로, 에베소의 아르테미스(다이아나) 신전은 기원전 1세기에 안티파테르가 세계 7대 불가사의 중의 하나로 꼽았을 정도로 거대한 모습을 하고 있다.

거꾸로 세운 종을 끄트머리가 들쭉날쭉한 잎사귀로 둘러싼 듯한 코린트식 기둥머리는 이오니아식 신전의 모퉁이에 있는 기둥이 가지고 있던 문제점, 즉 기둥머리를 항상 앞에서 볼 수 있게 만들어야 했던 점을 피할 수 있으면서도 정교하게 조각된 균형미를 자랑할 수 있는 가능성을 열어, 사치스러운 로마 제국에서 크게 유행하였다. 그러나 코린트식 기둥은 아테네의 리시크라테스 코라고스 대좌(BC 335~334; 사진 100)에서 볼 수 있듯이 독자적인 매력도 지니고 있었다. 그래서 이 대좌가 이오니아식 기둥을 맨 처음 독자적으로 이용한 경우라면, 아테네의 올림피아에 있는 제우스 신전에서는 이것이 한층 극적으로 이용된 예를 볼 수 있다. 이 신전은 기원전 6세기 참주 정치기에 짓기 시작했으나 서기 1세기에야 로마 황제 하드리아누스에 의해 완성되었다.

그러나 첫 번째 두 양식의 고전적인 예를 찾기 위해서 아크로폴리스(사진 102, 103) 밖으로 나갈 필요는 없다. 오늘날에는 바위산에 있는 아크로폴리스로 올라가기 위해 제물로 바칠 짐승을 지성소로 끌고 가는 길목에 의해 중간이 끊겨 있는 아주 인상적인 계단을 이용하지만, 이것은 고대 로마 시대에 지어진 것이다. 따라서 고대 그리스인은 아고라를 대각선으로 가로지른 대로를 지나 구불구불한 산길을 올라가야 아크로폴리스로 들어가는 거대한 관문인 프로필라이온에 이를 수 있었다. 프로필라

신전은 아주 정밀한 세부 장식과 맑고 깨끗한 단순함 때문에 상당히 품위 있고 세련되어 보인다.

이오니아식 신전은 흔히 소아시아의 해변과 섬에서 발견되는데, 이곳에는 당시 도리아인의 침입을 피해 도망온 그리스인들이 정착해 있었다. 이오니아식 기둥은 도리아식보다 가늘고 가벼우며 훨씬 정교하게 조각되어 있을 뿐 아니라, 숫양의 뿔 혹은 두루마리 양끝을 가볍게 말아올린 것 같은 소용돌이꼴의 기둥머리 장식으로도 쉽게 확인된다. 전체적인 윤곽을 봐도 이오니아식이 도리아식보다 얼마나 복잡한지 한눈에 알 수 있다. 이오니아식 신전은 날씬한 기둥이 몇 개의 단으로 된 장식적인 기둥 받침 위에 서 있고, 기둥 몸체의 세로 홈은 양끝에서 가리비 모양을 이루며, 세로 홈 사이사이에는 납작한 좁은 띠가 있다. 그리고 메

101 | 칼리크라테스, *아테나 니케 신전*, 아크로폴리스, 아테네, 기원전 약 450~424

이온은 양쪽 날개에 있는 건물이 앞으로 튀어나와 있어, 서쪽을 향해 양팔을 벌리고 성지 참배객들을 맞이하는 형상이다. 프로필라이온을 지나면 입구 오른쪽에 있는 능보에 기원전 450년경에 칼리크라테스가 설계했으나 기원전 424년에야 완성된 아테네 니케(날개 없는 승리의 여신) 신전(사진 101)이라는 자그마한 이오니아식 신전이 있는데, 이것은 아크로폴리스를 둘러싸고 있던 작은 신전들 가운데 유일하게 남아 있는 신전이다. 프로필라이온은 기원전 437년경에 므네시클레스가 지었는데, 바깥쪽 기둥에는 도리아식 기둥을 쓰고 안쪽 기둥에는 이오니아식 기둥을 써서, 문을 지나 지성소로 들어갈 때 참배자들의 벅찬 감동을 적당히 조절해주는 역할을 했다.

여기서 설계상 중요한 점이 발견된다. 즉 아크로폴리스에는 일직선으로 늘어서 있는 것이 하나도 없고 멀리서 보면 모든 것이 다 비스듬히 서 있다. 그리스 건축가들이 좌우 대칭적인 건물을 비대칭적으로 불규칙하게 배치하고 층이 진 대지를 잘 이용해, 고정된 위치에서 건물을 따로따로 보는 것이 아니라 판아테나이아 축제 때에 행진하는 사람들처럼 이러저리 돌아다니며 보아야만 아크로폴리스 전체의 통일성을 느낄 수 있도록 설계한 것이다.

초기에 도시의 수호신들에게 바친 아크로폴리스의 신전들은 모두 페르시아인에 의해 파괴되었다. 그래서 살라미스 해전과 플라타이아이 전투(BC 480~479)에서 승리한 후 페리클레스는 그리스의 여러 도시 국가에서 모은 전쟁 기금 가운데 일부를 신전을 복원하는 데 쓰기로 마음먹었다. 그러나 이는 재난 기금을 잘못 운용했다는, 최초로 기록된 논란을 낳아 결국 그리스의 도시 국가들 사이에서 펠로폰네소스 전쟁(BC 431~404)이 일어났고, 이 전쟁으로 아테네는 패권을 잃었다.

신전의 복원은 건축가가 아니라 조각가인 페이디아스의 감독 아래 이루어졌다. 이때는 신전이 어떤 점에서는 신상을, 때로는 경기에서 승리한 운동 선수의 조각상까지 전시하는 곳이었고 또한 조각을 아주 뛰어난 예술로 여겼기에, 조각가가 건축 감독을 하는 것은 전혀 이상할 것이 없었다. 그리하여 아마 아크로폴리스에 오는 참배자들은 가장 먼저 페이디아스가 조각한 거대한 아테나 상과 마주쳤을 것

(뒷면)

103 | 아크로폴리스, 아테네

102 | 아크로폴리스, 아테네, 배치도,
(a) 파르테논 신전, (b) 에렉테움 신전,
(c) 프로필라이온, (d) 아테나 니케 신전,
(e) 디오니소스 극장

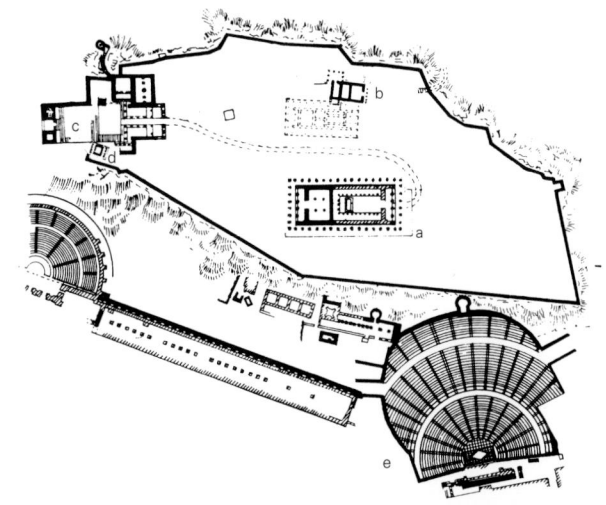

104 | 여인상이 기둥을 대신하고 있는 에렉테움 신전의 포치, 아크로폴리스, 아테네, 기원전 421~406

이다. 이것은 어떤 설명으로 보나 아주 거대했음이 분명하며, 심지어는 바다를 항해하는 선원들은 햇빛을 받아 반짝이는 아테나의 투구를 등대 삼아 아테나의 항구 도시 피레에프스로 가는 항로를 잡았다고 한다. 페이디아스의 조각상은 이전에 있던 신전의 벽 바깥쪽 원래 있던 자리에 그대로 세워졌다.

그러나 이제는 이 조각상이 아크로폴리스에 있지 않아, 지금은 신성한 경내인 테메노스에 들어가면 가장 먼저 파르테논 신전이 위치한 아크로폴리스 중앙 오른쪽으로 눈길이 끌린다. 이 신전 안에 고대에는 페이디아스가, 현재는 금과 상아로 조각된 두 번째 아테나 여신상이 서 있다. 그리고 지금은 굳이 문을 찾아 들어갈 필요 없이 스타일로베이트 위에 있는 신전으로 바로 올라갈 수 있지만, 기원전 5세기에는 신전이 프로필라이온을 등지고 있어 신전의 바깥쪽을 돌아 떠오르는 태양을 향해 동쪽으로 나 있는 입구까지 걸어가야 했다. 북쪽으로는 원래 파르테논 신전이 있던 자리 너머에 에렉테움(BC 421~406)이라는 작은 신전이 있는데, 당대에는 아테나 여신을 섬기는 의례에서 파르테논 신전보다 오히려 더 중요한 역할을 했다고 한다. 에렉테움은 고저의 차이가 있는 두 대지에 걸쳐 있어 연속적인 열주는 불가능했지만, 높이가 낮은 쪽과 높은 정면 쪽의

기둥 길이를 달리해 이오니아식 기둥을 아주 멋들어지게 이용했다. 그러나 무엇보다도 가장 유별난 것은 포치인데, 여기서는 기둥 대신 카리아티드(女像柱)로 알려진 견고한 여인상이 지붕을 떠받치고 있다(사진 104). 그런데 이 용맹한 여장부 같은 여인상이 공해로 부식되면서 최근에 이것을 유리 섬유로 뜬 상으로 대체해 많은 학문적 논란을 빚었다.

그러나 파르테논 신전(사진 105, 106)은 좀 뜸을 들여 자세히 살펴봐야 한다. 이는 파르테논 신전이 그리스 건축물 가운데 가장 유명하기도 하지만 이것이 지닌 완벽한 형식과 비율의 수학적 비밀을 캐는 것이 아주 세심한 연구를 필요로 하기 때문이다. 기원전 447년부터 432년까지 익티노스와 칼리크라테스가 지은 파르테논 신전은, 동쪽과 서쪽 끝에 있는 기둥이 보통 6개이던 것이 8개로 늘어난 것을 제외하면, 기원전 6세기부터 일반화된 전형적인 도리아식 비례를 따르고 있다. 그러나 파르테논 신전이 사람들의 눈길을 끌고 사람들의 눈을 만족시키는 비결은 포착하기 어려울 정도로 아주 정교하게 조정된 선과 비례에 있다. 당시에도 이런 세련된 정교함은 가히 전설적이었다.

19세기에 자세하게 측정한 결과, 파르테논 신전에는 구조 전체에 거의 직선이 없다는 것이 밝혀졌다. 시각적 왜곡에 방해받지 않고 모든 윤곽을 미끄러지듯 부드럽게 훑어볼 수 있도록 모든 면이 오목하거나 볼록하고 아니면 위로 갈수록 가늘게 되어 있어, 거슬림 없이 모든 것이 조화롭다. 이 황금기에 지어진 그리스 건축물 대부분은 엔타시스라는 배흘림을 이용했는데, 배흘림이란 완전 원통형 기둥인 경우 기둥 중간이 양쪽에서 약간 오목하게 들어간 것처럼 보이는 것을 막기 위해 기둥이 3분의 1쯤 올라간 부분을 약간 볼록하게 하는 것이며, 이것이 가장 극적으로 사용된 경우가 파에스툼에 있는 헤라 신전이다. 그러나 착시를 이용한 이런 방법이 파르테논 신전의 기둥에만 사용된 것이 아니다. 아키트레이브나 스타일로베이트와 같은 모든 수평선도 평행선일 경우 중간 부분이 약간 처져 보이는 것을 막기 위해

105 | 익티노스와 칼리크라테스,
파르테논 신전, 아크로폴리스,
아테네, 기원전 447~432

비슷한 방식으로 교정을 해놓았고, 하늘을 배경으로 일정한 각도에서 보았을 때 네 귀퉁이에 있는 기둥이 가늘어 보이는 현상을 상쇄하기 위해 이런 기둥을 좀더 굵게 만들고 기둥과 기둥의 간격도 더 좁게 했을 뿐 아니라, 기둥이 꼭대기에서 약간 안으로 들어가게 해 밖으로 뻗쳐 보이는 것을 막았다. 그리고 트리글리프도 앞뒤에서 중앙으로 갈수록 간격을 더 많이 벌려, 수직으로 뻗어 있는 기둥 위에 있는 트리글리프의 수평선이 너무 딱딱해 보이는 것을 막았다. 따라서 파르테논 신전을 설계하는 데는 아주 세심한 측량과 정확한 계산, 능숙한 돌쌓기 기술, 아주 섬세한 지각과 감응이 요구되었고, 그 결과는 한마디로 압도적이었다.

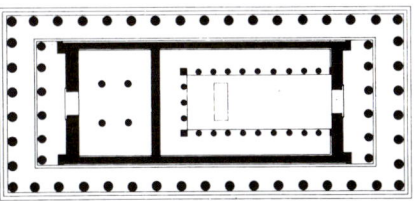

106 | 파르테논 신전, 평면도

그럼 아테네에 좀더 머물러서, 이번에는 아크로폴리스에서 도시 전체를 내려다보자. 이 시대의 일반 주택은 안마당을 향해 창문 없는 단칸방들이 별다른 차이 없이 무질서하게 모여 있는 형태였고, 이런 집들은 언덕 아래서 좁고 고불고불한 골목길로 연결되어 있었다. 건축상 흥미로운 사건은 사람들이 모이는 곳에서 일어났다. 그 중에서도 특히 인상적인 것은

97

108 | 아탈로스의 스토아, 아고라, 아테네, 기원전 150년경. 현재의 건물은 복원된 것임

107 | 폴리클레이토스, 에피다우로스의 극장, 그리스, 기원전 350년경

아고라라는 넓은 광장인데, 공식적으로는 시장인 아고라의 둘레에는 정치와 법률을 위한 회의장이 밀집해 있다. 민주주의가 탄생한 곳이 바로 여기다. 그러나 그것은 제한된 민주주의였다(평등하기로는 오히려 로마 제도가 나았다). 왜냐하면 여성, 아테네의 경제를 떠받치고 있던 노예 그리고 아테네에서 얼마나 살고 일했는가에 상관없이 외국인에게는 투표권과 의회에 선출되어 공무를 볼 수 있는 권리가 부여되지 않았기 때문이다. 그러나 여기서 대의 민주주의의 원칙이 확립되었고, 더불어 서구의 교육과 사상의 발전에 커다란 영향을 끼친 언론의 자유가 확립되었다. 페리클레스가 유명한 추도 연설에서 그리스 문명의 독특함을 찬양한 곳도 여기였다. 또한 소크라테스와 플라톤, 아리스토텔레스, 스토아 학파 등 서구 세계의 철학적 탐구의 발판을 놓은 철학자와 그 제자들이 스토아(상점과 관청을 따라 길게 늘어선 지붕 달린 산책길)의 주랑 아래서 산책을 한 곳도 바로 여기였으며, 스토아 학파라는 명칭 자체도 사실은 이 구조물에서 나왔다.

스토아는 단순하지만 그 영향은 실로 컸던 그리스인의 발명품이었다. 스토아는 기본적으로 기둥과 들보로 이루어졌지만, 그리스인은 이것을 결합하여 쓰임새 많은 긴 주랑을 만들었다. 스토아는 수많은 상점과 작업장을 한데 모아 분류해주는 역할을 했고, 따라서 그렇지 않았다면 무질서하게 모여 있는 오두막처럼 보였을 공간에 품위 있는 통일성을 제공해주었다. 스토아는 또 사람들이 그늘에 앉거나 걸으면서 이야기도 나누고 물물교환도 할 수 있는 공간을 마련해주었다. 위층이 있으면 그곳에 관청을 비롯한 여러 가지 시설이 들어설 수도 있었다. 스토아는 통합력을 지닌 아고라의 주요 특징이었다. 2층으로 된 아탈로스의 스토아는 아크로폴리스 아래 기원전 150년경에 세워졌다(사진 108). 현재의 건물은 미국 고고학회에서 박물관으로 복원한 것으로, 당시 스토아의 모습을 아주 생생하게 전해준다. 다른 스토아들은 아테네의 아고라 남북쪽에 어지럽게 흩어져 있었는데, 나중에 조성된 계획 도시에서는 아고라와 스토아가 모두 기하학적으로 아주 분명하고 질서있게 배치되었다.

그 밖에 중요한 건축물로는 집회장과 시청, 체육관, 경기장, 극장이 있었고, 이것들은 모두 그리스인의 생활에서 중요한 역할을 했다. 아테네에서는 기원전 6세기에 지어진 디오니소스 극장이 아크로폴리스 남쪽에 나무로 지은 극장이 줄지어 서 있던 곳에 있다. 바위산의 낮은 등고선을 이용한 원시적인 계단식 좌석은 기원전 499년에 흙과 나무로 만든 좌석이 붕괴된 뒤에야 돌로 만든 좌석으로 대체되었다. 신전에서는 공개적인 숭배 의식을 치를 필요가 없었으나, 극장은 그렇지 않았다. 극장은 디오니소스를 숭배하는 열광적인 의식과 관계가 있었고, 따라서 의식에 포함된 합창과 무용을 위한 원형 또는 반원형 무대인 합창대석(오케스트라)과 공연을 시작하기에 앞서 신에게 술을 바치는 의식을 치르기 위한 제단 그리고 거대한 관중석을 위한 공간을 모두 수용할 수 있을 정도로 아주 커야 했다. 아이스킬루스와 소포클레스, 에우리피데스, 아리스토파네스가 그들의 희곡을 상연한 곳도 이곳이었고, 따라서 디오니소스 극장은 서구 연극과 희곡의 밑바탕이 마련된 곳이다. 기원전 350년경에 건축가 폴리클레이토스가 지은 에피다우로스 극장(사진 107)은 13,000명을 수용할 수 있었고, 합창대석에서 흘러나오는 자그마한 속삭임도 어느 자리에서나 들을 수 있을 정도로 음향 효과가 완벽했다. 이는 낮은 쪽에 있는 좌석보다 높은 쪽에 있는 좌석을 더 가파르게 배치하여 사

99

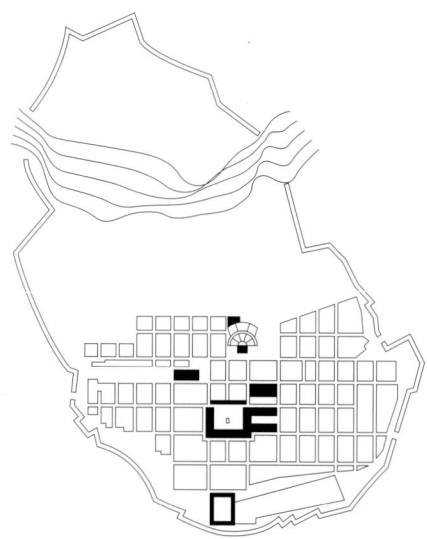

109 | 프리에네, 소아시아, 배치도, 주로 기원전 350년경부터 지어짐

발 모양을 더욱 강화한 탓도 있지만, 돌로 된 좌석 밑에 있는 커다란 도기 항아리 형태의 공명기를 훌륭히 활용한 덕분이었다. 헬레니즘 시대의 계획 도시에서는 극장이 도심 밖에 있는 경향이 있었다. 사발 모양의 극장이 음향 효과는 좋았지만 바둑판 무늬의 평면 배치에는 어울리지 않았고, 그리스인은 대지의 자연적인 등고선을 쉽게 원형 극장으로 변형시킬 수 있는 곳을 곧잘 찾아내는 습성이 있었으며, 무엇보다도 극장은 아주 커야 했기 때문이다.

또 하나의 중요한 건물 형태는 스타디움이라 불리는 경기장이었다. 스타디움은 경주를 위해 적어도 길이가 1스타데(183미터; 그리스의 도보 경주 거리)는 되어야 했기 때문에 도심을 둘러싸고 있는 성벽 바깥에 있었다. 기원전 331년에 지은 아테네의 스타디움은 60,000명의 관람자를 수용할 수 있었다. 그리고 기원전 8세기부터 4년마다 계속 경기를 열었던 올림피아의 좁은 스타디움 둘레에 쌓은 흙 둔덕에서는 40,000명이 서서 경기를 구경할 수 있었다. 스타디움과 더불어 모든 그리스 도시에는 젊은이들이 체력을 단련하는 김나지움이라는 체육관이 있었다. 이러한 체력 단련은 젊은이들의 필수적인 교육 과정이었고, 이 원칙은 그 후 유럽과 북아메리카 교육 제도로 이어졌다. 키프로스의 살라미스에는 고대 그리스의 극장과 김나지움을 볼 수 있는 훌륭한 예가 있는데,

김나지움은 후에 로마인들이 개조한 것이다.

이 모든 유형의 건물은 헬레니즘 시대의 계획 도시에서도 모습을 나타냈지만, 여기서는 하나의 종합된 형태를 이루었다. 새로운 도시 가운데는 원래 침니(沈泥)로 막힌 강어귀에 있던 이오니아의 그리스 도시들보다 높은 대지 위에 재건된 것도 있었고, 알렉산드로스의 정복 이후 소아시아에 건설된 것도 있었다. 그러나 공통적으로 밀레투스의 히포다모스가 설계한 도시 계획에 따라 도시를 아크로폴리스 아래 격자 모양으로 배치하였다. 그리하여 중앙에 아고라가 있고, 도심을 가로지르는 대로가 있었으며, 상업 활동과 종교 활동, 정치 활동을 위한 구역이 모두 따로따로 구획되어 있었다. 히포다모스는 페리클레스가 데려와 피레에프스 항구를 설계하게 했다. 아크로폴리스에서 8킬로미터쯤 떨어져 있는 피레에프스는 '긴 벽'으로 알려진 성벽이 있는 길로 도시와 연결되어 있었다. 밀레투스도 페르시아 전쟁 후에 비슷한 형태로 설계되었다. 프리에네(사진 109)와 페르가몬은 소아시아에서 고전기 후기와 헬레니즘 시대의 도시 형태를 보여주는 전형적인 예이다. 이렇게 새로 건설된 계획 도시에서는 아주 품위 있는 생활 모습이 나타났다. 길은 넓게 포장되어 있었으며, 신전은 크고, 극장과 김나지움과 회의장은 투표권을 가진 모든 성인을 수용할 수 있을 정도로 넓었다. 그리고 위생 시설이 개선되고, 일부 개인 주택도 훨씬 당당한 위용을 드러냈다.

인간과 자연, 신을 통합하여 장엄한 통일성을 구축해내는 그리스인의 천재성은 델포이(사진 110)에서 가장 극적인 형태로 발견할 수 있다. 델포이는 아폴론 신전과 신탁소가 있는, 고대 그리스에서 가장 신성한 장소였다. 많은 성공적인 성역과 마찬가지로 델포이도 순례자들의 마음을 사로잡았지만, 다른 성역들과 마찬가지로 이곳 사람들 역시 어떻게든 순례자들에게서 돈을 뜯어내려고 불미스러운 행동을 벌였다. 그러나 전체적인 풍경과 교묘히 배치된 건물을 보면(지금껏 보았듯이, 그리스인은 어떤 풍경 안에서 어떤 건물이든 절대 일직선으로

110 | 델포이, 그리스, 극장(기원전 250년경)에서 내려다보면 아폴론 신전(기원전 510년경)과 아테네의 보물창고(아래 오른쪽, 기원전 490년경)가 보인다

배치하지 않았으므로), 델포이는 모든 길 모퉁이 하나하나가 순례자들에게 감동을 주도록 치밀하게 계획된, 뛰어난 상상력의 소산이다.

먼저 아테네에서 울퉁불퉁한 언덕길을 오르면 제일 먼저 보이는 것이 톨로스라는 원형 신전인데, 이것의 건축 목적은 파르나고스 산의 깎아지른 듯한 산비탈로 시선을 돌리는 데 있었고, 거기에는 기원전 6세기부터 짓기 시작한 아폴론 신전이 있었다. 그리고 톨로스에서 지그재그로 뻗어 있고 세심하게 고안된 다양한 전망을 즐길 수 있게 되어 있는 성스러운 길을 따라 올라가면, 아테네의 보물 창고(완전히 대리석으로 지은 최초의 이오니아식 건물)를 지나 아폴론 신전에 다다르게 된다. 아폴론 신전은 거석을 쌓아올린 거대한 기단 위에 도리아식 위용을 자랑하며 당당하게 서 있다. 그리고 여기서 더 올라가면 뛰어난 음향 효과뿐 아니라 빼어난 경관을 자랑하는 극장(BC 2)이 있고, 그 위로 더 올라가면 한쪽에 스타디움이 있다. 이것은 원래 의도한 대로 신비로우며, 이런 신비로움은 건물과 대지의 통일성과 일관성이 빚어낸 산물이었다.

8 권위와 권능: 고대 로마

로마 제국 아래서 건축은 잇따라 개발된 새로운 기법에 고무되어 뛰어난 성과를 이루었으며, 이는 유럽의 어떤 지역에서는 17, 18세기, 아니 19세기까지도 다시 도달하지 못한 수준 높은 성과였다. 그러나 그리스 건축을 살펴본 우리처럼 그리스의 비례 체계와 양식에 익숙해져 있으면, 처음에는 이것이 잘 눈에 들어오지 않는다. 왜냐하면 로마인은 예술의 문제는 그리스인에게 맡겨두고 이 앞선 문명의 야외 건축물에서 그 외적인 특성을 많이 빌려왔기 때문이다. 그래서 로마의 포룸(사진 112; 공적인 집회 장소로 쓰이던 광장)을 서쪽에서 바라보면, 처음에는 이것이 그리스의 아고라를 본뜬 것처럼 보일지 모른다.

그러나 몇몇 건물을 자세히 조사해보면, 로마인과 그리스인의 유사성이 얼마나 표면적인 것인지 금방 깨달을 수 있다. 그리스인이 인간과 우주의 조화를 추구하고 즐겨 추상적인 것을 이야기하며 그들의 세계관을 인간의 가장 순수한 이상만큼이나 완벽한 예술로 표현해냈다면, 로마인은 그런 이상적인 것에 신경 쓸 시간이 없었다. 로마인은 날카로운 논리적 심성을 지닌 강건하고 현실적인 사람들이었으며, 따라서 법률과 공학, 통치술에 뛰어났다. 로마인이 추구한 조화는 정신적인 것도 천체의 영역에 있는 것도 아니었다. 그것은 바로 본국과 그들이 정복한 영토에서의 조화였다. 로마인의 종교에는 가족이 중심에 있었고, 따라서 그들의 저택에 있는 아트리움이라는 안뜰에서는 수호신인 페나테스 앞에서 램프가 불타고 있었으며, 그들이 (육체적 용기와 함께) 가장 칭찬한 미덕은 피에타스(부모와 조상에 대한 충성)와 그라비타스(책임감)였다. 그들은 그리스인이 나약하다고 생각했다. 그리고 아래 인용한 비트루비우스의 말에서 알 수 있듯이, 로마인의 생활 방식만 옳다고 생각했다. 율리우스 카이사르와 아우구스투스를 섬긴 공병학자인 비트루비우스는 15세기까지 남아 있는 유일한 건축 논문을 쓴 사람이기도 하다.

"남쪽 나라 사람들은 재기발랄하고 탁상공론에는 뛰어나지만, 용기를 발휘해야 할 순간이 오면 그만 태양에 진이 모두 빠져버린 듯 맥없이 주저앉고 만다. 한편 추운 나라에서 태어난 사람들은 전쟁이 나도 겁내지 않고 대단한 용기를 가지고 전쟁에 맞서지만, 머리가 둔해 진군 나팔 소리에 앞뒤 재지도 않고 무조건 돌격할 것이며, 따라서 제 꾀에 제가 넘어가기 십상이다. 우주의 자연 질서가 이러하니, 이런 나라 사람들은 적당히 중용을 지킬 수 있는 기질을 타고나지 못했으며, 따라서 하늘의 중심 아래 있어 좌우로 세계와 세계 모든 나라를 감쌀 수 있는, 진정으로 완벽한 영토는 로마인이 차지하고 있는 곳이다."

— 『건축십서(建築十書)』 제4서

그런데 이 자부심 강한 민족의 전설상의 기원은 이상하게도 낭만적이다. 로마의 전설에 따르면, 전쟁의 신 마르스와 베스타의 여신을 섬기는 순결한 처녀가 결합하여 쌍둥이를 낳았으나, 이들의 금지된 관계에서 태어난 쌍둥이는 강가에 버려졌다고 한다. 그런데 암늑대는

111 | 수도교인 가르 다리, 님, 프랑스, 14

112 | 서쪽에서 바라본 *황제 포룸*, 로마, 기원전 27년경~서기 14

이들을 구해 길렀고, 오늘날 이 암늑대의 동상이 서 있는 로마의 카피톨리누스 언덕에 쌍둥이 중의 하나인 로물루스가 로마를 세웠다. 그 해가 기원전 753년이라 하여 로마인은 이 해를 원년으로 삼았다. 그러나 로마는 아무리 일찍 잡아도 기원전 600년 이후에야 존재했을 가능성이 높고, 이 유명한 동상도 르네상스 시대에 세운 것이다. 그리고 당시 세계의 다른 곳에서는 대단한 일들이 벌어지고 있었으나—인도와 중국에서는 부처와 공자가 가르침을 전하고 있었고, 일본에서는 최초의 황제 짐무가 탄생했으며, 유대인은 바빌론 유수를 당하고, 페르시아인은 눈앞의 모든 것을 휩쓸어버리며 벌써 그리스인과 접촉하고 있었다—로마는 중부 이탈리아의 많은 촌락 중 하나였을 뿐이다. 로마는 기원전 509년에야 전횡을 일삼는 에트루리아 왕들을 쫓아내고 공화정을 선포하면서 비로소 위대한 로마 제국으로의 첫걸음을 내딛었다. 그리고 이제 체계적인 정복에서 국민적 기질이 발휘되기 시작했다. 로마인의 정복은 이웃 나라에 대한 정복으로 시작되었다. 기원전 3세기에는 이탈리아 전체를 지배했고, 기원전 3~2세기에는 세 번의 포에니 전쟁으로 북아프리카와 스페인을 확보했으며, 기원전 1세기에는 헬레니즘 세계 전체를 차지하기에 이르렀다. 그리고 아우구스투스가 로마 제국을 확립했을 때(BC 30)는 당시 알려진 세계가 모두 로마인의 수중에 있었고, 지중해가 그 이름처럼 세계의 중심에 있는 바다가 되었다.

로마인은 정복당한 사람들에게 그들의 민족적 정체성과 관습을 땅에 묻어버리도록 강요하지 않았다. 로마의 법과 세금, 병역 그리고 별로 엄격하지 않은 로마의 종교를 받아들일 용의만 있으면, 로마의 시민권을 가지면서 그들의 민족적 정체성과 관습을 지킬 수 있었다. 종교와 인종에 대한 관용에서는 아마도 저 유명한 그리스의 민주주의에서보다 로마가 훨씬 너그러웠을 것이다. 게다가 계급과 관련해서도, 귀족이 원로원을 장악하긴 했지만 평민도 공화정에 참여할 수 있는 확고한 권리가 있었고, 정복할 때마다 늘어나는 노예 노동력도 정치적 발언권은 없었어도 어느 정도 시간이 지나면 시민이 될 수 있는 제도가 마련되어 있었다.

화이트헤드는 『교육의 목적』 4장에서, "로마 제국이 존재할 수 있었던 것은 도로와 다리, 수도교, 터널, 웅장한 건물, 조직적인 상선, 군사학, 야금술 등 당시로선 세계에서 가장 광범위한 기술을 활용한 덕분이었다"고 말한다. 이는 곧 정치적 상업적 장벽이 해소되어 해외에서 상품이 공급된다는 것을 의미했고, 집에 수도가 들어오고 곳곳에 공중 화장실이 있다는 것을 의미했다. 이런 공중 화장실은 때로 무리지어 있기도 했는데(사진 113), 그 중 가장 큰 공중 화장실에서는 사람들이 돌고래 조각상 사이에 있는 대리석에 앉아 클럽에서 한가한 시간을 즐기는 신사들처럼 책을 읽고 전 세계를 화제로 삼아 환담을 나누었다. 이는 또 온수와 냉수가 나오는 공중 욕장과 법과 정치를 위한 포룸, 긴 U자형 전차 경주장, 검투사들의 대결이나 사자에게 잡아먹히는 그리스도교인을 구경하는 원형 극장과 함께 연극을 공연하는 극장이 있다는 것을 의미하기도 했다. 그러나 로마에서 가장 인기 있는 연극은 고전적인 그리스 연극과 같은 장중한 비극이 아니라 플라우투스와 테렌티우스의 익살극과 사회풍자극이었다.

따라서 그런 사람들이 지은 건물이 미학적이기보다 당장의 만족을 위한 실용적인 것이었다 해도 놀라울 건 없을 것이다. 로마인은 예술의 문제는 기꺼이 그리스인에게 맡기고, 대제국에 걸맞는 강하고 당당하며 위엄 있는 건물이 필요하면 그리스의 형식과 취향에 크게 기대었다. 이런 특성은 갈수록 늘어나는 복잡한 사회적, 법적, 상업적 요구를 충족시키기 위해 몇몇 황제들이 잇따라 지은 일련의 새로운 포룸에서 분명하게 나타난다. 아우구스투스(BC 31~AD 14 재위)는 기존의 포룸 주위에 하나하나 건물을 덧붙여가는 방식에서 과감히 탈피하고 로마에 새로운 포룸을 지어 이런 움직임을 주도했다. 그는 광대한 사각형 공간 양쪽에 주랑이 있는 스토아를 세우고 그 끝에 마르스에게 바치는 신전을 지어 조경을 마무리했다. 이 건물은 원래 헬레니즘 문화에서 영감을 얻었지만, 조금만 살펴보면 금방 로마인의 자취를 느낄 수 있다. 즉, 여기서는 건물이 자연 환경에 감응하여 그곳의 지형과 신비로운 교감을 나눌 수 있는 자리에 있는 게 아니라, 건축물로 둘러싸인 계획된 공간이라는 새로운 개념이 나타나 있다. 새로운 포룸은 신전 하나하나보다 전체적인 디자인에 더 관심을 기울였고, 따라서 제국의 힘을 과시하기 위해 고안해낸 웅장한 예술 작품이라는 느낌이 든다. 레바논의 바알베크에 있는 포룸을 가로질러 가면 일련의 기하학적 형태를 지닌 건물들이 길게 펼쳐져 있으며, 로마의 아우구스투스 포룸에서는 세심하게 고안된 전망과 경치가 신전의 정면에 둘러싸여 있다.

콜로세움으로 알려진 원형 극장에서는 로마의 독특한 건축을 볼 수 있다. 그리스인은 극장을 연극에만 사용했지만, 로마인은 경주와 경기를 할 수 있는 원형 경기장과 원형 극장을 요구했다. 로마의 극장과 원형 극장은 지금도 많이 남아 있다. 그 중에서도 특히 프랑스 남부의 오랑주 극장(50년경; 사진 114, 115)은 무대를 보호하는 나무 차양은 없어졌지만 보존이 잘 되어 있으며, 프로방스의 아를르와 님에 있는 원형 극장(둘 다 1세기 후반)도 아직 투우장으

113 | 도가의 로마 도시에 있던 공중 화장실, 튀니지, 3세기

114 | 오랑주 극장, 프랑스, 50년경

115 | 오랑주 극장, 평면도

로 사용되고 있다. 오랑주 극장의 나무 차양은 내쌓기된 지주 위로 돛대처럼 올라가 있는 기둥에 동여맨 두 개의 거대한 쇠사슬로 나무 차양의 앞부분을 들어올려 지탱했다. 그러나 오랑주 극장은 그리스 극장들처럼 적어도 부분적으로는 언덕을 우묵하게 파서 조성된 극장이라는 점에서 로마의 극장치고는 유별난데, 여기에 그리스 형식과 로마 형식의 차이가 있다. 그리스에서는 원래 외관에 관심을 집중시켰지만 극장에서는 이것이 뒤바뀌었다. 즉, 극장은 바깥이 없고, 보통은 도시 외곽에 있는 언덕 아래 자연스럽게 조성된 분지에 자리잡고 있었으며, 따라서 경사진 관중석도 산비탈을 깎아 만들었고, 무대 위의 배우들을 위한 배경도 산, 바다와 같은 자연이 마련해 주었다.

그러나 이와 대조적으로, 72년부터 82년까지 베스파시아누스 황제와 티투스 황제, 도미티아누스 황제가 지은 콜로세움(사진 116)은 도시 중심에, 타원형으로, 평지에 서 있다. 따라서 이 같은 원형 극장에는 내부 건축과 외부 건축이 모두 요구되었고, 북아프리카의 사브라타에 있는 로마 극장(200년경)의 무대 뒤에 얼마 전에 재건한 무대 전면 배경(scenae frons)처럼, 연극을 위해서는 배경도 인공적으로 만들어야 했다. 그리고 엄청나게 넓은 관중석에는 55,000명이 앉을 수 있고 6세기까지 동물들 시합에 계속 사용된 콜로세움에 들어가면, 위로는 현재 남아 있는 4층으로 된 관람석과 아래로는 한때는 투기장이었던 곳과 거미줄처럼 뻗어 있는 순환 통로를 볼 수 있어, 이것이 의심할 여지없이 아주 복잡하게 설계된 실내 건축물이라는 것을 알 수 있다. 콜로세움은 층마다 쐐기 모양으로 구분된 관중석 사이사이에 반원통형 천장이 있는 통로가 있어, 사람들이 신속하게 자리에 들어가 앉고 신속하게 자리에서 빠져나올 수 있어, 불이 나도 신속하게 대피할 수 있었다. 그리고 무대 아래에는 순환 통로를 내리닫이 격자문으로 구분하여 동물과 범죄자를 가두어두는 우리와 유치장으로 사용했고, 기계 장치에 의한 승강기와 이동식 계단은 투기장에서 싸울 짐승이나 검투사들을 들어올리는 데 사용했다.

이것은 분명 기둥과 들보 구조의 사각형 신전보다 훨씬 복잡하고 정교한 구조물이었다. 그런데 왜 로마 건축이 그리스 건축을 그대로 모방했다는 생각이 드는 것일까? 다시 밖으로 나가면, 무엇 때문에 우리가 오해하게 되었는지 금방 알 수 있다. 즉, 콜로세움의 네 개 층이 그리스의 기둥 양식을 그대로 본뜬 것이기 때문이다. 1층은 도리아식이고, 2층은 이오니아식, 3층은 코린트식이며, 맨 꼭대기층은 벽면 위로 둘러싸인 벽기둥이 있다. 그러나 이제 우

116 | 콜로세움, 로마, 72~82

리는 이런 기둥이 구조적으로는 아무런 역할도 하지 않는다는 것을 알고 있다. 건물을 지탱하는 부재는 건물의 몸체 안으로 들어가 있고, 기둥은 전면에 장식적인 요소일 뿐이다.

로마인은 기둥 양식을 많이 이용했고, 특히 화려하게 장식할 수 있는 여지가 많은 코린트식을 좋아했다. 코린트식 기둥을 설계한 사람이 연회에서 아칸서스 잎에 둘러싸인 받침 달린 술잔을 보고 영감을 얻었다는 말이 사실이든 아니든, 도리아식이나 이오니아식보다 길고 지금은 폐허가 된 레바논의 바알베크에 있는 신전들(사진 117)처럼 아주 웅장한 규모를 자랑하는 로마의 신전에 잘 어울려 보이는 코린트식 기둥에서는 실컷 마시고 떠드는 바쿠스 축제의 환락적인 분위기가 느껴진다. 바알베크에 있는 신전에서는 두 개의 신전 가운데 작은 바쿠스 신전도 파르테논 신전보다 크다. 로마인은 그리스의 기둥 양식에 이오니아식과 코린트식을 결합시킨 복합식과 도리아식을 더 뭉툭하게 변형시킨 에트루리아식 또는 토스카나식을 추가했다. 그러나 로마 건축의 특징은 구조적인 역할을 하지 않는 기둥을 사용한 데서 찾을 수 있다. 이런 기둥은 대개 완전히 또는 일부분이 벽면에 파묻혀 있는데, 이것이 벽기둥 또는 반벽기둥으로 알려진 것이며, 기둥이 납작하고 단면이 사각형일 때도 있는데, 이것은 필라스터라고 부른다.

이런 계획은 로마 건축의 또 한 형태인 개선문에서 뚜렷이 볼 수 있다. 흔히 포룸으로 들어가는 입구에 있는 이런 아치는 승리를 기념하기 위해 세워졌으며, 따라서 개선 행렬이 환영 군중 사이를 전리품과 쇠사슬에 묶인 죄수들

117 | 바쿠스 신전, 바알베크, 레바논, 2세기

을 태운 짐마차를 몰고 지나갈 수 있을 정도로 넓고 웅장해야 했다. 이런 아치에서 티투스나 콘스탄티누스(사진 118) 또는 세베루스 황제의 승리를 기록하고 원로원과 로마 백성들이 그들의 강력한 통치자에게 보내는 감사의 말을 새기는 데 사용된 문자는 르네상스 시대와 우리 시대의 서체의 기초가 되었을 정도로 아주 깔끔하고 인상적이다. 개선문의 형태는 포럼 끝에 있는 티투스의 개선문(81년경)처럼 하나의 아치로 되어 있거나 콘스탄티누스 개선문

(315)처럼 크고 작은 세 개의 아치로 구성되어 있으며, 아치 위에는 전장에 나가는 로마 군단이 높이 쳐들고 있는 깃발처럼 당당한 모습의 아키트레이브가 얹혀 있다.

기둥 양식과 고전적인 모티프가 더 이상 구조적으로 요구되지 않으면서, 이제는 이런 형식을 장식적으로 사용할 수 있는 길이 열렸다. 폼페이의 실내 장식은 벽의 회반죽 위에 채색을 해 대리석으로 겉치장한 효과를 노린 점이라든가 건물 내부에 화려한 장면을 그려넣어 장식한 점에서 바로크 시대에 성행한 건축 장식의 전조가 되었다. 이렇듯 건물에 약간의 변화를 주어 기발한 장식적 효과를 낳은 것 중 가장 매력적인 예 하나는 페트라에 있는 앗데이르(수도원) 사원의 위층 정면에서 부서진 양쪽 페디먼트 사이에 있는 자그마한 둥근 모형 신전이다(사진 119). 아라비아 사막의 장밋빛 암벽을 깎아 만든 페트라의 앗데이르 신전은 서기 2세기에 지은 것으로 추정된다.

로마인은 그리스인의 기둥과 들보 구조에 기댈 필요가 없었다. 왜냐하면 그보다 훨씬 효과

118 | 콘스탄티누스의 개선문, 로마, 315

119 | 앗데이르(수도원) 신전, 페트라, 요르단, 2세기

적으로 건물을 지탱할 수 있는 진짜 아치를 발전시켰기 때문이다. 로마인이 아치를 발명한 것은 아니었다. 진짜 아치의 출현은 아마 기원전 2500년 전의 이집트까지 거슬러올라갈 것이며, 기원전 1200년경에 세워진 테베의 람세스 2세 무덤에서는 현존하는 예도 볼 수 있다. 로마인은 그리 창의적인 사람들이 아니었다. 아마 창의성 면에서는 그리스인보다 뒤떨어질 것이다. 그러나 로마를 한껏 추켜세운 비트루비우스의 평에는 어느 정도 정당성도 있었다. 그리스인은 아이디어는 있었으나, 현실적인 것에 손을 더럽히고 싶지 않았는지, 대개는 그것을 실행에 옮기는 데 실패했다. 추상적인 기하학과 이론적인 학문에서는 로마인이 그리스인보다 뒤질지 모르나 로마인은 다른 사람의 지식을 빌려와 실용적으로 이용하는 데 주저하지 않았다. 그리하여 신전이나 신탁소의 입구에 설치할 증기로 움직이는 문이라든지 동전을 넣으면 뜨거운 물이 나오는 자동판매기와 같은 기계 장치와 수압을 이용한 장치를 고안해냈으면서도 그리스인의 발상은 종이에 머물러 있었던 반면, 로마인은 그런 지식을 이용해 일상 생활을 향상시켰다.

구조에서도 상황은 마찬가지였다. 그리스인은 삼각형 구조물인 트러스로 지붕을 떠받치는 구조를 생각해냈으면서도 이리저리 궁리만 했을 뿐이고, 그것을 재빨리 완성시킨 것은 로마인이었다. 그리고 이어 그들의 관심은 양쪽에서 돌을 조금씩 내쌓아 중간에서 만나게 하는 내쌓기 아치와 달리 홍예석이라 불리는 쐐기 모양의 돌을 방사형으로 쌓아 각 돌에 가해지는 압력으로 지탱되는 진짜 아치로 향했다. 건물을 짓는 동안에는 아치를 가설 받침대로 받쳐 놓았는데, 이것은 보통 목재 구조물이거나 흙무더기를 쌓아올린 형태였다. 일련의 아치를 세우고 그 사이를 채워 터널을 만들면 반원통형 천장, 즉 배럴 볼트가 되었고, 반원통형 볼트가 직각으로 만나면 교차 볼트가 되었다. 이런 구조의 활용은 콘크리트의 발전과 함께 이루어졌다.

티라(제4차 십자군 전쟁 때 산토리니로 개명됨)에서는 화산토에 석회를 섞으면 물이 스며들지 않는 콘크리트가 된다는 것이 일찍부터 알려져 있었으나, 콘크리트를 만드는 재료 가운데 가장 좋은 것은 나폴리에서 가까운 항구 푸테올리(지금의 포추올리)에서 나는 붉은색 화산토인 포졸라나였다. 로마인은 콘크리트 골재로 잡돌과 막벽돌에서부터 심지어는 질그릇 조각과 여러 층으로 잘 쌓은 벽돌, 석회화(石灰華)와 같은 속돌(浮石)에 이르기까지 아주 여러 가지를 사용했으나, 이를 모두 뭉뚱그려 카에멘툼이라고 불렀다. 다공질의 탄산석회의 침전물인 석회화는 특히 돔이나 무게가 가벼워야 하는 구조물의 윗부분에 많이 쓰였다. 일반적으로 로마인은 오늘날 흔히 쓰는 제거 가능한 거푸집을 사용해 콘크리트 표면이 노출되게 하는 방식보다 영구적인 틀에 콘크리트를 붓는 방식을 선호했다. 이런 틀은 전통적인 사각형 마름돌로 쌓거나(오푸스 쿠아드라툼) 막돌로 쌓았으며(오푸스 인체르툼), 벽돌로 쌓을 경우에는 콘크리트가 잘 달라붙도록 벽돌을 대각선으로 쌓아 표면이 톱니 모양으로 삐죽삐죽 나오게 하거나(오푸스 레티쿨라툼) 삼각형 벽돌을 끝이 안쪽으로 들어가게 쌓았다(오푸스 테스타체움).

아치와 콘크리트 구조를 사용하면서 기둥이 필요 없어지자, 새로운 공간을 설계할 수 있는 세계가 열렸다. 구조에서 공학적인 발명이 활발히 일어났고, 이런 성과는 르네상스 시대 건축가들이 비트루비우스의 책을 읽거나 고전적인 모델을 이용하기 전까지는 무엇과도 경쟁이 안 되는 뛰어난 것이었다. 예를 들어 120년부

120 | 판테온, 로마, 120~124

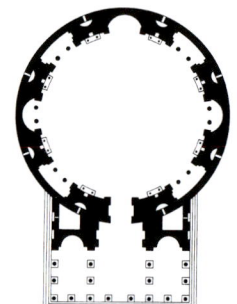

121 | 판테온, 평면도

터 124년까지 하드리아누스 황제가 지은 판테온 신전(사진 120~122)의 돔은 지름이 43.5미터로, 19세기까지는 가장 큰 돔이었다. 판테온은 영구적인 틀이 된 벽 사이에 콘크리트를 부어 지었으며, 두께가 7미터나 되는 이 벽은 바깥쪽은 벽돌로 되어 있고 안쪽은 대리석으로 마무리되었다. 판테온은 그리스 신전과는 정반대로 바깥쪽뿐만 아니라 안쪽에서도 볼 수 있도록 설계된 신전이다. 판테온에서는 어느 곳이나 고르게 빛이 들어온다. 그러나 알고 보면 창문이 없어(밖에서 보면 건물 전체가 막혀 있는 것 같다) 돔 한가운데 있는 유리를 끼우지

122 | G. P. 판니니가 그린 판테온, 실내, 1734년경

않은 원형창 오쿨루스('눈'이라는 뜻)를 통해 빛이 들어와야 한다. 돔은 치수가 정확히 계산되어 완전한 반구이며, 따라서 돔의 반지름과 높이가 같고, 돔이 신전의 몸체를 이루는 원통형 벽체(드럼)의 반지름과 같은 높이에서 시작된다. 돔의 윗부분은 무게를 가볍게 하기 위해 화산토인 석회화로 지었고, 천장은 사각형 소란반자로 되어 있으며, 소란반자 하나하나는 몇 개의 테두리를 그리며 우묵하게 파여 있다. 이것은 장식적인 것이기도 하지만 무게를 덜기 위한 구조적인 장치이기도 했다. 그리고 오쿨루스 역시 돔 꼭대기의 무게를 덜어준 기발한 장치였지만, 돔을 지탱해준 기발한 장치는 또 있었다. 건물을 안에서 보면 돔이 2층에서 시작된다. 그런데 바깥에서 보면 바깥벽이 3층으로 구분되어 있다. 따라서 실은 돔이 신전의 주요 몸체를 이루는 드럼 안쪽에 있고, 드럼의 한 층은 바깥쪽에서 돔을 감싸고 올라간 일종의 버팀벽이다. 로마인은 버팀벽을 많이 사용했으며, 판테온에는 당시 알려진 모든 종류의 버팀벽이 사용되었다. 코린트식 기둥으로 실내와 구분되어 있는 주랑 현관은 기원전 25년에 아우구스투스의 사위 아그리파가 지은 작은 신전의 유적을 활용해 지었다고 한다.

판테온에서 발휘된 아치와 콘크리트의 위력은 도로와 다리, 수도교, 항구, 극장, 주택, 상수도와 하수도 등 일상 생활의 모든 영역으로 퍼져나갔다. 물은 항상 지하에 있는 관을 통해 들어왔으나, 계곡을 가로질러 관이 노출되어야 하는 곳에서는 수도교를 건설해 아치 모양의 다리 위로 관이 지나갔고, 이런 수도교는 도로가 지나는 아치교와 마찬가지로 현존하는 기능성 건축물 가운데 가장 아름다운 것으로 손꼽힌다. 스페인 세고비아에 있는 아우구스투스 수도교에는 흰 화강암으로 쌓아올린 27.5미터 높이의 아치 128개가 있다. 그리고 프랑스 님으로 들어가는 40킬로미터 길이의 상수도는 모르타르를 쓰지 않고 메쌓은 유명한 가르 다리(AD 14; 사진 111)가 지난다. 가르 다리는 지금도 건재함을 과시하며 로마의 뛰어난 토목 기술을 웅변해주고 있다.

물론 로마 이전의 문명들도 상하수도 설비에 관해 알고 있었다. 기원전 2000년에 크노소스 궁전에서는 테라코타 관을 통해 테라코타 욕장으로 물이 흘러들어왔고, 화장실 밑으로는 흐르는 물이 지나갔다. 그리고 아시리아의 사르곤 2세(BC 721~705 재위) 화장실 옆에는 물주전자가 있었고, 그의 후계자인 세나케리브(BC 704~681 재위)와 페르가몬의 폴리크라테스는 수도교를 건설했다. 하지만 로마인은 도시 전체에 하수도 시설을 하려고 계획했다. 기원전 510년 이전에 에트루리아인이 지은, 테베레 강으로 흘러가는 주요 배수로인 클로아카 막시마는 17세기까지 유럽에서 유일한 주요 하수도 설비였다.

부유한 사람들의 집(도무스)에는 수도꼭지에

123 | 카라칼라 욕장, 로마, 212~216

서 물이 나오고, 화덕 위에 있는 보일러에서 관을 따라 목욕물이 들어왔으며, 개인 화장실이 있었다. 난방은 주로 이 방 저 방으로 옮겨다닐 수 있는 석탄 화로에 의지했으나, 브리타니아와 갈리아 같은 추운 지방과 시골 별장이나 공중 욕장에서는 하이포코스트를 이용했다. 하이포코스트는 온돌과 같은 것으로, 벽돌 기둥을 쌓아 방바닥을 올리고 그 밑에 화력이 약한

124 | 인술라, 오스티아 안티카, 로마 부근, 2세기

화덕을 설치해 거기서 나오는 열이 벽 안에 빙 둘러 배열한 연도(煙道)를 통해 방으로 올라오도록 한 난방 장치이다.

그러나 서기 300년에 실시된 로마시 인구조사표에 기록된 46,602채의 인술라(일종의 고층 아파트)에서 살았던 노동자 계급의 생활은 이렇게 사치스럽지 않았다. 그들은 공중 화장실이라도 있으면 그나마 다행이었고, 거리에 있는 수도꼭지에서 물을 받아야 했다. 하지만 노동자 계급이라도 특히 남자들의 생활은 수준 높은 공공 서비스로 한결 나아졌다. 공공 욕장은 무료이거나 돈이 몇 푼 안 들었고, 대개는 호화로운 건물에 있었다. 오늘날 오페라하우스로 쓰이는 로마의 카라칼라 황제의 공공 욕장(212~216; 사진 123)은 정원과 김나지움으로 둘러싸여 있고 반구형 지붕을 얹은 둥근 공간이 자랑거리였는데, 이곳은 고온 욕실인 칼다리움과 반원통형 지붕에 높은 채광창에서 흘러들어오는 빛으로 채광이 되는 미온 욕실인 테피다리움, 야외 수영장인 프리지다리움으로 나누어져 있었다. 욕장의 평면 배치는 레바논의 바알베크에 있는 후기 포룸과 마찬가지로 넓은 공간을 질서 있게 배치하는 로마인의 천재적인 솜씨를 보여주며, 이는 나중에 르네상스 시대 건축가들에게 큰 영향을 주었다.

인술라는 흔히 3, 4층 건물이었으며, 한 곳에 대여섯 채가 무리지어 있기도 했다. 로마의 항구 도시였던 오스티아 안티카(사진 124)에 있던 인술라는 지금은 폐허가 되었지만 공통적으로 1층에 있던 아케이드로 된 작업장의 일반적인 형태를 보여준다. 이런 형식은 르네상스 시대 부유한 상인들의 궁전을 설계한 사람들에 의해서도 채택되었고, 지금도 따르고 있는 형식이다. 오늘날 싸구려 아파트에 사는 사람들과 마찬가지로 인술라에 사는 사람들 역시 착취의 대상이었고, 시인 유베날리스는 1세기 말에 쓴 풍자시에서 지주들이 파산할 위기에 처하자 그것을 막기 위해 얼마나 발버둥쳤는지 적나라하게 이야기하고 있다. 게다가 그들은 쉽사리 화마의 대상이 되기도 했다. 그래서 유베날리스는 "연기가 3층까지 이르자(넌 아직 자고 있는데), 네 영웅적인 이웃이 물을 가져오라고 외치며 잡동사니 세간을 바쁘게 옮기는구나. 그러나 1층에서 경보가 울려도, 가장 늦게 피할 사람은 어차피 지붕 아래층에 세들어 사는 사람들"이라고 말한다. 타키투스에 따르면, 64년 화재 뒤에 인술라의 높이를 21미터로 제한하고, 경계벽을 금지했으며, 목재 대신 알반 구릉에서 나는 불에 강한 돌을 쓰도록 권장했고, 소방수들이 접근할 수 있도록 주랑 현관에는 반드시 평지붕을 얹게 했다고 한다. 그리

125 | 베티의 집, 폼페이, 기원전 2세기.

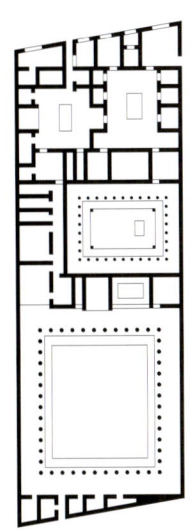

126 | 베티의 집, 평면도

고 불에 탄 도시를 재건할 때는 현재의 포르소 가도와 같은 간선도로가 그 전에 건물이 빽빽이 들어선 곳을 가로지르게 해 장래 위급한 상황이 벌어졌을 때 방화대 구실을 하게 했다. 소방대는 이미 서기 6년에 난 화재로 도시의 4분의 1이 파괴되었을 때 창설되었으며, 소방대의 간부는 군인의 지위를 가지고 있었다.

부자들의 생활 수준은 겨우 육체적인 요구나 충족시키고 아주 기초적인 안전 조치밖에 할 수 없는 가난한 사람들의 생활과는 비교가 안 되었다. 79년에 베스비우스 화산이 폭발하면서 상업 도시인 폼페이(사진 125, 126)와 인근 해안 도시인 헤르쿨라네움은 완전히 데스마스크처럼 용암을 뒤집어쓰고 말았다. 그리하여 포장도로, 한때는 사자의 머리에서 물을 뿜어내던 분수, 상점과 선술집, 벽화가 그려진 우아한 집, 아름다운 모자이크 바닥, 문과 창문 위의 부채꼴 채광창, 문과 열주랑 위의 아키트레이브 등 모든 것이 그대로 굳어버렸다.

부자들은 시골 별장을 시끄러운 로마를 피해 가는 휴식처로 생각했다. 조그만 자영지에 있던 이런 시골 별장은 보통 주인이 없을 때는 농장 관리인과 자유민, 노예로 이루어진 일꾼들이 돌보았으며, 경지와 작은 올리브 숲, 포도밭, 과수원, 외양간, 곡물 창고, 작업장 등이 있었다. 길에서 눈에 띄지 않게 안으로 들어가 있는 로마의 저택은 중국의 주택처럼 아트리움을 향해 안쪽을 바라보고 있었다. 아트리움은 모자이크 무늬로 포장된 안마당을 가리키며, 아트리움 중앙에는 목욕을 하거나 그냥 금붕어를 넣어두는 임풀루비움이라는 물웅덩이가 있었다. 임풀루비움은 아트리움을 둘러싸고 그 위로 뻗어나와 있는 지붕의 처마에서 흘러내리는 빗물을 받을 때도 사용되었다. 이렇게 그늘이 지게 처마가 나온 지붕은 붉은 타일로 되어 있었고, 아트리움을 향해 약간 기울어져 있었다. 그리고 아트리움에서 보면 식탁의 세 면에 긴 의자 세 개가 놓여 있는 거실(로마인은 누운 자세로 식사를 했기 때문이다)과 서재, 도서관, 손님과 주인의 침실, 화장실이 있었다. 때로는 공식적인 공간이 아트리움 주위에 몰려 있고, 가족은 한쪽 면에 이층으로 올라간 부분에서 살았다. 더 넓은 저택에서는 안뜰이 넓어져 지붕이 없는 개방된 안뜰이 펼쳐지고 그 주위를 그리스의 열주랑이 둘러싸고 있었으며, 대부분의 저택에 있던 기하학적으로 구획된 정원과 마찬가지로 여기에도 잔디와 분수, 조각상, 월계수 울타리, 장미와 포도 넝쿨이 올라간 격자 울타리로 둘러싸인 산책길, 거기에 심지어는 비둘기장까지 있었다. 이런 시골 별장의 설계에 관해 얼마나 많은 생각을 투여하고 얼마나 자랑스러워했는가는 소 플리니우스가 한 친구에게 로마에서 멀지 않은 라우렌툼에 있는 자기 별장에 관해 장황하게 늘어놓으면서 꼭 놀

113

127 | 하드리아누스의 빌라, 티볼리, 이탈리아, 118~134, 마리팀 극장의 유적이 보인다

러오라고 당부하는 편지에서도 볼 수 있다. 그가 자랑하는 명물로는 주랑으로 둘러싸인 D자 모양의 안뜰과 접히는 문이 달린 거실, 주위에 둘러 있는 창문과 3면에서 보이는 바다 풍경, 서가가 있는 서재, 바닥 밑에 화덕이 있는 겨울 침실, 일광욕실, 마차를 타고 대문에서 현관에 이르는 길에 있는 로즈메리와 회양목 울타리, 뽕나무와 무화과나무가 자라는 정원, 제비꽃 향기 가득한 테라스가 있었다.

그럼 신과 같은 황제들이 살았던 궁전은 어땠을까? 이들의 아파트와 부지는 중국의 황궁을 연상해도 좋을 만큼 아주 넓고 화려했다. 디오클레티아누스는 305년에 스팔라토(크로아티아의 스플리트)에 퇴임 후 지낼 궁전을 지었다. 로마 군단의 요새를 본뜬 이 궁전은 그 자체로 거의 하나의 도시였으며, 한쪽 길에서 들어가는 이 궁전의 부지는 아드리아 해와 맞닿아 있는 아케이드 회랑과 부두까지 뻗어 있었다. 그런가 하면 티볼리에 있는 하드리아누스 황제의 빌라(118~134)는 사실상 하나의 왕국이나 다름없었다. 11킬로미터에 이르는 정원, 정자, 궁전, 목욕탕, 극장, 신전 가운데 남아 있는 유적은 어쩌면 지금도 볼 수 있을 것이다(사진 127).

공공 영역에서는, 새로운 형태의 공회당인 바실리카가 기원전 184년에 포르키아 바실리카에서 처음 모습을 나타낸 후, 로마 제국 치하에서 갈수록 복잡해지는 법률과 상업 활동을 수용하면서 점점 널리 퍼져나갔다. 때로는 석재로 때로는 벽돌과 콘크리트로 지어 기둥이 어지럽게 늘어서 있지 않은 널따란 공간을 확보할 수 있었던 바실리카는 나중에는 큰 집회도 열 수 있게 설계되었고 이런 형태는 그리스

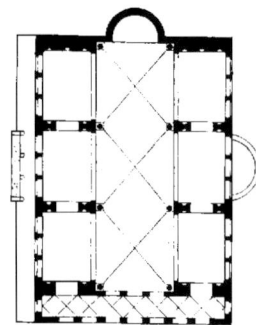

128 | 막센티우스의 바실리카, 로마, 약 306~325

129 | 막센티우스의 바실리카, 배치도

도교 교회에 의해 채택되어, 초기 그리스도교 시대와 비잔틴 시대에 하나의 규범으로 자리 잡았다. 흔히 사각형에 길이가 폭의 두 배인 바실리카는 양옆으로 한 줄 또는 두 줄로 서 있는 기둥에 의해 가운데 큰 홀(네이브)과 복도(아일)로 나누어졌다. 지붕은 보통 목재를 썼는데, 네이브가 아일보다 높이 솟아 있었기 때문에, 빛은 아일보다 위로 올라가 있는 네이브의 위쪽 벽에 양쪽으로 나 있는 채광창에서 들어왔다. 그리고 한쪽 끝에 반원형으로 들어가 있는 부분(앱스)에는 판사석이 있었는데, 때로는 재판장의 자리를 위해 바닥보다 약간 높게 만들었다. 306년경에 막센티우스 황제가 짓기 시작해 그의 후계자인 콘스탄티누스 대제가 325년에 완성한 바실리카의 유적을 보면, 휑뎅그렁한 광 같은 바실리카의 단순하면서도 장엄한 형태가 고대 로마인에게는 얼마나 인상적이었는지 알 수 있다. 이 바실리카에는 앱스가 두 개 있는데, 두 번째 앱스는 콘스탄티누스 대제가 덧붙인 것이며, 깊은 반원통형 천장은 갈빗대 모양의 뼈대를 이루고 있는 리브 사이에 뚜렷한 형태의 6각형 소란반자로 장식되어 있다.

바실리카를 통해 건축상 서로마 제국에서 비잔티움의 동로마 제국으로 넘어가게 되는데, 이런 연결점은 이후 10세기 동안 건축에서 주요 영감의 원천이 되었던 그리스도교라는 새로운 종교에 의해 이루어졌다. 콘스탄티누스 대제와 그의 바실리카는, 그가 337년에 세상을 떠나기 전 로마에 산 피에트로 성당을 짓기 시작하고 제국의 수도를 비잔티움으로 옮기고 이름을 콘스탄티노플(지금의 이스탄불)로 바꿈으로써, 두 시대를 잇는 다리가 되었다.

9 예배하는 사회: 초기 그리스도교와 비잔틴 제국

초기 그리스도교 건축은 로마인이 남긴 바실리카에서 시작되었다. 바실리카는 이후 700년 동안 서방 교회의 전범이 되었으며, 이는 다음 건축 단계인 로마네스크 건축까지 그대로 이어졌다. 그러나 지금껏 보았듯이, 바실리카는 세속적인 재판정으로 시작된 것이지 결코 종교적인 건물이 아니었다. 사실 그리스도교는 처음 몇 세기 동안 전혀 교회를 짓지 않았다. 가난하기도 했고 박해를 피해야 하기도 했지만, 그렇다고 이것이 유일한 이유는 아니었다. 이 단계에서는 그리스도교가 신과 황제를 나란히 숭배하는 이교도의 신전에서 볼 수 있듯이 국가와 종교가 밀접하게 결속된 상태가 아니라 오히려 그와는 정반대의 위치에 있었다. 벽돌과 모르타르로 쌓아올린 건물이 초기 그리스도교 신자들에게는 거의 관심을 끌지 못했다. 이들의 관심은 온통 약속된 그리스도의 재림에 쏠려 있었고, 따라서 이들은 거리에서 시장에서 예수를 다시 만날 것이라는 기대 속에서 하루하루를 살았다.

사도행전을 보면, 이들이 가능하면 어디서나 공동체를 이루어 살면서 이 기다림의 시간을 어떻게 함께 보냈는지 짐작할 수 있다. 이들 대부분이 평범한 노동자였고, 따라서 이들이 모여 예배하는 곳은 신자들 가운데 한 사람의 작업장 위에 있거나 일련의 방이 안뜰을 향해 배열되어 있는 평범한 가정집에 있었다. 카타콤베의 발전은 공동체에 대한 이와 비슷한 태도에서 나왔다. 이들은 세상을 떠난 후 같은 신도들 곁에 묻히고 싶어했고, 기왕이면 사도의 무덤 곁에 묻히고 싶어했다. 그러나 사도의 무덤이라고 해서 특별한 것은 없었고, 그냥 땅 위에 석판으로 된 묘비를 세운 것이 다였는데, 이들은 묘지가 가득 차자 구덩이를 파, 통로를 따라 시체를 안치하는 알코브가 줄지어 있는 카타콤베를 만들었다(사진 131).

그러나 이 시기의 유적은 그리스도교 유적만 드문 것이 아니다. 로마 후기에 이르면 세속적인 유적도 거의 찾아볼 수 없다. 제국이 오랜 침체기에 빠져들면서, 신전과 도로, 다리 등 모든 종류의 석조 건축물이 제대로 손을 보지 않아 파손되었고, 결국은 채석장으로 변해버렸던 것이다. 이때가 흔히 암흑 시대라고 불리는 시기, 로마 제국이 무너진 시기, 유럽이 뭉뚱그려 야만인이라 부르는 게르만족의 침입을 받은 시기이다. 야만인을 뜻하는 바바리안이라는 말은 외국인의 투박한 말씨가 '바-바-바' 하는 것 같다 하여 그리스인이 모든 외국인을 가리키는 말로 만들어낸 것이다. 이 시기에 앵글족과 색슨족, 주트족, 프랑크족, 훈족, 고트족, 반달족이 로마 영토에 침투하면서, 극동을 제외한 모든 문명 세계는 인종적으로나 문화적으로 큰 변화를 겪었다.

규모가 큰 제도가 다 그렇듯, 침식은 안과 밖에서 동시에 일어났다. 3세기에는 디오클레티아누스 황제가 수도 로마를 버리고 비잔티움에서 80킬로미터쯤 떨어진 니코메디아로 수도를 옮겼고, 이후 황제들도 독일의 트리어와 밀라노에 수도를 정했다. 402년에는 고트족과 주변 습지에서 발생한 말라리아의 침입으로, 호

130 | 산타 콘스탄차 교회, 로마, 350년경

131 | 라티나 가도에서 좀 떨어진 곳에 있는 *카타콤베*, 로마, 4세기

노리우스가 서로마 제국의 수도를 로마에서 라벤나로 옮겼으며, 이는 건축에도 큰 영향을 미쳤다. 8년 후에는 고트족의 왕 알라리크가 그야말로 로마를 완전히 강탈했으나, 고트족이 결국 그들의 수도로 정한 곳은 툴루즈였다. 그리고 475년에 마침내 로마가 점령당하면서, 서로마 제국은 힘없이 무너지고 말았다.

285년에 디오클레티아누스는 제국을 동서로 가르고 동로마 제국을 다스릴 황제를 임명해 로마 제국의 통치를 이분화했다. 그리고 4세기에 콘스탄티누스가 잠시 제국을 통일했으나(6세기에도 유스티니아누스가 다시 제국을 통일했다), 395년에 테오도시우스가 죽은 뒤 제국의 영토를 두 아들이 나누어 가지면서, 로마는 완전히 분리되었다. 그리하여 호노리우스가 로마에서 서로마를 다스렸고, 아르카디우스가 보스포루스에 있는 콘스탄티누스의 도시 콘스탄티노플에서 동로마를 다스렸다. 그러나 서로마 제국은 476년에 마지막 황제 로물루스 아우구스툴루스가 황제의 자리에서 물러나면서, 로마가 로물루스와 함께 시작되었듯이 로물루스와 함께 사라지고 말았다.

로마 황제의 눈에는 자신의 새로운 신앙을 영웅적으로 지키는 그리스도교인이 제국을 갉아먹는 암적인 존재로 비쳤을지 모른다. 그러나 어떤 점에서는 새로운 교회와 낡은 제국은 야만인의 침입을 받은 수세기 동안 서로 보호하고 보살피는 관계가 되었던 것 같다. 그리스도교인은 그리스도의 메시지가 유대인만이 아니라 전 세계를 대상으로 한 것임을 깨달으면서 제국에서 이미 만들어져 있는 국제적인 포교 수단을 발견했고, 로마는 313년에 콘스탄티누스가 그리스도교를 제국의 공식 종교로 선포하면서 교회에서 고전적인 전통을 보호하고 간직할 수 있는 피난처를 발견했다. 따라서 온갖 종족이 뒤섞인 유럽에서 오랫동안 새로운 종교와 옛 종교가 병존하다가 오랜 세월이 흘러서야 그리스도교만의 형태가 나타난 것도 전혀 이상할 것이 없다. 토스카나의 세례반(洗禮盤)에서는 그리스도교 이전의 가고일(괴물 형상으로 만든 홈통 주둥이)이 보이며, 여러 가지 도형이 어우러진 켈트족의 장식은 8세기까지도 그리스도의 십자가에서조차 주로 이교도의 장식으로 이루어져 있었고, 콘스탄티누스는 자신이 열세 번째 사도라고 생각하고 자신의 새로운 도시 콘스탄티노플을 성모 마리아에게 바쳤으면서도, 히포드롬(경마와 전차 경주가 벌어졌던 고대 그리스 로마의 원형 경기장)에 델피의 아폴론 신상을 세우고, 새로운 시장에는 신들의 어머니인 레아의 신전을 세웠다.

이런 혼란은 380년에 테오도시우스가 그리스도교를 제외한 모든 종교를 이단으로 선언한 후 신전을 모조리 접수해 그리스도교 교회로 만들거나 거기에 새로운 교회를 세우면서 더욱 가중되었다. 예를 들어, 로마에 있는 산타 사비나 바실리카(422~432)의 네이브에 있는 코린트식 기둥은 고대의 것이다.

바실리카는 이제 점차 공식 종교가 된 그리스도교의 중요한 부분인 성가대와 큰 집회를 수용하는 데 쓰이기 시작했다. 그러나 처음엔 고지식한 그리스도교인들이 원래 그들의 집에 있던 교회-방처럼 바실리카를 공동 생활에만 사용했다. 이들은 아일(바실리카에서 양옆으로 난 복도. 열주에 의해 중앙에 있는 큰 홀인 네이브와 구분됨)에 커튼을 치고, 토론을 하고 세례를 받을 때까지 성찬식에 참여할 수 없는 세례 지원자를 교육하는 데 썼다. 성찬은 원래

132 | 산타 마리아 마지오레 교회, 로마, 432~440년

함께 하는 식사의 일부였기 때문에, 성찬대는 바실리카 아무 데나 놓았다. 그래서 로마인이 제물을 바치던 이교도의 제단이 있던 앱스(바실리카의 입구 맞은편 끝에 반원형으로 들어간 곳) 앞에도 놓았고 심지어는 네이브 중앙에도 놓았으나, 앱스 자체에는 놓지 않았다. 그리고 한때는 호민관과 배석 판사, 집정관이 재판을 주재하던 앱스에 나중에는 돌로 된 사제석을 놓는데, 성당의 경우에는 중앙에 주교가 앉는 자리가 있었다.

야만인의 침입을 덜 받은 동로마에서는 신학적인 논쟁을 벌이고 예배식을 변화시킬 시간과 여유가 상대적으로 많았고, 사제들이 갈수록 네이브를 더욱더 많이 차지했다. 때로는, 특히 시리아의 경우, 네이브에 바닥을 올린 반원형 연단에 난간을 두른 베마라는 성단(聖壇)이 있어, 미사의 앞부분을 진행하는 동안 사제들이 거기 앉아 있었다. 그리고 예배를 보기 위해 모인 사람들은 모두 아일로 내몰렸는데, 이들을 수용하기 위해 나중에는 아일이 점점 더 넓어졌고, 이런 경향은 마침내 동로마에 특징적인 십자형 교회와 아일 위에 올린 회랑인 갤러리를 낳았다. 서로마에서는 예배식이 공식화되면서 옛 바실리카의 구조와 형태가 그대로 보존되었다. 이 단계에서 일어난 중요한 차이는 네이브와 아일을 가르는 열주 부분이 일련의 기둥이 들보를 떠받치고 있는 고전적인 인방식 구조인가 아니면 일련의 기둥이 아치를 떠받치고 있는 아케이드 형식인가에 있었다. 교황 식스투스 3세(432~440)의 고전 양식 부

활기에 지은 로마의 산타 마리아 마지오레 교회(사진 132)가 전자의 경우라면, 로마의 아벤티누스 구릉에 있는 산타 사비나 교회(422~430; 사진 133)는 후자의 경우이다. 네이브와 아일 사이에 더 많은 빛이 통과할 수 있고 따라서 통행의 자유도 그만큼 넓어진 두 번째 유형은 라벤나가 수도였던 5~6세기에 라벤나에 지어진 교회의 특징이 되었으며, 이탈리아에서는 이것이 20세기까지도 유행했다.

새로운 신앙을 위한 첫 번째 건설 바람은 최초의 그리스도교 황제인 콘스탄티누스가 보스포루스에 있던 옛 그리스 식민 도시 비잔티움으로 수도를 옮긴 330년에 시작되었으며, 이로써 새 도시는 온통 도로와 시민 공간, 번쩍이는 교회 건물로 가득 차게 되었다. 그가 황제로서 처음 한 일은 로마의 라테라노 궁전을 로마 주교에게 하사하고 그 옆에 산 조반니 성당(313~320년경)을 지은 것이다. 산 조반니 성당은 콘스탄티누스가 서로마 제국의 공동 황제였을 때 독일의 트리어에 지은 바실리카 알현실을 본뜬 바실리카 교회였다. 그리고 팔레스타인 성지에는, 그리스도가 태어난 곳이라는 동굴 위에 베들레헴의 탄생지 교회(339년경; 529년에 재건; 사진 134)를 지었다. 이 교회의 전방에 있던 아트리움은 지금은 버스를 주차시키는 말구유 광장의 일부가 되었다. 콘스탄티누스는 이 교회에서 항상 끝에 있던 앱스를 팔각형 예배당으로 대체하고, 순례자들이 원형창인 오쿨루스를 통해 아래 있는 신성한 동굴을 들여다

133 | 산타 사비나 교회, 로마, 422~430

136 | 클라세의 산 아폴리나레 교회, 라벤나, 약 534~549

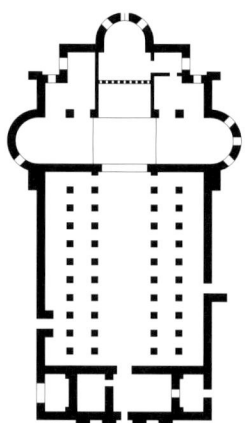

134 | 예수 탄생지 교회, 베들레헴, 6세기에 재건, 평면도

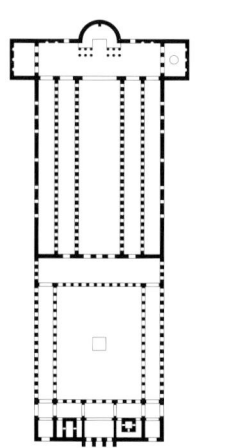

135 | 옛 산 피에트로 바실리카, 로마, 330년경, 평면도

볼 수 있게 했다. 이 팔각형 예배당은 6세기에 세 잎 모양의 앱스가 달린 성소로 바뀌었다. 오늘날에는 방어를 위해서나 동물들이 잘못 들어와 헤매는 것을 막기 위해 낮게 만든 문을 통해 들어가면, 바닥에 별 모양으로 파여 있는 그리스도의 탄생지인 동굴로 가는 길에 우중충한 붉은색 코린트식 기둥을 따라 동굴처럼 길게 뻗어 있는 콘스탄티누스의 교회의 어둠 속으로 자신도 모르게 빨려들어가게 된다.

로마에서는, 330년경에 가이우스와 네로의 대원형 경기장 부근에 있는 묘지 위에 첫 번째 산 피에트로 대성당이 세워졌다. 이 성당에는 122미터 길이의 인상적인 네이브가 있었고, 그 좌우로 아일이 두 줄씩 길게 뻗어 있었으며, 아일이 끝나는 곳에 있던 아치 너머에는 최초로 기록된 트랜셉트(십자형 교회에서 아일과 직각을 이루는 좌우 날개부. 익랑翼廊이라고도 함-옮긴이)가 있고, 그 끝에 반원형으로 들어간 앱스가 있었다(사진 135). 트랜셉트는 순례자들이 사도의 무덤에 참배할 수 있게 되어 있었는데, 이 시대의 전형적인 영묘(靈廟)인 이런 이디큘라는 벽감 앞에 작은 기둥 두 개를 세우고 그 위에 석판을 올린 형태였다. 산 피에트로 성당의 이런 십자형 평면은 계속 살아남아 특히 투르에 있는 프랑크 왕국의 카롤링거 왕조 시대 건축(995)과 랭스에 있는 생레미 교회(1000)에서 볼 수 있게 되지만, 특히 중요한 것은 이 최초의 트랜셉트이다.

이런 초기 바실리카 교회에는 두 가지 뚜렷한 특징이 있었다. 첫 번째 특징은 로마인이 목욕탕을 만들면서 발전시킨 복잡한 기술인 반원통형 천장을 의도적으로 피하고, 아마 값이 싸게 먹혀서 그랬는지 얇은 벽(로마에서는 이런 벽이 벽돌을 댄 콘크리트 벽이었고 다른 곳에서는 돌이나 벽돌을 쌓아올린 벽이었다)과 목조 지붕을 떠받치는 기둥으로 이루어진 단순한 구조로 되돌아간 것이다. 두 번째 특징은 (콘스탄티누스가 완전히 새로운 도시를 건설하려고 했던 콘스탄티노플을 제외하고는) 바실리카 교회가 항상 도심 외곽에 있었다는 것이다. 이는 가난한 그리스도교 공동체가 값비싼 도심에는 교회를 지을 경제적 여유가 없기도 했지만, 성인의 묘지 위에 교회를 짓고 싶은데 로마에서는 묘지가 로마의 경계벽 바깥에 있었기 때문이다. 우리는 이런 예로서 콘스탄티누스가 324년에 성인의 무덤 위에 지은 교회 대신 630년에 다시 지은 로마의 산 아녜세 후오리 레 무라(여기서 후오리 레 무라fuori le Mura는 '경계벽 바깥에 있는'이라는 뜻이다)와 현존하는 가장 훌륭한 초기 바실리카 교회의 하나이며 산타 사비나 교회보다 장식적인 산 파올로 후오리 레 무라와 같은 교회를 볼 수 있다. 산 파올로 후오리 레 무라는 옛 산 피에트로 바실리카와 같은 평면 구조를 가지고 있는데, 산 피에트로 성당은 화재로 무너졌으나 1823년에 원래 모습대로 재건하여 오늘날에도 볼 수 있다. 우리는 흔히 정면에 올라가 있는 쌍둥이 탑을 로마네스크 양식 교회와 결부시키는 경향이 있지만, 이것은 의외로 일찍 모습을 나타냈다. 성스러운 도시 예루살렘을 상징하는, 약 400년경의 상아로 조각된 손궤에서도 둥근 쌍둥이 탑이 보이며, 시리아에서는 이것이 5세기부터 일반화되었다. 6세기에 라벤나에 세워진 교회에서 볼 수 있는 독립적인 종탑인 캄파닐레 역시 아주 일찍부터 모습을 나타냈으며, 유스티니아누스 황제가 아폴론에게 바친 신전 자리에 세운 클라세의 산 아폴리나레 교회(534~549년경; 사진 136)의 캄파닐레는 가장 오래된 둥근 탑 가운데 하나이다.

바실리카 교회의 외부는 회개하러 가는 비천

137 | 갈라 플라치디아의 마우솔레움, 라벤나, 420

누스 황제 치세(527~565)에 가장 화려하고 멋진 모자이크를 선보였다.

비잔틴 모자이크의 특히 강렬한 빛과 굴절은 모자이크 조각에 금박을 입히거나 색깔 있는 유약을 칠하고 그 위에 얇은 유리막을 씌워 마무리한 덕분이다. 벽돌과 모르타르로 지은 바실리카에서 시작된 이런 벽 장식은 처음엔 모난 구조 때문에 번번이 흐름이 끊겼으나, 비잔틴의 아치와 돔 구조에서는 이런 장애에서 완전히 해방되었다. 아치와 돔 구조의 바실리카에서는 이제 바닥에서부터 벽을 타고 올라간 무늬가 넘실거리는 아치를 지나 중앙에 있는 돔에서 하나로 모아지며 절정을 이룰 때까지 아무런 방해도 받지 않고 물 흐르듯 펼쳐질 수 있었다. 그리고 이런 정점에는 흔히 깊고 슬픈 눈에 창백한 얼굴을 한 커다란 그리스도 상이 있어, 위엄 있는 표정으로 '엄숙히 내가 신임을 알라'는 동방 교회의 신비스런 가르침을 말없이 전하고 있었다.

초기 그리스도교 바실리카와 비잔틴 시대의 돔형 교회 사이에는 두 형태를 이어주는 가교 역할을 한 중앙집중식 교회라는 제3의 유형이 있었다. 이 유형은 영묘인 마우솔레움에서 시작되었으나, 나중에는 세례당과 성골함으로 사용되었다. 4세기 말에는 그리스도가 부활할 때까지 누워 있었다는 예루살렘 성묘(聖墓) 위에 로툰다(원형 건물)가 세워졌다. 로마의 산 피에트로 성당은 바실리카였으나 교회가 아니라 영묘로 지어져 무덤에 초점이 맞춰져 있었고, 따라서 원래는 제단이 없고 그 자리에 첫 번째 트랜셉트가 자리잡고 있어 순례자들이 원형으로 줄지어 무덤을 참배하는 공간이 되었다. 로마의 고전적인 마우솔레움이나 로마의 이른바 미네르바 메디카 신전과 같은 다각형 알현실 또는 스플리트의 디오클레티아누스 궁전에 통합된 로툰다에서 영감을 받아, 사람들은 이제 원형이나 팔각형이 성스러운 대상 주위에 모여 참배하기에 좋다는 것을 깨닫게 되었다. 원형 교회뿐 아니라 정사각형이나 직사각형 교회에서도 이런 중앙집중형 평면은 흔히 중앙에 있는 공간 위로 피라미드나 돔형

한 인간들이 안에서 그를 기다리는 천국의 광경에 대비하게 하려는 듯 단순하고 엄숙하다. 여기서는 대리석 기둥을 따라 차분한 색깔의 로마 스타일 포석이 깔려 있고, 그 끝에 이르면 갑자기 벽을 뒤덮고 있는 모자이크가 펼쳐진다. 갈라 플라치디아 자신과 남편, 남동생인 호노리우스 황제의 무덤이 있다는 갈라 플라치디아의 작은 마우솔레움(영묘; 420; 사진 137)에서는 비잔틴 시대의 장인들이 건물을 지탱하는 아치의 선을 따라 장식한 푸른 빛깔 모자이크와 설화 석고 창문에서 나는 황금빛이 아주 영적인 분위기를 자아낸다. 라벤나에서는, 대대적인 건설 계획이 실시되었던 유스티니아

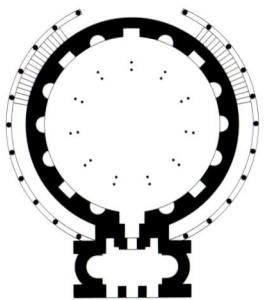

138 | 산타 콘스탄차 교회, 로마, 350년경, 평면도

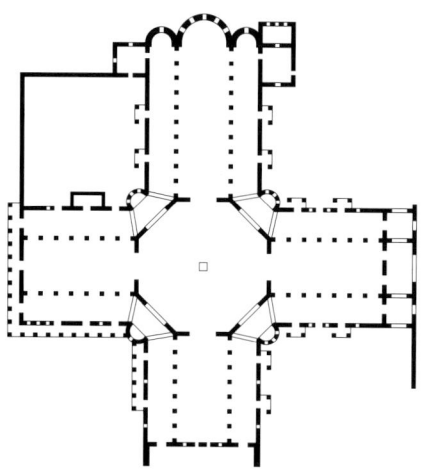

139 | 성 시메온 교회, 콸라트 심안, 시리아, 480~490, 평면도

지붕이 올라가 있어 밖에서도 쉽게 알 수 있었다. 우리는 이것을 로마에 있는 콘스탄티누스의 딸 콘스탄티아의 마우솔레움(350년경; 1256년에 산타 콘스탄차 교회로 개조됨)에서 볼 수 있다. 이것은 건물을 둘러싸고 바깥에 아일이 있는 로툰다이지만, 중앙에 있는 무덤 둘레에 12각형을 이루며 서 있는 기둥 위로 돔형 벽돌 지붕이 올라가 있다(사진 130, 138).

지금은 존재하지 않지만 콘스탄티노플에 있었던 콘스탄티누스의 성 사도 교회는 어떤 설명으로 보나 교회의 다음 발전 단계인, 집단 예배를 보는 바실리카와 중앙집중형 영묘가 결합된 형태였다. 콘스탄티누스는 자신이 열세 번째 사도라고 생각하여 자신의 무덤을 중앙 공간에 배치하고 그 주위에 나머지 12사도를 상징하는 기둥을 세웠으며, 이 중앙에서 하나가 아닌 네 개의 네이브가 십자형으로 뻗어나가 있었다. 이와 비슷한 평면 배치는 시리아 북부의 콸라트 심안에 있던 성 시메온 교회(480~490)에서도 이용되었다. 여기서는 기인으로 유명한 성 시메온이 30년 동안 쪼그리고 앉아 고행을 했다는 기둥 모양의 암자 둘레에 여덟 개의 아치가 팔각형을 이루고 있고, 이 팔각형에서 저마다 네이브와 아일이 있는 네 개의 교회가 십자형으로 뻗어나가 있었다(사진 139). 주랑 현관이 있는 수도원까지 완벽하게 갖춘 이 성지 전체는 돌을 제공했던 채석장과 의식용 대문 사이에 있었고, 이 대문을 나서면 여관과 수녀원이 있는 순례자 마을로 내려가는 성스러운 길이 뻗어 있었다.

동로마 제국에서는(이 단계에서는 그리스와 발칸 반도, 아나톨리아, 시리아, 이집트가 포함되었다) 네 팔의 길이가 똑같은 그리스 십자형 평면이 표준이 되었다. 동방 교회에서는 돔에 그리는 벽화에서도 위계 질서를 엄격하게 지켜 제일 밑에 성자를 그리고 그 위에 성모 마리아를, 그리고 맨 위에 삼위일체 또는 하느님을 그렸듯이 십자가도 크게 중시하여, 이런 십자형이 신학적으로도 충분히 받아들여질 수 있었다. 게다가 이런 십자형은 예배식을 하기에도 좋았다. 예배식은 주로 사제들이 하고 일반 신도들은 교회의 어두운, 신비스런 공간에 있는 성상벽에 걸린 성상 앞에서 혼자 개별적으로 기도를 하는 동방 교회에서는 성가대석이나 집단 예배를 보는 넓은 공간이 필요 없었기 때문이다. 하지만 사각형이나 원형 또는 팔각형을 이루고 있는 중앙 공간에서 사방으로 팔

140 | 산 비탈레 교회, 라벤나, 540~548

141 | 산타 포스카 교회, 토르첼로, 11세기. 스퀸치가 보이는 돔의 내부

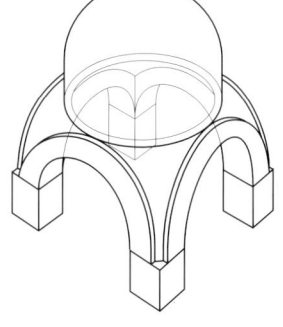

142 | 펜던티브가 있는 돔

을 뻗고 있는 영묘 같은 형태가 교회의 유일한 형태는 아니었고, 대개는 십자형 전체가 정사각형이나 직사각형 건물 안에 포함되어 있거나 아니면 팔이 네 잎 모양의 앱스 형태를 이루어 사각형이나 원형 또는 팔각형 건물 안에 들어 있었다. 그리고 이렇게 사각형 안에 십자형이 들어 있는 형태가 구조적으로도 유익했는데, 왜냐하면 중앙 공간에서 앱스처럼 오목하게 들어간 공간인 엑세드라가 바로 그 중앙 공간과 흔히 이 중앙 공간 위로 올라가 있는 돔을 떠받쳐주는 지지대 역할을 했기 때문이다.

비잔틴 돔이 혁명적인 것은 그것이 사각형 건물 위에 올라가 있기 때문이다. 돔은 로마의 욕장이나 판테온에서도 볼 수 있듯이 과거에도 있었다. 심지어는 페르시아 성자들의 사각형 무덤 위에도 돔이 올라가 있었다. 그러나 이런 것은 작은 건물에 얹은 작은 돔이라, 그냥 사각형 모서리를 대각선으로 가로질러 팔각형을 이루고 있는 석조 다리로도 돔을 지탱할 수 있었다. 그러나 이런 해결책이 무게가 무거운 돔에는 쓸모가 없었다. 그래서 안티오크 카오웃시에 있는 성 바빌라스 순교 기념 성당(379년경)에서처럼, 그런 경우에는 대개 피라미드형 목재 지붕을 올렸다. 라벤나의 산 비탈레 교회(540~548년경; 사진 140)에서는 가벼운 항아리를 짜맞춘 유별난 구조물로 이 문제를 비켜갔다. 그리고는 사산 왕조의 페르시아에서 몇몇 이름 없는 천재들이 사각형 모서리에 걸친 들보를 아치로 대체하는 기지를 발휘했다. 스퀸치(또는 든모 홍예)로 알려진 이런 장치를 보여주는 가장 오래된 예는 피루자바드에 있는 3세기 궁전에서 볼 수 있다. 11세기에 토르첼로에 지은 산타 포스카 교회에서는 스퀸치 위에 스퀸치를 하나 더 올려 두 개의 스퀸치로 수직 벽을 오목하게 구부려 둥근 원통형 드럼이 돔을 떠받치게 했다(사진 141).

그러나 스퀸치는 특히 십자형 교회에서처럼 돔이 네 개의 단단한 벽에 얹혀 있는 게 아니라

143 | 하기아 소피아 사원, 이스탄불, 532~562, 실내

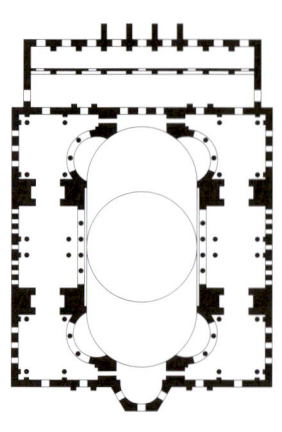

145 | 하기아 소피아 사원, 평면도

144 | 하기아 소피아 사원

십자형의 팔 쪽으로 가는 길을 열어주는 네 개의 아치에 얹혀 있는 경우에는 해결책이 되지 못했다. 크고 무거운 돔의 무게는 아치를 지탱하는 기둥에 내리누르는 힘으로만 작용하는 게 아니라 그런 기둥을 밖으로 밀어내는 경향까지 있다. 그래서 나온 것이 벽돌을 쌓아올려 벌집 모양의 돔을 만드는 기초적인 기술에 의지한 펜던티브(또는 삼각 궁륭)였다(사진 142). 각 벌집 모양은 돔을 지탱하는 아치가 서로 만나는 모서리 접합부에서 시작되지만 아치의 꼭대기와 같은 높이에서 끝나 오목하게 구부러진 삼각형(펜던티브)을 이루고, 이것이 기둥과 아치에 의해 형성된 천개 위에 얹은 둥근 고리 모양의 테두리에서 만났다. 그리고 이 둥근 고리 모양의 테두리에 돔을 얹어, 돔의 무게가 내리누르는 힘이 사각형 모서리에 있는 거대한 지주에 걸리게 했다. 그리하여 이제 돔의 크기가 다양해질 수 있었을 뿐 아니라, 하기아 소피아 사원에서 볼 수 있는 것처럼, 때로는 돔 둘레에 창문을 낼 수도 있었다.

이런 발명이 가져온 결과는 과장하기도 어렵다. 펜던티브가 성취한 결과는 로마에서 가장 큰 돔을 얹은 건물인 판테온과 비잔틴 시대의 걸작인 하기아 소피아 사원(사진 143~145)을 비교해보면 알 수 있다. 하기아 소피아 사원은 532년에 지진으로 파괴된 콘스탄티누스의 교회 대신 유스티니아누스가 지은 것이다. 판테온에서는 공간을 가득 채운 빛이 이글루 모양의 벽과, 강하고 부드럽고 윤곽이 뚜렷한 쇠시리, 벽감 위에 있는 정삼각형 아키트레이브를 고르게 비춰준다. 그리고 이 모든 것은 당시 알려진 세계 전체를 효율적으로 분류하고 조직했던 제국에나 기대할 수 있는 수학적 정밀함으로 정확히 계산된 결과였다. 게다가 판테온은 당시 로마에 알려진 모든 형태의 버팀벽을 종합적으로 사용함으로써 구조적으로도 안전하게 나아갔다. 그러나 이와는 대조적으로 하기아 소피아 사원은 새로운 구조를 개척할 때면 반드시 요구되는 위험을 무릅쓰는 능력을 보여준다. 우리가 이 건물에 찬사를 보내는 것은 이 건물이 얼마나 위대한 건물인가를 말해주는 여러 통계 때문이 아니다. 예를 들어, 하기아 소피아 사원은 정사각형 평면에 네이브와 갤러리를 올린 아일이 있고, 거의 판테온의

146 | 산 비탈레 교회의 비잔틴 기둥 양식, 라벤나

돔만큼이나 크고 런던의 세인트폴 성당의 돔보다도 8피트밖에 작지 않은 중앙의 얕은 돔은 40개의 벽돌 리브가 서까래처럼 걸쳐 있으며, 이 돔을 육중한 지주 위에 있는 4개의 아치가 떠받치고 있다. 그리고 이 돔의 양쪽에는 지름이 같은 반원형 돔(반쪽 돔)이 있어 중앙의 돔을 받쳐주는 버팀목 구실을 하고, 이 반원형 돔은 다시 주위에 있는 세 개의 작은 돔이 받쳐주고 있다. 그러나 바깥에서 보면 1453년에 콘스탄티노플이 터키군에게 함락된 뒤 모스크가 되었을 때 네 귀퉁이에 붙인 로켓 같은 뾰족탑을 제외하면 건물이 화려하지 않고 단아하여, 위에서 거론한 이 모든 세부적인 사실들이 생활 공간 속에 창조된 작은 건물 같은 인상과 잘 어울리지 않는다.

이런 획기적인 건축물을 성취할 수 있었던 것은 오직 혁명적인 구조 덕분이었다. 하기아 소피아 사원은 건축 과정에서도 몇 차례나 설계 변경을 해야 했고, 한 단계에서는 트랄레스의 안테미우스와 밀레투스의 이시도루스가 유스티니아누스에게 이것이 과연 지탱이 될지 의문이라는 말까지 했다. 그러나 유스티니아누스는 신앙에서 나온 용기 내지는 건축에 대한 통찰력을 가지고 아치가 서로 만나 서로 지탱할 수 있을 때까지 계속 쌓으라고 했다. 그리고 그것은 정말로 섰다. 당시 역사가인 프로코피우스는 "각 부분이 놀라운 솜씨로 짜맞춰져, 서로 공중에 떠 있으면서도 바로 옆 부분에만 의지한 채 얼마나 놀라운 조화를 이루어냈는지"에 관해 이야기하고 있다. 낙성식 축사에서 폴 더 사이런티어리는 돔이 "황금줄에 매달려 공중에 떠 있는" 것 같다고 말했다. 유스티니아누스는 이 걸작을 보고 "오, 솔로몬이여, 내가 그대를 능가했노라!"라고 외쳤다 한다. 판테온에서는 빛이 건물 안을 제한하고 한정했다면, 하기아 소피아에서는 공중에 떠 있는 듯한 얕은 돔을 떠받치고 있는 드럼에 난 40개의 창문에서 들어오는 빛이, 아치를 통해 앱스에 난 창문과 갤러리가 있는 아일 위의 창문에서 쏟아져 들어오는 빛과 뒤섞여, 공간과 빛을 구분하기 어려울 정도이다. 로마인이 콘크리트 벽과 볼트 구조물 속에 아치를 감춰 놓았다면, 비잔틴 사람들은 아치로 공간을 터 앱스를 만들고 돔을 만들고 반쪽 돔을 만들었다. 따라서 길게 뻗은 사용 공간을 구획하고 둘러싸기 위해 벽을 쌓고 지붕을 올린 것이 아니라 건축가들이 공간 자체에 터널을 판 느낌이다.

하기아 소피아는 지금은 박물관이며, 미국 비잔틴문화연구소에서 갤러리로 올라가는 벽에 덮인 줄무늬 대리석을 교체하면서 경탄할 만한 작업을 했음에도 불구하고, 한때 이곳을 차지했던 터키인이 이슬람에서 금하는 인물상을 없애기 위한 회벽칠을 하는 바람에 과거의 찬란했던 모습 가운데 일부는 사라졌다. 그러나 하기아 소피아는 아직도 옛 영광을 고스란히 간직하고 있으며, 여기서도 라벤나에서처럼 섬세한 나뭇잎 모양으로 도림질 세공이 되

147 | 수도원 교회, 다프니, 그리스, 1080년경

148 | 아토스 산의 수도원들, 그리스

같은 느낌을 준)를 띠며 남쪽 시칠리아에서 이탈리아와 터키, 불가리아, 아르메니아를 거쳐 북쪽으로는 러시아까지 퍼졌다. 몽고의 침입으로 비잔티움과 차단되어 있던 러시아에서는 1714년에야 비잔틴 양식을 나름대로 소화한 프레오브란젠스카야('예수의 변모'라는 뜻) 교회를 키지 섬에 세웠다.

 이들 지역은 모두 나름의 독특한 비잔틴 양식을 발전시켰다. 그리스와 발칸 반도에서는 다프니와 호시오스 루카스에 있는 수도원에서 이 지역의 전형적인 비잔틴 양식을 볼 수 있었는데, 여기서는 건물의 각 구획마다 기와 지붕을 따로 올려 밖에서도 십자형 건물임을 알 수 있게 되어 있었다(사진 147). 이 양식은 나중에 스파르타 평원 위에 우뚝 솟아 있는 산지의 비탈면에 세워진, 성채 도시 미스트라의 14세기에 꽃을 피웠다. 그리고 그리스 동북부의 험준한 아토스 산에 있는 20개의 수도원(사진 148)에서는 이것이 아주 정교하고 환상적인 모습을 보였는데, 이들 수도원에는 1000년 동안 사

어 있는 쿠션 모양의 비잔틴 기둥머리를 볼 수 있다(사진 146).

 이후 이 비잔틴 시대의 최초 걸작을 뛰어넘는 건축물은 나오지 않았다. 그러나 이것이 확립한 양식은 훨씬 소박하지만 새로운 형태(빛으로 충만하지 않아 훨씬 어둡고, 금박을 입힌 모자이크나 성상을 비추는 촛불로 마치 동굴

149 | *산 마르코 성당*, 베네치아, 11세기

150 | 산 마르코 성당, 베네치아, 실내

람과 동물을 막론하고 암컷은 출입이 금지되었다고 한다.

이 시기에는 그리스가 제국의 변방에 있었기 때문에, 13세기 아테네의 그리스 성당인 리틀 메트로폴리탄은 면적이 10.7×7.6미터로 세계에서 가장 작은 성당이며, 이는 비잔틴 시대가 낳은 가장 작은 걸작이기도 하다.

5세기에는 야만인의 침입을 피해 달아난 사람들이 아드리아 해 연안의 석호를 가로질러 동방의 비잔틴 제국의 일부로서 베네치아를 건설했고, 따라서 이것은 500년 동안 존속했다. 그리고 9세기에는 일부 베네치아 상인들이 알렉산드리아에서 복음을 전도한 성 마가의 시체를 가져와 사당을 지었는데, 11세기에 이것을 대체한 것이 현재의 산 마르코 성당(사진 149, 150)이다. 그리스 건축가들은 유스티니아누스가 지은 콘스탄티노플의 성 사도 교회를 토대로 그리스 십자형 평면에 돔을 다섯 개 올린 교회를 지었다. 산 마르코 성당은 건물 바깥에 붙인 금박이며 콘스탄티노플에서 약탈해 온 청동 말 조각상, 고딕풍의 당초 무늬 장식과 작은 뾰족탑, 아치형 채광창을 장식하고 있는

127

151 | **티리다테스**, *아니 성당*, 아니, 아르메니아(지금은 터키 동부에 있는 케마), 1001~1015

종교적인 모자이크에도 불구하고 하기아 소피아의 신비스런 분위기를 간직하고 있다. 정면은 반원형이 3층으로 차곡차곡 포개어 있는 형상이고, 아래층은 다섯 개의 웅장한 통로가 작은 기둥이 2층으로 울타리를 이루고 있는 표면 사이에 움푹 들어가 있으며, 위층에는 다섯 개의 둥근 박공벽에 아치형 채광창이 있고, 이 박공벽은 모두 S자형으로 기묘하게 구부러진 눈썹꼴 쇠시리로 장식되어 있다. 그리고 이런 형태는 지붕에서도 그대로 반복되어 납으로 뒤덮인 돔 위에 양파 모양의 꼭대기 장식이 있고, 실내는 번쩍이는 황금빛 모자이크로 뒤덮여 있다.

유프라테스 강 동쪽에 있는 고원 지대인 아르메니아에서는 비잔틴 시대에 황금기를 맞이했다. 오늘날에는 목초지로 버려졌으나 수도였던 아니는 한때 수많은 교회가 서 있는 도시로 유명했다. 989년에 하기아 소피아 사원의 돔이 지진으로 무너졌을 때 아르메니아 건축가인 티리다테스에게 복원을 요청했을 정도로 아르메니아 건축가의 명성은 드높았다. 티리다테스는 나중에 아니 성당(사진 151)을 지었다. 아르메니아는 301년에 가장 먼저 그리스도교를 국교로 채택한 나라이다. 아르메니아 교회 벽에 새겨진 성경에 나오는 장면이나 고깔모자처럼 돔 위에 씌운 원뿔꼴 꼭대기 장식에서는 어린애 같은 천진함이 느껴진다.

러시아는 이랑 무늬가 있는 양파 모양의 돔으로 비잔틴 양식에 독특한 기여를 했다. 이것은 비잔틴 양식이 북쪽으로는 가장 멀리까지

152 | *성 바실 성당*, 붉은 광장, 모스크바, 1550~1560

간 노브고로트에서 12세기에 발전한 듯한데, 여기서는 겨울에 내리는 눈의 무게 때문에 얇은 돔은 잘 짓지 않았다. 키예프의 블라디미르 대공이 988년 그리스도교를 국교로 정한 뒤 지은 초기의 목조 교회들은 모두 사라지고 없다. 최초의 석조 교회인 키예프의 상트 소피아 대성당(1018~1037)은 원래 그리스도를 상징하는 큰 돔 하나와 12사도를 상징하는 열두 개의 작은 돔으로 구성된 건물이었으나, 17~18세기에 아일과 돔을 덧붙여 정교하게 꾸미면서 지금은 원형을 찾기가 힘들어졌다.

모스크바의 붉은 광장에는 이곳의 엄숙한 분위기와는 걸맞지 않게 밝고 화사한 분위기의 성 바실 성당이 서 있다. 이반 뇌제가 자신이 거둔 승리에 감사해 1550~1560년에 세운 이 성당에서는 가리비 모양으로 장식된 중앙 탑 둘레에 작은 탑들이 옹기종기 모여 있다. 이 탑들은 처음 세웠을 때는 충분히 개별적인 건물이었을 텐데, 17세기에 지붕에 다채로운 색깔의 기와를 얹으면서 지금은 박람회에서나 봄 직한 동양풍의 화려하고 사치스러운 분위기를 자아내고 있다(사진 152).

10　수도회와 성역: 로마네스크 양식

11~12세기의 서유럽에 절정에 달한 건축 양식이 있었음을 인지하고 그것에 처음 이름을 붙인 것은 19세기 비평가들이었다. 그들은 이것을 로마네스크 양식이라고 불렀는데, 이 건축 양식의 구조적 토대가 고대 로마 건축에 있었기 때문이었다. 이 시대 건축가들이 초기 그리스도교 건축가들처럼 고전기의 기둥 양식을 채택해 이 시대 건물에 통합했다 하더라도 이런 기둥 양식과 같은 고전기의 건축적 요소에 관심을 기울였던 것은 아니다. 이 시대 건축에는 고전기와 비슷한 건축적 기법으로 설계되어 있는 곳에서도(이런 건물은 대부분 이탈리아에 있다) 고전기에도 속하지 않고 고전기 양식이 부활한 르네상스기에도 속하지 않는 독특한 특성이 있다. 이런 특성은 기본적으로는 바실리카 교회인 피렌체의 산 미니아토 알 몬테 교회(1018~1062; 사진 154)의 코린트식 기둥이나, 서쪽 정면에 원통형으로 층층이 올라간 아케이드 위에 작은 신전을 올린 유명한 종탑이 있는 피사의 대성당(1063~1272; 사진 156)에서 볼 수 있다. 그러나 '로마적'인 것이 로마네스크 양식이 된 것은 이 시대 건축이 로마의 반원통형 천장(볼트)에 강력한 토대를 두고 있기 때문이다. 이것은 안전에 대한 강박관념에서 비롯된 것인데, 이 시대 건물은 성이건 교회건 대수도원이건 할 것 없이 기본적으로는 모두 강력한 요새와 같은 성격을 띠고 있다. 그리고 실제로도 이 시대 건물은 모두 반은 방어적인 목적을 가지고 있었다.

로마네스크 양식에서 유별난 점 한 가지는 세속적인 건물과 종교적인 건물 모두 서로 모순되는 가치를 지닌 영감의 원천에서 위엄을 얻은 것처럼 보인다는 것이다. 먼저 이 시대가 700년간 지속된 혼란 끝에 처음으로 유럽에 안정되고 일관된 건설 계획이 나타난 시기임을 떠올리면, 이 시대 건물에서 요새와 같은 특성이 보이는 것도 놀라운 일은 아니다. 그러나 한편으로 첫 번째 밀레니엄이 오기 전 수세기 동안 우리가 도시를 파괴하고 문화를 파괴한 야만인이라고 보는 이들도 질적인 변화를 겪었다. 즉, 이들이 정착했을 뿐 아니라 점차 지도층이 교회와 손잡으면서 중세의 그리스도교 세계라는 새로운 질서를 확립하게 된 것이다.

751년 교황 자카리아스가 피핀의 왕위 선출을 승인하면서 프랑크족이 제일 먼저 '기성 체제'가 되었다. 그리고 샤를마뉴가 서프랑크 왕국을 통일하면서 그동안 잊고 있던 제국(여러 민족을 포괄하는 정치적 실체)이라는 개념을 새롭게 부활시켰다. 샤를마뉴는 아주 빈틈없는 사람이었다. 샤를마뉴는 자기 이름도 제대로 쓸 줄 몰랐으나, 요크의 교구 학교에서 학식 있는 수도사 앨퀸을 투르로 초빙해 학교를 세우고, 새로운 세대의 프랑크족 통치자들이 성 아우구스티누스와 보에티우스 같은 그리스도교인의 저작을 통해 보존된 고전 문화를 교육받을 수 있게 했다. 교황은 800년 크리스마스에 샤를마뉴에게 황제의 관을 씌워주었다. 그리고 11~12세기 음유 시인들은 무훈시를 지어 샤를마뉴의 영웅적인 행동을 노래했고, 어떤 시인들은 그를 성인의 반열에 올리고 싶어

153 | *아헨 성당*, 792~805

154 | 산 미니아토 알 몬테 교회, 피렌체, 1018~1062, 실내

했다. 피핀에서 시작된 카롤링거 왕조 시대의 건축 가운데 가장 뛰어난 예는 792~805년에 지어진 샤를마뉴의 아헨 성당(사진 153)이다. 라벤나의 산 비탈레 교회를 본뜬 아헨 성당은 바깥면이 십육면체를 이루고 있는 다각형 건물이며, 안에서는 팔각형을 이루고 있는 날씬한 기둥들이 돔을 떠받치고 있다. 나머지 예배당과 아일, 고딕 양식의 성가대석은 나중에 덧붙여진 것이다. 그러나 관심의 초점은 무덤에 있었다. "이 무덤 밑에 프랑크 왕국을 크게 확장하고 47년 동안 번영의 시대를 통치한 정통 황제 샤를마뉴 대제가 누워" 있기 때문이었다. 그는 814년, 70세에 세상을 떠났다.

한때는 야만인이었던 이들이 새로운 시대에 기여한 것은 새로운 문화에 의해 그 형태가 규정되었다. 프랑크족과 롬바르드족, 서고트족의 장식(갖가지 보석이 박힌 넓은 금띠) 만드는 솜씨는 십자가와 성찬배, 성골함, 예배당 문 등 교회에서 쓰이는 물건과 가구에서 활로를 찾았다. 야만성과 숭고함을 동시에 보여주는 예를 오르베뉴의 콩케 순례자 교회에 있는 10세기의 생트 푸아 성골함에서 볼 수 있다. 음탕한 이교도 황제에게 몸을 빼앗기지 않으려다 죽음을 당한 이 어린 순교자의 유해가 담긴 성골함은 얄궂게도 교황 보니파스가 이 교회에 선물로 보낸 5세기 황제의 얼굴이 그려진 황금 마스크로 장식되는 영광을 얻었다.

나중에 출현한 야만인 가운데 하나인 고대 스칸디나비아인들은 건축뿐만 아니라 새롭게 부상하고 있는 문화 전반에 아주 주목할 만한 기여를 했다. 샤를마뉴 시대부터 이들의 잔인하고 용감한 해적선은 유럽의 해안선을 따라 약탈을 일삼았고, 지금 우리가 알고 있듯이, 이들은 심지어 대서양에서 북아메리카까지 건너갔을 정도로 활약이 대단했다. 노르만족은 자연스럽게 구부러진 나무 줄기를 뱃머리에 이용하던 기술을 크럭에 적용했다. 크럭은 잉글랜드와 북유럽에서 구부러진 목재 한 쌍을 서로 맞세운 후 거기에 다른 목재를 덧붙여서 구조적인 뼈대를 만든 다음 그 위에 지붕을 올린 구조이다. 노르만족은 뿌리를 내린 곳마다 (노르망디는 911년에, 잉글랜드는 1066년에, 이탈리아 남부와 시칠리아는 1071년에) 노르만 양식으로 알려진 독특하고 영향력 있는 로마네스크 양식을 정착시켰다. 노르만 양식을 보여주는 가장 좋은 예는 주로 12세기에 세워진 더럼 대성당 실내에서 볼 수 있다(사진 155).

한편 유럽의 혼란상에 전혀 영향을 받지 않은 켈트 외곽 지역(잉글랜드에서 보았을 때 외곽을 이루는 스코틀랜드, 아일랜드, 웨일스, 콘월 지역을 가리킴)에서는 강력하고 독자적인 전통이 융성했다. 5세기에 로마에 점령되었을 때 그리스도교로 개종한 아일랜드에서 영국 본토를 거쳐 그리스도교가 다시 유럽 대륙으로 흘러들어갔고, 돌 십자가와 교회, 채식 복음서(예를 들면, 켈트의 책)에 장식된 복잡한 무늬 장식도 아일랜드에서 유래한 것이다. 콜롬바와 에이든, 앨퀸, 보니파스와 같은 선교사들 역시 아일랜드 출신이다. 알프레드 대왕이 데인족(마름돌을 쌓아올린 이들의 아름다운 석조 건축물은 로마의 석조 건축 기술을 이용한 것이다)에게 승리를 거둔 후 도래한 문화 부흥기에 윌트셔 주 브래드퍼드어폰에이번에 지어진 작은 앵글로색슨 교회인 세인트 로렌스 교회(사진 157)는 정복왕 윌리엄이 노르망디에 상륙하기 전 600년 동안 잉글랜드에 존재했던 그리스도교 전통을 보여주는 예이다.

로마네스크 양식은 사라센의 영향도 받았다.

155 | *더럼 성당의 네이브*, 1110~1153

샤를마뉴의 할아버지 카를 마르텔이 732년 푸아티에 전투에서 사라센 군대를 무찔렀을 때는, 이미 이슬람교도들이 프랑스 한복판까지 진격해 들어와 있었다. 제1차 십자군 전쟁(1096) 때도 스페인 남부는 아직 무어족이 점령하고 있었고, 그라나다 왕국은 1492년까지도 여전히 이슬람 국가였다. 사라센의 영향을 세고비아의 수도원에 있는 무어족의 기둥머리에서 볼 수 있으며, 시칠리아의 체팔루 성당(1131~1148)에서는 노르만 양식과 혼합된 사라센의 영향을 볼 수 있다.

서로마 제국이었던 지역—프랑스, 독일, 이탈리아, 잉글랜드, 스페인 북부—에서는 훨씬 안정된 정체성을 간직하고 있었다. 이 지역에서는 기본적으로 건축이 교회로부터 영감을 받았다. 이 지역 사회를 통합하고 통제하는 체제는 봉건제였다. 노르만족에 의해 발전되고 그들의 지배적인 건물 형태에 표현된 봉건제는 사람들이 안전을 보장받는 대신 주인에게 봉사하는 상호 의무를 토대로 한 위계적인 체제였다. 대수도원이 교회의 표현이었다면, 성은 봉건제의 직접적인 표현이었다.

봉건제는 많은 점에서 거칠고 가혹한 체제였다. 사회의 밑바닥 계층인 농노의 삶도 가난하고 고달팠으며, 그들의 주인인 영주의 삶은 별로 우아하거나 품위 있지 않았다. 그들은 아마

(뒷면)
156 | *피사의 대성당의 세례당과 기울어진 종탑*, 1063~1272

157 | 세인트 로렌스 교회, 브래드퍼드어폰에이번, 월트셔, 10~11세기

양쪽 다 문맹이었을 것이다. 학문을 한다는 것은 성직자들이나 누릴 수 있는 특권이었기 때문이다. 노동자들은 윗가지를 엮어 흙을 바른 오두막에서 살았는데, 이것은 가느다란 나뭇가지를 얼기설기 엮은 다음 그 위에 말똥과 말털 섞은 것을 바르고 회칠을 하여 마무리한 집이었다. 장원 영주의 저택과 성의 선조 격인 영주들의 집도 원시적이기는 마찬가지였다. 이것은 큰 홀 하나에, 한가운데 난방용 화로가 있고, 지붕에 연기 빠지는 구멍이 있었으며, 벽을 따라 잠을 자는 긴 의자가 있었다. 하인들은 개와 함께 화로 곁에 누워서 잤다.

그러나 일상 생활이 좀더 문명화되면서 변화가 왔다. 먼저 성 바깥벽에 굴뚝이 지어지기 시작했고, 큰 홀에서 나와 가족들이 사는 위층 방으로 올라가는 계단이 만들어졌으며, 한참 후에는 양쪽 날개에 부엌과 하인들의 방이 덧붙여졌다. 조명은 원시적이었는데, 비누가 좀더 일반화된 13세기까지는 사람들이 별로 깨끗하지 않았기 때문에 오히려 다행스러웠다. 위생 관념이 빈약한 데는 상수도와 하수도 시설이 충분하지 않은 탓도 있었다. 위생 관념이 없기로는 도시가 최악이었다. 11세기에는 고대 로마의 수도교가 완전히 기능을 멈추었다. 율리아누스 황제가 파리로 물을 끌어들이기 위해 지었던 수도교는 9세기에 노르만족에게 파괴되었다. 항상 신중하게 샘이나 개울이 있는 곳에 터를 잡은 수도원에서 수로를 통해 신선한 물을 끌어들이고 하수 처리를 시작할 때까지

그리고 동방에서 그리스와 아랍의 의학 서적이 되돌아올 때까지, 현실적으로 이 중요한 문제를 해결하기 위한 방안은 하나도 시도되지 않았다.

로마네스크 양식을 이해하는 데는 다음 두 가지 현상도 중요하다. 첫 번째 현상은 순례 열풍이었다. 무역로는 이미 뚫려 있었으나, 공동체의 심장을 고동치게 한 것은 종교적 열정이었다. 이는 환상과 기적, 전설, 성인과 성인의 유골에서도 분명히 나타났다. 저마다 신비한 의미를 지닌 보석으로 아로새겨진 금박에 싸인 성인의 유골은 미신적인 공포와 숭배의 대상이었다. 그리고 이런 순례 열풍은 당연히 이 시대의 왕래를 촉진했다. 수많은 수도사와 탁발승, 순례자, 십자군 전사들이 그리스도교 세계의 주요 간선 도로를 따라 수없이 왕래했고, 네이브와 트랜셉트가 넓어 날마다 성소에 드리는 의식이며 성소를 참배하는 행렬을 위한 공간이 마련된 로마네스크 건축 양식은 이런 왕래를 통해 퍼져나갔다. 초서가 아주 생생하게 묘사하고 있는 캔터베리 순례처럼 가까운 곳으로 가는 순례 여행은 사회적인 접촉의 기회를 마련해주었고, 이 시대의 영웅은 성인이었으므로 캔터베리에 있는 베켓의 묘소나 콩케에 있는 생트 푸아의 묘소에 직접 찾아가 그들의 유골을 보는 것은 분명 오늘날 광적인 팬들이 그들의 우상인 대중 가수의 라이브 콘서트에서 느끼는 것과 같은 흥분과 열광적인 분

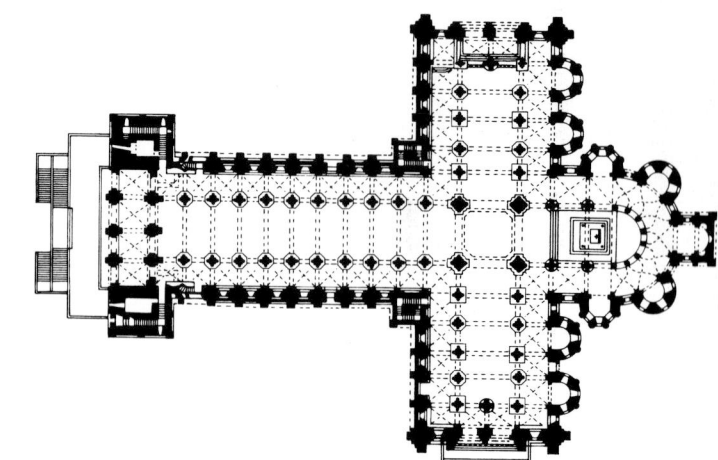

158 | 세인트 제임스 순례자 교회, 산티아고 데 콤포스텔라, 스페인, 1078~1122, 평면도

수도회와 성역: 로마네스크 양식

위기를 주었을 것이다. 그러나 순례자 중에는 로마나 예루살렘까지 멀리 가는 사람들도 있었다. 바스크 지방에서 아랍인을 몰아낸 후에는, 스페인 북서부 산티아고 데 콤포스텔라에 있는 사도 야고보의 묘소(사진 158)가 새로운 순례지로 각광받았다. 클뤼니의 베네딕투스 수도회에서는 생드니로부터 베즐레, 르퓌, 아를을 지나 프랑스를 대각선으로 가로지르는 순례단을 조직하기도 했다.

두 번째 현상은 십자군 전쟁이었다. 십자군 전쟁은 교황과 주교의 계속되는 압력 아래 왕과 봉건 귀족과 그 가신들이 터키인에게서 성지를 탈환하기 위해 벌인 시도였다. 어떤 십자군 전사들은 10년 동안이나 전장에 나가 있기도 했는데, 이들은 돌아오면서 한때 그리스도가 밟았던 땅을 걸어본 가슴 벅찬 감격뿐 아니라 햇볕에 번쩍이는 초승달 같은 아라비아인의 칼과 쇠미늘 갑옷, 코를 찌르는 사탕과자와 위험에 관한 이야기와 아라비아어로 보존된

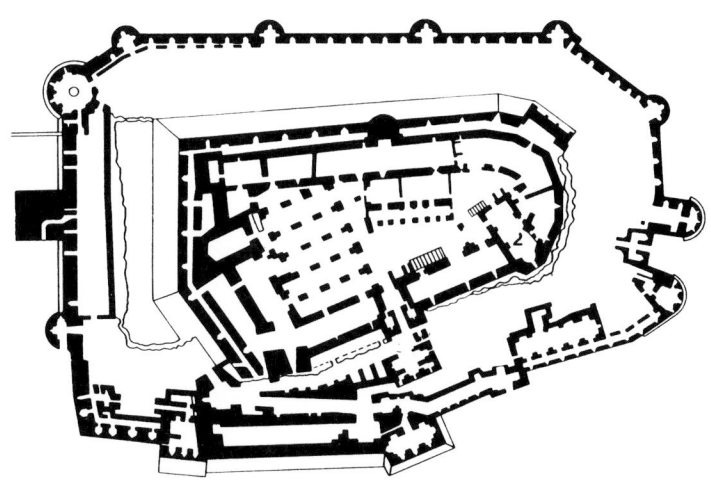

159 | 크라크 데 슈발리에, 시리아, 약 1142~1220

160 | 크라크 데 슈발리에, 배치도

고대 그리스의 과학 서적, 사라센의 장식과 포위 기술도 가지고 왔다. 십자군 전사의 무덤은 많은 나라 교회에서 높이 받들었으며, 이들 교회에서는 이들의 초상이 자랑스럽게 십자 모양으로 두 다리를 꼬고 있어, 이들이 신의 영광을 위한 성전에 참여했음을 말해주었다. 구호 기사단(또는 병원 기사단)과 성전 기사단은 특별히 사라센으로부터 성지를 보호하기 위해 설립된 기사단이었는데, 그들이 지나간 자리에는 멋진 교회와 수도원 건물, 순례자를 위한 숙박 시설뿐 아니라 시리아에 있는 크라크 데 슈발리에(1142~1220년경; '기사의 성'이라는 뜻; 사진 159, 160)와 같이 아주 견고한 성도 남았다. 당시 사람들은 이 성을 '사라센인의 목에 걸린 가시'라고 말했다.

신앙심의 확산에 결정적인 역할을 한 건물은 대수도원이었다. 그리고 대수도원의 창설자는 종교의 기둥이었다. 5세기 말에 은거하던 수비아코의 동굴에서 첫 번째 수도회를 창설한 성 베네딕투스나, 저녁놀을 보면 머리에서 신에 대한 생각이 떠날까봐 일부러 저녁놀에 눈길을 주지 않았다는 시토 수도회의 금욕적인 개혁가 클레르보의 성 베르나르두스(1090~1153), 자신의 탁발 수도사들이 그들의 형제인 새, 짐승과 더불어 숲속에서 자기를 바랐던 성 프란체스코(1181~1226)를 예술의 후원자라고 볼 수는 없다. 그러나 그들의 수도회가 확산되고 부유해지면서, 유럽 전역에서 대수도원 교회가 하늘 높이 치솟았다. 프랑스 클뤼니의 베네딕투스회 수도원 대수도원장인 후고(1024~1109; 그가 새로 지은 대수도원 교회는 당시 그리스도교 세계에서 가장 큰 교회였다)는 수백 개의 대수도원을 거느리고 있었다. 910년에 아키텐의 기욤이 설립하여 '성 베드로와 그의 후계자인 교황들', 즉 교회에 바친 클뤼니 대수도원은 순례길에 있는 대부분의 교회가 후고의 대수도원과 비슷한 평면 설계 위에 지어지는 결과를 낳았다. 클뤼니는 교황들이 아비뇽으로 자리를 옮긴 1309년부터 특히 강력해졌는데, 클뤼니 대수도원은 생드니 대수도원의 쉬제 교회가 고딕 양식에 했던 역할과 비슷한 역할을 로마네스크 양식에 했다.

수도원은 대개 시의 관문 바로 바깥에 자리 잡고 있었는데, 자체에서 운영하는 상점이 있고 또한 일자리와 의료, 교육, 여행자를 위한 숙박 시설, 거기에 쫓기는 범죄자를 위한 은신처까지 제공하는 수도원의 사회적 중요성으로 인해 수도원 주위에 하나의 자그만 근교가 형성되었다. 수도원은 아주 독창적인 재능을 지닌 정력적인 곳이었다. 가장 큰 농경 수도회였던 시토 수도회는 특히 곡물 생산과 양치기, 모르타르를 쓰지 않고 벽을 쌓는 기술, 수차를 이용해 경작지에 물을 끌어들이고 물을 빼는 기술에서 당시 농업의 발전을 주도했다. 그리고 모든 대수도원에는 작업장이 딸려 있어, 석공과 목공, 조각가, 기술자들이 장차 로마네스크 양식에서 꽃피우게 될 영감과 실험, 건축 기술을 발전시켰다.

161 | 스위스의 장크트갈렌 대수도원, 도면, 수도사 아인하르트가 그림, 820

162 | 노트르담 대성당, 푸아티에, 프랑스, 1130~1148, 서쪽 정면

대수도원의 도면 가운데 가장 오래된 것으로 알려진 스위스의 장크트갈렌 대수도원의 도면은 820년에 그린 것으로, 당시 경제(농업과 산업)에서 중심적인 역할을 한 이들 공동체가 살았던 건물이 얼마나 크고 복잡했는지를 말해준다(사진 161). 대수도원 교회와 부속 건물에는 당시 교회의 권위와 힘이 반영되었다. 교회 권력은 1000년경부터 커지기 시작해, 1500년에는 교회가 생활의 모든 측면을 간섭하기에 이르렀다. 당시 수도사였던 라울 글라베르는 "1000년이 지나자마자 모든 그리스도교도가 서로 웅장함을 뽐내고 싶은 강렬한 욕망에 사로잡혔다. 마치 세상이 묵은 때를 벗어던지려는 듯 어딜 가나 온통 흰색으로 뒤덮인 교회에 투자하고 있었다"고 썼다. 그리스도의 탄생 또는 죽음을 기념하는 밀레니엄이 왔지만 결국 예정된 세상의 종말이 오지 않았다는 안도감에 휩싸여, 흰 돌로 짓거나 회벽칠을 한 교회들이 5월의 데이지처럼 그리스도교 세계의 푸른 벌판 위로 순식간에 퍼져나갔다.

일반적인 대수도원 교회는 예배식에 중점을 둔 십자형 평면에, 당시 집착하던 상징 체계에 따라 해가 떠오르는 방향인 동쪽에 제단을 두고 서쪽에 주요 통로를 두었다. 그러나 때로는 동쪽 끝에 제단을 놓고 그 밑에 납골당이나 예배당으로 쓰이는 지하실(크리프트)을 두었으며, 순례자 교회에서는 제단 뒤에 슈베(chevet; 제단 뒤에 있는 반원형의 유보회랑과 유보회랑에서 방사상으로 뻗어나가 있는 작은 예배당)를 두고 그 위에 반원뿔꼴 꼭대기 장식을 얹은 높은 지붕을 쌓아올려 밖에서도 제단의 위치를 알 수 있게 강조했다. 이와 같은 형태는 수도원 교회에서도 나타났는데, 여기서는 미사가 점차 관례화되면서 크리프트나 슈베에 있는 작은 예배당이 많은 성직자들이 모여 미사를 드리는 공간이 되었다. 어떤 교회에서는 네이브와 트랜셉트가 교차하는 지점에 탑을 올리기도 했으나, 독일에서는 힐데스하임의 장크트 미하일 교회(1001~1033)에서 볼 수 있듯이 제2의 트랜셉트가 발전하여 대개 베스트베르크(westwerk)로 알려진 장엄한 서쪽 정면에 탑 두 개가 우뚝 서 있었다(사진 164).

특징적으로 부르고뉴 지방의 교회는 서쪽 정면이 안으로 움푹 들어간 정문으로 장식되어 있고, 주요 출입구 위에 있는 팀파눔(페디먼트 안의 장식면)에 조각된 그리스도 상에서 흘러나온 조각상이 정면 전체를 덮을 정도로 아주 풍부하게 장식되어 있다. 지금은 로마네스크 양식의 일반적인 특징으로 인식되고 있는 이

163 | 지슬베르, 〈잠자는 세 동방박사〉, 오툉 성당, 프랑스, 약 1120~1140

164 | 오름스 성당, 독일, 1016, 서쪽 정면의 쌍탑이 보인다

165 | 생 세르냉 교회, 툴루즈, 프랑스, 1080~1100

런 모습을 보여주는 대표적인 예가 푸아티에에 있는 노트르담 대성당(1130~1148; 사진 162)이다. 우리는 오툉 성당(사진 163)의 경우는 'Gislebertus hoc fecit'('지슬베르가 이것을 만들었다')는 서명으로 누가 팀파눔을 조각했는지 알고 있다. 여기에는 그리스도의 최후의 심판 장면이 묘사되어 있어, 그리스도의 발 밑에 있는 프리즈에서는 저주받은 자들이 고통에 몸부림치고 있는데, 근처 지붕에서는 코바늘 뜨개질한 반원형 담요를 덮고 있는 세 동방박사를 천사가 깨우고 있다.

많은 이탈리아 교회에서는 피렌체의 산 미니아토 알 몬테 교회에서처럼 벽돌을 사용하고 대리석으로 마무리하는 지역의 관습을 고수했지만, 로마네스크 양식에서는 흔히 돌을 사용했다. 로마네스크 양식은 성당이건 성이건 웅장하게 우뚝 솟은 모습으로 길게 뻗어 있는 석조 건물(교회에는 마름돌을 사용하고 성에는 막돌을 사용했다)에 어떤 '작업장'에서 훈련받은 석공인지를 말해주는 석공들의 표시가 가득한 것을 보고 알 수 있다. 이는 당시 석공 기술이 높이 평가받았음을 말해준다. 그리고 석조 건물은 조각이 되어 있건 안 되어 있건 창문도 별로 없는데다 세로로 길게 뚫려 있어, 로마네스크 양식 건물이 요새처럼 보이는 요인이 되었다. 이는 중세 후반기의 고딕 건축 양식과는 대조되는 특징으로, 12세기부터 나타나기 시작한 고딕 양식에서는 거의 완전히 유리로 된 벽이 등장하는 새로운 구조가 탄생했다.

아마 로마네스크 양식 교회의 고전적인 특징은 둥근 아치(반원형 아치)와 이것을 확장시킨 반원통형 천장(배럴 볼트)에서 볼 수 있는 반원형 형태일 것이다. 이런 반원형 형태는 평면과 삼차원 공간인 구조뿐만 아니라 아무런 장식 없이 매끈한 둥근 기둥의 단면과 제단 뒤 유보회랑에서 뻗어나간 예배당, 지붕에 오린 반원뿔꼴 꼭대기 장식과 같은 장식에까지 적용되었다.

아키텐에서는 이런 기하학적 형태가 사각형 주간(株間) 위에 돔을 올린 교회에서 나타났다. 여기서 짐작되는 이질적인 동방과의 교류 흔적은 벽에서 약간 돌출되어 나온 벽기둥 장식과 흔히 아치가 서로 교차하는 장식 아케이드에서도 볼 수 있다. 롬바르디아에서 처음 나타났다 하여 롬바르디아 띠장식이라고 불리는 이런 장식 아케이드는 장식적인 효과만 있는 것이 아니라 벽을 지탱해주는 버팀벽 구실도 한다. 그리고 심지어는 성에서도 유보회랑에서 작은 예배당이 뻗어나갔듯이 모서리에서 둥근 탑이 뻗어나간 것을 볼 수 있는데, 이것 역시 구조적으로도 의미가 있었다. 왜냐하면 둥근 탑에서는 십자포화가 가능할 뿐 아니라 모서리가 둥글면 벽을 허물기도 어렵기 때문이다.

이 반원형 모티프는 로마네스크 건축의 구조적 토대가 된 배럴 볼트의 둥근 활꼴에서 가장 뚜렷이 드러난다. 그리고 이것이 가장 아름답게 형상화된 것이 생 세르냉 교회의 네이브에서 볼 수 있는 터널 모양의 반원통형 천장이다. 생 세르냉 교회는 1080~1100년에 산티아고 데 콤포스텔라로 가는 길에 세워진 순례자 교회로, 지금도 남아 있다(사진 165). 그러나 이런 배럴 볼트는 무거워서 두껍고 튼튼한 벽과 버팀벽이 필요했고, 이것을 직각으로 교차시킨 교차 볼트는 잘못하면 보기 사나울 수 있었

166 | 로체스터 성, 켄트 주, 1130년경

다. 그래서 나온 것이 롬바르디아에서 11세기까지 실험한 끝에 일반적으로 채택하게 된 리브 볼트이다. 리브 볼트는 갈빗대 모양의 리브(肋材)를 먼저 계산하여 우산살처럼 세운 후 그 사이를 채워 넣어 궁륭을 뚜렷하게 강조했다. 볼트는 아마 동방에서 보르고뉴로 들어왔을 것이다. 볼트가 페르시아 궁전에서 사용되었다는 것은 이미 앞에서 이야기했다. 한 예로, 오툉 대성당(1120~1132)은 1066~1071년에 당시 바그다드와 무역 관계에 있던 아말피라는 도시의 직공들을 채용해 지은 몬테카시노의 베네딕투스회 수도원에 기초해 지었을 것이다. 이 구조는 정사각형 평면에 가장 잘 맞기 때문에, 다이어프램 아치(격간 아치)로 네이브나 아일을 정사각형으로 구획하였다. 그리고 정사각형으로 구획된 각 부분의 지붕은 교차 볼트로 이루어져 있었다. 네이브의 아치가 특히 높은 곳에서는, 아일의 두 주간마다 교차 볼트 하나씩을 올려도 되었다. 이런 구조는 지붕을 올려다보지 않아도 네이브를 따라 죽 걸어가보면 알 수 있는데, 왜냐하면 이런 구조에서는 아일의 아케이드에 기둥과 육중한 석조 지주가 번갈아가며 늘어서 있기 때문이다.

이 시기 말에는 벽돌 아치와 볼트를 콘크리트 벽 속에 깊숙이 감추었던 초기 로마의 모델과는 대조적으로 전개된 구조가 건물의 바탕에 그대로 드러나 있었다. 어머니의 팔처럼 부드럽게 감싸주는 활꼴의 볼트는 안전을 희구할 정도로 충분히 고통을 당한 시대에 호소력이 있었을 것이다. 사람들은 교회 안에 있으면 육체적으로뿐 아니라 정신적으로도 안전했다. 이런 특성은 성에서도 분명히 나타난다. 여기서는 방어를 위해 하늘 높이 세운 둥근 아성(牙城)에서 뻗어나간 망루가 이 건물이 지어진 이유를 반영하여 공격적이면서도 방어적인 모습을 하고 있다. 하지만 봉건 사회에서는 이것이 군사적인 기능뿐 아니라 행정적인 기능까지 했다. 성이 지방 정부의 본거지가 되었던 것이다.

1066~1189년까지 노르만족은 약 1200개의 성을 세웠다. 처음에는 성의 형태가 토루(모트)와 성벽으로 둘러싸인 넓은 공간(베일리)으로 이루어져 있었다. 때로는 자연적으로 형성된 언덕이지만 대개는 인공적으로 쌓아올렸던 토루는 도랑이나 해자로 둘러싸여 있었고, 꼭대기에는 이용할 수 있는 공간에 따라 망루에서부터 목조 주택까지 어떤 것도 될 수 있는 목조 구조물이 서 있었다. 그리고 토루 밑에 고리 모양을 그리며 토루와 나무 다리로 연결되어 있는 성벽에 둘러싸인 넓은 공간이 있었는데, 이 공간은 연병장과 창고 역할을 했으며, 이 안에는 가신들의 집과 마구간, 크기에 따라서는 병기고까지 있었다. 노르만족의 발전은 토루 꼭대기에 있는 허술한 목조 주택을 튼튼한 석조 아성으로 바꾸어놓았다. 이것이 처음에는 사각형 평면에 저장 공간으로 쓰이는 1층과 공동으로 사용하는 넓은 홀과 개인 방이 나란히 있는 2층으로 구성되어 있었다. 그런데 1125년 후에는 이것이 큰 홀 위에 개인 방이 있는 둥근 탑이 되었고, 나중에는 훨씬 복잡한 평면 위에 올린 원형 또는 팔각형 아성이 되었다. 켄트에 있는 로체스터 성(사진 166)의 아성처럼 현재 남아 있는 유적에서는 아직도 아성의 꼭대기에서 밑에까지 물을 공급하는 중요한 역할을 한 깊은 우물을 볼 수 있다.

이탈리아의 도시 국가에서는 오랫동안 서로 반목하던 집안들이 튼튼한 토대 위에 층층이 방을 올린 탑 모양의 집을 짓고, 때로는 꼭대기에 경보를 울리는 종을 달았다. 토스카나 지방의 산 지미냐노는 이런 도전적인 태도를 보여주는 예로 가득하다(사진 167). 볼로냐에는 한때 탑이 41개나 있었는데, 지금 남아 있는 98미터 높이의 아시넬리 탑과 가리센다 탑은 거의 유명한 피사의 종탑만큼이나 기울어져 위험하게 서로 기대고 있어 사람들의 눈길을 끈다. 이 탑들이 기울어진 것은 부적절한 토대 탓임이 분명하며, 이는 당시의 공통적인 실수이기도 하다. 아마 영국의 로마네스크 양식 성당 가운데 노리치 성당만이 네이브와 트랜셉트의 교차부에 올린 탑이 하나도 손상되지 않은 채 남아 있는 이유이기도 할 것이다. 하지만 이들 탑은 당시 자신에게 요구되었던 안전을 제공해주었고 볼로냐의 탑들도 1119년부터 기울어

167 | 탑상주택, 산 지미냐노, 이탈리아

지기 시작했으니까, 그리 제 구실을 못한 것은 아니다.

  그러나 결국 성은 도시의 시작을, 그것도 대개는 성처럼 성벽에 둘러싸인 도시의 형성을 의미하는 것이었다. 현재 남아 있는 도시의 성벽은 대부분 1000~1300년 사이에 세워진 것이다. 성과 교회 탑은 놀랄 정도로 다채로운 풍경을 펼쳐보이는 지붕 위로 솟아 있었는데, 이는 집이 길을 향해 나란히 줄지어 서 있는 것이 아니라 울퉁불퉁한 지형 위에 아무렇게나 뻗어 있는 길가에 여기저기 흩어져 있었기 때문이다. 따라서 계획적인 공간 설계 감각은 없었던 듯하며, 시민의 자긍심도 도시 계획보다는 수호성인에게 경의를 표하는 행렬로 표현되었다. 그러나 대수도원과 마찬가지로 성도 새롭게 부상하는 사회의 중심에 있었고, 우리는 고딕 시대에 이들 사회가 맞이한 훨씬 영광스러운 순간들을 살펴보게 될 것이다. 그러나 지금은 유럽에서 로마네스크 양식이 발달하던 시기에 동방에서 발전한 이슬람 건축을 살펴봐야 한다.

143

11 사막의 전성기: 이슬람

1096년부터 200년 동안 잇따라 일어난 십자군 전쟁에서 유럽의 그리스도교 전사들은 성지를 탈환하고 그것을 지키기 위해 이슬람교도와 싸웠다. 성지 팔레스타인은 그리스도가 살았던 땅이고, 성지 콘스탄티노플은 콘스탄티누스 대제가 최초로 그리스도교 제국을 세운 곳이었다. 그러나 오늘날 그곳에 가보면 이슬람교도가 남긴 건축이 훨씬 인상적이다. 더 이상한 것은 이슬람 지역이 원래 사막에서 검은 천막을 치고 살았던 아랍 유목 민족의 땅이었고 종교적 열정으로 세계 정복에 나서기 전까지만 해도 이들에게는 건축에 대한 야심이 없었기 때문이다. 이 수수께끼를 풀고 거기서 무슨 일이 일어났는지를 설명하기에 예루살렘보다 좋은 출발점은 없을 것이다.

구시가지 위로 우뚝 솟아 있는 바위의 돔의 황금빛 둥근 지붕(사진 169)은 예루살렘 서쪽 성벽과 완만한 기복을 이루면서 펼쳐져 있으며 688~692년에 세워진 이래 종교에 관계 없이, 어느 쪽에서 올라온 순례자인가에 상관 없이 수많은 유대교와 이슬람교도, 그리스도교도 순례자들의 관심을 끌어왔다. 그리고 바로 곁에, 같은 축에 있지만 몇 걸음 내려온 곳에 칼리프 알 왈리드는 710년부터 알 아크사 모스크(사진 170)를 짓기 시작했다. 그는 바위의 돔을 지은 아브드 알 말리크의 아들이었다. 알 아크사 모스크는 그 후 몇 번이나 재건되었으나 지금은 은빛 돔을 얹고 있다. 바위의 돔과 알 아크사 모스크는 현존하는 가장 오래된 이슬람 건축물이다. 이 두 건물은 밀집된 집과 미로처럼 복잡한 시장이 있는 구시가지와 올리브 산의 산봉우리 사이에 있는 높은 기단 위에 서 있다. 이 기단은 사실 아브라함이 아들 이삭을 제물로 바치기 위해 데리고 간 모리아 산 꼭대기를 평평하게 고른 것이며, 모리아 산은 그 한쪽에 솔로몬 신전이 있었다 하여 '신전 산'이라고도 불린다.

이 두 건물은 바깥에서 볼 수 있게 노출되어 있는 점이나 건축 양식 자체로 볼 때, 일반적으로 실내 장식과 구조에 관심을 집중시키고 건물 자체는 높은 벽 뒤에 숨기는 경향이 있는 전형적인 이슬람 건축과는 거리가 멀지만, 이슬람 건축의 초기 발전 단계를 보여주는 대표적인 사례라고 볼 수 있다. 바위의 돔은 오늘날에는 이슬람 사원인 모스크로 쓰이고 있지만, 처음에는 유대인에게나 이슬람교도에게나 모두 신성한 성지였다. 이것은 마호메트가 639년에 승천했다는 오목하게 들어간 바위를 중심으로 지어졌다. 바위의 돔은 구조적으로는 비잔틴 건축이며, 이것의 팔각형 평면은 구시가지에서 멀지 않은 곳에 서 있던 그리스도의 성묘에서 영감을 얻었다. 그리고 두 줄로 원을 그리고 있는 기둥이 바깥쪽으로 유보회랑을 이루고 있는데, 이것은 로마의 산타 콘스탄차 교회와 같이 로마 양식에 기초한 비잔틴 양식의 무덤과 사당에서 볼 수 있는 유보회랑과 비슷하다. 지붕은 약간 경사져 있으나, 벽을 난간까지 올려 매끄러운 장식면을 마련하는 장치(이것은 후에 페르시아의 출입문에서 극단적인 형태를 띠게 된다)에 의해 밖에서는 보이지 않는다. 원

168 | 알말뤼야 모스크의 나선형 미나레트, 사마라, 이란, 848년에 짓기 시작

169 | 바위의 돔, 예루살렘, 688~692

래 16세기에 유리 모자이크로 장식되었던 벽은 지금은 푸른색과 황금색 도기로 덮여 있다. 역시 타일로 덮여 있는 드럼은 고대의 기둥으로 이루어진 아케이드가 떠받치고 있고, 드럼이 떠받치고 있는 나무 돔은 처음엔 납으로 도금되어 있었으나 지금은 양극처리된 알루미늄이 덮고 있다. 아케이드의 기둥은 고대 유적에서 주워 모은 것이라 길이가 잘 맞지 않아, 임시방편으로 쓴 받침대 같은 기둥 받침과 기둥머리 사이에 끼워넣어 길이를 맞추었다. 우리는 이것을 이슬람인의 재치 있는 발상 내지 유물을 재활용하는 건강한 태도로 풀이할 수 있을 것이다. 스페인 코르도바의 대 모스크(785년경; 사진 172)에서도 고전기의 기둥을 깎아 똑같은 방식으로 박아넣은 것을 볼 수 있다. 이슬람 건축에서 반복적으로 나타나는 모티프인 뾰족한 아치(첨두 아치)를 보여주는 초기 예는 칸막이 벽에서 찾아볼 수 있다.

여러 차례 재건된 알 아크사 모스크의 건축 양식은 그리스도교에서 기원했지만 모스크의 분위기를 띠고 있다. 이것은 메카와 메디나에 이어 가장 신성한 성지이며, 두 성지보다 접근하기도 쉽다. 메디나에 있는 예언자의 모스크와 이슬람의 중심 성지인 메카의 카바(이슬람교 이전에 숭배하던 유물인 신성한 검은 돌이 있는 이상한 정육면체 건물; 사진 171)는 이슬람교도가 아니면 접근할 수 없게 되어 있기 때문이다. 알 아크사 모스크는 융단이 깔린 하나의 긴 기도실로 되어 있으며, 기둥머리 높이에 아케이드의 아치와 아치를 가로질러 구조를 보강하는 전형적인 목재 버팀대가 있다. 또한 예배자들이 메카의 방향을 가리키는 키블라 벽을 향해 무릎 꿇고 기도할 수 있도록 아케이드가 키블라 벽과 직각으로 늘어서 있다.

한때 이슬람 제국의 수도였던 다마스쿠스에서는 현재까지 고스란히 남아 있는 가장 오래된 모스크인 대 모스크(사진 173)가 모스크의 발전 단계에서 나타난 그 밖의 전형적인 모스크의 특징을 간직하고 있다. 706년에 칼리프 알 왈리드가 점령한 테메노스는 원래는 사원이 있는 헬레니즘 시대의 성역이었으나 나중에 여기에 그리스도교 교회가 세워졌고, 그 교회가 다시 금요 집단 예배를 보는 모스크로 바뀌었다. 칼리프는 이 테메노스에 있던 정사각형 탑을 최초의 미나레트로 바꾸었다. 미나레트는 이슬람 사원에 있는 뾰족탑이며, 여기서 기도 시간을 알린다. 한편 창문의 창살에 있는 구멍 뚫린 돌 무늬는 8세기에 조형적인 장식을 금지한 이후로 전형적인 이슬람 장식이 된 기하학적 무늬를 보여준다(이때는 이미 우상 숭배를 금지하는 유대인에게도 조형적인 장식이 금지되었다).

어떤 기준으로 보나 이 세 모스크는 모두 인상적인 건물이다. 그런데 샤를마뉴 대제가 로마에서 황제의 관을 쓰기 전 1세기 반 동안, 서방에서 초기 그리스도교 건축 양식인 바실리카가 아직 도전받지 않았을 때, 동방 사람들에게 이런 종류의 건물을 짓게 한 힘은 무엇이었을까? 그것은 바로 낙타의 길에 있는 도시 메

170 | 알 아크사 모스크, 예루살렘, 710

171 | 카바, 메카, 608년경

카에서 570년경에 태어난 예언자 마호메트였다. 운율이 있는 산문체로 쓰여진 그의 계시가 길이에 따라 정리된 것이 이슬람교도들이 날마다 암송하는 코란이다. 이것은 나중에 덧붙여진 두 성서(마호메트의 언행록으로 이루어진 하디스와 코란과 하디스에서 추출한 이슬람 법률인 샤리아)와 함께 여기저기 흩어져 있던 베두인족을 통합해 아라비아 사막에서 지중해를 따라 멀리 프랑스까지 홍수처럼 밀려 들어가 성전을 벌이게 한 토대가 되었다.

카를 마르텔은 732년에 겨우 푸아티에 근처의 무세라바타유에서 아랍 민족의 유럽 침입을 막았다. 아랍 민족이 이렇게 통일된 힘으로 성전을 벌이게 된 것은 마호메트가 40대에 세상을 떠나기 전인 670년경에 메카에서 3,200킬로미터쯤 떨어진 튀니지의 알카이라완에 대사원(사진 174, 175)을 짓기 시작하면서부터였다. 이것은 836년에 재건되었으나, 여기에 있는 미나레트의 기단은 현존하는 이슬람 건축물 가운데 가장 오래된 것이다.

이슬람교는 아주 단순하고 현실적이며 완벽한 생활을 제시해 주어, 수세기 동안 종교적 호소력을 잃은 적이 없었다. 이슬람교도가 지켜야 할 기본 교리는 신은 하나, 알라밖에 없다는 것이며(마호메트는 알라의 예언자이다), 그들에게 기본적으로 요구되는 것은 전능한 신 알라의 뜻에 따르라는 것뿐이다. 이런 현실적인 요구는 일상 생활에도 그대로 반영되어, 이슬람교도는 하루에 다섯 번 격식 차린 기도를 해야 하고, 특별한 기간에는 단식을 해야 하며, 가난한 사람들을 돕기 위해 세금을 내고, 일생에 한 번은 메카 순례(하즈)를 해야 한다.

이슬람 건축물은 이런 일상 생활의 양식을 소중히 간직하고 있다. 양치기 하나가 재산을 배로 불리려고 이웃을 죽이고 양떼를 가로채는 일을 막으려면 지도자가 필요하다는 것을 경험으로 알고 있었던 베두인족 신자들은 리더십의 중요성을 기꺼이 받아들였다. 그리고 알라 아래 있는 그런 지도자가 마호메트의 자리를 차지한 칼리프였다. 모스크에 있는 세 관리, 즉 신자들에게 기도 시간을 알리는 무에진과, 대개는 모스크에 있는 유일한 가구인 님바

172 | 대 모스크, 코르도바, 스페인, 785년경, 실내

173 | *대 모스크, 다마스쿠스, 706~715*

르라 불리는 설교단에서 설교를 하고 예배를 인도하는 카티브, 칼리프를 대표하는 유급 관리인 이맘도 이런 지도자이다. 그러나 이들은 성직자가 아니다. 또한 모스크에서는 제물을 바치는 의식을 하지 않으므로, 그런 성소도 없다. 이슬람교도는 기도에 대해 누구나 똑같은 권리를 가지고 있다.

이슬람 건축도 당연히 지역적 차이가 생길 수밖에 없었다. 그래서 이슬람 건축물에는 메카와 메디나뿐 아니라 시리아와 페르시아, 사마르칸트의 독특한 향취가 뒤섞인 것도 있다. 그러나 이 가운데 어떤 것도 이슬람 건축의 성격을 설명해주지는 않는다. 이슬람 건축에서 가장 중요한 사실은 이슬람 사회가 '위대한' 건축의 전통이 전혀 없는 아주 강력한 사회였다는 것이다. 그래서 이슬람 건축으로 발전하게 된 것은 이슬람 의식과 마찬가지로 신도들의 일상 생활에서 나왔고, 그것은 바로 오아시스의 건축이었다. 이는 모스크, 그 중에서도 특히 7~11세기까지 발전한 울루(금요일) 집단 예배 모스크(금요일에 공동체의 구성원이 모두 모여 집단 예배를 보는 모스크)와 10세기부터 발전한 신학 대학인 마드라사뿐 아니라 궁전과 화려한 주택, 무역로와 순례길에 있는 탁발승의 숙박소에도 적용되는 독특한 특성이다. 이것들은 모두 적과 도둑, 태양을 막기 위해 높은 벽을 둘러치고 그 둘레에 그늘진 아케이드와 넓은 홀을 둔 형태이며, 대개 안뜰 한가운데에는 급수 시설로 분수나 연못, 우물, 그리고 오늘날에는 흔히 큰 물탱크가 있다.

이 메마른 땅에 사는 사람들의 주요 관심사는 물이었기 때문에 이런 급수 시설은 예배 전에 하는 의례적인 세정식과 함께 이슬람교도의 일상 생활에서 금세 중요한 건축적 요소로 자리잡았다. 유목민의 텐트 아래서는 안과 밖이 구별되지 않는다. 모스크와 궁전에서 건물과 정원이 서로 빼닮은 듯 비슷한 것에서 이것을 구체적으로 관찰할 수 있는데, 안에 있는 깔개와 바깥에 번갈아가며 줄지어 있는 화단과 연못이 똑같이 좌우 대칭적인 짜임새로 되어 있는 것이 그것이다. 꽃이 만발한 나무와 화단, 연못 사이로 '생명의 강'이 흐르는 중동의 양탄자에서도 이것을 볼 수 있으며(사진 176), 한 축을 따라 좌우 대칭을 이루고 있는 샬리마르 공원(1605~1627; 사진 177)에서도 비슷한 배치를 볼 수 있다. 캬슈미르의 달 호에 있는 이 공원은 우아한 수로와 연못으로 연결된 세 개의 단 위에 있으며, 분수로 둘러싸인 검은 대리석 정자가 정원의 초점을 이루고 있다.

초기 궁전은 바깥에서 보면 주위를 둘러싸고 있는 높은 담 때문에 요새처럼 보이지만, 안에

174 | *대 모스크, 알카이라완, 튀니지, 670년경, 버팀대가 보이는 실내*

175 | 대 모스크, 알카이라완

서 보면 공원이나 정원에 있는 일련의 단순한 정자로 이루어져 있다. 그리고 가구는 비단 걸개와 금은제품 등으로 화려하고 사치스러울지 몰라도, 건축적으로 보면 베두인족의 텐트보다 더 세련된 것도 없다. 따라서 뇌문 무늬로 세공된 누금세공품과 종유장식이 눈부신 스페인 그라나다의 알람브라 궁전(칼라트 알함라; 14세기)의 우아한 동굴 같은 모습에 사로잡혀, 이것이 기본적으로는 일련의 정자가 정교하게 꾸며진 안뜰에 의해 연결된 아주 단순한 구조라는 것을 놓치기 쉽다(사진 178, 179). 또한 훨씬 복잡한 건물에서도 (중국이나 일본에서처럼) 먹거나 자는 일과 같은 특정한 기능을 위해 마련된 공간이 따로 없이 계절에 따라, 즉 겨울에 지내는 곳과 여름에 지내는 곳으로 나뉘는 경향이 있는 것도 발견하게 된다.

주요 건물은 도시에 있다. 그러나 모스크와 궁전은 보호를 위해서나 세속사에 관심이 없음을 나타내기 위해서나 도시 한가운데 있는 성벽 뒤에 고립되어 있었다. 마찬가지로 모스크 안에서도 예배실은 입구에서 가장 멀리 떨어진 곳에 있었다.

지난날 제국의 웅장한 수도였던 바빌론과 크테시폰의 유적에서 멀지 않은 곳에 있는 칼리프 하룬 알 라시드와 아라비안 나이트의 도시, 티그리스 강 유역의 신비로운 도시, 바그다드만큼 이런 방어적인 도시 계획 원칙이 철저히 지켜진 곳은 없었다.

8세기에 그런 원칙 아래 이 도시를 설계한 칼리프 알 만수르는 자신의 궁전과 행정 관청을 거대한 광장 한가운데 놓고 동심원인 세 개의 성벽으로 이것을 둘러쌌다(가장 바깥쪽에 있는 성벽의 길이는 6.5킬로미터였다). 도시 자체는 가장 안쪽에 있는 성벽과 가운데 있는 성벽 사이에 있었고, 서로 교차하는 두 길에 의해 네 구역으로 구분되어 있었다. 동서남북으로 나 있는 성문은 그것을 통해 갈 수 있는 지방의 이름을 본떠 지었고, 진입로가 구부러져 있었는데, 이것은 후에 십자군도 채택한 방어 장치이다. 그리고 성문을 들어서면 길을 따라 병영이 늘어서 있었으며, 칼리프가 외적의 침입뿐 아니라 내부 백성들의 반란으로부터도

176 | 페르시아 정원 융단, 1700년경, 빅토리아 앤드 알버트 박물관, 런던

177 | 샬리마르 공원, 달 호, 카슈미르, 인도, 1605~1627

자신을 지키기 위해 군대를 동원할 수 있는 위치에 있도록 가운데 성벽과 바깥쪽 성벽 사이의 공간은 비워 놓았다.

영국의 엘리자베스 1세와 동시대 인물인 아바스 왕의 왕도(王都)인 에스파한도 이와 유사한 방어적 도시 계획을 보여준다. 에스파한은 왕가의 폴로 경기장인 마이단이라는 거대한 광장을 중심으로 그 측면에 두 개의 모스크와 왕궁, 왕궁에 속한 카라반사라(무리지어 다니는 상인들의 숙소)가 있다. 마이단에서 마스지드 이 샤(왕의 모스크)로 들어가려면 원통형 천장을 얹은 거대한 출입구 이완을 지나야 하는데, 이완은 아주 납작한 정면 안쪽에 있는 반원형 돔의 지지를 받고 있고, 출입구 양쪽에는 높이가 33.5미터나 되는 쌍둥이 미나레트가 서 있다. 그리고 이완을 통해 안뜰로 들어가면, 다시 이 이완과 45도 각도로 모스크로 통하는 이완이 있고, 그 위로 높이 솟아오른 모스크의 거대한 돔은 구멍 뚫린 드럼 위에 얹혀 있다. 신비스런 양파 모양의 이 거대한 돔은 밤이면 남쪽 하늘에 펼쳐지는 장관처럼 하얗게 점점이 박힌 옥색 파이앙스(주석 유약을 입힌 도기로, 표면을 장식하는 타일로도 쓰임)와 공작, 물총새로 눈부시게 화려하다.

마스지드 이 샤(사진 180, 182)는 왕의 모스크였다. 모든 모스크에는 몇 가지 기본적인 특징이 있었다. 먼저 모스크는 나무 기둥과 들보 위에 납작한 기둥을 올린 형태이거나 안뜰의 세 면에 길게 늘어서 있는 아케이드 위에 약간 뾰족한 지붕을 올린 형태였다. 아케이드는 그늘과 편한 잠자리뿐 아니라 낙타의 마구간 노

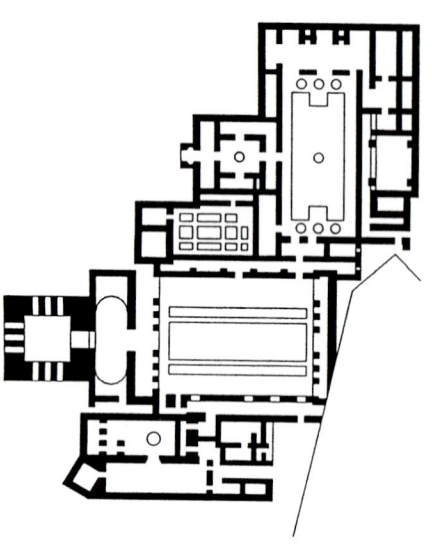

179 | 알람브라 궁전, 평면도

178 | 알람브라 궁전의 사자의 뜰, 그라나다, 스페인, 1370~1380

릇도 했다. 왜냐하면 모스크에는 꼭 종교적이라 할 수는 없는 기능도 많았기 때문이다. 이슬람 전통에서는 공동체의 행정과 법률이 중요한 부분을 차지하고 있었고, 따라서 모스크에는 항상 행정 관리들이 소속되어 있었으며, 법도 여기서 다루었고, 귀중한 보물도 여기에 보관했다. 그리고 환기에 대한 관심은 훤히 트인 아케이드로 나타났는데, 사람들은 이런 아케이드가 안쪽에 있는 키블라 벽을 따라 길게 나 있는 기도실에 둘러싸이게 된 후에도 여전히 아치를 높이 세워 시원함을 강조하였다.

가장 직접적이고 실용적인 사고에서 나온 고전적인 모스크 형태는 847년에 이라크 사마라

180 | 마스지드 이 샤, 에스파한, 이란, 1612~1638

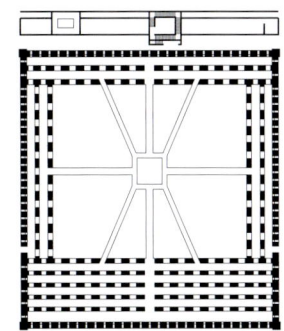

181 | 이븐 툴룬 모스크, 카이로, 876~879, 평면도

에 세워진 대 모스크의 평면도와 876~879년에 카이로의 이븐 툴룬에 세워진 모스크의 평면도(사진 181)에 잘 나타나 있다. 지금까지 세워진 모스크 중 가장 규모가 컸던 사마라의 대 모스크는 구운 벽돌로 지었고, 버팀벽 구실을 하는 둥근 탑이 있었으며, 바깥벽에 둘러싸인 공간(지야다) 면적이 10헥타르가 넘었다. 어떤 모스크에나 안뜰에는 반드시 급수 시설이 있었는데, 대개는 한가운데 있는 분수가 그런 역할을 했고, 이 분수는 물을 마시거나 기도 전에 하게 되어 있는 세정식을 하는 데 쓰인다. 안뜰로 들어가는 벽에는 이완이라는 거대한 정문이 있었고, 이 정면에는 지형에 따라 좌우 양쪽에 미나레트가 있을 수도 있고 중앙에 하나만 있을 수도 있었다. 햇빛을 피하는 그늘 역할을 한 아케이드는 때로 두 겹으로 나 있기도 했는데, 일반적으로 안뜰로 들어가는 벽과 이 벽과 인접해 있는 두 벽의 가장자리를 따라 둘러싸여 있었다. 이븐 툴룬 모스크에서는 대추야자로 아케이드의 지붕을 만들었는데, 이는 고대 메소포타미아에서 흔히 쓰던 방법이다. 그러나 기도를 하는 신성한 지역인 입구 맞은편의 키블라 벽에는 아케이드가 넷, 다섯, 여섯 겹까지 있을 수 있었다. 이슬람교가 추운 지방으로 퍼지면서 키블라 벽을 감싸고 있는 이런 아케이드 위에 지붕을 올려 모스크를 폐쇄된 공간으로 만들었다.

안뜰과 미나레트, 분수 또는 세정식을 하는 연못, 아케이드, 키블라 벽은 미라브(키블라 벽 중앙에 움푹 들어간 벽감)와 함께 모스크의 필수 구성 요소이다. 미라브의 기능은 메카의 방향을 가리킴으로써 신도들이 어떤 방향을 향해 기도해야 할지 알려주는 것이었다. 원래는 모래에 창을 박아 이런 역할을 하게 했으나, 이런 벽감은 일찍부터 모스크의 독특한 특징이 되어 온갖 화려한 장식이 여기에 집중되었다. 707년에 마호메트의 집인 메디나의 모스크를 수리할 때 동원되었던 이집트 노동자들 가운데는 콥트인 그리스도교도들도 있어, 한쪽 벽에 앱스를 짓는 습관이 있던 이들이 여기에도 앱스 하나를 집어넣기로 했다. 분명지는 않지만, 그래도 이것이 미라브가 벽감 형태를 취

182 | 마스지드 이 샤, 에스파한, 이란, 1612~1638, 타일로 장식된 실내

하게 된 이유로 널리 거론되는 것 중의 하나이다. 여기서 이맘은 신도들에게 보이면서도 예배를 인도할 수 있었고, 신도들이 무릎을 꿇고 있는지도 직접 조사할 수 있었다. 동서로 길게 뻗은 그리스도교 교회가 시리아(남쪽에 메카가 있다)의 초기 모스크로 전환되면서, 키블라는 신도들이 기도할 때 무릎을 꿇고 엎드리는 방향에 놓인 하나의 긴 측벽으로 자리잡았다. 그리고 이것이 하나의 양식으로 자리잡으면서, 이슬람교가 확산된 뒤에도 실제 메카의 방향과는 상관없이 키블라 벽을 남쪽에 두는 예가 많이 생겼는데, 튀니지의 알카이라완 대 모스크도 그런 예 가운데 하나이다. 한편 미라브가 남쪽 벽에 있다는 것은 북쪽에 있는 긴 벽 중앙에 있는 문으로 모스크에 들어와야 한다는 것을 의미했다. 따라서 미라브를 강조할 필요가 생겼다. 그래서 미라브를 강조하는 방법으로 흔히 쓰인 것이 미라브와 마주보고 있는 예배실에 키블라와 직각으로 또 하나의 일련의 아케이드를 세우는 것이었고, 이는 결국 동서로 길게 뻗은 건물에서 아케이드가 모스크의 폭을 가로질러 좌우로 길게 늘어서는 결과를 낳았다. 그리고 중앙에 있는 아케이드가 옆에 연결된 아케이드보다 높을 수는 있었지만, 미라브를 더욱더 강조하기 위해 미라브와 마주보고 있는 예배실 중앙에 돔을 올리면 길이가 짧게 끝날 수도 있었다. 이렇게 안에서뿐 아니라 밖에서도 미라브의 위치를 확인할 수 있

183 | 코카 시난, 쉴레이만 모스크, 이스탄불, 1551~1558

는 돔을 올린 예를 836년에 지어진 알카이라완의 아글라비드 모스크와 돔을 여러 개 얹은 터키의 셀주크 왕조 시대의 모스크에서 볼 수 있다. 그리고 바닥에 깔개를 깔고 미라브 오른쪽에 민바르라는 설교단을 설치하여 칼리프나 여성과 같은 특별한 신도를 위한 난간을 두른 곳을 마련하면, 대개 가구가 별로 없는 모스크에서 필요한 가구를 모두 갖춘 셈이 되었다.

아마 마호메트가 메디나에 있는 자신의 정원에서 신도들 가운데 하나에게 담에 올라가 다른 사람들에게 기도할 시간을 알리라고 했을 것이다. 미라브가 앱스의 번안일 가능성이 있듯이, 다마스쿠스의 그리스도교 교회 탑에서 유래했을 수도 있는 이슬람 건축의 또 하나의 구성 요소는 미나레트이다. 기도 시간을 알리기 위해 세워졌다는 기록이 있는 첫 번째 미나레트는 670년에 세워졌으며, 16개의 아일이 있고 예배 공간이 훤히 트인 알카이라완의 대모스크에서 이것을 볼 수 있다. 여기서 후에 이슬람 건축의 보증수표가 된 유약을 칠한 화려한 타일이 처음 사용된 것도 볼 수 있다. 메소포타미아와 북아메리카의 모스크에서는 대개 안뜰로 들어가는 입구에 미나레트가 하나밖에 서 있지 않지만, 셀주크 왕조와 셀주크 왕조 이후 시대의 페르시아에서는 한 쌍의 미나레트가 서 있는 것이 일반적이었고, 터키에서는 안뜰과 예배당 사이에(그러나 한가운데는 아닌 곳에) 미나레트가 하나 서 있는 것이 일반적이었다. 어떤 칼리프들은 예배당 주위에 네 개 또는 여섯 개까지 미나레트를 세워 자신의 원대한 뜻을 표현했다. 카바의 모스크는 미나레트가 일곱 개라는 점에서 유별나다.

미나레트는 원통형일 수도 있고 위로 올라갈수록 가늘어지는 형태일 수도 있지만, 소쿠리 무늬나 기하학적 무늬, 문자 무늬로 정교하게 장식된 것을 제외하면 대부분 공장 굴뚝처럼 보인다. 미나레트 가운데는 만자 무늬로 장식된 것도 있는가 하면, 층층이 단을 이루어 등대처럼 계단이 있는 것도 있고, 카이로에서 볼 수 있듯이 꼭대기에 탁 트인 조그만 정자가 얹혀 있는 것도 있다. 그런가 하면 어떤 것은 독립적인 구조물로서, 그것이 서 있는 곳의 독특한 특성을 보여주기도 한다. 한때는 수도였던 티그

153

특히 이스탄불의 쉴레이만 모스크(1551~1558; 사진 183)처럼 초기 터키의 가장 위대한 건축가인 시난(1489~1578 또는 1588)이 지은 건물의 특징이기도 하다. 이런 미나레트 가운데 어떤 것은 모스크와 마드라사의 이완이 있는 정면 양쪽에 뿔처럼 솟아 있다. (오스만 투르크족의 통치자들은 13세기에 터키의 셀주크 왕조를 몰아내고 1918년까지 지속된 거대한 오스만 제국을 세웠다.)

마드라사는 안뜰 형태의 건물 가운데 우리가 살펴보아야 할 마지막 건물이다. 마드라사는 10세기에 특히 오스만 제국 시대의 아나톨리아에서 발전한 신학 대학 또는 교육 대학이다. 마드라사가 터키에서 특히 발전한 것은 터키인이 선교에 아주 열성적이었기 때문이다. 모스크나 궁전에 딸려 있거나 훨씬 광범위한 복합 건물에 속해 있던 마드라사는 보통 일련의 작은 암자가 안뜰에 빙 둘러 퍼져 있는 형태를 띠었다. 아마도 세계 최초의 대학은 971년에 카이로에 세워진 알 아자르 모스크에 딸린 마드라사일 것이다. 가장 좋은 예 가운데 일부는 13~14세기에 이집트에서 바흐리 시대의 맘루크 왕조 치하에 세워졌다. 마드라사는 흔히 당시 이미 사용하고 있던 벽돌로 지었으나, 아나톨리아에서는 당시 터키인이 마름돌 쌓는 기술이 뛰어난 시리아의 건축 전통에서 무엇을 어떻게 배웠는지 보여준다. 카이로에 있는 술탄 하산

184 | *자미(금요일) 모스크*, 야즈드, 이란, 1324~1364

리스 강 유역의 사마라에는 9세기에 지어진 알 말뤼야 모스크의 북쪽 끝에 나선형으로 비탈진 통로가 있는 미나레트가 서 있다. 멀지 않은 곳에 있는 초기 아시리아인의 지구라트를 연상시키는 이 미나레트는 통로가 넓어, 칼리프가 지상에서 45.5미터 높이에 있는 정자까지 그 통로를 따라 올라갈 수 있었다(사진 168). 정사각형 복합 건물의 네 모서리에 아주 가는 바늘처럼 서 있는 미나레트는 터키와 이스탄불의 오스만 투르크족 건물의 특징이며, 이는

185 | 술탄 일투트미시의 무덤인 *쿠와트울이슬람 사원*, 델리, 인도, 장식적인 벽돌 구조가 보인다

(1356~1362)의 마드라사처럼 때로 마드라사에는 그것을 세운 사람의 무덤이 있었다.

마드라사의 안뜰은 원통형 천장을 얹은 네 개의 방을 통해 들어갔는데, 이완이라 불리는 이 거대한 출입구는 안으로 들어갈수록 작아지는 아치에 많은 장식이 되어 있었고, 때로는 원통형 천장을 반쪽 돔이 받치고 있었다. 12세기에 주요 출입구를 강조하게 되면서 다른 출입구보다 규모도 커지고 장식도 많아진 주요 출입구에는 직사각형 패널을 붙여 바탕을 매끈하게 처리한 뒤 그 위에 푸른색, 초록색, 황금색 타일로 화려하게 모자이크 장식을 했다. 이런 모자이크 방식은 페르시아와 메소포타미아에서 온 것이다. 피시타크(pishtaq)로 알려진 이런 주요 출입구를 보여주는 가장 좋은 예는 아마 이란의 야즈드에 있는 금요일 사원인 마스지드 자미(1324~1364; 사진 184)일 것이다. 야즈드는 사막에 세워진 도시였으나, 자체 급수 시설이 있어 도시를 건설할 수 있었고, 13~14세기에 아들과 함께 몽고족과 터키족의 침입으로 황폐해진 이 지역을 부활시킨 티무르 덕택에 비단 무역을 위해 뽕나무도 기를 수 있었다.

이슬람 건축이 매혹적인 이유는 구조와 배치는 아주 단순한데 거기서 장래 구조적 발전의 토대가 된 여러 가지 많은 형태와 장식이 나왔기 때문이다. 예를 들어 모스크의 아케이드는 천막 모양의 가벼운 지붕을 떠받치기 위한 단순한 지지대로 출발했으나, 이를 통해 아치의 창조자들은 뾰족한 아치, 계단형 아치, 둥근 아치, 말굽형 아치, 세 잎 아치, 가리비 모양 아치, 배의 용골을 뒤집어놓은 듯한 파총 아치(또는 오기 아치) 등 다양한 형태의 아치를 발명할 수 있었다(파총 아치 가운데는 다양한 형태의 홍예석을 사용한 코르도바의 아치에서 볼 수 있듯이 2단으로 되어 있는 것도 있다). 둥근 아치에서는 중심이 하나인 데 반해, 복잡하게 설계된 다른 아치들은 중심이 둘 또는 셋이다.

이슬람교에서 형상 묘사를 금지한 것도, 십자군에서 유래한 견고한 총안이 있는 흉벽에서부터 글씨체에서 발달한 복잡하지만 정교한 아라베스크 무늬까지, 온갖 다양한 형태가 쏟아져 나오는 계기가 되었을 것이다. 그러나 이런 신기한 일이 벌어진 데는 한 곳에서 사용한 형태나 무늬를 다른 곳에서도 자유롭게 사용할 수 있었던 것도 중요한 요인이 되었을 것이다. 흘림 글씨체를 벽돌에 이용하는 예를 또 어디서 볼 수 있겠는가(사진 185). 나중에 이슬람교가 흔히 트인 안뜰 형태의 모스크 대신 폐쇄된 건물 형태의 모스크를 지었던 아나톨리아

186 | 푸른 모스크, 이스탄불, 1606~1616, 층층이 올라간 돔이 보인다.

187 | 타지 마할, 아그라, 인도, 1630~1653

같은 추운 지방으로 확산된 후에도, 아케이드에 대한 실험은 계속되었고, 아케이드가 위층을 받쳐줄 필요가 없는 정자 형태에서도 실험은 더욱 촉진되었다.

이슬람교를 채택한 나라들은 구조적 발전에서 결코 뒤지지 않았다. 페르시아인은 비잔티움보다 훨씬 앞서 스퀸치를 발명해냈다. 벽돌조의 돔형 지붕을 떠받치는 펜던티브의 선조격인 스퀸치는 원래 모서리에 사용되었으나, 11세기 후에는 알코브 전체와 오목하게 들어간 출입구, 정자에도 쓰일 정도로 그 쓰임새가 넓어졌다. 또 이슬람 건축에서는 더 이상 돔이나 볼트를 떠받치는 방법으로 쓰이지 않는 수많은 스퀸치가 장식적인 요소로 쓰였는데, 종유장식(muqarnas)으로 알려진 이것은 작은 스퀸치를 파인애플 껍질이나 솔방울처럼 차곡차곡 겹쳐 쌓아 조그만 종유석으로 이루어진 신기한 동굴 모양이 되게 한 장식이다. 그라나다의 알람브라 궁전에 있는 사자의 뜰과 심판의 방에서 윗가지, 회반죽, 치장벽토로 만들어지던 종유장식이 어떻게 유리창의 서리꽃 같은 누금세공으로 변했는지 볼 수 있다. 시칠리아와 체팔루, 팔레르모의 왕궁에서는 중세 내내 이런 이슬람 장식이 사라지지 않았다.

지붕의 실루엣은 구조와 흐르는 듯한 장식이 하나가 되어 만들어진다. 이슬람 건축에 중요

188 | 구르에아미르, 사마르칸트, 1404

한 기여를 한 무덤은 규모는 작지만 새로운 돔 형태의 발명을 가능하게 했고, 이번에도 이런 돔에서는 그것이 나온 지역의 특성이 고스란히 드러났다. 돔은 입구나 미라브 앞의 주간(株間) 같은 중요한 위치에 놓였다. 그러나 페르시아와 메소포타미아에서는 때로 모스크나 마드라사, 궁전의 각 주간 위에 돔을 얹기도 했다. 모든 것을 중앙에 있는 돔에 종속시키려는 오스만 투르크족의 노력은 터키의 에디르네에 있는 셀리미예카미('셀림 사원'; 1569~1574)와 이스탄불의 푸른 모스크(1606~1616; 사진 186)에서 볼 수 있다. 1526년에 몽고 정복자들과 함께 이슬람교가 들어오자, 인도인들 역시 페르시아의 문화적 배경을 가진 돔을 채택했다. 그러나 인도의 돔은 페르시아나 오스만 투르크족의 돔과는 약간 다르다. 인도의 무덤 건물 복합체에서 볼 수 있는 돔은 실루엣은 훨씬 풍성한 경향이 있지만 무게감이 전혀 느껴지지 않는 고요한 아름다움을 보여준다. 가장 좋은 예가 아그라의 타지 마할(1630~1653)이다. 샤 자한은 아내를 기리기 위해 지은 이 아름다운 대리석 궁전을 강가에 있는 정원 한가운데 세우고 네 귀퉁이에 보초처럼 네 개의 미나레트를 세웠다. 타지 마할에는 하나로 집중된 완벽한 통일성이 있으며, 네 개의 팔각형 탑에는 가운데 정자가 얹혀 있다(사진 187). 정면에서는, 훤히 트인 거대한 이완이 2층까지 올라가 있고 그 위로 보이는 드럼 위에 돔이 가볍게 올라앉아 있는데, 이 돔은 델리에 있는 후마윤의 무덤(1565~1566)에 기초한 것이다.

하지만 이란에서는 때로 1006~1007년에 지어진 카부스의 곤바드처럼 원뿔꼴 꼭대기 장식을 올린 아주 높은 무덤탑을 세웠다. 비단길에 있고 한때는 아바스 왕조의 수도였던 사마르칸트(지금의 우즈베키스탄)에 티무르는 무덤 도시와 자신의 영묘인 구르에아미르('군주의 무덤'이라는 뜻; 1404)를 남겼다. 구르에아미르에는 엷은 자색의 저녁 하늘 위로 비둘기들이 날아오르는 가운데 무화과처럼 생긴 하늘빛 돔이 우뚝 솟아 있는데, 이 돔에는 독특한 둥근 주름 장식이 있는 이랑이 져 있다(사진 188). 전제 군주의 무덤에서 느껴지는 엄숙한 분위기는 이것을 지은 사람이 엄격한 미학적 기준에 따라 하부 구조와 드럼, 돔의 비율을 3 : 2 : 2로 맞추어 완벽한 조화를 이룬 덕분이다.

많은 이슬람 건축은 강한 햇빛이 형태와 조각, 부조 치장벽토 장식에 미치는 결과에 큰 영향을 받았으며, 오목면과 볼록면, 그늘과 칼날 같은 모서리 등은 이런 강렬한 햇살에 강조되어 더욱 눈부신 화려함을 보여준다.

빛의 형이상학 : 중세와 고딕

건축 이야기에는 가끔 '여기서 이런저런 양식이 시작되었다'고 말하면서 그런 양식이 시작된 이정표로 삼을 만하다는 인물이나 장소, 건물 등이 나온다. 중세의 전반기에서 후반기로 넘어가는 시기, 즉 로마네스크 양식에서 고딕 양식으로 넘어가는 시기에도 이런 이정표가 있었다. 즉 인물은 쉬제라는 베네딕투스 수도회 수도원장이고, 장소는 파리 변두리의 생 드니 대수도원 교회이며, 때는 1144년이고, 획기적인 사건은 화재로 소실된 대수도원의 성가대석을 새로 지어 봉헌한 것이다(사진 190, 191).

대수도원장 쉬제는 클뤼니에서 로마네스크 교회 건축을 꽤 오랫동안 좌지우지한 교단에 속해 있었다. 왕과 교황의 고문이면서 유명한 신학자이자 행정가였던 쉬제는 교회나 국가에 있어 중요한 인물이었다. 쉬제는 생 드니 대수도원을 재건하기 전에 먼저 건물을 짓는 동안 안정된 수입을 확보하기 위해 대수도원 땅을 모두 정리·분류하고, 교회를 재건하는 목적과 자신의 생각을 꼼꼼히 종이에 기록해 놓았다.

「생 드니 교회의 봉헌식」에 관한 소책자와 「행정 보고서」로 나온 그의 글은 고딕 양식의 원천을 설명해주는 보기 드문 자료이다. 그의 명제는 "우둔한 사람은 구체적인 것을 통해 진리에 이른다"는 것이었고, 그의 천재성은 리브 볼트를 이용하면 그런 우둔한 사람들에게 몇 곱절 효과를 거둘 수 있다는 것을 파악했다. 그리하여 그는 인간의 영혼을 천상의 세계로 끌어올리게 될, 하늘 높이 치솟는 아치를 창조할 수 있었고, 두꺼운 벽을 유리 칸막이로 대체해 천상의 빛으로 가득 찬 공간에서 그림 이야기를 통해 신자들에게 그들의 신앙의 교리와 기원을 가르칠 수 있는 가능성을 열었다. 예언자의 긴 옷자락에서 반짝이는 루비 색깔과 초록 바다 색깔의 광채가 넘실대는 가운데 샤르트르 성당의 트리포리움 갤러리를 걸어본 사람이라면, 이 건물을 지은 사람들이 쉬제의 생각을 얼마나 성공적으로 실현시켰는지 금방 알게 될 것이다. 교회에 들어서면 누구나 지상에 건설된 천국을 경험할 수 있다.

이 시기에 체계화된(고딕의 정신은 체계로 가득 차 있다) 교회 봉헌식에서, 찬송가 작가는 "이것은 신의 집이며 천국의 문"이라고 말했다.

쉬제는 죄와 벌, 죽음과 같은 삶의 그늘진 측면에 사로잡혀 있던 중세 초기에서 이단인 알비파를 뿌리뽑고 십자군 전쟁에서도 영웅적인 승리를 거두어 교회가 승승장구하는 시대로 넘어가고 있던 당시의 시대 분위기를 파악하고 있었다. 이제 신의 세계는 평범한 사람들도 누릴 수 있는, 비교적 안전하고 아름다운 곳으로 여겨졌다. 자연이 속박에서 풀려나 성가대석과 정문, 천개, 참사회 회의장은 덩굴손과 나뭇잎, 새와 동식물로 뒤덮였다. 새로운 탁발수도회 중 하나를 세운 성 프란체스코는 남자와 여자, 동물과 새를 모두 자신의 형제 자매로 생각하고 그들에게 영원히 하느님을 섬기고 찬양하라고 설득하며 돌아다녔다.

프랑스인은 아름다움이 돌로 표현된 이 새로

189 | *라 생트샤펠(가시면류관 예배당)*, 파리, 1242~1248

190 | 생 드니 교회, 파리, 1144, 성가대석

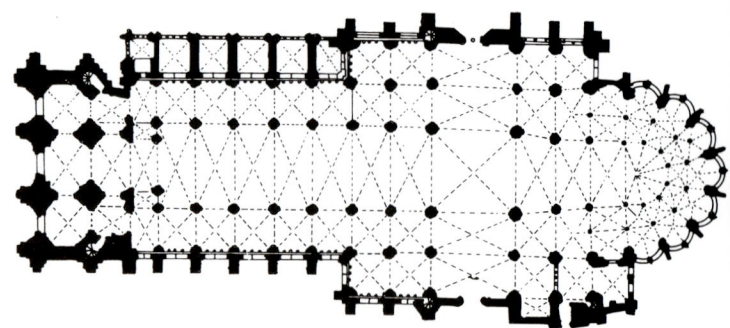

191 | 생 드니 교회, 평면도

운 사조를 'le style ogival(뾰족한 아치 스타일)'이라고 불러, 이런 형태의 탄생에 동방의 영향이 있었음을 인정했다. 그러나 나중에 이 새로운 사조는 '고딕', 즉 야만적이라는 경멸의 의미가 담긴 별명으로 알려졌다. 이것은 16세기 예술사학자 조르조 바사리가 붙인 별명이다. 그러나 프랑스 루이 7세와 왕비 그리고 프랑스 전역과 저 멀리 캔터베리에서까지 온 17명의 대주교와 주교 등 생 드니 교회의 봉헌식에 참석한 귀빈들은 이 양식을 야만적이라고 보지 않았다. 하늘 높이 치솟은 가는 리브 볼트와 벽이 '하느님의 빛'으로 환하게 빛나는 것을 보고, 이들은 틀림없이 감동을 받았을 것이다. 봉헌식을 한 후 25년이 지나지 않아 봉헌식에 참석한 주교들의 관구는 모두 고딕 성당을 지어 천상에 바쳤다.

그러면 이 새로운 양식은 현실적으로 어떤 변화를 가져왔을까? 먼저 예배식의 관점에서 보면, 고딕 양식은 기본적인 십자형 평면을 그대로 유지하고 있는데 동쪽 끝에 제단이 있고, 네이브를 따라 행렬이 지날 수 있는 공간이 있으며, 개인 미사를 보는 예배당이 딸려 있다. 그러나 구조적으로 보면, 고딕 양식에서는 두껍게 벽을 쌓아올리지 않고도 훨씬 높고 다양한 볼트를 쓸 수 있었고, 그리하여 해방된 벽 공간을 조각과 그림, 유리를 통해 우둔한 신도를 교육하는 수단으로 사용할 수 있었다. 구조와 세부 장식에 일관성이 있고 궁극적인 진리와 실재에 대한 비전을 불어넣을 수 있는 건축적 종합체는 이렇게 하여 창조되었다.

그러나 뾰족한 아치와 창문, 교차 볼트, 플라잉 버트레스(외부 버팀대), 정면의 쌍탑 등 고딕 건축의 특징으로 꼽을 수 있는 것 중에 새로운 것은 하나도 없다. 그러면 생 드니 교회의 뒤를 이은 고딕 성당에서 이런 구성 요소들이 구조적으로 결합된 방식에서 본질적으로 고딕적인 것은 무엇일까? 고딕 건축에서는 처음으로 뾰족한 아치가 가져온 자유를 활용할 수 있었다. 로마네스크의 반원형 아치에서는 중심에서의 높이와 폭이 모두 같은 원의 반지름이었기 때문에 당연히 똑같아야 했다. 그러나 뾰족한 아치에서는 곡률이 다양할 수 있어서 높이를 그대로 유지하면서도 폭을 다양하게 할 수 있었고, 따라서 아치의 꼭대기는 같은 높이를 유지하면서도 기둥과 기둥 사이의 간격은 자유롭게 변주된 아케이드를 만들 수 있었다. 게다가 아치의 높이와 폭이 다양할 수 있어서, 역시 높이와 폭이 다양할 수 있는 볼트와 직각으로 만날 수도 있었다. 그래서 높이가 낮은 아일이 높이가 높은 트랜셉트와 이어질 수도 있었고, 트랜셉트가 더 높고 더 넓은 네이브와 이어질 수도 있었다. 건축가들은 이 밖에도 뾰족한 아치가 열어놓은 더 많은 가능성을 인식하고 있었다. 그들은 성당을 세로로 가로지르는 구조적 요소뿐 아니라 가로로 가로지르는 구조적 요소도 생각해냄으로써, 지붕의 주요 하중을 아일로 내려보낸 다음 다시 플라잉 버트레스를 통해 땅으로 내려보낼 수 있었다. 그래서 이제는 바깥벽을 건물을 지탱하는 구조적인 벽이 아니라 거의 완전히 유리로 대체할 수 있는 칸막이 벽으로 취급할 수 있게 되었고, 따라서 이제는 성당을 하나의 유리로 된 등(燈)처럼 지을 수 있었다.

뾰족한 아치와 그것이 의미하는 모든 것은 십자형 평면과 공존할 수 있었다. 프랑스에서는 성가대석 뒤의 동쪽 끝 부분에 제단과 유보 회랑 뒤로 빙 둘러 부속 예배당을 설치할 수 있었다. 그래도 평면 구성에는 제한이 없어서, 필요할 때마다 네이브와 트랜셉트도 덧붙일 수 있었고, 성무일과를 보는 제단 뒤 수도사들의 성가대석과 사제들이 날마다 개인 미사를 보는 부속 예배당도 확장할 수 있었다.

이런 까닭에 고딕 양식에서는 설계의 전반적인 토대가 로마네스크 양식과는 근본적으로 달라졌다. 이제 정육면체 모양으로 된 일련의 공간 단위 위에 구조를 조립할 필요가 없었다. 그런 공간 단위로 둘러싸인 공간을 넓힐 수도 있고 좁힐 수도 있었을 뿐 아니라 위로 더욱 높이 올릴 수도 있었다. 이제 볼트 천장을 올린 지붕이 그 엄청난 무게를 측벽의 육중한 어깨 위에 얹을 필요 없이, 각 주간을 우산살처럼 가로와 대각선으로 가로지른 단순한 아치를 통해 그 무게를 간단히 처리할 수 있었다. 최근까지도 사람들은 갈빗대 모양의 리브에 모든 무게가 실리고 그것이 버팀벽을 통해 땅으로 내려간다고 생각했다. 그러나 제2차 세계대전 때 리브가 파괴되었는데도 오리 발가락의 물갈퀴처럼 그 사이를 채우고 있는 부분이 그대로 서 있는 경우가 발견되면서, 그런 구조가 가능한 것은 건물 전체를 통한 하중과 추력의 절묘한 균형과 배분 덕분임을 보여주었다. 13세기에 작성된 빌라르 드 온쿠르의 33쪽짜리 양피지 스케치북(아마 그가 데리고 있는 석공들을 위한 자료집으로 만들었을 것이다)은 중세의 건축 방법에 대해 아주 풍부한 자료를 전해준다. 예를 들어 5세기부터 프랑스 왕의 대관식이 거행되었던 위풍당당한 랭스 대성당(1211~1481; 사진 192)의 단면도를 보면, 흔히 건물을 지으면서 조정했던 복잡한 무게 배분 문제를 해결한 몇 가지 방법을 볼 수 있다. 또한 몇몇 유적지에 남아 있는 작업 지시서를 통해 건

192 | 랭스 대성당, 1211~1481

193 | 샤르트르 성당, 1194~1221, 플라잉 버트레스

축 방법에 대한 몇 가지 실마리를 얻을 수 있다. 예를 들어 요크와 웰스에서는 숙련된 석공들이 재활용할 수 있는 회반죽 판에 도제들이 따라야 할 평면도와 건물에 대한 도해를 그려놓은 것이 발견되었고, 웨스트민스터 대수도원에서는 건물 보수를 하던 중 볼트의 리브가 교차하는 지점에 있는 장식적인 쇠시리인 보스에 리브가 들어올 위치를 표시해놓은 것이 발견되었다. 이처럼 단순한 장식이라고 생각했으나 알고 보니 무게의 절묘한 배분과 균형에 절대적으로 필요한 것으로 드러나는 일이 의외로 많다. 한 예로, 외부 버팀벽 꼭대기에 있는 작은 뾰족탑도 그냥 장식이 아니라 네이브 벽의 추력에 대응하기 위해 세운 것이다.

석조 볼트 위에 나무를 씌운 이중 고딕 지붕도 단지 멋으로 그렇게 한 것이 아니다. 18세기에 벤저민 프랭클린이 피뢰침을 발명하기 전까지만 해도 키가 큰 건물은 번개에 맞기 쉬웠다. 그러나 이렇게 이중 지붕을 해놓으면, 바깥 지붕이 번개에 맞아 불에 타도 안쪽에 있는 석조 지붕이 교회를 보호했고, 비가 많이 올 때는 역할이 역전되어 위에 있는 나무 지붕이 아래에 있는 볼트 지붕을 보호했다. 지붕은 또 볼트에 쓸 석재를 들어올려 제자리에 갖다놓기 위한 기중기를 설치할 수 있는 공간도 마련해주었다. 영국과 독일, 오스트리아의 후기 고딕 교회에서 볼트가 점점 복잡해지면서 빈의 슈테판스돔(또는 성 스테파누스 성당)에서처럼 지붕이 갈수록 가팔라진 것도 이 때문이다. 아직도 두 지붕 사이에 기중기가 있는 중세 교회가 있다.

고딕 건축가들은 점차 구조의 기능을 해치지 않으면서 벽이나 아치, 버팀벽에서 얼마나 많이 잘라낼 수 있는지 알게 되었다. 그리하여 샤르트르 성당(1194~1221; 사진 193)에서 볼 수 있는 아름답지만 단순한 부채살 같은 초기 버팀벽이 1500년에는 방돔의 라 트리니테 교회(1450~1500)와 루앙의 생 마클루 교회(1436~1520)에서 볼 수 있는 기하학적 무늬의 트레이서리로 장식된 버팀벽과 박공벽으로 변했다. 상스 성당(1145)에서 볼 수 있듯이 초기 고딕 양식에서는 벽을 더욱더 단단하게 확장시켰으나, 구조에 대한 확신이 커지면서 이제는 벽에 구멍을 숭숭 뚫게 된 것이다. 그리하여 샤르트르 성당에는 두꺼운 벽을 뚫고 트리포리움 갤러리가

194 | 부르주 성당, 1190~1275

나 있으며, 독특한 피라미드형 네이브에 이중 아일의 높이가 점차 낮아지는 부르주 성당(1190~1275; 사진 194)에서는 아일에서 아일까지 공간이 뻥 뚫려 있고, 루이 9세가 파리에 그리스도의 가시면류관을 안치하기 위해 세운 라 생트샤펠(사진 189) 성당에서는 단단한 벽이 완전히 유리 칸막이로 대체되었다. 여기서는 유리창에 있는 석조 세로 창살(멀리언)이 스테인드글라스의 눈부신 빛에 가려 거의 보이지 않을 정도로 아주 가늘다. 이 1242년의 건축가

195 | 웰스 성당, 1215~1239, 서쪽 정면

가 결국 성취한 것은 쉬제를 본받아 그것을 끝까지 밀고 나갔을 때 나올 수 있는 논리적 귀결이었다. 생 드니 교회의 성가대석 뒤에 있는 쉬제의 앱스에서는 상부에만 유리를 끼웠으나 여기서는 바닥까지 모두 유리를 끼워, 건물이 마치 다면체의 보석을 깎아 만든 성골함처럼 빛나게 했다.

두꺼운 벽이 점점 얇아진다는 것은 유리가 점점 그 자리를 차지한다는 것을 의미했다. 초기 고딕 양식에서는 쿠탕스 성당(1220~1291)에서처럼 벽면에 그냥 길고 뾰족한 첨두창을 냈을 뿐이고, 판형(板形) 트레이서리에서는 샤르트르 성당과 아시시의 산 프란체스코 바실리카(1226~1253)에서처럼 벽면에서 기하학적 무늬를 도려냈을 뿐이다. 그러나 1201년에 발명된 막대형 트레이서리에서는 석조 벽면에 일정한 모양으로 구멍을 뚫은 것이 아니라, 선으로 이루어진 틀에, 그러니까 석조 세로 창살과 그야말로 하나의 조각 같은 가는 창살 무늬 사이에 유리를 끼워 넣었다. 이런 트레이서리는 안에서는 제대로 감상할 수가 없다. 안에서는 빛을 받아 눈부시게 빛나는 스테인드글라스에 관심이 집중되기 때문이다. 그러나 밖에서는 선과 온갖 형상으로 이루어진 복잡한 무늬가 그대로 드러나며, 이런 트레이서리가 랭스 대성당이나 스트라스부르 성당(1245~1275)에서는 프랑스식으로 고딕 성당의 전면을 가득 덮고 있고, 서머싯의 웰스 성당(1215~1239; 사진 195)에서는 독특한 영국식으로 마치 나무를 조각해놓은 듯한 칸막이 벽을 이루고 있다. 여기서 폭이 46미터나 되는 정면은 건물의 구성 단위를 나타내는 모든 표시를 거의 눈에 띄지 않게 하며 400개의 조각상으로 완전히 뒤덮여 있다. 이 모든 조각상에 채색과 금박이 되어 있던 중세에는 이것이 화려한 광경이었겠지만 오늘날 정면을 보존하려는 성당 건축가들에게는 무엇보다도 골치 아픈 문제가 되고 있다.

기본적으로 두 개의 창유리와 그 사이에 얹은 하나의 원 그리고 이것을 모두 둘러싼 뾰족한 아치 모양의 창틀로 구성된 초기 고딕 창문의 모양은 이후 나무가 자라면서 덩굴손을 뻗고 있는 듯한 형상에서 벗어났다. 프랑스에서는 이 시기의 고딕 양식을 레요낭 양식이라 부를 정도로 원형 창 한가운데서 꽃잎이나 광선이 방사상으로 힘차게 뻗어나가는 형태를 띠었고, 영국에서는 세 잎 무늬와 잎 모양이 기하학적 무늬와 함께 발달하여 이 시기 고딕 양식을 장식 고딕 양식이라 부른다. 13세기 말부터는 시대의 흐름을 이끄는 주요 개념을 영국에서 발견하게 되는데, 영국의 고딕 양식은 글로스터 성당(1337~1377)의 동쪽 끝에서 볼 수

163

196 | 밀라노 성당, 이탈리아, 1385~1485

있는, 장엄하게 우뚝 솟은 수직 양식에서 절정에 이르게 된다. 그러나 영국의 전형적인 특성을 보여주는 차분하고 과묵한 이 수직 양식 이전의 장식적 단계는 곡선 양식에서 훨씬 화려하고 사치스런 모습을 선보이게 되며, 이는 분명 무역과 십자군 전쟁을 통해 영국이 동방과 접촉한 결과일 것이다. 이런 접촉이 낳은 변화무쌍한 건물 형태는 일리 성당의 성모 예배당(1321)에서 볼 수 있는 S자형 곡선 무늬 트레이서리와 아름답게 조각된 좌석 뚜껑에서 절정에 이르게 된다. 트레이서리의 모든 선을 위로 잡아당겨, 수직으로 높이 솟은 사각형 틀 안에 있는 선이 모두 위로 쭉쭉 뻗어 올라간 정갈한 수직 양식에서도, 이스파한의 피시타크의 단순한 모방이 아닌 그 이상의 것을 볼 수 있다.

고딕 열풍은 숙련된 석공들에 의해 노르웨이에서 스페인까지 유럽 전역에 퍼졌다. 이들은 일자리를 따라 널리 여행하였고, 그리하여 14세기에는 자신들을 '자유로운' 석공이라 부르게 되었다. 보헤미아의 카를 4세는 프라하가 용케 흑사병의 공격을 피할 수 있게 되자 이 기회를 놓치지 않고 아비뇽 출신의 마티외 다라스와 유명한 석공 가문 출신인 그뮌트의 페트르 파를레르슈를 불러 자신의 새로운 성당(장크트 비투스 대성당; 1344~1396)을 짓게 했다. 상스의 기욤은 캔터베리 성당(1174~1184)을 지었고, 파리 출신인 에티엔드 보뇌유는 스웨덴에서 웁살라 성당을 지었으며, 밀라노 성당(1385~1485; 사진 196)을 짓는 데에는 파리와 독일 출신의 많은 전문가들이 동원되었다.

수려한 영국의 곡선 장식 형태는 이런 교류를 통해 유럽 대륙으로 건너가, 14세기부터 16세기까지 유럽 대륙에서는 나라마다 독특한 곡선 양식을 선보이게 되었다. 스페인에서는 당시 부르고스 성당(1220~1260; 사진 197)을 비롯한 많은 곳에서 뒤쫓았던 은세공법으로부터 플라테레스코 양식이라는 장식 형태로 나타났다. 마누엘 양식(사진 198)으로 알려진 포르투갈의 곡선 양식은 매듭지은 밧줄이며 여기저기 아로새겨진 바다의 상징물로 뚜렷이 항해와 연관된 특성을 보였는데, 이는 영국인처럼 항해를 업으로 삼았던 포르투갈인 역시 세계 탐험에 나서고 있었기 때문이다. 볼트의 형태를 비교할 때 살펴보겠지만 독일에서는 영국의 영향이 아주 광범위하게 미쳤다. 그리

198 | 그리스도 수도회 교회, 토마르, 포르투갈, 1510~1514

197 | 부르고스 성당, 스페인, 1220~1260, 별 모양 채광창

고 프랑스에서는—예를 들면, 루앙의 교회에서 볼 수 있는 플랑부아양 양식에서처럼—가을 바람에 뒹구는 낙엽이나 낙엽을 태우는 화톳불의 불꽃처럼 창문을 가로질러 소용돌이치며 너울대는 트레이서리 형태를 낳았다. 고딕 건축에서 가장 화려하고 멋진 건축 형태의 하나인 장미창(사진 199)은 세월이 흐르면서 바퀴살에서 장미로, 장미에서 불꽃 모양으로 무늬가 바뀌었다.

볼트 또한 많은 시행착오를 겪으면서 발전했음이 분명하다. 초기 볼트는 대각선으로 가로지른 2개의 리브에 의해 공간이 네 부분으로 나뉘었지만 12세기 상스 성당에서는 리브의 수가 3개로 늘어나서 공간이 여섯 부분으로 나뉘었다. 볼트의 발전과 높이의 문제는 밀접한 관계에 있는데, 이것은 프랑스 고딕 양식의 특징인 수직성을 낳은 중요한 요인이다. 높이와 폭의 관계에 대해서는 석공들의 조합체인 로지(lodge)마다 자체의 규칙이 있었다 해도 대체적인 비율 외에는 정해진 것이 없었다. 그러나 무게와 버팀벽, 지붕의 위치를 보여주는 랭스 대성당의 단면도와 샤르트르 성당의 실내를 비교해보면, 볼트를 세우는 데 결정적인 영향을 미친 요소를 어느 정도 알 수 있다.

샤르트르 성당은 초기 프랑스 고딕 양식을 보여주는 고전적인 예이다(사진 193, 199~201). 이 성당의 기본 형태는 1194년부터 1221년까지 27년 동안 지어졌지만 탑은 몇 세기 간격을 두고 세워져서, 남쪽의 단순한 팔각형 뾰족탑은 13세기 초에, 훨씬 정교한 북쪽 뾰족탑은 1507년경에 세워졌다. 그러나 나중 것을 먼저 지은 것에 맞추어 지으려는 시도 같은 것은 전혀 없었다. 샤르트르 성당을 초기 고딕 양식의 고전적인 예로 보는 것은 탑 때문만이 아니다. 대수도원에서 돈을 대서 지었던 전형적인 로마네스크 교회와 달리, 고딕 성당은 도시의 건물이었다. 고딕 성당은 이웃 도시들에 뒤질세라 앞다투어 신을 찬미하기 위해 지은 건물이기도 하지만 시민의 자존심이 낳은 건물이기도 했다. 그래서 생 드니 교회에서처럼, 농부들이 채석장에서 마차에 돌을 싣고 오면 상인과 장인들은 일손을 놓고 도시 관문에서 기다리고 있다가 성당 부지까지 마차를 끌고 가는 등 육체 노동의 많은 부분을 교구민이 직접 담당했다.

구조면에서 샤르트르 성당은 1층에는 네이브를 따라 양쪽으로 줄지어 서 있는 지주 위에 아치가 늘어서 있는 아케이드가 있고, 2층에는 아주 낮지만 대개는 교회의 내부를 따라 둥글게 나 있는 트리포리움이라는 통로가 딸린 아케이드가 있으며, 그 위에 거의 유리로 된 채광층(클리어스토리)이 있는 고전적인 3층 모델을 보여준다. 사진 200을 보면 교회 내부를 밝히는 광원이 크게 두 가지라는 것을 알 수 있다. 첫 번째 광원은 양쪽 아일에서 들어오는 빛으로 네이브의 아케이드를 거쳐 들어오며, 두 번째 광원은 채광층에서 들어오는 빛이다. 트리

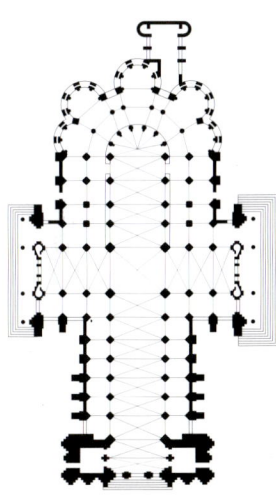

200 | 샤르트르 성당, 실내, 네이브 아케이드와 트리포리움 통로, 채광층 창이 보인다

201 | 샤르트르 성당, 평면도

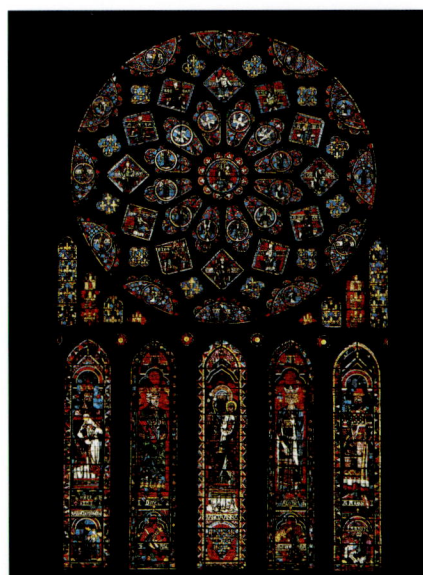

199 | 샤르트르 성당, 1194~1221, 북쪽 장미창

202 | 아미앵 성당, 1220~1270

203 | 브리스틀 성당, 성가대석, 1300~1311

성당을 지은 다음부터는 그런 다발 기둥이 일반적인 것이 되었다. 샤르트르, 루앙, 수아송, 랭스, 아미앵(사진 202), 투르, 스트라스부르, 오세르, 쾰른, 톨레도, 바르셀로나 성당과 다수의 영국 성당에서는, 다발 기둥의 수직 운동이 마치 솟구쳐오르는 분수처럼 바닥에서 볼트 천장까지 거침이 없으며, 이런 양식은 기둥머리에서도 거의 수직 운동이 단절되지 않는 브리스틀 성당(1300~1311; 사진 203)의 성가대석에서 절정에 이른다.

도가 지나치지 않는 범위에서 얼마나 높이 치솟을 수 있는가는 경험을 통해 배워야 했다. 결국 재난을 초래해 주교가 자만심이 저지른 죄로 몹시 괴로워했다는 보베 성당에서는, 하늘 높이 치솟은 볼트와 함께 1220년쯤부터 짓기 시작한 이중 아일의 성가대석(아마도 십자군 전쟁 때 루이 9세를 수행한 숙련된 석공 몽트뢰유의 외드가 지었을 것이다)에서도 당시의 야심찬 포부를 엿볼 수 있다. 보베 성당은 결국 처음에는 지붕이 무너지고 나중에는 탑이 무너졌지만, 그럼에도 거의 48미터의 높이로 재건되어 오늘날에도 여전히 가장 높은 볼트로 남아 있다.

그러나 랭스 대성당은 하늘의 노여움을 사지 않고도 38미터까지 올라갈 수 있었다. 그리고 안으로 들어가면, 기둥 받침을 어깨 높이까지 올려 수직적인 상승감이 교묘히 과장된 것을 알 수 있으며, 그래서 아일에 서면 기둥이 수직 상승을 하기 전부터 벌써 기둥의 높이에 압도되어버린다. 유별난 피라미드형 네이브에 이중 아일의 크기가 점차 줄어드는 부르주 성당도 높이를 위장했다. 우리는 안쪽 아일로 들어가 아일 자체에 마치 네이브처럼 아케이드와 트리포리움, 채광층이 있는 것을 보고서야, 아일 자체가 많은 성당의 네이브처럼 볼트까지 올라가 있는 것을 보게 된다.

토마스 아퀴나스는 모든 것이 신을 향해 질서 지워져야 한다고 말했다. 그리하여 다발 기둥은 우리의 눈길을 두 방향으로 이끄는데, 먼저 교회의 동쪽 끝 성찬식 제단에 있는 신이 만든 인간에게로 우리의 눈길을 이끈다. 그리고

포리움은 아일의 지붕 공간을 따라 나 있기 때문에 밖으로 나가는 출구가 없다. 트리포리움에 구멍을 뚫어 빛이 들어오게 한 예도 있고 채광층 위에 또 하나의 갤러리를 둔 예도 있지만, 그런 것은 짧은 유행처럼 금방 나타났다 사라졌다.

창문과 창문 사이에는 플라잉 버트레스가 있는데, 이것은 볼트의 지주와 연결되어 있다. 이들 지주는 매끈한 통나무 같은 로마네스크 기둥보다는 언제나 날씬하지만, 파리의 랑 대성당(1160~1230)과 노트르담 대성당(1163~1250)과 같은 일부 초기 고딕 성당에서는 적어도 기둥머리와 아치가 시작되는 지점까지는 아케이드가 아직 하나의 둥근 기둥으로 이루어져 있고, 나뭇가지를 여러 개 다발지어 놓은 것 같은 고딕 양식에 특징적인 다발 기둥은 그 위에서나 볼 수 있다. 하지만 13세기에 부르주

204 | 헨리 7세 예배당, 웨스트민스터 대수도원, 런던, 1503~1519

1300년경에 끝나고, 플랑부아양 양식이 꽃필 때까지 공백기가 있었다. 그러나 14세기 전반기(1348~1349년에 흑사병으로 유럽 인구의 4분의 1이 죽기 전)에 영국은 특히 윤택한 시기였고, 이 시기에 장차 유럽 전역에 커다란 영향을 끼치게 될 창문과 볼트, 지붕 스타일이 출현했다.

영국에서 고딕 양식은 시토 수도회와 함께 아주 소박하게 시작되었다. 시토 수도회는 영국에 자리잡으면서 목양업과 양모 산업에 착수해, 중세 내내 수도회 재정을 안정시킬 수 있었을 뿐 아니라 양모 전매소에 가입함으로써 국제적인 접촉을 할 수 있는 기회까지 얻었다. 더럼 성당(1093~1133)에서는 일찍이 둥근 로마네스크 아치와 뾰족한 아치를 함께 실험한 바 있었다. 그러나 캔터베리와 링컨 성당(1185년에 재건), 웨스트민스터 대수도원의 헨리 7세 예배당(후에 재건되었으나, 의식적으로 프랑스식 성당을 본떠서 지었다; 사진 204)에서 뚜렷이 볼 수 있는 전형적인 프랑스식 성당은 캔터베리 성당의 참사회에서 한 프랑스 건축가를 불러들이면서 도입되었다. 당시 성당 건축에 열심이던 상스라는 교회에서 온 기욤은 1174년 화재로 안전하지 않은 노르만 양식의 잔재를 없애 버리고 완전히 새로운 계획을 세우자고 참사회를 설득했다. 그리하여 비계에

이어 수직 상승을 통해 하늘에 있는 신을 보게 하는데, 신이 마치 가느다란 자작나무 수풀에 있는 것 같아 우리는 자연히 나뭇잎 사이로 햇살이 비치는 곳을 보게 된다. 그러나 독일과 이탈리아의 탁발 수도사들이 설교를 하는 오두막처럼 검소한 교회와 브라운슈바이크 성당(1469)과 같이 특별한 때 사용되는 후기 고딕 교회는 수풀과 열대 우림에 비유할 수 있다. 즉, 기둥이 덩굴손처럼 나선형으로 뻗어 올라가다 별 모양으로 갈라진 기둥머리에 이르러서는 갑자기 천개를 향해 종려나무 잎사귀처럼 활짝 펼쳐지고 거기에 밝게 채색까지 되어 있는 화려한 모습을 보게 된다.

어떤 나라에서는 수직성을 바깥에서 강조했다. 특히 독일과 보헤미아에서는 탑을 좋아했는데, 울리히 엔징어가 설계했으나 1890년에야 완성된 울름 민스터의 첨탑이 그 중 가장 높았다.

그러나 기둥과 볼트의 발전을 촉진하는 동력은 영국에서 왔다. 프랑스에서는 고전기가

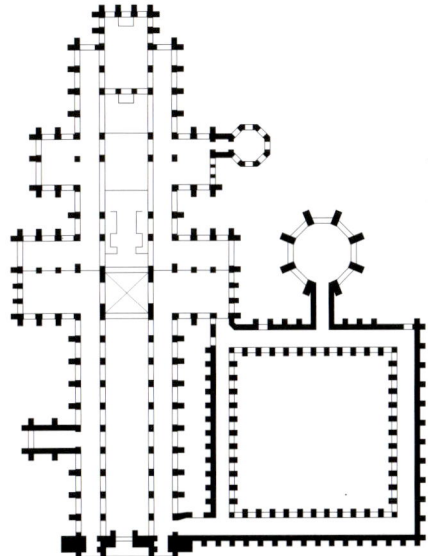

205 | 솔즈베리 성당, 1220~1266, 평면도

167

서 떨어져 다치는 바람에 다른 건축가에게 일을 맡기기 전까지 기욤은 캔터베리에 상스 성당과 비슷한 성당을 지었다.

그러나 아무리 프랑스식이 유행했어도, 로마네스크 시대의 노르만 양식을 거쳐 전형적인 앵글로색슨 교회인 브래드퍼드어폰에이번의 세인트 로렌스 교회(사진 157)까지 거슬러올라갈 정도로 영국 고유의 전통은 끈질기게 남아 있었다. 영국 고딕 양식이 슈베 없이 사각형으로 끝나는 성가대석과 링컨 성당에서처럼 과장되게 긴 네이브, 때로 이중으로 설치된 트랜셉트와 같은 독창적인 특성을 가질 수 있게 된

206 | 세인트 웬드레다의 교회, 마치, 캠브리지셔, 천사 지붕, 15세기

것은 바로 이 투박한 전통 덕분이었다. 그러나 무엇보다도 영국 고딕 양식에서 가장 특징적인 것은, 모든 것이 하나의 전체적인 테두리 안에 수렴되는 프랑스식 평면과는 대조적으로, 영국의 성당은 공간이 전혀 집중되지 않고 성당을 구성하는 개별 단위들이 불규칙하게 흩어져 있다는 것이다. 예를 들어 솔즈베리 성당(1220~1266; 사진 205)의 평면에서 이 개별 단위들이 모두 구조가 다르고 지붕까지 따로 올린 것을 보면, 왜 지붕과 볼트에 대한 실험이 영국에서 시작되었는지 쉽게 이해할 수 있을 것이다.

영국 건축가들이 지붕에 대한 실험을 하게 된 데에는 다른 요인도 있었다. 영국은 항상 해상 무역 국가로서 선두를 지켜왔고, 또한 (나중에는 대개 교회에서 소유하게 된) 국토의 많은 부분을 차지하고 있는 산림의 나무를 충분히 활용할 수 있는 여건에 있었다. 우리는 그다지 상상력을 발휘하지 않고도 뒤집어놓은 배의 용골과 교회의 볼트 구조가 닮은꼴임을 발견할 수 있다. 당시 영국 전역에서는 마을 교회가 우후죽순처럼 뻗어올라갔고, 그 가운데 상당수는 최고 수준으로 지어졌다. 노르만 정복 때부터 고딕 양식이 부활한 19세기까지 지어진 교구 교회가 아마 1000개는 될 것이다.

여러 가지 돌과 벽돌, 부싯돌, 기와 등 지역마다 아주 다양한 재료를 사용하기도 했지만, 이들 교회의 지붕과 윤곽은 흥미로운 특징이 있다. 엄청나게 다양한 탑과 종탑이 솟아 있는데, 이런 탑은 대개 종탑이며, 특히 침략자가 있을 때 종을 경보용으로 사용할 수 있는 해안 지역에서는 특히 그랬다. 그리고 안에서는 그리스도의 십자가상이 조각되어 있거나 그려져 있는 성단 칸막이도 그렇지만 무엇보다도 지붕에 놀랄 만큼 다양한 나무들이 사용되었다.

서까래용 트러스를 가진 지붕(trussed-rafter roof), 지붕보를 가진 지붕(tie-beem roof), 죔보를 가진 지붕(collar-braced roof), 망치형 보를 가진 지붕(hammer-beam roof)과 같은 이름을 가진 목조 구조는 석조 장식이 더 이상 기능적인 의미를 갖지 않게 되었을 때도 구조와 아름다움 사이에는 여전히 연결점이 있음을 보여주면서, 후기 고딕 시대의 많은 세속적인 건물에 웅장한 천장을 마련해주었다. 케임브리지셔의 마치와 같은 마을에서는 망치형 보 구조가 지붕에 걸친 보의 무게를 곡선으로 된 버팀목을 통해 외팔보 식으로 튀어나온 망치형 보로 보내는 천사 지붕을 볼 수 있는데, 날개를 펼치고 있는 천사들의 모습에 넋을 잃을 정도다(사진 206).

그런데 이런 목조 기술을 돌에 적용하면서, 볼트 구조의 리브 수가 구조적인 필요 이상으로 늘어나, 창문의 트레이서리에서 발전하고 있던 복잡한 세공에 비견할 만한 장식적인 조각 그물망이 생겨났다. 이런 필요 이상의 리브

207 | 모직 회관, 이프르, 벨기에, 1202~1304

에는 귀여운 이름이 붙여져, 엑서터 성당(1235~1240)에서처럼 벽기둥에서 부채살 모양으로 뻗어나가 용마루에서 종려나무 잎사귀 모양을 이루는 리브는 티에르스론이라 부르고, 일리 사제관(1335) 지붕에서 볼 수 있는 리브 사이의 장식적인 버팀대는 리에른이라 부른다. 이후 영국에서는 리브가 급속히 증가했고, 이는 특히 독일과 보헤미아, 스페인을 비롯한 유럽 대륙에도 급속히 퍼져, 원래는 단순한 강당식 교회에도 이런 리브가 사용될 정도였다. (독일어로 'Hallenkirchen'인 강당식 교회는 네이브와 아일의 높이가 같고 이것이 한 지붕 아래 있는 큰 강당 같은 독일식 교회를 말하며, 장차 대중을 모아놓고 설교할 가능성이 있는 탁발 수도사들에게 인기가 있었다.) 이런 볼트 구조 가운데는 원래 구조적인 역할을 하는 리브 자체가 분리된 일련의 볼트에 의해 지탱되는 골조 볼트라는 것도 있었는데, 이것은 링컨의 성물 안치소 예배당 모형에서 볼 수 있다. 별 모양 볼트 가운데 가장 흥미로운 예는 아마 독일에 있을 것이다. 스페인에 복잡한 볼트를 가져간 것은 독일 석공들이었으며, 이러한 볼트는 부르고스 성당(1220~1260; 사진 197)의 별 모양 채광창에서 절정에 달했다. 활처럼 굽은 구조적인 리브가 중간에 끊겨 마름모꼴과 삼각형을 이루는 그물형 볼트는 볼트의 발전 형태를 보여준 또 하나의 예다. 영국에서는 케임브리지의 킹스 칼리지 예배당(1446~1515)과 웨스트민스터 대수도원 성당의 헨리 7세 예배당(1503~1519)의 백미인 아름다운 부채꼴 볼트

208 | *카르카손, 프랑스, 13세기, 19세기에 재건*

가 나타났다. 영국에서 고유한 이 부채꼴 볼트는 계속 인기가 이어져, 제임스 1세 시대에는 리브의 교차점에 있는 보스가 크게 돌출되어 나온 팬던트 볼트로 발전했다.

고딕 건축은 당연히 세속적인 건물에도 영향을 미쳤다. 그러나 그 영향은 고딕 성당이 지어진 지 몇 세기가 지난 14세기 말에야 느껴지기 시작했다. 14세기 전반에는 미적인 문제에 신경 쓸 여력이 없을 정도로 삶이 고달팠다. 14세기 초의 계속된 흉작으로 사람들은 기근에 시달렸고, 이는 해마다 창궐하는 전염병에 대한 저항력 상실로 이어졌으며(아비뇽에서는 사흘만에 1400명이 죽은 때도 있었다고 한다), 이는 결국 1348~1350년의 흑사병에서 절정에 달했다. 로마 교황청의 조사에 따르면, 이 흑사병으로 유럽 인구의 4분의 1에 해당하는 4천만 명 가량이 목숨을 잃었다고 한다. 그러나 그 후로는 날씨가 좋아진 탓인지 아니면 먹을 입이 줄어든 탓인지 생활의 만족도가 급속히 상승했다. 지적인 문제에 대한 관심이 생겨나기 시작했고, 이는 르네상스 시대의 개성과 학문, 상업에서 활짝 꽃피게 된다.

성은 세속적인 건물에서 고딕 양식을 보여주는 대표적인 사례였다. 그리고 우리는 성 이야기에서 시대의 변화를 읽어낼 수 있다. 1327년부터 1340년 사이에 발명된 화약이 효과를 발휘한 뒤, 성은 몇 단계의 발전 과정을 거쳤다. 먼저 십자군 전사들의 전문 기술에 기초한 멋진 방어적 요새는 여전히 요새에 딸린 시설은 보유하고 있지만 그 방어력은 한 번도 시험되지 않은 성에 자리를 넘겨주었고, 그 다음에는 주로 스타일상의 이유로 방어 시설을 갖춘 성이 나왔으며, 마지막으로 여기서 해자에 둘러싸여 요새화된 영국의 장원 주택과 르네상스 시대의 궁전이 발전되어 나왔다.

교역이 증가하면서 도시 또한 발전했다. 우리는 로마네스크 양식의 대수도원이 시골 지방에 속해 있듯이 웅장한 고딕 대성당은 도시에 속해 있는 것을 보았다. 그런데 여기서 또 하나 발전한 것이 교구 교회였다. 번창하는 새로운 분위기 속에서 주민이 5000명에서 10000명 될까말까한 도시들이 시장을 운영할 수 있는 허가를 받았고, 그리하여 대개는 성당이나 교구 교회 바로 곁에 시장이 생겼다. 영국의 도시에는 시장에 십자가 또는 십자가 형태의 건물이 있어, 여기서 관리들이 공고나 포고를 했다. 이런 시장 십자가 건물 가운데는 아직도 남아 있는 것이 많은데, 그 가운데 솔즈베리에 있는 멋진 팔각형 가금 시장 십자가 건물은 리브가 S자 곡선 쇠시리로 장식되어 있고, 꼭대기에 왕관과 같은 꼭대기 장식이 얹혀 있다.

교역이 증가하자 시장 주변에 시청, 장인 회관과 상인 회관, 무역 거래소 같은 건물이 생겨났으며, 이런 건물 가운데 높은 탑을 올린 몇몇 건물은 세속적인 세계가 일상 생활에서 교회와 경쟁하고 있음을 보여주었다. 발렌시아의 견직물 시장(1426~1451)은 높은 볼트에 나선형으로 꼬인 기둥이 서 있었다. 정면이 134미터나 되는 이프르의 장엄한 모직 회관(1202~1304; 사진 207)은 완성하는 데 꼬박 100년이 걸렸고, 1915년에 무너진 뒤 다시 세워졌을 정도로 많은 사랑을 받았다. 목구조로 지은 서퍽 주 래번햄의 길드 회관은 목재 무역이 한창이던 1529년에 지어졌다. 그러나 이런 목구조 가운데 요크의 아름다운 모직물 수출상 조합 회관(1357~1368)보다 정교한 것은 찾아보기 힘들다. 모직물 수출상들의 한자 동맹에 가입된 함부르크와 같은 번창하는 항구 도시에는 항구와 부두, 세관, 창고가 필요했다. 게다가 부유한 상인들은 직접 아름다운 집을 지었고, 선술집이 나타났으며, 셰익스피어 극을 상연하기도 했던 런던의 유명한 글로브 극장과 같은 극장도 나타났다.

어떤 건물들은 종교적인 조직에서 생겨나, 구빈원이나 양육원처럼 자선과 관련이 있기도 하고 성당 학교처럼 교육과 관련이 있기도 했다. 그러나 새로운 대학은 갈수록 교회에서 독립하려는 경향을 보여주는 대표적인 사례였다. 11세기에 세워진 아주 오래된 대학이었던 볼로냐의 법률 학교나 살레르노의 의학 학교는 성당과 아무런 관련이 없었다. 옥스퍼드 대학은 헨리 2세가 대주교 베켓이 자신을 피해 프랑스로 달아나자 화가 나서 영국 학생이 파리 대학에 가는 것을 금지하는 바람에 생긴 대학으로, 그야말로 국가와 교회의 갈등이 빚어낸 산물이었다. 그러나 건축적으로는 대학이 수도원 건물에서 나와, 산보도 하고 책도 읽을 수 있는 대학의 사각형 안뜰은 수도사들이 산보도 하고 기도도 하는 회랑을 그대로 빼닮았다. 예배당, 식당으로 쓰이는 큰 홀 그리고 도서관 역시 수도원에서 유래한 것이다. 대학의 특별 연구원의 공부방 겸 침실로 올라가는 계단은 안뜰 모서리에 지어졌다.

후에 부자들의 집이 될 일부 거대한 저택들은 처음에는 교회의 비호 아래 교회의 왕인 대주교의 집으로 시작되었다. 그런 저택은 로마 교회의 대분열(1378~1417) 때 교황들이 살았던 아비뇽의 교황궁(1316~1364)처럼 아주 웅장했다. 교황궁은 그 둘레에 14세기의 방어적인 도시가 형성되어 있었기 때문에 하나의 건물이 아니라 요새화된 도시라는 점에서 다른 성과 공통점이 있었다. 이는 1240년에 지어진

209 | 보마리스 성, 웨일스, 1283~1323

에서 일어난 켈트족의 반란을 진압하기 위해 지은 '완전무결한' 성—콘위 성과 카나번 성, 팸브로크 성, 할레크 성, 보마리스 성—도 포함되는데, 그 중에서도 어느 성 못지않게 좌우 대칭적이고 전반적인 방어 시설 또한 체계적인 보마리스 성(사진 209)은 성을 둘러싸고 있는 이중 외벽에, 해자에 둘러싸여 있고, 두 개의 거대한 성문에는 작은 탑과 큰 탑이 두 개씩 모두 네 개의 탑이 서 있으며, 이 네 개의 탑 가운데 하나는 내륙을 바라보고 있고 나머지는 바다를 바라보고 있다. 에드워드 1세가 마지막으로 지은 이 성은 웨일스에서 에드워드 1세의 축성 계획을 도맡아 관장했던 장인인 성 조지의 제임스에 의한 감독 아래 지어졌다. 초기 노르만 양식의 런던 탑(1076~1078)도 후에 부분적으로 개보수되었지만 역시 이와 비슷한 통일성과 일관성을 지니고 있다.

이 시대에는 가업 때문에 성 안에 살게 된 가족들의 사생활을 위해 따로 건물을 지어 붙이거나 탑을 올려 주거 공간이 복잡했다. 여전히 벽에 붙어 있는 난로나 스코틀랜드 여왕 메리가 갇혀 있던 요크셔 웬즐리데일의 볼턴 성 같은 거대한 성 안에 있는 일련의 방들의 밀접한 관계는 이 시대의 성이 주거 공간으로서의 성격이 강화되었음을 보여준다.

성을 한 가족이 소유하고 있는 경우에는 일

격자형 도시이며 거대한 성벽을 따라 150개의 탑이 있는 에그모르트와 신성 로마 제국 황제 프리드리히 2세가 13세기 초 이탈리아의 바리에 지은 카스텔 델 몬테 역시 마찬가지였다.

프랑스 남서부의 카르카손은 갈수록 강해진 좌우 대칭적인 방어 시설에 대한 긍지를 보여주는 성곽 도시이다(사진 208). 시칠리아의 로마 유적지에서 자란 프리드리히 2세(1212~1250 재위)는 고대 로마의 요새에서 유래한 것으로 보이는 좌우 대칭적으로 배열된 요새를 유행시켰다. 프라토에 있는 그의 성(임페라토레 성; 1237~1248)과 원래 13세기에 필립 2세가 지은 루브르 성(해자에 둘러싸여 있었고, 한 가운데 있는 둥근 아성에 뾰족한 작은 탑(터릿)이 붙어 있었다)도 프랑스의 다른 성과 독일의 라인 강 너머에 있는 성들과 마찬가지로 좌우 대칭적인 구도로 설계되었다. 이런 성들은 특징적으로 바다나 강 또는 해자와 같은 물에 둘러싸여 있었고, 그 위에 깎아지른 듯이 올라간 성벽은 안쪽 역시 비스듬히 경사져 있었으며, 성을 포위한 적이 성곽 모서리에 굴을 파 화약으로 돌파구를 마련할 수 없게 성곽 모서리를 둥글게 처리했다. 아마 이 시대의 성 가운데 가장 보존이 잘 된 유적은 영국에 있을 것이다. 이런 성에는 13세기에 에드워드 1세가 웨일스

210 | 스톡세이 성, 슈롭셔, 1285~1305

211 | 윌리엄 그레벌의 집, 치핑 캄덴, 글로스터셔, 14세기 말

반적으로 중앙에 가족과 하인이 함께 생활 공간으로 사용하는 큰 홀이 2층 높이로 올라가 있고, 그 둘레에 1층이나 2층으로 침실과 구석진 변소, 부엌 공간, 예배실이 있었으며, 때로는 여기에 일광욕실이나 개인적인 사실이 있기도 했다. 충분하지만 단순한 이런 배열은 해자에 둘러싸인 멋진 장원 주택인 슈롭셔의 스톡세이 성(사진 210)에서 볼 수 있다. 이것은 13세기 말에 지어졌는데, 오늘날에는 오리와 꽃무, 패랭이꽃에 둘러싸여 한가로이 졸고 있는 것이 전쟁과는 통 거리가 멀어 보인다. 큰 홀은 헛간으로 사용되어 대대손손 보존되었다.

영국에서는 성에서 장원 주택으로의 발전 과정이 큰 홀과 탑으로 구성된 L자형 평면에서 2층으로 된 주거 공간이 큰 홀과 직각을 이루는 T자형을 거쳐 마침내 큰 홀을 중심으로 주거 공간 맞은편에 날개를 하나 더 붙인 H자형 평면으로 나아갔다. 이런 H자형 평면 주택에서는 가족과 하인이 각각 좌우 날개 부분에 살아 양쪽이 큰 홀을 통해서만 서로 접근할 수 있었다. 방어적인 성격을 보여주는 구부러진 진입로는 오랫동안 사라지지 않고 남아 있었다.

시골에서나 도시에서나 부자들은 품위 있는 생활을 위해 돈을 쏟아부었고, 자칫 어느 나라 양식인지 분간하기 힘들 정도로 화려한 고딕 양식으로 아주 아름답고 세련되게 장식된 집을 지었다. 부르주에 있는 상인 자크 쾨르의 프랑스 고딕 저택(1442~1453)에서 그것을 볼 수 있는데, 이 집은 아름답게 장식된 정면(사진 212)에서부터 만자형 무늬로 세공된 발코니, 조그만 창문처럼 조각된 벽난로, 길 건너 이웃과 담소하기 위해 상체를 내밀고 있는 신사 숙녀들의 조각상, 특히 15세기와 16세기의 스테인드글라스 창문의 배경에서 볼 수 있는 창공의 모습까지 곳곳이 매우 아름답게 치장되어 있다. 이와 같은 세부 장식은 후기 고딕 성당의 정면과 가구에서도 똑같이 발견할 수 있었다. 그리고 프랑스에서는 이런 고딕 장식이 꽤 오랫동안 존속하여, 르네상스 시대에도 그 시대의 장식과 융합하여 성과 저택을 화려하게 장식하였다.

종교적인 건물에 사용되던 영국의 고딕 장식이 세속적인 건물에 쓰인 예는 부르주의 저택과 비슷한 사회적 지위를 지닌 견직물 상인 윌리엄 그레벌의 저택에서 찾아볼 수 있다(사진 211). 여기서는 거리로 나와 있는 정면의 내닫이 창을 보면, 명백히 수직식인 창틀에 둘러싸여 있는 창문의 1층 부분과 2층 부분이 가느다란 석재 세로 창살로 연결되어 있는 것을 볼 수 있다. 1521년에 지어진 도싯의 포드 대수도원장의 시골 저택은 이런 양식으로 지어진 노작이다.

그러나 상인들의 집 가운데 가장 화려한 것은 베네치아의 그란데 운하에 있는 많은 궁전과 베네치아 도제(선거를 통해 뽑힌 옛 베네치

212 | 자크 쾨르의 집, 부르주, 프랑스, 1442~1453

213 | 도제 궁전, 베네치아, 1309~1424

아 공화국의 지도자)의 관저인 도제 궁전(사진 213)일 것이다. 도제 궁전에서는 한 덩어리로 되어 있는 단순한 구조가 이중으로 난 아케이드의 정교함과 위층에 붉은색 대리석과 흰색 대리석으로 수놓은 뚜렷한 무늬에 의해 보완되어 있으며, 이런 화려한 장식은 베네치아가 당시 동쪽을 바라보고 있는 중요한 무역 중심지였음을 상기시켜준다.

나라마다 독특한 특징을 보인 고딕 양식은 당연히 지역 시민의 긍지가 가장 먼저 표현되는 세속 건물인 시청에서도 모습을 나타냈다. 이 점에서 선두에 섰던 독일과 북해 연안의 저지대에 있는 나라들은 흔히 지붕창이 튀어나와 있고 가느다란 탑으로 장식된 아주 가파른 지붕으로 그들의 상업적 자존심을 표현했다. 페데가 지은 브라방의 오데나르데 시청(1525~1530; 사진 214)은 아래층의 아케이드와 두 줄로 늘어선 고딕 창문, 레이스 세공이 된 난간, 가파른 지붕, 중앙에 우뚝 솟은 종루가 비율과 장식에서 완벽한 조화를 이루고 있는 하나의 위대한 예술 작품이다. 그러나 15세기에 지어진 부르주 시청 위에 우뚝 솟은, 끝이 뭉툭한 14세기 종루는 그냥 상처난 엄지손가락도 아니고 거기에 붕대까지 칭칭 감은 모습이어서 좀 볼썽사나웠다. 이런 대조적인 모습은 유

214 | 얀 반 페데, 시청, 오데나르데, 네덜란드, 1525~1530

215 | 팔라초 푸블리코, 시에나, 이탈리아, 1298

별나게 곡선을 그리고 있는 돌과 벽돌조의 정면에 날씬한 종탑이 올라가 있는 시에나의 팔라초 푸블리코(1298; 사진 215)와 바로 1년 후에 짓기 시작했으나 꼭대기에 어색한 횃불 같은 종루가 꽂혀 있어 뜻하지 않게 감옥처럼 보이는 피렌체의 팔라초 베키오 사이에서도 볼 수 있다. 팔리처 베키오는 아마 헛되이 피렌체 성당의 아름다운 줄무늬 종탑과 경쟁을 하려다 그렇게 되었을 것이다.

그리고 보니 이제 마침 르네상스 건축이 시작된 피렌체에서 고딕에서 르네상스로 넘어가게 되었다. 그럼 다음 장의 이야기는 바로 여기서 시작될 것이다.

13 인간의 완벽함을 재는 척도 : 이탈리아 르네상스

건축에서는 시대 구분이 결코 무 자르듯 명확하게 되지 않는다. 1420년대에 (이탈리아에서 가장 큰, 어떤 사람들은 이탈리아에서 유일하게 진정한 고딕 성당이라고도 말하는) 밀라노 성당에서 일한 석공이 거기서 240킬로미터 떨어진 피렌체에서 설계에 대해 전혀 다른 태도를 보이는 건물에서 일거리를 찾을 수 있었을 정도로 건축 운동은 시기가 많이 겹친다. 그런데 앞에서 말한 그 문제의 일거리가 바로 피렌체 성당의 돔(1420~1434; 사진 216)이었고, 이것을 지은 필리포 브루넬레스키(1377~1446)는 설계와 취향을 혁명적으로 변화시킨 건축가였다.

물론 고대 로마의 판테온(사진 120)처럼 전에도 돔은 있었다. 그러나 이 돔은 달랐다. 브루넬레스키는 팔각형 드럼 위에 돔을 얹었고, 펜던티브도 전혀 사용하려 하지 않았다. 그는 8개의 곡면으로 이루어진 자신의 돔을 앞뒤 두 겹으로 쌓아올릴 수 있는 복잡한 목조 틀을 발명해 냈다. 그리고 이 돔은 철로 된 보강 사슬을 통해 리브와 리브 사이의 곡면을 결합시킨 점에서도 달랐다. 꼭대기에 있는 큐폴라(둥근 지붕탑)는 끝이 뾰족한 8개의 만곡면으로 이루어진 돔이 벌어지지 않도록 하나로 모아주는 역할을 했다.

물론 이 돔이 브루넬레스키가 이 새로운 운동에 유일하게 기여한 것도 아니요 가장 혁명적으로 기여한 것도 아니었다. 날씬한 코린트식 기둥 위에 올린 둥근 아치로 구성된 우아한 아케이드와 각 아치의 중심 바로 위에 있는 깔끔한 사각형 창문, 단순한 삼각형 박공벽 등이 간결하고 차분한 느낌을 주는 1421년 작품인 고아원(사진 217)도 르네상스 시대를 연 또 하나의 건물이었다. 그리고 그가 산타 크로체의 프란체스코회 수도원에 파치 가문을 위해 지은 예배당(1429~1461; 사진 218, 219)은 완벽할 뿐 아니라 르네상스 시대의 교본이기도 했다.

먼저, 로지아(한쪽 면 이상이 개방된 방이나 회랑, 현관)의 높은 아치를 통해 들어가는 파치 예배당은 더 이상 네이브와 아일이 없고 정사각형 위에 이번에는 펜던티브를 이용한 돔을 얹은 혁명적인 형태였다. 예배당 중심이 돔 아래 있는 원의 중심이었고, 건물이 어느 방향에서나 완벽해 보였으며, 게다가 치수까지 정확해 돔 아래 있는 정사각형 예배당의 넓이가 전체 넓이의 반이었다. 그리고 이것이 지닌 독특한 분위기는 비례를 나타내기 위해 벽과 아치, 바닥에 약간 어두운 색조로 장식띠를 둘러 벽면을 아주 정확하게 처리한 덕분이었다. 브루넬레스키의 위대한 두 걸작인 산 로렌초 교회(1421~)와 산토 스피리토 교회(1436~1482; 사진 220)도 바실리카 평면 위에 지어졌지만, 여기서도 어김없이 정확성이 견지되었고, 돔은 십자형의 교차부에 얹혀졌다.

이런 종류의 건축이 처음에는 유럽을 지배했지만, 나중에는 수세기 동안 세계의 많은 지역을 지배하였고, 심지어는 오늘날에도 이런 종류의 건물을 발견할 수 있을 정도다. 그런데 왜 고딕에서 르네상스로의 이행이 일어났을까? 일단은 먼저 고딕 양식이 막바지에 이르렀던

216 | 벨베데레에서 바라본 피렌체의 전경, **필리포 브루넬레스키**가 지은 **산 피에트로 대성당**(1420~1434)의 돔이 보인다

것 같다. 어떤 건축 양식이나 언젠가는 더 이상 새로운 것을 창조할 수 없는 단계에 이르게 되어 있다. 그러나 한편으로는 사회에, 특히 건축가를 고용하는 사회 일각에서 중요한 변화가 일어나고 있었다.

화약이 전쟁의 성격을 바꿔놓았고, 따라서 국가 간의 관계도 변하였다. 나침반의 발명과 새로운 조선술의 발달은 유럽에 중국과 동인도제도, 인도, 아메리카의 존재를 알려주었고, 더 이상 교회로부터 눈총을 받지 않게 되면서 금융업은 사회에서 중심적인 역할을 하기 시작했다. 무역과 금융업으로 피렌체는 부를 거머쥐었고, 그리하여 유럽 전역에 세력을 뻗친 메디치 가와 스트로치 가, 루첼라이 가, 피티가 등 신흥 상인 계급이 세습 귀족을 몰아내고 급부상했다.

이제는 이런 신흥 상인 계급과 이들의 재정적 후원을 받는 예술가들이 르네상스 시대의 새로운 보편적 인간이 되었다. 매서운 눈초리와 매부리코를 가진 우르비노의 공작 페데리고 다 몬테펠트로(1444~1482 통치)에 대한 피에로 델라 프란체스카의 유명한 평은 이 저명한 예술 후원자에 대한 정당한 평가가 아니었다. 이탈리아 북부 산악 지대에 있는 작은 공국의 통치자였던 공작은 원칙과 품위, 따뜻한 심성을 가진 인물이었다. 그는 뛰어난 군인이었으나, 알베르티와 동시대인인 루치아노 라우라나(1420/5~1479)가 그를 위해 지은 우르비노 궁전(1454년경~ ; 권두 삽화)에서는 바로 그의 예술가적 면모를 볼 수 있다. 기와로 덮인 산꼭대기 마을에 우뚝 솟아 있는 이 궁전의 넓은 응접실과 안뜰(하나는 브루넬레스키의 고아원에 기초한 로지아가 늘어서 있고, 다른 하나는 공작 부부의 거처에서 들어가는 비밀 정원을 감싸고 있다)에서는 학자와 철학자, 음악가, 화가들이 모여 토론과 창작을 했다. 그리고 무엇보다도 공작 자신이 이 모든 방면에 뛰어난 재능을 지닌 다재다능한 인간이었다. 그는 이탈리아에서 손꼽히는 도서관을 설립하기도 했는데, 지금은 교황청 도서관에 편입된 이 도서관에 14년 동안 줄곧 30~40명이나 되는 사본 필경사를 고용하여 고대와 당대의 위대한 자료들을 베껴 쓰게 했다고 한다.

인간 생활과 건축에 대한 새로운 비전은 학

217 | **필리포 브루넬레스키**, 고아원, 피렌체, 1421, 안뜰

218 | 필리포 브루넬레스키, 파치 예배당, 산타크로체 교회, 피렌체, 1429~1461

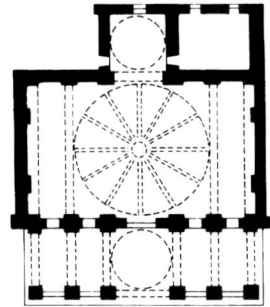

219 | 파치 예배당, 평면도

자들이 이런 고전을 접하면서 열리기 시작했다. 그리고 국제적인 무역 거래가 이런 사상을 널리 알리는 데 기여했고, 후에 인문주의자라 불리게 된, 문법과 수사학, 역사, 철학 등 인문학을 가르치는 일단의 사람들이 이런 사상을 선전하는 데 결정적인 역할을 했다. 이런 자료는 또 인쇄술의 발달을 통해서도 널리 퍼졌다. 인쇄술은 오래전에 중국에서 발명되었으나, 유럽에서는 1450년에 구텐베르크가 활판인쇄술을 발명하면서 이런 사상이 급속히 퍼지게 되었다. 최초로 인쇄된 성경은 1456년에 나왔고, 뒤이어 건축서도 인쇄되어 나왔다.

1415년에 교황 비서인 G. F. 포조 브라치올리니가 스위스 장크트갈렌에서 비트루비우스의 건축서 사본을 발견하여 이를 기초로 한층 개선된 필사본을 펴낸 적이 있었다. 그런데 이제 1487년에는 비트루비우스가 자신의 책이 활자로 인쇄된 최초의 건축가 가운데 하나가 되었다. 이 새로운 의사 전달 수단이 미친 영향은 엄청났다. 알베르티, 세를리오, 프란체스코 디 조르조, 팔라디오, 비뇰라, 줄리오 로마노 같은 부활된 고대 양식에 대한 건축 이론가들이 하나같이 비트루비우스의 영향을 크게 받은 논문을 내놓았다. 그러나 아무리 뛰어난 건축가라도 이제 그들은 더 이상 숙련된 석공이 아니었다. 그들은 학자였다. 건축도 이제는 석공들의 모임을 통해 전수되는 실용적인 전통의 연장선상에 있지 않았다. 이제 건축은 문자로 쓰는 학문적인 사상이었고, 건축가들은 그냥 건물을 올리는 것이 아니라 이론에 따라 건물을 지었다.

이 시대 건축가들은 새롭게 발견된 몇 가지 흥미로운 사실을 이용할 수 있었다. 먼저 1425년에 피렌체 화가들이 투시도법을 발견하면서 (어쩌면 브루넬레스키 자신이 발견했는지도 모른다) 공간적 관계에 대한 새로운 개념이 생길 수 있었다. 게다가 갑자기 경험에 통일성을 부여하고 완전히 새로운 의미 영역을 열어젖히는 하늘의 계시와도 같은 것이 왔는데, 그것이 바로 화음을 이루는 음정이 정확히 물리적 차원에서의 수에 비례한다는 피타고라스 이론의 재발견이었다. 이것은 완전히 르네상스 시대의 상상력을 사로잡았다. 만일 화음을 이루는 음정의 비율이 물리적인 비율과 같은 것일 수 있다면, 비례를 정하는 일정한 법칙이 있을 뿐 아니라 음악과 건축이 수학적으로 관련이 있을 것이며, 그렇다면 자연은 놀라운 통일성을 보여 주고 있는 것이었다. 그렇다면 여기서 건물도 나름대로 자연과 신의 기본 법칙을 반영할 수 있다는 결론이 나오며, 따라서 완벽하게 균형 잡힌 건물은 신성을 드러내는 것이고, 인간 속에 내재한 신성을 반영하는 것일 터였다.

실제로 이런 이론을 종합한 건축가는 레온 바티스타 알베르티(1404~1472)였다. 알베르티는 스스로가 이상적인 르네상스적 교양인이

220 | 필리포 브루넬레스키, 산토 스피리토 교회, 피렌체, 1436~1482

었다. 뛰어난 기수였을 뿐 아니라 높이뛰기로 사람 키도 넘을 수 있을 정도로 뛰어난 운동선수였던 알베르티는 화가에 극작가이며 작곡가였고, 르네상스 시대에 가장 중요한 책의 하나가 된 것을 쓰기 전에는 회화에 대한 논문도 썼다. 1440년대에 쓰기 시작해 1485년에 나온 그의 『건축에 대하여(De re aedificatoria)』는 활자로 인쇄된 최초의 건축서였다. 그는 수의 조화에 기초해 아름다움을 설명하고, 유클리드 기하학을 이용해 정사각형과 정육면체, 원, 구형(球形)과 같은 기본적인 형태의 사용에 권위를 부여했다. 그리고 건물의 아름다움은 전체적인 조화를 깨뜨리지 않고서는 어느 것 하나 더하거나 뺄 수 없을 정도로 모든 부분이 일정한 비례에 따라 합리적으로 통합된 상태에 있다는 르네상스 건축의 본질을 꿰뚫는 발언을 했다.

알베르티가 보여준 또 하나의 측면은 르네상스 건축에 결정적인 요소일 뿐 아니라 르네상스 시대의 특징이기도 한 개인의 힘과 재능에 대한 관심이었다. 인간은 물론 중세 교회에서 말한 대로 신의 형상을 본떠 창조되었지만, 이제는 강조점이 변해 인간 스스로도 새로이 존엄성을 지니게 되었다. 고전과 기하학, 천문학, 물리학, 해부학, 지리학에서 얻은 지식은 인간이 신과 같은 능력을 지니고 있음을 보여 주었다. 인문주의자들은 '인간이 만물의 척도'라는 고대 그리스 철학자 프로타고라스의 명언을 부활시켰다. 알베르티는 이상적인 형태를 결합하여 완벽한 교회를 창조할 수 있는 조건을 정하면서 그것은 곧 신의 형상을 구체화하는 것이라고 믿었다. 그리고 그 이상적인 형태가 바로 인간의 얼굴이었다. 비트루비우스는 『건축십서』의 제3서에서 건물은 인간 형상이 지닌 일정한 비례를 반영해야 한다고 말했고, 레오나르도 다 빈치는 인체의 비례를 정사각형과 원이라는 이상적인 형태와 연결시켜 그린 그의 유명한 소묘에서 이런 생각을 발전시켰으며, 프란체스코 디 조르조는 인체의 비례를 바로 당시의 건축과 연관시켜, 인체 위에 그리스 십자형 평면에 네이브가 뻗어나간 중앙집중식 교회 형태를 그렸다(사진 221).

알베르티가 지은 건물은 르네상스 시대의 이정표가 되었다. 먼저 그는 피렌체의 산타 마리아 노벨라 교회에 엄격하게 비례를 맞춘 정면(1456~1470)을 덧붙였으며, 이는 모든 정면 가운데 가장 주목할 만한 정면의 하나로 손꼽힌다. 그는 또 새로운 양식의 특징인 수평적 배치를 해치지 않고서 네이브와 그보다 낮은 아일을 연결시키기 위해 이후 건축가들의 용어집에 들어갈 거대한 소용돌이꼴 장식을 설계했으며, 만토바의 산 안드레아 교회(1472~

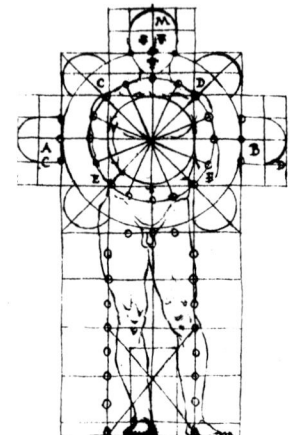

221 | 프란체스코 디 조르조,
중앙집중식 십자형 교회의 평면 위에
인체를 포개놓은 그림

222 | 레온 바티스타 알베르티,
산 안드레아 교회, 만토바,
1472~1494

223 | 레온 바티스타 알베르티, 팔라초 루첼라이, 피렌체, 1446~1457

이런 궁전에서는 흔히 아래층에는 돌을 매끈하게 다듬지 않고 채석장에서 곧장 가져온 돌처럼 거칠게 대충 깎았다 하여 '건목치기'로 알려진 거친 돌을 쌓는 방식을 이용했다. 그리고 꼭대기에는 알베르티가 거의 지붕을 가릴 정도로 크게 앞으로 튀어나온 코니스를 도입했는데, 이것 역시 르네상스 건축의 전형적인 특징이 되어, 궁전이 하나로 집중된 상자와 같은 형태를 지니게 되었다. 피렌체에 있는 궁전 가운데 가장 큰 팔라초 피티(1458~1466; 작가 미상)는 1층에 있는 창문 하나하나가 모두 건목치기로 쌓은 아치 안에 들어가 있다는 특징이 있다. 르네상스 시대의 궁전은 바깥은 거칠게 생겼어도 일단 안으로 들어가면 모든 것이 확연히 달라져, 마치 감옥 같은 겉모습과는 달리 아주 부유한 사람들의 우아하고 화려하며 쾌적한 생활을 위한 시설이 즐비했다(사진 224).

피렌체는 새로운 양식을 육성한 이탈리아의 3대 도시 가운데 첫 번째 도시이다. 두 번째 도시는 로마였고, 세 번째 도시는 베네치아였다. 교황의 후원으로 르네상스가 절정에 달한 1500년 이후의 시기를 우리는 전성기 르네상스라고 부른다. 처음에는 로마에서 일어난 건축적 사건들도 피렌체에서 일어난 사건들과 크게 다르지 않았다. 그러나 르네상스 궁전 가운데 1486년부터 1498년까지 교황 식스투스 4세의 조카 리아리오추기경을 위해 지은 팔라초 델라 칸첼레리아(작가 미상)는 대대적인 건축 운동의 중심지가 피렌체에서 로마로 바뀌

1494; 사진 222)의 정면 대부분은 개선문을 본떠서 지었다. 여기에는 고대 로마의 ABA 모티프가 나타나 있는데, 이 모티프는 이후 르네상스 건물에서 낮은 아치-높은 아치-낮은 아치, 벽기둥-창문-벽기둥, 작은 탑-돔-작은 탑과 같은 형태로 수없이 번안되었다. 그리고 팔라초 루첼라이(1446~1457; 사진 223)에서는 로마의 콜로세움처럼 층마다 다른 기둥 양식(도리아식, 이오니아식, 코린트식)을 썼다. 이 시대에는 또 비트루비우스의 생각 가운데 아주 흥미로운 점이 부활했는데, 그것은 특정 건물에는 특정한 기둥 양식이 어울린다는 것이었다. 그래서 법원이나 남자 성인에게 바치는 교회 같은 남성적인 건물에는 도리아식이 어울리고, 철학자와 학자, 나이 지긋한 여자 성인에게 바치는 교회에는 이오니아식이 어울리며, 성모 마리아와 어린 여자 성인에게 바치는 교회에는 코린트식이 어울린다고 생각했다.

팔라초 루첼라이는 새로운 건물 양식이 된 피렌체의 많은 궁전 가운데 하나였을 뿐이다.

224 | 레온 바티스타 알베르티, 팔라초 베네치아, 로마, 1455년 이후, 안뜰

225 | 도나토 브라만테, 템피에토, 산 피에트로 인 몬토리오 교회, 로마, 1502

었음을 보여준다. 그러나 르네상스 건축의 이론적 규범은 1541년에 소(小) 안토니오 다 상갈로가 짓기 시작해 미켈란젤로가 완성시킨 아름답게 균형잡힌 팔라초 파르네세에서도 뚜렷이 나타났다. 여기서는 반원통형 볼트 천장을 올린 통로가 중앙 출입구를 통해 안뜰까지 쭉 뻗어 있으며, 1층에는 양쪽으로 일직선으로 뻗은 코니스가 달린 창문이 줄지어 늘어서 있지만, 2층에는 삼각형 페디먼트와 반원형 페디먼트가 번갈아가며 창문 위에 얹혀 있다.

로마에서 전성기 르네상스의 초기를 지배한 건축가는 도나토 브라만테(1444~1514)였다. 브라만테는 우르비노 근처에서 자라 화가가 되었으며, 한때 밀라노에서 지내면서 그곳에서 레오나르도 다 빈치를 알게 되었으나, 1499년에 밀라노가 프랑스 왕 루이 12세에게 함락된 후 로마로 자리를 옮겼다. 그는 이미 밀라노에서 선보인 작품에서 알베르티의 영향을 보여준 바 있지만, 그가 역사적인 인물이 된 것은 생애 마지막 12년 동안 남긴 작품 덕분이며, 이때 그는 고대 정신에 깊이 물들게 되었던 듯하다.

알베르티가 정의한 순수 고전주의에 가장 가까운 건물은 브라만테가 1502년에 당시 성 베드로가 순교한 곳이라고 생각되었던, 쟈니쿨룸 언덕에 있는 산 피에트로 인 몬토리오 교회 안뜰에 세운 작은 예배당이다. 이 템피에토(사진 225)는 의식적으로 고대 로마의 베스타 신전을 본떠서 지었다. 안뜰에 우뚝 서 있는 템피에토는 계단을 통해 원형 기단에 올라서면 낮은 난간으로 깔끔하게 마무리된 도리아식 열주랑에 드럼이 둘러싸여 있고, 그 난간 위로 올라온 드럼 위에 전성기 르네상스 건축 가운데 가장 아름다운 걸작이라고도 할 수 있는 돔이 얹혀 있다. 내부는 규칙에 따라 배열되어 있으며, 높은 곳에 위치한 창문은 푸른 하늘이 보이는 것말고는 별로 의미가 없다. 템피에토는 바깥에서 바라보는 건물로 설계되어 전성기 르네상스 건축에서 특징적인 중후한 멋을 느낄 수 있지만, 다음에 올 건축 양식을 생각할 때 떠오르는 공간과 빛의 관점에서 보면 실내의 입체감은 떨어진다. 그러나 이것은 무겁지도 않고, 궁전처럼 오만하거나 위협적이지도 않다. 높이 올린 기단 위에 띄엄띄엄 서 있는 기둥으로 이루어진 열주랑과 위층에 둘러친 깔끔한 난간은 이상적인 건물이라면 갖추고 있어야 할 매력과 우아함, 정교함을 지니고 있다.

브라만테가 여기서 거둔 주목할 만한 성과는 이 건물의 비례 체계는 전체를 해치지 않고서는 아무것도 더하거나 뺄 수 없을 정도로 아주 완벽한 조화를 이루고 있지만 지금껏 전 세계에서 성공적으로 복사된 것을 볼 때 이것이 원래 추구한 개념은 대단한 유연성을 지니고 있는 것으로 드러났다는 것이다. 이것은 기브스가 옥스퍼드에 지은 래드클리프 카메라실(1739~1749)과 혹스무어가 요크셔의 하워드 성에 지은 박물관(1729), 로마의 산 피에트로 성당(1585~1590)과 렌이 지은 런던의 세인트 폴 대성당(사진 227), 파리의 생트 즈네비에브 교회(팡테옹; 사진 289), 워싱턴 DC의 미국 국회의사당(사진 312)에까지 영감을 주었다.

르네상스 시대 로마의 정신적 허세와 세속적 권력을 상징하는 건물은 당연히 새로 지은 산 피에트로 대성당(사진 227)일 것이다. 330년에 지은 옛 바실리카는 성 베드로의 순교가 일어났던 네로의 대원형 경기장이 있던 자리에 세워졌고, 그 옆에는 네로의 대원형 경기장을 세우기 전인 서기 41년에 상나일강에서 가져와 세운 오벨리스크가 서 있었다. 얼마 지나지 않아 이 오벨리스크를 옮겨야 했는데, 이것은 도메니코 폰타나(1543~1607)가 6개월이나 걸려 완성한 대대적인 공사였다고 한다.

그러나 성당 건축도 결코 쉽게 이루어지지는 않았다. 이 건물을 짓는 데에 많은 평면도가 관

226 | 브라만테와 **상갈로**가 그린 산 피에트로 대성당의 평면도

227 | **도나토 브라만테와 미켈란젤로** 등이 지은 산 피에트로 대성당, 로마, 1626년 봉헌

228 | 미켈란젤로, 산 로렌초 교회 부설 도서관인 비블리오테카 라우렌치아나로 올라가는 계단, 피렌체, 1524

련되었고, 구조 이론에 대한 논쟁도 많았다. 초석은 1506년에 놓았으나 건물은 1세기도 더 지난 1626년에야 완성되었고, 건축가만 하더라도 브라만테(이 작업을 시작했을 때 그의 나이가 60세였다)에서 라파엘로와 페루치, 소 상갈로, 미켈란젤로, 비뇰라, 델라 포르타, 폰타나, 카를로 마데르나(1556~1629)에 이르기까지 전성기 르네상스 건축가가 모두 동원되었다 해도 과언이 아닐 정도였다.

브라만테가 원래 계획한 평면(이에 대해서는 당연히 브라만테와 레오나르도 다 빈치가 함께 상의했을 것이다. 레오나르도의 스케치북에서는 그리스 십자가 평면 위에 다섯 개의 돔을 얹은 성당의 설계도가 보인다)은 중앙에 있는 반구형 돔을 네 개의 거대한 지주가 떠받치고 있는 사각형에 그리스 십자형을 포개놓은 형태였다(사진 226). 사각형을 넘어 앱스에서 네 방향으로 뻗어나간 부분에는 4개의 작은 그리스 십자형 부속 예배당이 들어서고, 이 예배당에는 모두 작은 돔을 얹게 되어 있었으며, 사각형 모서리에는 탑이 올라가 있었다. 브라만테는 이 시대에 사용된 어느 것보다도 거대하고 웅장한 지주와 아치에 로마의 콘크리트를 실험했다. 라파엘로는 브라만테에게 작업을 인계받았으나, 중요한 것은 하나도 기여한 것이 없다. 돔을 올리기 위해 지주를 강화하고 네이브 볼트와 펜던티브를 지어 작업을 더욱 진척시킨 것은 줄리아노 다 상갈로(1445~1516)였다. 그는 돔의 설계를 고전적인 반구형에서 리브에 의해 분절된 반구형으로 변경했으며, 이것은 원래 브라만테가 의도한 것보다 9미터쯤 높았다(사진 226).

그러나 자코모 델라 포르타(1537년경~1602)와 도메니코 폰타나(1543~1607)가 최종적으로 완성시킨 돔은 사실 화가이자 공병학자였고 말년에는 조각으로 방향을 돌린 72세의 미켈란젤로가 설계한 것이었다. 미켈란젤로는 영감을 얻기 위해 피렌체로 돌아가 브루넬레스키의 돔을 보았다. 그가 설계한 구조는 먼저 두 겹으로 되어 있고, 안은 거의 벽돌이며, 3개의 쇠사슬로 묶은 리브에 의해 지탱되는 등분된 오렌지 껍질 같은 형태라는 점에서 피렌체의 돔과 비슷한 점이 많다.

229 | 미켈란젤로, 메디치 가의 예배당, 산 로렌초 교회, 피렌체, 1519

230 | 줄리오 로마노, 팔라초 델 테, 만토바, 1525~1534, 마니에르스모 양식으로 불규칙하게 배열해 놓은 기둥과 금방이라도 떨어질 것 같은 아치의 이맛돌이 보이는 안뜰

그럼 미켈란젤로가 기여한 것은 무엇일까? 입체적인 조각가의 눈으로 미켈란젤로는 당시 집착하던 비례를 무시하고 나중에 바로크 시대에 활발히 실험하게 될 새로운 공간과 규모의 개념을 열었다. 그가 건축에 이르게 된 것은 결국 조각을 통해서였다. 그는 브루넬레스키가 지은 피렌체의 산 로렌초 교회에 메디치 가의 묘소로 사용하기 위해 증축한 예배당(1519~ ; 사진 229) 둘레에 밤과 낮, 황혼과 새벽을 나타내는 자신의 인물상을 세우기 위한 배경을 마련했다. 그러나 그의 재능과 독창성은 몇 년 지나지 않아 산 로렌초 교회 부설 도서관인 비블리오테카 라우렌치아나에 대한 그의 설계도에서 명백하게 드러나게 된다(1524). 여기서의 과제는 아래층에 있는 현관에서 들어가는, 긴 날개가 있는 도서관을 설계하는 것이었다. 그는 여기서 르네상스의 균형 잡힌 비례를 재창조하려는 시도 따위는 전혀 하지 않았다. 오히려 그와는 반대로 높고 좁은 건축물 전실에서 길고 낮은 방이 뻗어나가게 함으로써 두 요소의 불균형을 강조했다. 앞으로 살펴보겠지만, 후기 르네상스 시대에 유행한 마니에리스모 양식(영어로는 매너리즘)에서는 방이나 뜰 또는 거리가 터널처럼 보이게 하려고 쇠시리나 장식에 있는 선으로 원근감을 강조하는 기교를 부렸다. 바사리는 이것을 피렌체의 우피치 궁(1560~1580)에 교묘히 이용해, 이곳에 들어서면 ABA 형식으로 짜여진 통로를 따라 저 멀리 아르노 강까지 빨려들어갈 것 같은 느낌이 들게 했다. 미켈란젤로는 독서실에 반드시 필요한 차분하면서도 빛으로 가득 찬 분위기를 만들기 위해서 노력했으며, 이와 같은 독서실은 이후 수많은 대학 도서관의 모델이 되었다. 아무것도 지탱하지 않지만 벽 위로 반쯤 올라와 위층임을 말해주는 기둥과 3중 계단이 있는 대기실은 아주 독창적이다(사진 228).

팔라디오 등에 의해 널리 채택된 미켈란젤로의 또 하나의 특징은 2층 이상 올라가고 때로는 건물의 정면 끝까지 올라가기도 하는 '거대한 기둥' 양식을 창조한 것이다. 이것은 미켈란젤로가 1539년부터 개조하기 시작한 로마의 캄피돌리오 광장 주변에 있는 궁전에서 가장 잘 볼 수 있다. 이 개조 작업은 로마에 가장 멋진 광경을 선사했던 이곳의 낡은 궁전을 복원하는 작업이었다. 로물루스와 레무스가 발견되었고 로물루스가 로마를 건설했다는 지점에 미켈란젤로는 로마의 수호신인 카스토르와 폴룩스의 고대 조각상 사이를 지나 사다리꼴 광장으로 올라가는 얕은 계단으로 이루어진 넓은 경사로를 만들었다. 이 광장에는 잔물결 이는 연못 모양(이 모양은 르네상스 건축에서 처음 사용되었다)의 타원형 포장도로 위에 창공에 빛나는 별처럼 방사상으로 뻗어나간 별이 흰 돌로 새겨져 있다. 그리고 광장 끝을 가로막

231 | **발다사레 페루치**, 팔라초 마시모 알레 콜론네, 로마, 1532~

고 있는 팔라초 델 세나토레(1600년에 완성)와 그 좌우로 도열하듯 길게 서 있는 두 궁전에서는 거대한 기둥과 벽기둥이 몇 층 높이로 올라가 있다.

미켈란젤로는 이렇게 고전적인 모티프를 독창적으로 사용함으로써 르네상스 예술에 마니에리스모라는 새로운 전기를 마련했다. 16세기 말에 유행한 이 양식은 고전적인 규칙을 의도적으로 무시하고 경멸했다. 자코포 산소비노(1486~1570)와 발다사레 페루치(1481~1536), 세바스치아노 세를리오(1475~1554)는 이런 경향을 대표하는 인물이다. 그러나 라파엘로의 제자이며 최초의 로마 출신 르네상스 예술가인 줄리오 로마노(1492~1546) 역시 어느 누구 못지 않게 고전주의와 재미있는 게임을 벌인 마니에리스모의 거장이었다. 예를 들어 만토바 성당(1545~1547)에서 그는 규칙을 지키기 위해서 노력했지만 그에 못지 않게 그것을 깨기 위해서도 엄청난 지적 노력을 기울였다. 마니에리스모 예술가들은 고전적인 세부 장식을 가지고 그들끼리 일종의 농담을 주고받았다. 로마노가 공작 페데리코 곤차가 2세를 위해 지은 만토바의 팔라초 델 테(1525~1534)의 안뜰에서 아키트레이브에서 몇 개의 이맛돌을 금방이라도 떨어질 것처럼 장치했을 때, 그는 자신이 구조의 안전을 해치고 있는 것이 아님을 너무도 잘 알고 있었다. 그는 그저 뭘 모르는 풋내기들이 그것을 보고 모골이 송연해지기를 바랐을 뿐이다(사진 230). 이런 책략은 그가 만토바의 팔라초 듀칼레를 위해 설계한 코르틸레 델라 카발레리차(1538~1539)에서 절정에 달했다. 여기서는 아치가 마구 울퉁불퉁하게 건목치기가 되어 있고, 현기증이 날 정도로 아찔한 원주는 마치 몸에 감겨 있는 천을 벗어던지려고 발버둥치는 미라처럼 보인다.

이보다 훨씬 심한 마니에리스모 건물은 페루치가 1532년부터 짓기 시작한 로마의 팔라초 마시모 알레 콜론네(사진 231)이다. 이것은 정면이 아주 혁명적인데, 정면이 불룩하게 곡선을 그리며 돌출되어 있기 때문이다. 이 정면은 안으로 쑥 들어간 정문 입구에 한 쌍의 기둥과 또 하나의 기둥이 가운데 공간을 두고 양쪽으로 불규칙하게 배열된 주랑 현관에 의해 가운데가 벌어져 있다. 그리고 정면 윗부분을 보면 2층에 난 창문은 예외적이지 않지만 그 위에 난 두 열의 창문은 정면에서 납작한 직사각형 모양으로 파낸 구멍에 마치 사진틀과 같은 창틀을 둘렀고, 그 중에서도 아래층에 있는 창문의 창틀은 마치 둘둘 말린 양피지 같은 모양의 쇠시리로 장식되어 있다. 안뜰의 내부는 훨씬 인상적이지만 여전히 당대로선 기묘하게 현대적인 외관을 지니고 있다. 한쪽 끝에 있는 로지아는 꽤 간격을 두고 서 있는 단 두 개의 커다란 토스카나 기둥으로 이루어져 있으며, 그 안으로 보이는 개방된 넓은 홀에는 정면 입구에서 들어가는 통로가 뒤쪽으로 이어지고 왼쪽에는 위층으로 올라가는 계단이 있다. 이런 로지아는 위층 발코니에서도 그대로 반복되며, 여기서는 기둥 사이로 소란반자로 장식된 천장과 저 멀리 출입구가 살짝 보인다. 정면 전체는 흔히 기대하는 것보다 훨씬 대담하고 불규칙하여, 마니에리스모의 사사로운 농담을 넘어서서 미켈란젤로의 작품에서 볼 수 있는 것과 같은 새로운, 더 넓은 캔버스로 나아가려는 충동이 엿보인다.

자코모 다 비뇰라(1507~1573)는 마니에리스모를 대표하는 또 하나의 위대한 건축가이다. 비뇰라가 예수회를 위해 세운 일 제수 교회(1568~1584; 사진 232, 233)는 이후 많은 교회의 본보기가 되었으며, 이 교회의 서쪽 정면은 델라 포르타가 지었지만 설계는 비뇰라가 한 것이다. 그러나 그의 작품이 당대 가장 뛰어난 상상력을 보여주는 웅장하고 화려한 건물 가운데 끼게 된 것은 그가 카프라롤라에 지은 팔라초 파르네세(1547~1549) 덕분이었다. 이것은 오각형 평면 위에 원형 코르틸레(건물로 둘러싸인 안뜰)와 원형 계단, 테라스, 한 쌍의 타원형 계단, 정원, 해자와 같은 아주 독창적인 요소들을 결합하여 지은 건물이다.

세 번째 르네상스 건축의 중심지는 베네치아와 그 주변 지역이었다. 여기서는 대표적인 인물이 안드레아 팔라디오(1508~1580)이다. 그는 엄격하고 정확한 고전주의자였다. 그는 비첸차 근처에 지은 빌라 카프라(또는 빌라 로톤

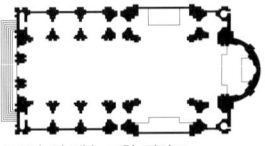

232 | 일 제수 교회, 평면도

233 | **자코모 다 비뇰라**와 **자코모 델라 포르타**, 일 제수 교회, 로마, 1568~1584

234 | 안드레아 팔라디오, 빌라 카프라(로톤다), 비첸차, 1565~1569

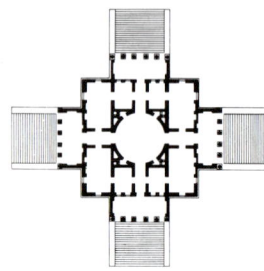

235 | 빌라 로톤다, 평면도

다)에서 엄격하게 알베르티의 규칙과 정신에 따라 세속적인 목적을 위한 이상적인 장소를 창조해냈다(사진 234, 235). 그러나 그가 고전주의 원칙을 지배한 것이지 고전주의 원칙이 그를 지배한 것은 아니었다. 그는 마치 비트루비우스와 고대의 모델에서 고전주의의 정수만을 뽑아 순수한 무채색의 결정체를 빚어내는 것 같았다. 그가 지은 건물은 차가우면서도 밝게 빛나는 다이아몬드와 같은 우아함을 지니고 있었다. 베네치아에 있는 두 교회를 제외하면, 그가 지은 건물은 모두 비첸차 부근에 있다. 이것들은 모두 세속적인 건물인데, 이는 전과 달리 16세기부터는 종교적인 건물보다 세속적인 건물이 더 중요한 건물로 부상한 시대의 흐름을 반영하는 것이었다. 분명히 그가 1570년에 낸 건축에 관한 논문 『건축 4서(I quattro libri dell' architettura)』가 널리 유포된

탓이겠지만, 그의 작품은 특히 18세기 조지 왕조 시대의 영국 건축가들과 토머스 제퍼슨을 비롯한 미국 건축가들 그리고 러시아 건축가들을 포함해 다른 나라에까지 지대한 영향을 미쳤다. 흔히 그를 고전주의의 상징이라고 말하는 것은 그가 가장 높이 평가받는 르네상스 건축의 두 가지 특징인 정확성과 중앙집중식 평면을 보여주었기 때문일 것이다. 그러나 그가 지은 건물에 때로 엄격하고 형식적인 고전주의 건물에서는 느낄 수 없는 따뜻한 인간성이 배어 있는 것은 그가 이런 특성을 아주 자연스럽게 성취한 탓이었다.

빌라 로톤다의 평면도를 보면, 돔을 얹은 원형 방이 높이 올린 사각형 안에 있고, 이 사각형 건물로는 사방으로 길게 나 있는 계단을 통해 들어가게 되어 있어, 한눈에도 살기는 별로 편하지 않았으리라는 생각이 든다. 그러나 우

236 | 안드레아 팔라디오,
일 레덴토레, 베네치아, 1577~1592

리는 제퍼슨이 몬티첼리에 지은 로톤다(사진 309)에서는 이 문제를 어떻게 해결했는지 보게 될 것이다. 사방으로 완벽한 대칭이 편안함을 해칠지는 모르나, 그 외관과 그것이 펼쳐 보이는 전원 풍경의 아름다움과 우아함은 말할 필요도 없을 것이다.

비첸차의 바실리카(팔라초 델라 라조네; 1549)로, 팔라디오는 유럽에서 가장 유행하는 건축적 모티프인 팔라디오 모티프라는 것을 선보였다. 이것은 아치 모양의 창문이나 개구부를 가운데 두고 그 좌우에 사각형의 창문을 배치하는 것인데, 이는 수세기 동안 큰 저택에서 널리 쓰인 가장 효과적인 특징 가운데 하나가 되었다. 그리고 다른 많은 빌라에서는, 일반적인 평면도의 개념을 확장시켜 그 안에 부속 건물과 조경까지 포함시킴으로써, 18세기 조경 건축 운동이 일어날 수 있는 발판을 마련해 주었다. 작품이 비교적 작은 영역에 집중되어 있으면서도 건물과 주변 환경에 그처럼 세계적인 영향을 끼친 건축가는 아마 드물 것이다.

팔라디오가 베네치아에 지은 두 교회는 산 조르조 마조레 교회(1565~1610)와 일 레덴토레 교회(1577~1592; 사진 236)였다. 주데카 운하 가장자리에 위치한 일 레덴토레 교회는 한바탕 끔찍한 악몽과도 같았던 페스트가 지나간 것을 하늘에 감사하며 베네치아 정부가 세운 것이다. 이 튼튼하게 생긴 인상적인 건물은 신전 정면이 여러 개 겹쳐 있는 듯한 독특한 모양의 서쪽 정면 위로 돔이 올라가 있고, 그 양옆에 작은 뾰족탑이 서 있다. 거대한 기둥과 작은 기둥을 동시에 사용한 이런 독특한 구성은 단순한 마니에리스모를 넘어선 독창적인 요소이다.

14 알프스 산맥을 넘어서 : 르네상스의 확산

이탈리아 르네상스 양식이 알프스 산맥을 넘는 데는 오랜 시간이 걸렸다. 그래서 막상 그런 일이 일어났을 때 이탈리아에서는 이미 16세기 마니에리스모 양식의 도전과 17세기 바로크 양식의 과장된 기교가 새로운 관심사로 떠오르고 있었다. 그러나 그때까지도 유럽 대부분의 나라에서는 그들 나라에서 발전시킨 그들 고유의 고딕 양식을 갈고 닦느라 여념이 없었다. 민족주의가 발흥하고 있었던 것이다. 1519년에는 영국의 헨리 8세와 이탈리아와 독일의 많은 공국을 장악하고 있던 합스부르크 왕가의 스페인 왕 찰스 5세 그리고 프랑스의 프랑수아 1세가 서로 자신이 신성 로마 제국의 황제라고 주장했다. 그리고 이어 헨리 8세의 딸 엘리자베스 여왕은 대서양을 가로질러 신세계로 탐험대를 보내면서 영국을 유럽은 물론 유럽 너머에까지 세력을 떨치는 주요 강국의 자리에 올려놓았다. 펠리페 2세 치하에서 잠시 통일된 스페인과 포르투갈 역시 아메리카에 있는 자신의 황금 지대를 더욱 확장시키려고 했다. 또한 프랑스에서는 리슐리외와 마자랭, 콜베르로 이어지는 재상들이 절대군주제를 확립한 덕분에 루이 14세(1643~1715)는 자신을 태양왕이라 부르며 "짐이 곧 국가다"라고 말할 수 있었다.

이 모든 것은 건축의 변화에도 영향을 미쳤다. 루이 14세 시대 이전에 프랑수아 1세는 사냥이나 즐기며 편히 귀족적인 생활을 누릴 수 있는 루아르 강 유역에서 시끌벅적하고 정치의식이 강한 파리로 수도를 옮겼다. 그리하여 왕의 궁정이 법률과 상업뿐 아니라 예술과 사회 기반 시설(도로와 운하, 산림 등)에서도 프랑스의 중심지가 되었다. 이런 상황은 건축가의 지위에도 영향을 미쳤다. 1660년대에 루브르 궁에 새로 덧붙일 동쪽 날개의 설계를 맡은 클로드 페로(1613~1688)는 나라의 녹을 먹는 정식 공무원이 되었다. 영국에서도 건축가에게 공식적인 지위를 부여하면서, 오랫동안 숙련된 석공들이 왕 밑에서 일했지만 1615년에 이니고 존스가 왕궁의 공사 감독관이라는 공식 직함을 받았다.

16세기부터 18세기까지 이탈리아 양식의 수입에 걸림돌이 된 것은 민족주의만이 아니었다. 여기에는 종교적인 문제도 있었다. 프로테스탄티즘을 받아들인 북부 지역에 있는 나라에서는 후기 이탈리아 르네상스에서 나타난 가톨릭의 정서가 매력적으로 다가오지 않았고, 심한 경우 그것을 배척하기까지 했다. 이 시대의 유럽은 종교적인 갈등과 전쟁에 시달리고 있었다.

이러한 나라의 건축에 일어난 일은 단순히 이 정도였다. 마니에리스모 양식을 추구한 이탈리아 건축가들은 규칙을 깨는 걸 즐겼는지 몰라도, 알프스 산맥 너머에 있는 나라들은 사정이 달랐다. 그들은 고전적인 규칙도 몰랐을 뿐더러 깰 규칙이 있다는 것도 몰랐기 때문이다. 처음에 프랑스로 건너간 르네상스 건축의 세부 장식과 무늬, 구조는 유럽 전역에 서서히 스며들어갔다. 그리고 때로는 르네상스 건축이 그 나라에 어울리도록 잘 번안되기도 했지

237 | **프란체스코 프리마티초**
등이 장식한 프랑수아 1세 갤러리, 샤토 드 퐁텐블로, 프랑스, 1530년대

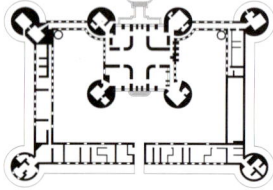

238 | 샤토 드 샹보르, 프랑스, 1519~1547

239 | 샤토 드 샹보르, 평면도

240 | 샤토 드 샹보르, 이중 계단

만, 대개는 그대로 복사되거나 기본적으로는 고딕 양식인 건물에 전혀 어울리지 않게 덧붙여졌을 뿐이다.

루아르 강 유역에 있는 프랑수아 1세의 샤토(성) 가운데 하나인 샤토 드 샹보르(1519~1547; 사진 238, 239)도 그런 예 가운데 하나이다. 이것은 언뜻 보면 르네상스적 관점에서도 평면의 대칭성이 완벽해 보인다. 중앙집중식은 아니어도 직사각형 안에 정사각형이 놓여 있는 꼴이기 때문이다. 게다가 이탈리아 궁전처럼 3면이 날개로 둘러싸인 안뜰은 정면에 있는 중앙 출입구를 통해 들어간다. 그러나 여기서 입구 정면의 3분의 2는 그냥 칸막이일 뿐이고, 실제로 가족이 사는 생활 공간은 코르 드 로지, 즉 본채뿐이다. 그렇다면 이제 우리는 이것이 기본적으로는 영국 고딕 성채와 같은 평면 위에 있음을 알 수 있다. 그러니까 코르 드 로지는 아성이고 안뜰은 성벽에 둘러싸인 베일리인데, 여기에 안뜰의 양쪽 귀퉁이와 코르 드 로지의 네 모퉁이에 탑을 올려 르네상스 식으로 대칭을 이루게 했을 뿐이다.

그런데 이런 대칭성 말고 여기에 다른 르네상스적 요소는 없을까? 1층에 길게 늘어선 아케이드와 위층에 나란히 줄지어 있는 창문에서 우리는 르네상스 건축의 특징인 수평성을 발견할 수 있다. 그러나 이탈리아 궁전이었다면 층마다 기둥 양식을 달리해, 예를 들면 한 줄은 창문의 좌우에 쌍기둥을 올리고 다른 줄은 중간에 붙박이 벽기둥만 올리는 식으로 층마다 창문의 모양을 달리했을지 모르나 여기서는 창문이 모두 똑같고, 또한 정면에 수직으로 줄무늬가 생기도록 창문을 배치하여 수평성 못지 않게 수직성도 강조하고 있다. 지붕은 또 어떤가? 지붕이 난간에 가려 잘 보이지 않기는커녕 가파르게 올라간 지붕에 점점이 지붕창까지 박혀 있다. 물론 모퉁이에 있는 작은 탑과 특히 가운데 있는 코르 드 로지 위에는 박공과 굴뚝, 채광창, 꼭대기 장식 등 르네상스 건축에 특징적인 세부장식이 많다. 그러나 이탈리아에서라면 서로 앞다투어 제멋을 뽐내는 이런 혼잡스런 스카이라인이 가능했을까? 이건 꼭 왁자지껄한 소음만 들리는 장날 시장 속 같다. 이것을 설계한 도메니코 다 코르도나(여기에 참여한 건축가 가운데 유일하게 이름이 알려진 건축가)가 아무리 세련된 이탈리아 장식으로 위장을 하려 했어도, 이것은 아주 중세적이고 프랑스적인 지붕이다.

그럼 공학적 측면에서는 작은 기적과도 같이 유별난 나선형 이중 계단(사진 240)은 어떤가? 이것은 코르 드 로지 안에 있는 그리스 십자형

241 | 샤토 드 블루아, 북서쪽 날개, 프랑스, 1515~1524

기 성을 짓게 한 여러 이탈리아 건축가 가운데 한 사람이었을 뿐이다. 레오나르도는 그 성을 짓기 시작한 1519년에 샹보르에서 40킬로미터 떨어진 곳에서 세상을 떠났다. 이탈리아에서 신성 로마 제국의 황제 찰스 5세와 프랑스의 프랑수아 1세 사이에 벌어진 전쟁도 그를 프랑스에 오게 한 이유 가운데 하나였다. 그러나 프랑수아의 제안도 아주 매력적이었다. 왜냐하면 교황궁 말고는 그렇게 파격적인 지원을 제안한 곳이 없었기 때문이다. 후에 유럽에 큰 영향을 미치게 될 마니에리스모 작가 세바스티아노 세를리오(1475~1554)도 1540년에 프랑스 궁정에 와서 죽을 때까지 이곳에 머물렀다. 그리고 그야말로 오로지 높고 가파른 지붕을 좋아하는 프랑스인의 취향에 밀려 1546년에 샹보르와 비슷한 형태로 샤토 드 앙시르 프랑을 설계하고, 여기에도 지붕창을 냈다. (이중 경사가 져서 바로 지붕 밑에까지 방을 들일 수 있게 된 망사르드 지붕은 그것을 발명한 건축가 프랑수아 망사르의 이름을 본떠서 지었을 정도로, 프랑스인에게는 지붕이 중요했다.)

현관의 교차부에 서 있는 새장 같은 석조 건축물로, 배럴 볼트로 된 타원형 천장을 뚫고 바깥으로 나온 채광창까지 올라가 있다. 그런데 이것을 지탱하는 기둥이 고딕 버팀벽과 공통점이 있긴 해도, 안으로 들어가거나 밖으로 도망치는 사람이 같은 계단을 오르내리면서도 서로 보지 못하고 지나칠 수 있게 한 재치 있는 설계는 르네상스적 음모에 의해서만 가능했을 것이다. 실제로 레오나르도 다 빈치도 이런 계단을 스케치해놓은 것이 있다.

레오나르도는 프랑수아 1세가 불러들여 자

1532년에 온 이탈리아 화가 프란체스코 프

242 | 필리베르 드 로름, 생테티엔 뒤 몽, 주베(칸막이), 파리, 1545

243 | 오트하인리히스바우, 하이델베르크 성, 독일, 1556~1559

리마티초(1504~1570)는 팔라초 델 테에서 함께 일한 줄리오 로마노의 친구였다. 그는 생명력 넘치는 샤토 드 퐁텐블로(사진 237) 안에 프랑수아 1세 미술관을 만들었다. 스트랩워크가 여기서 처음 사용되었는데, 둘둘 말린 가죽 모양의 이 치장 벽토 세공은 결국 알프스 산맥 너머에서 전개된 르네상스 예술, 그 중에서도 특히 북해 연안의 저지대에 있는 나라들과 스페인에서 가장 널리 쓰인 모티프가 되었다.

프랑수아 1세는 르네상스 건축 양식의 중요한 후원자였다. 그는 샹보르와 블루아, 퐁텐블로와 같은 루아르 강 유역에 있는 궁전과 (파리로 수도를 옮긴 후에는) 루브르 궁전에 있는 르네상스 작품 가운데 많은 것을 의뢰했다. 금융업을 하는 부르주아 가문인 보이에 가에서는 샤토 드 슈농소(1515~1523; 사진 244)와 샤토 드 아제르리도(1518~1527)를 의뢰했다. 샤토 드 슈농소는 원래 고딕 성곽의 아성에서 유래한 단순한 코르 드 로지로 이루어져 있었으나, 1556~1559년에 필리베르 드 로름(1514~1570)이 앙리 2세의 정부 디안 드 푸아티에의 주문으로 흰 돌로 5개의 아치로 이루어진 화려한 다리를 덧붙이고 다시 여기에 장 뷜랑이 1576~1577년에 3층짜리 미술관을 덧붙여, 청록색 잔물결이 이는 물가에서 황홀한 모습을 뽐내게 되었다. 샤토 드 블루아에서 관심을 끄는 것은 말할 필요도 없이 르네상스 양식의 모티프로 가득 찬 북서쪽 날개(1515~1524)와 후에 프랑수아 망사르(1598~1666)가 지은 남서쪽 날개(1635~1639)일 것이다. 루이 12세가 1498년에 짓기 시작한 이 성에 프랑수아가 덧붙인 북서쪽 날개는 정원을 따라 길게 늘어선 아케이드로 된 갤러리로 수평성이 강조되어 있다. 그런데 여기서도 팔각형 탑 안에 휜히 트인 나선형 계단이 올라가 있다(사진 241).

244 | 샤토 드 슈농소, 루아르 강 유역, 프랑스, 1515~1523, 다리는 **필리베르 드 로름**의 작품(1556~1559), 갤러리는 **장 뷜랑**의 작품(1576~1577)

르네상스 사상이 예술가의 왕래를 통해서만 유럽의 다른 지역으로 스며들어간 것은 아니다. 어떤 사상은 종이에, 즉 당시 이탈리아에서 풍성하게 나온 도안집을 통해 표현되었다. 알프스 산맥 너머에 있는 건축가들은 대부분 고대 유적을 본 적도 없고 거기서 나온 르네상스 건축을 본 일도 없어 이런 책에 크게 기댈 수밖에 없었고, 따라서 고전의 부활에 대한 참된 이해 없이 대충 여기저기서 뽑은 아이디어를 아무렇게나 사용하는 일이 너무 자주 일어났다. 그러나 때로 건축가에게 독특한 기호가 있는 경우, 전혀 어울릴 것 같지 않은 요소들이 아주 멋들어지게 결합되는 일도 있었다.

245 | 클로드 페로, 루브르 궁전, 파리, 1665, 동쪽 정면

필리베르 드 로름은 도안집과 몇 번의 이탈리아 여행 경험을 토대로 그런 독창성을 발휘할 수 있었다. 그는 1545년에 파리에 있는 생테티엔 뒤 몽 교회에 고딕 양식의 네이브를 가로질러 발코니가 있는 아주 멋진 칸막이를 지었다(사진 242). 주베라 불리는 이 칸막이에는 기둥을 둥글게 감싸고 올라가는 계단을 통해 좌우 양쪽에서 올라갈 수 있었다. 아주 파격적인 이 칸막이의 참신한 매력은 르네상스 시대를 풍미했던 자유로운 접근 방식에서 비롯되었지만, 자세히 보면 도림질 세공 무늬는 고딕

246 | 엘리아스 홀, 병기고,
아우크스부르크, 독일, 1602~1607

양식에서 유래한 것임을 알 수 있다.

그러나 알프스 산맥 너머에 있는 건축가들이 모두 로름과 같은 천재성을 지니고 있었던 것은 아니다. 많은 건축가들이 구조와 비례, 규모에 관계없이 무조건 갖다붙이는 식으로 기둥 양식을 오용하고 남용했다. 게다가 건축적 토대에 대한 설명 없이 장식만 소개한 도안집이 나돌기 시작하면서 알맹이 없이 겉모습만 모방하는 사례가 더욱더 늘었다. 특히 북해 연안의 저지대에 있는 나라들과 독일에서 이런 일이 많았는데, 네덜란드의 코르넬리우스 플로리스(1514~1575)와 브레데만 드 브리스(1527~1606)가 그런 건축가 가운데 하나라면, 1593년에 도안집을 낸 독일의 벤델 디테를린도 마찬가지였다. 디테를린이 납작한 벽면에 투사하려고 했던 괴기스런 악마적 환상은 하이델베르크 성에 있는 오트하인리히스바우(1556~1559)에서 볼 수 있는 것과 같은 결과를 낳았다(사진 243). 이것은 힌두교의 고푸람처럼 뒤틀린 인물상으로 가득 차 있다.

이 밖에도 평면적인 그림책에서 건축 양식을 배울 때 나타날 수 있는 맹점은 또 있다. 여기서 우리는 아직도 많은 건축가가 외부에서 이 세계로 들어오고 있었다는 점을 일단 기억해야 한다. 프란체스코 프리마티초는 화가였고, 이니고 존스는 가면극 연출가였으며, 후에 루브르 궁전의 날개 부분(사진 245)을 지은 클로드 페로는 사실 의사였다. 진정으로 위대한 건축에 기여하는 안과 밖의 관계는 쉽게 이루어지지 않으며, 모든 건축가가 입체적으로 생각할 수 있는 능력을 지닌 것도 아니다. 따라서 아무리 독창적으로 사용했어도 그림책에서 발전한 어떤 정면은 생명력이라고는 조금도 없이 납작한 모습을 그대로 간직하고 있다. 페로는 2층에 거대한 쌍기둥으로 이루어진 로지아를 지으려고 높은 1층을 기단처럼 처리함으로써 건축사에 남을 만한 획기적인 시도를 했지만, 루브르 궁전의 정면은 이런 그림책에서 봄직한 취향을 드러내고 있다.

그러나 다행히 이쯤에서 기묘하게 독창적인 것이 나타나 이야기는 밝아진다. 1600년경에 아우크스부르크 시 건축가인 엘리아스 홀(1573~1646)이 베네치아에 갔다가 마니에리

247 | 살라만카 대학, 스페인,
1514~1529, 주요 정면의 출입구

248 | **후안 바우티스타 데 톨레도와 후안 데 에레라**, 에스코리알 궁전, 스페인, 1562~1582

서진 페디먼트로 처리되어 있는데도 병기고는 한눈에도 아주 당당해 보인다.

모티프의 무차별적인 사용과 고전적인 양식으로 지으려는 진지한 노력 사이의 갈등은 다른 나라에서도 나타났다. 스페인에서는 이사벨 여왕 시대의 고딕 양식에서 곧바로 플라테레스코 양식이 나왔는데, 은세공사가 납작한 벽면에 얇은 부조로 정교하고 세밀한 장식을 한 것 같다 하여 이런 이름이 붙은 이 양식은, 그러나 더욱 많은 모티프의 혼합일 뿐이었다. 그래서 토마르 수도원에서 볼 수 있는 항해 장면으로 뒤덮인 바깥면이 다수의 인문주의자를 배출한 살라만카 대학(1514~1529; 사진 247)의 고전적인 출입문에서도 다시 모습을 나타내는 일이 벌어졌다.

종교적인 감정을 가장 간결하고 차갑게 표현하는 일은 스페인에서도 일어났는데, 이것은 종교개혁을 지향하는 청교도가 아니라 종교개혁에 반대하는 가톨릭교(뿐만 아니라 펠리페 2세의 무뚝뚝한 성격)에 뿌리를 두고 있었다. 아주 금욕적인 교황 피우스 2세는 방탕한 로마의 르네상스 교회를 정화하는 데 열중했고, 참회 정신은 신성 로마 제국 황제인 카를 5세에까지 퍼져, 그는 1555년에 황제의 자리를 버리고 여생을 수도원에서 보냈다. 그의 아들 펠리페 2세도 예외는 아니어서, 그는 아버지의 건축 양식에 따라 당시 이탈리아에서 발달하고 있던 정교한 양식을 피하고, 1562년에 예배당을 중심으로 주변에 수도원과 대학이 있는 궁전을 짓기 시작했다. 여기에는 물론 마니에리스모적인 가벼운 농담이 들어설 여지가 없었다.

스모적인 취향을 가지고 돌아왔다. 그리고 그와 동시대인인 야코프 반 캄펜(1595~1657)은 왕궁으로 사용해도 좋을 만큼 기품 있는 고전적인 암스테르담 시청 건물(1648~1665)을 지었다. 그러나 홀은 그가 지은 아우크스부르크 시청 건물(1615~1620)에서, 코르넬리스 플로리스가 안트웨르펜에서 한 것처럼, 꼭대기층 전체를 회의실로 만드는 대담한 시도를 했고, 거기에 양쪽에 늘어선 창문과 건물에 칠한 하얀색으로 건물을 빛으로 가득 채웠다. 하지만 이보다 훨씬 독창적인 솜씨가 발휘된 것은 아우크스부르크 병기고(1602~1607; 사진 246)일 것이다. 그는 대담하게 전통적으로 박공벽이 거리를 향해 있어 좁고 길게 올라간 독일 주택의 특징을 그대로 유지했다. 그러나 아주 마니에리스모적인 방식으로 창틀은 창문 양쪽에서 잡아떼어 놓은 것 같고 박공벽 또한 끝에 가서는 가운데 알뿌리 모양 장식을 올려놓은 부

249 | **로버트 스미스슨**, 울러턴 홀, 노팅엄셔, 1580~1588

250 | 디에고 데 실로에, *에스칼레라 도라다(황금 계단)*, 부르고스 대성당, 스페인, 1524

마드리드에서 48킬로미터 떨어진 쓸쓸한 평원에 있는 광석 찌꺼기 더미 위에 지어졌다 하여 에스코리알 궁전(사진 248)이라 불리는 이 궁전은 우르비노의 다른 궁전들처럼 마을을 굽어보고 있지만, 그 방식은 아주 달라서 을씨년스런 절벽 같은 기단과 유별나게 높게 낸 창문이 언뜻 감옥 같은 인상을 준다. 거기에 육중하게 높은 벽이 안뜰과 건물로 이루어진 건물 복합체를 둘러싸고 있으며, 그 중심에 있는 페디먼트를 올린 고전적인 주랑 현관은 이 궁전의 모델이 된 솔로몬 신전의 지성소 자리의 예배당 위치를 말해준다. 이런 간결한 모습이 의도된 것임은 펠리페 2세가 건축가인 후안 데 에레라(1530년경~1597)에게 내린 지시서에서 알 수 있다. 그가 요구한 것은 "형식의 단순함, 전체적인 엄숙함, 거만하지 않은 고결함, 허식 없는 웅장함"이었다.

유럽에서 부유한 중산층 주택이 널리 세워지고 있던 좀더 부르주아적인 지역에서는 건축가들에게 약간 작은 궁전 설계를 요구했다. 이는 당시 변화하는 사회 경제적 분위기를 말해준다. 중세에는 건물 대부분이 교회 건물이었으나, 이제는 세속적인 건물이 늘기 시작했다. 르네상스 시대에 가톨릭 국가에서는 새로 지은 건물의 절반 가량이 종교적인 목적에 쓰였고 나머지 절반이 세속적인 목적에 쓰였다. 그러나 상업을 중시한 프로테스탄트 지역에서는 세속적인 건물이 종교적인 건물보다 훨씬 많이 지어졌다. 물론 고딕 시대에 충분히 많은 교회가 지어져 더 이상 교회를 지을 필요가 없었던 것도 그 원인 가운데 하나였을 것이다.

이 시기에 영국에서는 아담하지만 규모가 꽤 큰 주택이 우후죽순처럼 세워졌는데, 이것은 대개 부유한 상인들의 집이었다. 헤리퍼드셔의 위블리에 세워진 목구조 주택과 모직물이 많이 나는 글로스터셔의 카츠올즈에 세워진 석조 주택이 그 좋은 예이다. 튜더 왕조와 제임스 1세 시대에 발견되었던 E자형과 H자형 평면이 이제는 널리 퍼졌고, H자형은 중간 부분이 채워져 고딕이나 르네상스의 영향보다 이 지역 나름의 필요성에 중점을 둔 독특한 형태의 주택이 탄생했다. 석공인 로버트 스미슨(1536~1614)이 월트셔의 롱릿에 지은 엘리자베스 여왕 시대의 주택(1572~)은 정면에서 약간 튀어나온 벽에 낸 돌출창으로 넓은 정면에 수직으로 길게 줄무늬가 나 있고 세로 창살을 댄 창문의 층을 구분하기 위해 돌림띠를 둘러 수평도 강조한 독특한 영국식 건물의 토대가 되었다. 될수록 많은 빛을 끌어들이는 것이 중요한 나라에서는 새로운 유리 제조 기술이 금방 새로운 설계에 통합되었다. 15세기에 로마 제국에 알려져 있던 투명한 유리가 베네치아인에게 재발견되었는데, 이것이 16세기에 유리 부는 기술자들을 통해 영국에 들어왔다. 16세기와 17세기에는 창문이 점점 커져, 스미슨이 지은 다른 한 집은 "벽보다 창문이 많은 하드윅 홀"이라고 불렀다. 역시 스미슨이 지은 노팅엄셔의 울러턴 홀(1580~1588)도 마찬가지였다(사진 249).

영국에서는 베이 윈도라 불리는 돌출창과 오리엘 윈도라 불리는 내민창이 유행했는데, 여

197

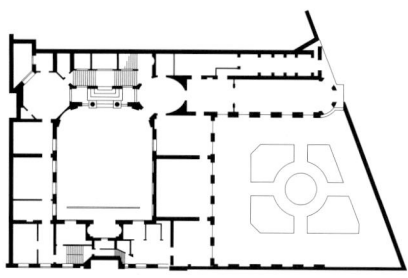

251 | 루이 르 보, 오텔 랑베르, 파리, 1639~1644, 평면도

성들이 앉아서 뜨개질을 하는 창문과 돌출창 안의 붙박이 창의자에 많은 신경을 쓰고, 1층 전체에 긴 회랑을 만들어 날씨가 안 좋을 때 여성들이 편히 거닐 수 있게 한 것을 보면, 영국은 어느 나라보다 여성과 여성의 편안한 삶에 신경을 많이 쓴 것 같다. 17세기에는 바둑판 무늬 창살이 있는 오르내리창이 네덜란드에서 영국으로 들어왔다. 널리 사용된 이 오르내리창은 위아래로 직사각형과 정사각형을 이루면서 영국의 조지 왕조 시대에 계단식 대지 위에 지은 도시의 테라스 하우스에 수직성을 부여했다.

영국에서는 멋진 장식에 둘러싸인 벽난로와 연결되어 있는 굴뚝이 언제나 중요했다. 게다가 튜더 왕조 시대에는 멋진 스카이라인이 유행하면서, 꼬불꼬불한 굴뚝에서 갈매기꼴 굴뚝, 다발 굴뚝, 홀로 선 굴뚝까지 여러 가지 굴뚝을 한데 모아 붙인 굴뚝과 작은 탑, 총안, 네덜란드식 박공벽이 우후죽순처럼 솟아올랐으며, 이것은 오랫동안 영국에 독특한 멋으로 남아 있었다. 번영기에는 평면뿐 아니라 주택의 많은 특징이 이런 세부 장식에 의해 결정된다.

한 예로, 계단은 이 새로운 건축의 특징을 아주 잘 보여준다. 중세에는 계단이 벽으로 둘러싸인 사다리에 지나지 않았고, 성에서도 석조 나선형 계단이 작은 탑에 둘러싸여 있었다. 그런데 이제 16세기 스페인에서는 새로운 계단 형태를 발전시키기 위한 실험이 한창 벌어지고 있었다. 실험된 유형은 세 가지였는데, 먼저 하나는 대개 사각형 계단통(계단을 포함한 수직 공간)에서 나선형으로 올라간 계단이었고, 두 번째는 계단이 올라가다가 좌우로 갈라지는 T자형 계단(이 형태는 카프라롤라에 있는 팔라초 파르네세와 1524년에 디에고 데 실로에가 부르고스 대성당에 지은 에스칼레라 도라다(황금 계단; 사진 250)에서 볼 수 있듯이 계단의 모양과 각도, 발코니에 따라 거의 무한히 변형될 수 있다)이었으며, 세 번째는 계단이 올라가다가 180도 꺾여져 지금껏 올라온 계단과 평행으로 올라가는 일종의 지그재그식 계단(또는 ㄱ자형 계단)이었다. 여기에 팔라디오는 한쪽 끝만 벽에 붙어 있고 아치에 의해 지탱되는 네 번째 유형의 계단을 덧붙였다. 이 유형은 거리 풍경에 많이 이용되었는데, 아마 가장 멋진 예는 베네치아의 운하 위에 걸려 있는 계단이 있는 다리일 것이다.

현관에 들어서면 바로 시작되는 개방된 계단통을 따라 나선형으로 올라가고 큐폴라나 채광창에서 들어오는 빛으로 채광이 되는 첫 번째 유형의 계단을 채택하면서, 영국에서는 1666년 런던 대화재 이후 20세기까지 지어진 도시 주택의 전형이 마련되었다. 이것은 처음에는 층마다 방이 몇 개 없는 좁고 길게 올라간 집이었으며, 앤 여왕 시대에는 앞뒤로 방이 하나씩밖에 없는 경우도 있었다. 그러나 18세기 조지 왕조 시대의 우아한 저택에서는, 특히 영국의 세 수도인 런던과 에든버러, 더블린의 경우, 가족들이 생활하는 방이 1층에 있고, 식당과 거실은 흔히 접는 문으로 칸막이가 되어 있었다. 그리고 집안에 들어갈 때는 대개 거리에서 제일 아래층과 하인들의 출입구 위에 아치 모양으로 걸쳐 있는 계단을 통해 들어갔다.

프랑스에서는 '오텔'이라 불리는 도시 주택이 층수와 그 안에 있는 시설 면에서 한층 다양한 짜임새를 보여주었다. 오텔은 거리로 나 있는 정면의 중앙 출입구(여기에 수위가 있었다)를 통해 들어가면 대개 안뜰이 있고, 안뜰 둘레에 여러 가지 시설이 있는 날개와 마구간 그리고 뒤에는 마차의 차고가 있는 날개가 있었다(사진 251). 그리고 안뜰 건너편에는 기하학적으로 정연하게 배치된 공원이 벽에 둘러싸여 있었고, 나중에는 여러 가지 시설이 있는 구역의 안뜰 맞은편에 길게 주거 공간이 마련되었으며, 여기서는 살롱과 전시실에서 뒤에 있는

252 | 암스텔 강가의 집들, 암스테르담

정원이 내려다 보였다. 1605~1612년에 앙리 4세가 지은 보주 광장(1800년까지는 루아얄 광장이라 불렸다)처럼 그 전에 계단식 대지 위에 지어진 집들은 훨씬 수수했다. 보주 광장은 앙리 6세가 새로 지은 퐁뇌프를 따라 펼쳐져 있는 벽돌조의 아주 편안하고 실용적인 집들로 이루어져 있다. 이런 집들은 창문을 둘러싼 돌 장식과 모서리에 멋진 무늬를 만들어내는 귀돌쌓기, 망사르드 지붕에 얹은 지붕창이 돋보인다. 센 강의 여러 섬을 연결해 지은 퐁뇌프는 파리에서 위에 집이 없는 최초의 다리였다. 브뤼셀에서는 1695년 포위 뒤에 길드하우스에 둘러싸인 대광장이 건설되었다. 이것은 한때 중세의 플랑드르 도시에서 전형적으로 볼 수 있던 공공 광장 가운데 마지막으로 지어진 광장이며, 이 광장을 둘러싸고 있는 집들에서는 르네상스 시대 북해 연안의 저지대 국가에서 흔히 볼 수 있던 수많은 고딕 장식이, 난간이 있는 발코니를 지탱하고 있는 주랑 현관과 장식이 절제된 벽기둥, 페디먼트가 있는 박공벽과 어지럽게 뒤섞여 있다.

17세기 네덜란드에서는 화려하게 꽃핀 르네상스가 대규모 도시 주택 건설로 나타났다. 암스테르담에 있는 프린센그라흐트처럼 운하를 따라 높은 대지 위에 지은 집들은 키가 크고 폭이 좁으며, 도로나 운하를 따라 박공벽이 나 있다. 그러나 모양은 똑같지 않으며, 좁은 정면은 층마다 방이 몇 개 없다는 것을 말해준다. 영국과 달리 운하로 인해 제약을 받는 네덜란드에서는 20세기까지 좁은 계단통 위로 가파르게 올라간 계단 형태를 유지했다. 따라서 당연히 창문이 커야 했는데, 왜냐하면 위층에 있는 방으로 가구를 들어올리려면 커다란 창문이 필요했기 때문이다. 프린센그라흐트는 귀족들에게 인기 있는 거리이고 헤렌그라흐트는 신흥 중산층에게 인기 있는 거리였으나, 그보다 수수한 거리들 역시 곡선으로 구부러진 박공벽이 펼쳐내는 변화무쌍한 스카이라인으로 여전히 매력적이다(사진 252). 이런 집들 가운데 검은색과 흰색 타일 무늬의 바닥, 밝게 비치는 햇살과 때묻은 그늘이 뚜렷한 대조를 이루는 몇몇 집들의 실내는 베르메르와 피에테르 데

253 | **야코프 반 캄펜**, 마우리초이스, 헤이그, 네덜란드, 1633~1635

254 | 이니고 존스와 존 웨브, 퀸스 하우스, 그리니치, 런던, 1616~1662

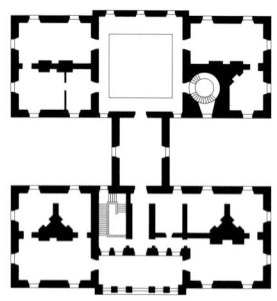

255 | 퀸스 하우스, 원래의 평면도

호흐의 그림에 잘 보존되어 있다.

네덜란드는 깔끔하고 아담하면서도 위엄과 품위가 있는 작은 성에서도 르네상스 양식을 멋지게 소화해냈다. 헤이그에 있는 마우리초이스('왕립회화관'이라는 뜻-옮긴이; 사진 253)도 그런 성 가운데 하나인데, 이것은 야코프 반 캄펜이 1633~1635년에 호숫가에 지은 작은 성이다. 중앙 계단 주위로 방들이 대칭으로 배치되어 있으며, 바깥은 거대한 지주를 사용해 자연스러우면서도 차분하게 위용을 드러내고 있다. 이 건물은 말할 필요도 없이 팔라디오에게서 영감을 얻었다. 그러나 네덜란드인은 위엄을 잃지 않으면서도 살기 편안한 규모를 발견했다. 이러한 팔라디오 양식의 건물은 전체의 조화를 깨뜨리지 않고서는 하나도 더하거나 뺄 수 없을 정도로 모든 부분이 전체와 조화를 이루어야 한다는 알베르티의 요구를 충족시킬 만큼 아주 완벽하게 조정되어 있다.

이와 같은 특성과 팔라디오의 영향은 영국에 있는 이니고 존스(1573~1652)의 작품에서도 뚜렷이 나타난다. 존스는 40세 때 유럽을 여행하던 중 팔라디오를 발견하고 그에게 완전히 매혹되었다. 건축에 관심을 갖기 전에도 제임스 1세와 궁정 사람들에게 많은 사랑을 받은 신화적인 가면극을 위한 복장 디자인과 극적 효과에 뛰어난 재주를 보여 이미 충분히 두각을 나타냈지만, 그는 자신의 새로운 예술을 아주 진지하게 받아들였다. 공사 감독관으로 임명된 뒤 그는 더욱 깊이 있는 공부를 위해 다시 이탈리아로 갔다. 그리니치에 있는 퀸스 하우스와 화이트홀 궁의 대연회장, 월트셔에 있는 윌턴 하우스에서 그는 평면과 정면이 팔라디오식으로 비례와 설계가 모두 통합된 건물을 고안했다. 또 이 세 건물에서 모두 곡선을 사용한 그는 "바깥 장식은 단단하고, 규칙에 따라 비례가 정확해야 하며, 남성적이고, 자연스러워야 한다"고 썼다.

이탈리아 양식으로 지은 최초의 영국 빌라인 퀸스 하우스(1616~1635)는 원래 덴마크 여왕 앤의 장난스런 제안으로 지어졌다. 그것은 런던에서 도버로 가는 간선도로 위에 있는 다리 양쪽에 각각 세 개의 정육면체를 붙여 지은 건물이다. 그런데 존스의 사후인 1662년에 제자인 존 웨브가 다리 두 개를 덧붙여 건물 전체가 하나의 정육면체가 되었고, 그 후 길을 다른 곳으로 돌린 다음 원래 길이 있던 곳에 납작한 지붕을 얹어 긴 열주랑을 세워 양쪽 날개에 있는 두 별관을 연결하였다(사진 254, 255). 방은 정확한 비례로 아주 멋진 균형을 이루고 있으며, 흔들리는 튤립 무늬가 있는 연철 난간을 두른 튤립 계단은 달팽이집처럼 정교한 나선형으로 아주 날렵한 곡선을 그리며 올라간다. 화이트홀 궁의 대연회장(1619~1622; 사진 256)은 화재로 무너진 옛 연회장 대신 지은 건물이다. 고전적인 바깥면에 줄지어 늘어선 이오니아식 기둥과 혼합식 기둥을 보면 이것이 2층 건물처럼 보이지만, 안으로

256 | 이니고 존스, *대연회장*, 화이트홀, 런던, 1619~1622

들어가면 정육면체 두 개로 이루어진 하나의 커다란 공간임을 알 수 있다. 1층처럼 보이는 부분에는 회랑이 있고 천장에는 루벤스의 장엄한 그림이 그려져 있다.

청교도 혁명 때 의회파에 의해 수감되었던 이니고 존스는 얼마 지나지 않아 풀려난 뒤 존 웨브와 함께 1647년에 화재로 소실된 윌턴 하우스를 재건하게 되었다. 여기에는 큰 연회장이 두 개 있는데, 하나는 정육면체이고 하나는 정육면체 두 개로 이루어진 기다란 방이다. 흰색과 금색으로 장식된 이 기다란 방에는 반 데이크가 그린 초상화들이 전시되어 있다(사진 257). 정육면체 두 개를 나란히 붙인 형태의 기다란 방에 요구되는 과도한 높이를 조절하기 위해 이니고 존스는 코브 천장이라고 알려진 것을 썼는데, 이것은 벽과 천장이 만나는 모서리를 둥글게 처리한 천장을 말하며, 이렇게 해서 생긴 오목면을 코브라고 한다. 이 천장은 많은 그림과 과일이 주렁주렁 매달려 있는 모양의 금박 장식으로 화려하게 치장되어 있다.

르네상스 건축에서 꽃핀 풍성하고 다양한 영감은 17세기에 훨씬 화려하고 극적인 건축 운동으로 절정에 이르게 되는데, 이것이 다음에 살펴볼 바로크 양식이다.

257 | 이니고 존스, 윌턴 하우스, 윌트셔, 정육면체 두 개를 겹쳐 놓은 모양의 방, 1647년경

15　형상과 공간의 드라마 : 바로크와 로코코

이탈리아에서는 고전주의로 돌아간 르네상스 시대가 200년 동안 지속되었다. 그러나 앞에서도 보았듯이 이 시대는 후반부로 들어가면서 르네상스 양식의 본질, 즉 건물을 구성하는 요소들의 엄격한 합리적 질서에 대한 불만이 고조되었고, 사람들은 이것을 기계적이고 따분하며 표현을 제한하는 방해물로 보기 시작했다. 이제 더 이상 이상적인 것과 완벽한 균형을 요구하는 것이 중요해 보이지 않았다.

새로운 세대의 로마 건축가들은 미켈란젤로가 멈춘 곳에서 시작해, 고대의 것을 버리고 모든 한계와 관습을 뛰어넘는 새로운 예술에 몰두했다. 어떤 이들은 이런 감정의 분출을 악취미쯤으로 여기고 바로크 양식을 타락한 르네상스 양식이라 부른다. 이것이 극단적으로 발전한 스페인의 추리게라라 불리는 치장 벽토 세공가 집안의 작품을 보면, 이것이 무슨 말인지 알 수 있다. 그라나다의 라 카르투하(카르투지오회 수도원; 1727~1764; 사진 259) 성구실은 이 놀라운 양식을 가장 풍부하게 보여주는데, 여기서는 하얀 치장 벽토로 세공된 쇠시리가 일련의 자잘한 주름처럼 세번 네번 반복되어 눈이 어지러울 정도이다. 그러나 한편으로는 바로크 양식을 예술가들의 의도대로 보는 사람들도 있다. 즉, 바로크 시대 예술가들은 자신의 극적이고 흥분된 상태를 전달하려고 했고, 이것이 전염성 강한 예술의 생명력을 통해 분출되었다는 것이다. 이와 같은 사람들에게 바로크 시대는 혐오스런 과잉 노출의 시대가 아니라 화려하게 꽃핀 르네상스 시대가 된다.

예술적으로 보면, 바로크는 그림과 조각, 실내 장식, 음악에서 아주 풍부하게 전개된 운동이었다. 엄격한 의미에서의 르네상스는 음악에 별로 관심을 기울이지 않았지만, 이제는 바로크 양식이 발전한 나라에서 이 분야를 주도했다. 몬테베르디와 비발디의 미사곡은 벽이 둥글게 곡선을 그리고 있는 이탈리아 교회에서 처음 울려퍼졌으며, 하이든과 모차르트, 바흐의 실내악은 독일과 오스트리아의 궁전 살롱의 흰색과 금색 치장 벽토로 장식된 벽 사이에 있는 황금 다리가 달린 의자와 빨갛고 파란 주름 장식 옷을 끌며 허둥대는 사람들이 가득한 천장 아래에서 연주되었다. 실내에 맞게 음악이 작곡되던 과정이 역전되어, 건축에서 음향학이 연구되기 시작한 것도 이 즈음일 것이다. 그리하여 이제는 음악에서 요구하는 잔향 시간을 충족시킬 수 있는 방이 만들어졌고, 극장이 다시 모습을 나타냈으며, 16세기 말에 이탈리아에서 탄생한 오페라도 진가를 인정받아 대중적인 예술 형태로서 유럽 전역에 퍼졌다.

이 화려한 건축은 로마에서 시작되어 처음에는 이탈리아와 스페인, 오스트리아, 헝가리, 독일의 일부 가톨릭 지역에서만 발전했다. 프랑스는 바로크 시대가 막바지에 이른 18세기 초에야 로코코라 불리는 우아하고 섬세한 실내 장식 형태로 바로크 건축의 대열에 끼어들었다. 그러나 남부 독일과 오스트리아, 헝가리와 같이 신성 로마 제국에 속한 지역에서는, 독일의 피어첸하일리겐 순례자 교회(1743~1772)와 레겐스부르크 근처에 있는 로어 대수도원

258 | 에기트 크비린 아잠, 네포무크의 장크트 요하네스 교회, 뮌헨, 1733~1746

259 | 라 카르투해(카르투지오회 수도원), 그라나다, 스페인, 1727~1764

한 것은 예수회의 뛰어난(그리고 의식적인) 심리학적 통찰을 보여주는 것이라고 말한다.

바로크 양식은 분명히 극적이었다. 바로크라는 형용사는 르네상스 건축에서 바로크 건축을 구별지을 때 기준이 되는 모든 것에 붙일 수 있다. 흔히 브루넬레스키는 기쁨을 주려 했고 브라만테는 품위를 주려 했다고 한다. 그러나 두 사람은 자신의 작품이 옳은지에 대해서도 굉장히 신경을 곤두세웠던 반면, 르네상스 건축의 세 번째와 네 번째 단계를 대표하는 베르니니와 보로미니는 그런 것 따윈 전혀 신경 쓰지 않았다. 바로크 건축에는 아는 체하며 가르치고자 하는 현학적 욕망도 없었고, 완성된 작품이 올바른지 판단하고자 하는 도덕적 열망도 없었다. 바로크 건축은 오직 감정의 소용돌이에 휘말리게 하고자 했을 뿐이다.

바로크 건축가들은 조화와 균형을 버리고 새롭고 역동적인 결집과 통합을 실험했다. 우리는 이를 루카스 폰 힐데브란트(1668~1745)가 사보이의 외젠 공을 위해 1720~1724년에 빈에 지은 벨베데레 궁전(사진 260)에서 볼 수 있다. 벨베데레 궁전에서는 크고 널찍한 창문으로 무늬를 낸 정면과 낮은 돔을 올린 양쪽 귀퉁이의 작은 탑, 층층이 단을 이루고 있는 지붕선이 모두 세 개의 거대한 아치로 된 출입구와 둥글게 곡선을 그리고 있는 거대한 페디먼트가 있는 중앙부에 의해 하나로 결집되어 있다. 이것은 대칭을 이루고 있지만 여기에 어떤 거창한 규칙이나 질서가 있는 것은 아니다. 우리는 다른 많은 궁전에서도 이처럼 하나의 중심점을 향해 모든 것이 결집되어 있는 것을 볼 수 있다. 예를 들면, 사냥터 별장인데도 3층짜리 교회(1717~1722), 오토보이렌 대수도원 교회(1748~1767)처럼 가장 화려하고 가장 웅장한 바로크 건축 가운데 많은 것이 나오게 된다. 독일의 여러 지방과 오스트리아의 포라를베르크는 숙련된 건축 기술자와 조각가, 치장 벽토 세공가 양성소가 되었으며, 러시아와 스칸디나비아 제국에도 니코데무스 테신(1654~1728)이 스톡홀름에 지은 왕궁(1690~1754)처럼 화려하게 장식된 궁전이 있다.

반(反)종교개혁의 선봉으로서 군사적인 행동을 통해서라도 포교에 나서려 했던 예수회는 바로크 운동을 이끌고 있는 일부 전문가들을 동원했다. 제프리 스콧은 『인문주의 건축』에서 "인간의 가장 극적인 본능이 종교를 위해 봉사하도록" 바로크 양식의 자극적인 형태를 이용

260 | 루카스 폰 힐데브란트, 벨베데레 궁전, 빈, 1720~1724

261 | **마트하우스 푀펠만**, 츠빙거, 드레스덴, 1711~1722

무도회장이 있는 필리포 유바라(1678~1736)의 스투피니지 별장(1729~1733; 토리노에 있음)과 마트하우스 푀펠만(1662~1736)이 지은 드레스덴의 츠빙거 별장(1711~1722; 사진 261)이 그런 건물이다. 츠빙거 별장의 위층은 왕관과 같은 장식적인 채광창을 얹은 전망대인데, 이것이 풍기는 시끌벅적한 축제 분위기는 별장이 어떤 목적으로 지어졌는지를 잘 말해준다. 오렌지 온실, 극장, 미술관이 있는 이 별장은 작센 선제후인 아우구스트 2세가 궁정 사람들과 함께 각종 놀이와 마상 창시합, 연회 따위를 중세식으로 즐기기 위해 마련한 드넓은 광장의 배경이 되었다.

새롭고 역동적인 결집이 자유를 향한 바로크의 첫 번째 시도였다면, 두 번째 시도는 정사각형이나 원과 같은 정적인 형태를 버리고, S자 곡선이나 물결치는 곡선을 그리는 정면과 타원형에 기초한 평면처럼 소용돌이치듯 움직이는 형태를 취한 것이다. 여기에는 분명히 가톨릭 교회의 영향이 있었다. 1545년에 반종교개혁을 예고했던 트리엔트 공의회에서 정사각형과 원은 그리스도교 교회에는 너무 이교적이라고 선언했기 때문이다. 이를 가장 잘 보여주는 예가 보로미니가 처음 지은 교회인 로마의 산 카를로 알레 콰트로 폰타네 교회(사진 262, 263)이다. 자그마하지만 더할 나위 없이 아름다운 이 교회의 정면은 1677년에 완성되었다.

보로미니는 매우 비좁은 공간에 이것을 집어 넣어야 했지만, 기본적으로 타원형인 평면과 물결치는 곡선을 그리고 있는 정면은 장차 실험하게 될 바로크 교회의 본보기가 되었다.

탈주를 꿈꾸는 바로크 양식의 세 번째 특징은 환상적인 장면을 연출하는 고도의 연극성이다. 바로크 양식에서는 트롱프 뢰유(trompe l'ouil; 실물과 혼동될 정도로 정밀하고 박진감 넘치는 묘사―옮긴이)를 보여주는 예가 풍부하다. 요크셔의 헤어우드 하우스에서는 커튼 위로 붉은 칠을 한 나무로 조각된 꽃줄 장식을 늘어뜨렸고, 더비셔의 채스워드 하우스에서는 음악실 뒤에 바이올린이 장식띠에 매달려 있는 것 같다. 조각가 잔 로렌초 베르니니(1598~1680)는 산타 마리아 델라 비토리아 교회의 코르나로 예배당에 있는 〈성녀 테레사의 법열〉(1646; 사진 264)이라는 작품에서 자신이 자그마한 무대를 연출하고 있음을 분명히 했다. 황홀경에 빠

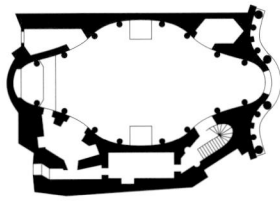

262 | 산 카를로 알레 콰트로 폰타네 교회, 평면도

263 | **프란체스코 보로미니**, 산 카를로 알레 콰트로 폰타네 교회, 로마, 1638~1677

264 | **잔 로렌초 베르니니**, *성녀 테레사의 법열*, 코르나로 예배당, 산타 마리아 델라 비토리아 교회, 로마, 1646

266 | *산 피에트로 대성당*(1506~1626)과 **베르니니**의 이중 열주랑(1656~1671)

진 성녀 테레사의 모습은 아주 고통스러울 정도로 현실적인데, 그는 그런 극적인 장면 가까이에 칸막이된 극장 좌석 같은 공간을 조각해 놓고 그 안에서 코르나로 가의 가족들이 그것을 보고 있는 것처럼 묘사해놓았기 때문이다.

이런 바로크적 효과가 실제로 활용된 몇 가지 예를 살펴보자. 바로크 건축을 창시한 것은 베르니니와 보로미니 두 사람이다. 이들은 바로크 양식의 기초를 놓았다. 그러나 이들의 천재성은 널리 수출되기에는 지나치게 선동적이었고, 따라서 '국제적인 후기 바로크 양식'으로 유럽 전역에 퍼진 것은 이들이 일으킨 혁신 가운데 카를로 폰타나(1638~1714)를 통해 선전된 훨씬 온건한 형태의 혁신이었다. 당시 유럽에서는 많은 건축가가 폰타나 밑에서 공부하려

265 | **구아리노 구아리니**, *산 로렌초 교회*, 토리노, 1668~1687, 돔 내부

고 로마에 왔는데, 그가 가르친 건축가 중에는 주로 토리노에 작품이 있는 필리포 유바라와 스코틀랜드에서 온 제임스 기브스(1682~1754)뿐 아니라 오스트리아가 낳은 위대한 두 건축가 폰 힐데브란트(벨베데레 궁전 설계)와 그의 동료이자 교회 및 궁전 건축가인 요한 베른하르트 피셔 폰 에를라흐(1656~1723) 등이 있다. 폰타나 외에 또 한 명의 매력적인 인물은 유바라의 선배인 구아리노 구아리니(1624~1683)였다. 유바라처럼 성직자였던 구아리니는 대학에서 철학과 수학을 가르친 교수였으나 건축으로 돌아서서 토리노의 산 로렌초 교회(1668~1687; 사진 265)와 그리스도의 육신의 흔적이 배어 있다는 유명한 긴 아마포가 간직되어 있는 산타 신도네 예배당(1667~1690)처럼 후에 큰 영향을 미친 교회를 지었다.

베르니니는 먼저 산 피에트로 대성당의 돔 바로 아래 있는 성 베드로의 무덤 위에 웅장한 청동 닫집을 세움으로써, 그리고 성 베드로의 옥좌라는 고대의 나무 옥좌 주위에 갑자기 천국이 열리는 듯한 환상을 연출함으로써, 마지막으로 대성당 앞에 있는 거대한 타원형 광장을 감싸고 있는 이중 열주랑을 세움으로써, 미켈란젤로가 떠난 자리에서 크게 팡파레를 울리며 바로크 시대의 문을 활짝 열었다.

베르니니는 산 피에트로 대성당과도 관련이 많지만 미켈란젤로와도 공통점이 많았다. 그가 처음 재능을 펼친 곳이 조각이었고 그는 신동이었으며, 미켈란젤로처럼 80세까지 살았다. 게다가 연극과 오페라 극본까지 썼으니, 존 밴브루 경처럼 그의 다재다능한 능력은 연극에까지 손을 뻗쳤다. 사실 이 시대 건축가들이 가지고 있던 일반적인 배경은 연극이나 공병학이었다. 영국의 수필가이며 여행가인 존 이블린은 1644년 로마에 갔을 때 베르니니가 "무대 장치에 색칠을 하고, 조각을 하고, 작곡을 하고, 희극을 쓰고, 공연할 극장까지 지은" 오페라에 참여하게 된 이야기를 쓰고 있다.

성 베드로의 무덤 위에 우뚝 서 있는 청동 닫집(1624~1633)은 나선형으로 꼬인 네 개의 커다란 기둥이 받치고 있다. 이 기둥은 예루살렘 사원에서 가져왔다는 옛 산 피에트로 바실리카의 기둥을 본뜬 것이다. 그리고 닫집 위에는 역시 청동으로 만들었고 중세 시대 장군의 천막을 연상시키는 환상적인 부채꼴 차일이 있는데, 이것은 전문가들에게 청동 주물로서는 최고의 걸작으로 손꼽히고 있다. 이 거대한 청동 닫집에는 당연히 엄청난 청동이 들어가, 중간에 재료가 바닥나자 교황 우르바누스 8세의 명령으로 판테온의 현관 안에서 청동으로 된 소란반자를 떼어다 썼다고 한다. 또한 베르니니는 청동 닫집 위에 있는 벽에 성 베드로의 옥좌로 알려진 옛스러운 의자를 만들어놓아, 성 베드로의 옥좌(Cathedra Petri; 1657~1666)라는 또 하나의 환상적인 작품을 만들어냈다.

청동 닫집과 성 베드로의 옥좌는 건축과 조각, 그림, 환상적인 기교가 혼합된 뛰어난 작품이지만, 이를 능가하는 것이 베르니니가 산 피에트로 대성당 광장 둘레에 세운 열주랑(1656~1671; 사진 266)이다. 이것은 훨씬 순수한 건축 작품이지만, 건축과 설계가 혼합된 작품이라고도 볼 수 있는 것은 이것의 신비한 매력이 반은 이것과 주변 환경의 관계에서 나오기 때문이다. 카를로 마데르노가 지은 전면보다 낮게 엎드려 있고 따가운 햇살이 비치는 한낮에는 반가운 그늘이 되어주는 열주랑에는 아주 깊은 상징적 의미가 담겨 있다. 이것은 어머니와 같은 교회가 광장에 모인 신자들을 따뜻하게 감싸고 있는 두 팔이다. 또한 베르니니의 짧은 글에 따르면, 열주랑은 교황이 축복을 내리는 바티칸 궁의 계단이나 창문과 발코니로 눈길을 돌리게 한다고 한다.

조각가이며 석공인 프란체스코 보로미니(1599~1667)는 베르니니와 많이 달랐다. 보로미니는 1614년 로마에 가서 마데르노와 베르니니 밑에서 훈련을 받았다. 그리고 68세에 스스로 목숨을 끊었다. 특히 1638년부터 짓기 시작한 산 카를로 알레 콰트로 폰타네를 비롯해 그가 지은 교회에서 선보인 아주 복잡하게 뒤틀린 형태들은 일반인은 물론 전문가들조차 이해하기 힘들다. 이는 어쩌면 그의 마음속에서 소용돌이치고 있던 걷잡을 수 없는 망상을 반영하고 있는지도 모른다. 그가 죽고 2세기

267 | 발타자어 노이만, 피어첸하일리겐 순례자 교회, 독일, 1743~1772

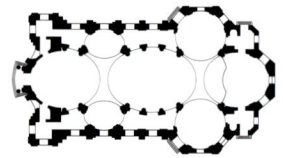

268 | 피어첸하일리겐 순례자 교회, 평면도

후에 그는 미친 사람으로 간주되었고, 19세기 예술사가들이 불규칙하고 불완전한 모양의 진주를 의미하는 '바로크'라는 낱말을 선택한 것도 보로미니와 그의 변화무쌍한 건축을 어색하고 비정상이라고 보는 18~19세기의 분위기와 관련이 있을지 모르기 때문이다.

그러나 온갖 형태를 실험한 보로미니의 작품은 그만큼 매혹적이다. 비좁거나 어설프게 생긴 곳에서 일해야 한다는 사실도 힘차게 뻗어 나가는 그의 상상력을 옥죄는 재갈이 되지는 못한 듯하다. 이는 분명 뮌헨의 코스마스 다미안 아잠(1686~1739)과 에기트 크비린 아잠(1692~1750) 형제와 같이 그를 따르던 사람들에게 확신을 주었을 것이다. 에기트 크비린 아잠은 폭이 9미터밖에 안 되는 집 근처 부지에 아주 작은 네포무크의 장크트 요하네스 교회(1733~1746; 사진 258)를 짓기로 결심했다. 그리고 소용돌이치는 발코니와 나선형으로 올라간 비틀린 기둥으로 실내를 가득 채우고, 황금색과 암갈색, 붉은색으로 힘차게 약동하는 분위기를 연출해냈다. 로마에 있는 대학 교회인 보로미니의 산 이보 델라 사피엔차 교회는 아케이드가 있는 광장의 끝을 채우기 위해 1642년부터 공사를 시작했다. 그런데 그가 설계한 이 '지혜의 교회'의 평면도를 보면 지혜로운 솔로몬의 신전이 떠오를 정도로 그는 장소의 어려움에 전혀 구애받지 않았다. 이 평면도는 두 삼각형을 교차시킨 별 모양을 기본형으로 하여 여섯 개의 꼭지점이 번갈아가며 반원과 반 팔각형을 이루고 있다. 안뜰로 들어가는 정면은 오목하게 들어가 있고, 이 모든 것 위로 가파르게 올라가 있는 찰랑거리는 물결 모양의 돔은 여섯 개의 잎사귀로 이루어진 큐폴라 형태를 띠고 있으며, 그 위에는 진리의 햇불을 들고 있는 나선형 채광창이 얹혀 있다. 이 형태는 후에 토리노에 있는 구아리니의 산타 신도네 예배당에 영향을 주었다.

하지만 타원형은 전형적인 바로크 형태였다. 물론 타원형은 전에도 쓰였다. 세를리오는 1547년에 쓴 논문 『건축』 제5서에서 타원형을 사용하는 원칙을 세웠고, 비뇰라는 로마에 있는 산타 안나 데이 팔라프레니에리 교회(1565~1576)에서 세로로 놓인 타원형을 썼다. 그러나 이제는 타원형을 교회의 긴 방향(동서쪽)으로 놓을 수도 있고 가로로 놓을 수도 있으며 타원형을 여러 개 쓸 수도 있고 반으로 쪼개 서로 등을 보게 해서 바깥면이 오목하게 들어가게 할 수도 있었다. 베르니니는 타원형 판테온이라고 알려진 산 안드레아 알 퀴리날레 교회(1658~1670)에서 교회의 폭을 가로지르는 타원형을 사용했고, 카를로 라이날디(1611~1691)는 피아차 나보나에 있는 산 아녜세 교회(1652~1666)에서 성가대석과 입구 끝에 앱스 비슷한 예배당을 하나씩 덧붙여 사각형 안에 있는 팔각형 평면이 동서로 긴 타원형을 그리게 했다. 세속적인 건물 역시 타원형이었는데, 예를 들면 프랑수아 퀴빌리에(1695~1768)가 뮌헨의 님펜부르크 궁전 공원에 지은 작은 로코코 양식의 아말리엔부르크 별장이 그렇고, 프랑수아 망사르가 파리 근처에 지은 메종 라 피트(1642~1646)는 측면 날개에 타원형 방이 있다. 또 루이 르 보(1612~1670)가 지은 보르 비콩트(1657)라는 대저택은 한가운데에 돔으로 덮은 타원형 살롱이 있다.

산 카를로 교회에서 보로미니는 기본적으로 타원형인 평면의 네 사분원을 조금씩 안으로 구부려 벽이 물결 모양을 이루게 하고, 이어 코니스 위에 있는 반원 아치를 이용해서는 벽을 뒤로 잡아당겨 타원형을 이루게 한 다음, 그 위로 소란반자로 장식된 돔이 솟아오르게 했다. 요한 디엔첸호퍼(1663~1726)가 설계한 바이에른의 반츠 대수도원 교회의 평면도(1710~1718; 사진 269)는 타원형이 서로 교차하며 나선형을 그리고 있는 형태이다. 산 안드레아와 산 카를로도 타원형 돔을 얹고 있으며, 타원형은 심지어 건물 구조 속의 계단에서도 나타난다. 발타자어 노이만(1687~1753)이 바로크 시대가 막바지에 이른 1732년 브루흐잘 주교관에 지은 장엄한 계단은 마치 나선형을 그리며 허공 속으로 빨려들어가는 듯한 느낌을 준다.

역시 노이만이 설계한 피어첸하일리겐 교회(사진 267, 268)는 모든 바로크 교회 가운데

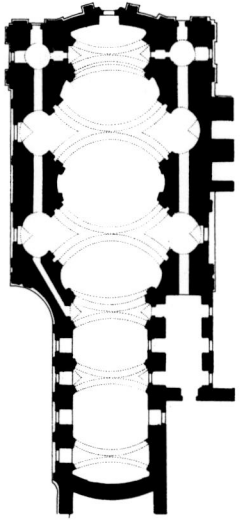

269 | 요한 디엔첸호퍼, 반츠 대수도원 교회, 독일, 1710~1718, 평면도

270 | 발타자어 노이만과 루카스 폰 힐데브란트 등, 주교관의 계단, 뷔르츠부르크, 독일, 1719~1744

가장 복잡할 것이다. 밖에서 보면 이것은 넓은 네이브와 아일이 있는 그리스 십자형 평면에 트랜셉트 부분에는 다각형 예배당이 있고 동쪽에 제단이 있으며 정면에는 쌍탑이 있는 평범한 교회이다. 그러나 안으로 들어가면, 회랑이나 치장벽토에서 보이는 바로크 건축과 장식 형태, 흰 바탕 위에 있는 많은 금색, 채색된 천장의 짙은 색깔에 의해, 내리덮칠 듯 낮게 깔린 볼트 주위에서 너울대는 빛과 그림자에 깜짝 놀라게 된다. 이 교회는 아일이 따로 없어서 변화무쌍한 공간들이 서로 훤히 트여 있고, 돔도 없어서 제단이 너울대는 빛의 바다에 홀로 떠 있는 섬처럼 네이브를 이루고 있는 중앙의 커다란 타원형 공간에 자리해 있다. 그리고 평면도를 자세히 살펴보면, 이 네이브가 하나는 성가대석을 이루고 있고 다른 하나는 교회로 들어가는 입구를 이루고 있는 두 개의 작은 타원형 사이에 끼여 있는 것을 알 수 있다. 입구를 이루고 있는 타원형은 정면에서 약간 불룩하게 튀어나와 벽이 물결 모양을 이루고 있고, 십자가의 팔뚝 부분에 있는 예배당은 반원형이다. 또한 기둥과 오목한 곡선을 그리고 있는 측벽은 제단과 입구 사이에 타원형이 두 개 더 가로로 놓여 있다는 것을 말해준다.

복잡하기는 구조도 마찬가지였다. 바로크 양식은 아주 진보된 구조를 가지고 있었다. 피어첸하일리겐을 자세히 본 다음 초기 르네상스 건물을 보면, 우리는 거의 순박할 정도로 단순한 르네상스 구조에 놀라게 된다. 예를 들어, 팔라초 루첼라이는 네 개의 단단한 벽 위에 비스듬히 덧댄 날개 지붕을 올린, 거의 원시적이랄 수 있는 구조에 건목치기와 벽기둥, 코니스, 창틀을 덧붙였을 뿐이다. 그러나 이와는 대조적으로 바로크 시대 건축가들은 구조에 대해 거의 무한한 확신을 가지고 있었던 듯하다. 사실 그들은 뛰어난 계산 능력을 가지고 있었다. 그리고 이들 가운데 많은 사람이 공학자였다. 한 예로, 런던의 세인트 폴 성당을 지은 크리스토퍼 렌 경(1632~1723)은 과학의 천재에다 런던 대학과 옥스퍼드 대학에서 천문학을 가르치는 교수였고, 영국 학술원의 창립자 가운데 한 사람이었다. 이들은 미학적 편견이나 도덕적 편견 없이 구조에 대한 지식과 과거의 전문 기술을 기꺼이 이용할 준비가 되어 있었다. 그래서 산 안드레이 교회에서 베르니니는 고대 로마인들처럼 단단한 벽을 깎아내 벽감을 만들었고, 구아리니는 산 로렌초 교회와 산타 신도네 예배당에서 고딕 볼트에 대한 지식에 기대어 둥근 활 모양으로 그물망을 이루고 있는 리브로 뾰족탑과 돔을 지탱하고, 거기에 스페인의 무어 양식 볼트에서 유래한 온갖 흥미로운 세부 장식을 덧붙였다. 그리고 밴브루와 함께 렌의 사무실에서 일한 제임스 기브스와 니컬러스 혹스무어(1661~1736)는 고전적인 교회 꼭대기에 고딕 양식의 뾰족탑을 올렸다. 둥글게 구부러진 날개와 건물, 소용돌이치는 볼트 등 바로크 건축은 석조 구조가 갈 수 있는

271 | 잔 로렌초 베르니니, 트레비 분수, 로마, 1732~1737

데까지 나아갔다. 그 이상의 구조적 발전은 19세기에 새로운 재료가 발견되고 새로운 형태에 대한 요구가 있을 때까지 기다려야 했다.

바로크 시대 건축가들은 표현 매체와 매체 사이의 경계를 허물어 구조에서의 온갖 다양한 실험을 배합했다. 건축과 회화는 이탈리아 사람들이 'sotto in su(아래에서 위로)'라고 부르는 것을 통해 지붕이 하늘을 향해 열려 있는 것처럼 채색된 천장에서 소통의 순간을 맞이했다. 이것은 교회나 궁전에서 모두 볼 수 있는 전형적인 바로크적 효과였다. 이런 효과를 보여주는 가장 유명한 것 중에 일 제수 교회의 천장과 슈바벤에 있는 치머만 형제의 슈타인하우젠 순례자 교회(1728~1731)가 있다. 베르니니의 산 안드레아 교회에서는 제단 뒤에 그려져 있는 성자의 순교라는 주제가 그의 영혼이 하늘로 올라가는 모습을 묘사한 조각에서 한층 고양된다. 그리고 아무래도 하늘이 있을 것 같은 돔에는 발가벗은 인물들이 발을 대롱거리며 코니스에 걸터앉아 있고, 날개 달린 아기 천사들은 홰에 앉아 있는 비둘기처럼 여기저기 걸터앉아 재잘거리고 있다. 노이만이 왕족 신분인 뷔르츠부르크 주교를 위해 힐데블란트 등지에 지은 궁전(1719~1744)에서는 지붕이 하늘을 향해 열려 있는 듯한 허상을 뒷받침하기 위해 조각이 동원되었다. 여기서는 수려한 난간이 달린 계단(사진 270)이 티에폴로가 온갖 다양한 바이올린 활, 소용돌이치는 망토, 깃털 달린 머리 장식, 악어와 타조와 낙타를 타고 있는 소녀들로 네 개의 대륙을 묘사한 천장을 향해 곧게 뻗어 있다. 그리고 금박을 입힌 틀에는 역동적인 광경을 담을 수 없어, 원형 극장과 같은 무대에 많은 인물이 쏟아져나와 있다. 바람둥이 신사 같은 인물은 모서리에 걸터앉아 있고, 커다란 사냥개와 땅딸막한 군인은 건들거리다 그만 벽에 두른 돌림띠에 떨어진 것 같다. 허구와 현실이 뒤섞이듯 이제는 조각과 건축도 서로 대체할 수 있는 것이 된다. 우리는 벨베데레 궁전의 정원 방에서도 이와 같은 기발한 착상을 볼 수 있는데, 여기서는 기둥이 어깨에 무거운 짐을 지고 있는 근육질의 거인 같은 모습을 하고 있다.

이런 환상 속에서는 재료도 변형되어 나무가 옷감처럼 조각되어 채색되기도 하고, 금박으로 만든 광선이 보이지 않는 곳에서 비치는 노란빛을 받으며 성녀 테레사와 성 베드로의 옥

272 | 프란체스코 데 상크티스, 스페인 계단, 로마, 1723~1725

좌로 쏟아져내리는가 하면, 로마의 트레비 분수(1732~1737; 사진 271)에서는 물이 용솟음쳐 올라와 물보라를 일으키는 것처럼 돌이 조각되어 있다. 좁은 골목길을 빠져나오면 오금이 저릴 정도로 황홀한 모습을 펼쳐 보이는 트레비 분수는 베르니니의 착상에 따라 두 조각가와 두 건축가가 불굴의 의지로 실현해낸 기념비적인 작품이다. 여기서는 고전적인 인물상과 울퉁불퉁 솟아오른 바위가 강력하게 결합되어 거기서 거친 해마와 진짜 물이 거품을 일으키며 솟구쳐 나와, 허구와 현실을 뚜렷이 가를 수 없다. 이와 비슷한 예술 작품은 루이지 반비텔리(1700~1773)가 당시 나폴리 왕이던 스페인의 카를로스 3세를 위해 카세르타에 지은 팔라초 레알레(1752~1772)의 뜰에서도 발견할 수 있다. 디아나와 악타이온의 전설을 묘사한 두 작품 가운데 하나에서, 조각가는 악타이온이 커다란 폭포 아래서 수사슴으로 변하는 순간을 포착해, 사냥개들이 물가에서 바위로 뛰어오르며 악타이온에게 덤벼들려고 하는 광경을 실감나게 묘사해놓았다. 반비텔리의 아들 카를로는 아버지가 세상을 떠난 후 여러 조각가를 써서 주변 경관을 마무리했다.

이런 종류의 효과는 교황들이 세운 로마의 두 가지 주요 도시 계획안에서도 추구되었다. 첫 번째 계획안은 피아차 나보나였다. 피아차 나보나는 현재 라이날디가 초기 설계를 하고 보로미니가 정면을 설계한 산 아녜세 교회와 베르니니의 두 분수 그리고 팜필리 가의 궁전에서 코르토나가 채색한 회랑이 포함되어 있다 하여 바로크 시대의 박물관이라 불리고 있다. 그러나 피아차 나보나에서 가장 유명한 4대강 분수(1648~1651)는 유럽의 도나우 강과 아프리카의 나일 강, 아시아의 갠지스 강, 아메리카 대륙의 라플라타 강을 묘사한 것으로, 뷔르츠부르크 궁전에 그려진 천장화와 마찬가지로 당시 탐험가들과 식민주의자들에 의해 열린 동서쪽 나라들에 대한 관심을 말해준다. 두 번째 도시 계획안은 피아차 델 포폴로, 즉 국민광장(1662~1679)이었다. 이것은 아주 자의식이 강한 도시 계획안으로, 여기서는 정면과 돔이 쌍둥이처럼 똑같은 두 교회 사이에 오벨리스크가 솟아 있다. 그러나 사실은 두 교회가 서로 폭이 다른 대지 위에 서 있어, 카를로 라이날디는 겉에서 보기에 잘 어울리도록 아주 재치 있는 내부 공사 계획을 세워야 했다.

우리는 뷔르츠부르크와 브루흐잘 궁전에서 바로크 시대 건축가들이 곧잘 물 흐르듯 수려한 계단으로 극적인 효과를 얻는 것을 보았다. 이런 예 가운데 가장 유명한 것이 베르니니의 스칼라 레지아(1663~1666)일 것이다. 가장 뛰어난 바로크 시대 건축이 흔히 그렇듯이 이것도 처음에는 일종의 도전이었다. 베르니니는 산 피에트로 대성당의 전면과 열주랑을 따라 바티칸 궁까지 이어지는 '품위 있는' 계단을 만들되 이로써 어느 쪽 건물의 품위도 손상시켜서는 안 된다는 주문을 받았다. 게다가 여기엔 공간도 넉넉치 않았다. 그의 해결책은 열주랑에서 대성당의 갈릴리 포치 출구까지 길게

273 | 봄 제수스 두 몬테 교회, 브라가 근처, 포르투갈, 1723~1744, 계단 부근

274 | 필리포 유바라, 수페르가 바실리카, 토리노, 1717~1731

통로를 만드는 것이었다. 그리고 계단에 이르기 전 어색하게 구부러진 모퉁이에는 백마를 타고 있는 콘스탄티누스의 화려한 조각상을 세워 사람들의 눈길을 사로잡았다. 아케이드를 따라 길게 늘어선 웅장한 계단은 여기서부터 비로소 가파르게 올라가는데, 마니에리스모적인 방식으로 점점 폭이 좁아져 웅장한 터널 속으로 걸어들어가는 듯한 느낌을 준다.

로마처럼 구릉이 많은 도시에서는 일찍부터 옥외 계단을 이용해 극적인 효과를 얻을 수 있다는 것을 알고 있었다. 프란체스코 데 상크티스(1693?~1731)는 로마의 스페인 계단(1723~1725; 사진 272)이라는 걸작을 내놓았다. 지금은 꽃과 기념품을 파는 계단과 난간이 빚어내는 예기치 않은 곡선이 키츠가 죽은 집을 지나 산타 트리니타 데 몬티 교회가 손님을 맞이하는 귀부인처럼 계단 꼭대기에 서 있는 곳으로 나아간다. 산타 트리니타 데 몬티 교회는 16세기 교회로, 그 전면은 마데르노의 작품이다.

계단을 교회와 연결시킨 예는 포르투갈에서도 발견된다. 쌍둥이 탑으로 이루어진, 브라가 근처의 봄 제수스 두 몬테 교회로 가는 진입로는 1723~1744년에 그리스도가 빌라도의 관저에서 십자가에 못박혀 죽은 곳까지 가는 동안 거쳐간 십자가의 길을 따라 만들어졌다. 지그재그로 나아가며 모퉁이에 분수와 오벨리스크가 서 있는 이 계단은 교회 꼭대기에 이를 때까지 그리스도가 지나간 열네 곳을 기념하는 예배당을 연결하고 있다(사진 273).

때로는 건물의 위치 때문에 빛을 발하기도 한다. 유바라는 산 피에트로 대성당처럼 웅장한 돔을 올리지 않고도 토리노에 있는 높은 언덕에 건물을 세움으로써 수페르가 바실리카(1717~1731; 사진 274)에 위엄을 부여했다. 발다사레 론게나(1598~1683)가 지은 베네치아의 산타 마리아 델라 살루테 교회(1630~1687; 사진 275)는 그런데 운하로 들어가는 입구에 붉은 기와 지붕 사이로 하얀 포말을 일으키며 부서지는 파도처럼 서 있는 위치 때문에 마치 하나의 바다가 펼쳐져 있는 듯한 느낌을 준다.

그러나 아마도 가장 멋진 곳에 자리잡고 있는 건물은 도나우 강의 깎아지른 듯한 절벽 위에 서 있는 오스트리아의 멜크 베네딕투스회 수도원(1702~1714; 사진 276)일 것이다. 야코프 프란타우어(1660~1725)가 지은 이 수도원에서는 황록색 강과 암록색 암벽 위로 정면의 쌍탑과 돔 그리고 홀로 떨어져 있는 교회의 청회색 지붕이 붉은 기와 지붕을 올린 수도원 건

275 | 발다사레 론게나, 산타 마리아 델라 살루테 교회, 베네치아, 1630~1687

276 | 야코프 프란타우어, 베네딕투스회 수도원, 멜크, 오스트리아, 1702~1714

물에 둘러싸여 우뚝 솟아 있다.

이제부터 영국에서 나타난 바로크 양식을 살펴볼 텐데, 이것을 지금껏 미루어둔 것은 영국의 바로크 건축이 유럽 대륙에서 발전한 양식과 뚜렷한 차이를 드러냈기 때문이다. 이는 무엇보다도 영국이 바로크 양식이 번성했던 유럽의 다른 나라와 달리 프로테스탄트 국가였기 때문이다. 따라서 영국 성공회 교회는 확 트인 넓은 홀이었고, 이 시대 프로테스탄트 교회는 곡선미를 자랑하는 바로크 교회와는 대조적으로 선이 훨씬 딱딱하다. 크리스토퍼 렌 경의 최고 걸작인 런던의 세인트 폴 대성당(1675~1710; 사진 277)도 언뜻 보면 군더더기 없이 날씬한 기둥 위로 차분한 분위기의 돔이 올라가 있어 산 피에트로 대성당보다 브라만테의 템피에토에 가까워 보이고, 따라서 그가 바로크 시대 건축가라기보다는 르네상스 시대 건축가라는 생각이 든다. 하지만 물론 자세히 살펴보면 그렇지 않다는 것을 알 수 있다. 세속적인 궁전 형태의 측면에서는, 소용돌이꼴 정면이 트랜셉트를 대신하고 있고, 전면이 보로미니의 작품을 떠올리는 두 탑 사이로 불거져 나와 있다. 그리고 과감히 안으로 들어가 바둑판 무늬를 이루고 있는 흑백 타일과 돔을 둘러싸고 있는 휘스퍼링 갤러리의 대담한 구조를 보고, 이어 지주들이 대각선으로 늘어서서 네이브와 아일을 합친 것보다도 폭이 넓은 돔을 떠받치고 있는 것을 보면, 때로 뻔뻔스러울 정도로 대담한 바로크 양식의 엄청난 규모를 느낄 수 있다. 1666년 9월 나흘 동안 도시의 5분의 4를 태운 런던 대화재 후 51개 교회를 재건하면서, 렌은 고딕 양식과 르네상스 양식의 구조 및 세부 장식을 결합함으로써 자기 앞에 주어진 엄청난 과제에 아주 신선할 정도로 과감하면서도 다재다능한 면모를 보여주었다.

렌에 대해서는 이전 시대의 건축가로 자리매김하고 싶은 충동이 일기도 하지만, 존 밴브루경(1664~1726)에 대해서는 이 점에서 전혀 망설일 필요가 없다. 바로크 양식의 "육중한 무게감을 능가하려는 강력한 힘", 옥스퍼드셔의 블레넘 궁전(1705~1724)과 요크셔의 하워드 궁전에서 수직으로 높이 솟아오른 기둥과 창문, 뾰족탑에서 느껴지는 놀라운 허세에서 우리는 바로크 양식의 전형적 특성인 연극성을 볼 수 있다. 렌의 사무실에서 잠시 혹스무어와 함께 일한 뒤, 1699년 밴브루는 칼라일 백작을 위해 하워드 성을 지어달라는 첫 번째 주문을 받았다. 전문적인 훈련은 받지 않았지만 자신만만했던 밴브루는 이로써 건축 분야에 당당히 들어서게 되었다. 전에 군인이었던 그는 프랑스에서 간첩 혐의를 받고 바스티유 감옥에 갇혔다가 풀려난 뒤 왕정 복고 시대의 대표적인 극작가라는 명성을 얻기도 했다. 월폴은 고전적인 형태에 부여할 수 있는 가장 강력한 특성으로서 '숭고미'를 들었는데, 하워드 성(사진 278)에서는 페디먼트가 있는 남쪽 정면 위로

277 | **크리스토퍼 렌 경**, 세인트 폴 대성당, 런던, 1675~1710

심부름이나 하는 하찮은 존재가 아니었다. 하워드 성은 브라만테의 템피에토에서 많은 영감을 얻었으며, 어떤 비평가들은 하워드 성을 영국에서 가장 아름다운 건물이라고 평한다.

프랑스에서 나타난 바로크 양식의 마지막 단계를 로코코 양식이라 부르는데, 이것은 파리 시민의 취향에 맞게 발명된 우아하고 경쾌한 장식 형태였다. 로코코 양식은 고전주의자 쥘 아르두앵 망사르(1646~1708)가 루이 14세를 위해 베르사유 궁전에 갈레리 데 글라세(유리의 방)를 지은 후 루이 14세의 장손과 결혼할 열세 살 난 약혼녀를 위해 지을 샤토 드 라 메나주리(동물원)를 위한 설계도를 그렸을 때 처음 나타났다. 그런데 왕이 망사르가 제안한 장식이 아이들에게는 너무 어둡다고 반대하여, 화가 바토의 스승인 클로드 오드랑이 사냥개와 소녀, 새, 화환, 리본, 양치식물의 잎사귀와 덩굴손을 묘사한 아라베스크 장식과 가는 줄세공으로 훨씬 가볍고 정교한 장식을 내놓았다. 그리고 1699년에는 피에르 르포트르가 아라베스크 장식을 마를리에 있는 루이 14세의 저택 거울과 문틀에 적용했다. 이렇게 해서 본격적으로 발전하기 시작한 로코코 양식은 1701년에 루이 르 보와 쥘 아르두앵 망사르가 루이 14세를 위해 지은 베르사유 궁전(1655~1682)에서 그 화려한 모습을 드러내게 된다.

로코코라는 말은 잎과 가지, 조가비와 밀려드는 파도, 산호, 해초, 물보라, 소용돌이꼴, C자와 S자 모양 같은 자연스런 장식 형태를 가

장엄하게 올라가 있는 돔과, 변화무쌍한 공간과 소름 끼칠 정도로 어두운 오목한 공간으로 유명한 그레이트 홀, 반원통형 천장을 올린 옛 스러운 좁은 복도에서 이런 숭고미를 발견할 수 있다. 밴브루는 '성 분위기'에 대해 자신이 특별한 감각을 가지고 있다고 자랑했는데, 이것을 증명해준 것이 아마 블레넘 궁전일 것이다. 블레넘 궁전은 스페인 왕위계승전쟁에서의 승리를 기념해 의회가 전승 장군인 말버러 장군에게 증정한 것이다. 이 궁전은 베르사유 궁전이 연상될 정도로 당당한 풍모와 엄청난 규모를 자랑한다. 그러나 말할 필요도 없이 렌의 사무실에서 일할 때부터 그의 조수가 된 혹스무어가 없었다면, 이것은 불가능했을 것이다. 그가 하워드 성의 대지에 지은 영묘(1729)를 보면 알 수 있듯이, 혹스무어는 결코 건축가의 잔

278 | **존 밴브루 경**, 하워드 성, 요크셔, 1699~

279 | 쥘 아르두앵 망사르와 루카스 폰 힐데브란트 등, 유리의 방, 베르사유 궁전, 1678~1684

리키기 위해 바위와 조가비를 뜻하는 프랑스어 로카유에서 따왔다. 프랑스에서는 이것이 섬세하고 우아한 형태로 남아, 당시 상류 사회에서 유행하던 무도회와 실내악, 예의범절, 편지 쓰기, 대화, 유혹과 같은 사사로운 일을 하기에 적합한 아름다운 공간을 마련해주었다. 그러나 이런 장식을 뒷받침해주는 건축은 한층 단순했다. 그래서 방 모서리를 둥글게 처리하고, 주로 상아처럼 하얀 색이나 파스텔 톤의 색깔을 쓰며, 황금빛 아라베스크 장식에서 눈을 뗄 수 없게 기둥이나 벽기둥도 쓰지 않은 채, 쇠시리도 가장 단순한 것을 썼지만, 방의 형태는 대개 사각형이었다. 흔히 바닥에서 천장까지 길게 뻗어 있는 멋진 창문을 가리키기 위해 '프랑스 창'이라는 말이 생긴 것도 이 시기였다. 거울은 베르사유 궁전의 유리의 방(1678~1684; 사진 279)처럼 커다란 살롱에 화려한 빛을 더하기 위해 이미 사용되고 있었다. 이 유리의 방은 반원통형 천장이 온통 그림으로 뒤덮여 있고, 양쪽으로 17개의 창문으로 이루어진 아케이드와 17개의 거울로 이루어진 아케이드가 죽 뻗어 있다. 1695년에 피셔 폰 에를라흐는 유리의 방보다 훨씬 정교한 방을 베네치아의 베르사유라 불리는 쇤브룬 궁에 덧붙였다. 유리가 이렇게 널리 사용되면서, 이

제는 호들갑스럽게 꾸민 색유리로 된 거울로 벽난로 위를 장식하는 것이 관습이 되었고, 벽은 규칙적인 형태에서 불규칙적인 형태에 이르기까지 온갖 형태를 지닌 거울로 화려하게 장식되었다. 그리고 이런 거울의 틀은 금박을 입힌 잔가지나 잎이 무성한 나뭇가지 모양으로 만들어졌는데, 가냘플 정도로 가는 이런 틀은 도무지 균형이라고는 모르는 애매모호한 S자나 C자 모양으로 늘어져 있었다.

1735년에 제르맹 보프랑(1667~1754)이 수비즈의 젊은 신부를 위해 파리에 살롱 드 라 프랭세스(왕비의 방; 사진 280)를 지으면서 프랑스 로코코 양식은 절정에 이르렀다. 낭시에 있는 카리에르 광장에서는 이런 로코코 양식이 도시 계획에까지 확산되었다. 프랑스 왕비의 아버지이며 왕위에서 물러난 폴란드 왕 스파니수아프 레슈친스키를 위해 그곳에 지은 성은 파괴되었다. 그러나 폴란드 왕의 로코코 취향은 곡선을 그리고 있는 개방된 아치로 이루어진 아케이드(1720년 이후에 건축)에서 확인할 수 있다. 이런 아케이드들은 흥미롭게도 서

280 | 제르맹 보프랑, 왕비의 방, 수비즈 저택, 파리, 1735~1739

281 | 프랑수아 퀴빌리에,
아말리엔부르크 별장, 님펜부르크 궁전, 뮌헨, 1734~1739

그보다 좀 전에 바이에른의 선제후 막시밀리안 2세 에마누엘은 궁정에 있는 난쟁이 프랑수아 퀴빌리에가 건축에 재능이 있다는 것을 발견하고, 1720년에 파리에 보내 4년간 공부하게 했다. 퀴빌리에는 뮌헨 주교관에서도 일했고, 1734~1739년에 아말리엔부르크 별장(사진 281)을 지었다. 이것은 뮌헨 외곽에 있는 님펜부르크 궁전의 광활한 대지 위에 세워진 네 개의 로코코 양식 별장 가운데 가장 유명하다. 이 멋지게 생긴 작은 별장은 안에 비해 바깥쪽이 어리둥절할 정도로 차분하고 단순하지만, 우아하게 올린 뱃머리 모양의 날씬한 페디먼트와 그 아래 둥글게 튀어나온 현관을 향해 반원을 그리며 올라가는 멋진 계단, 오목한 곡선로 열려 있는 공간을 구획하고 있는데, 이런 공간에는 타원형 뜰과 개선문, 연철로 만든 아름다운 문이 포함되어 있다.

을 그리도록 조각된 모서리와 같은 매력적인 세부 장식으로 아름답게 꾸며져 있다. 안으로 들어가면 중앙에 화려하기 그지없는 원형 홀이 있는데, 그 지름이 12미터쯤 되고 양 옆으로 여러 가지 필요한 시설과 침실, 총기실이 있다. 세상이 창조된 첫날 아침처럼 희뿌연 담청색을 띠고 있는 이 홀은 윗부분이 타원형의 구부러진 거울로 이루어진 방이다. 또 거울 사이사이에 창문과 문이 번갈아가며 있고 거울이 조금씩 서로 비껴서 있어, 한여름의 무성한 숲을 연상시키는 가볍고 경쾌한 장식이 가득해 보인다. 풀과 나무, 악기, 풍요의 뿔, 조가비로 경쾌한 분위기를 자아내는 벽은 은빛 치장 벽토 세공으로 뒤덮여 있는데, 햇볕을 듬뿍 받은 잎에서는 나비들이 날아오르고 꼭대기에 있는 돌림띠에서는 풀들이 가늘게 떨고 있으며 새들은 푸른 하늘을 향해 날아오르고 있다.

16 단아한 아름다움의 예언자들 : 낭만적 고전주의

바로크와 로코코 양식은 18세기 중엽에 갑자기 사라졌다. 역사에서 예술적 단계들은 그 유용성과 타당성을 상실한 후에도 수십 년에 걸쳐 서서히 사라진다. 따라서 이렇게 갑자기 종말을 고했다는 것은 정말 이상한 일이다. 그런데 이 시기 유럽에서는 냉정하고 중후한 제국이 정치 권력을 잡으면서 건축도 한층 냉정하고 중후한 고전주의 형태로 되돌아갔다.

그 이유는 여러 가지가 있었다. 먼저, 유럽에서는 18세기 초부터 사회 전반적인 분위기에 변화가 일기 시작해 1789년 프랑스 혁명으로 절정에 이르렀고, 이런 변화가 건축가와 그 고객들에게 바로크 양식이 제공할 수 있는 것보다 훨씬 영구적이고 권위 있는 것을 건물에서 찾도록 한 것 같다. 둘째, 바로크 양식은 몇몇 나라에서만 채택되었다. 그래서 세력 균형에 변화가 생기자, 프랑스와 프로테스탄트 독일 같은 나라에서 선호하는 건축이 제 역량을 발휘하기 시작했다. 그러나 무엇보다도 바로크 양식과의 단절을 낳은 가장 결정적인 요인은 이 시대에 유행한 감각으로 표현된 새로운 열정이었다.

새롭게 유행한 감각이 처음 표현된 곳은 잉글랜드와 스코틀랜드였다. 여기서는 건축가들이 일찍부터 고전주의로 돌아갔다. 그러나 그들이 처음부터 고대 그리스와 로마에서 발전한 형태로 돌아간 것은 아니어서 처음에는 팔라디오에 의해 한층 온건하게 해석된 고대의 형태로 되돌아갔다. 1715~1717년 사이에 젊은 스코틀랜드인 콜린 캠벨(1676~1729)은 영국의 고전 건축물을 묘사한 판화 작품이 100점 이상 실린 『비트루비우스 브라타니쿠스』라는 책을 펴내면서 팔라디오와 이니고 존스를 격찬했다.

캠벨은 수상 로버트 월폴을 위해 노퍽에 호턴 홀(1722~1726)을 지음으로써 자신의 이론을 실천에 옮겼다. 이니고 존스 형 주택인 호턴 홀에는 한 변의 길이가 10미터나 되는 정육면체 두 개를 나란히 놓은 형태의 웅장한 직사각형 방이 있다. 그는 또 켄트 주 메러워스에 팔라디오의 빌라 로톤다(사진 235)를 거의 본뜬 빌라도 지었는데(1723), 여기에는 양쪽에서 올라가는 팔라디오의 대칭적인 계단은 없어도 중앙에 둥근 홀이 있다. 이처럼 로톤다를 주제로 한 작품은 벌링턴 경도 지었다. 벌링턴 경은 1725년 윌리엄 켄트의 도움을 받아 런던 근교에 직접 치즈윅 하우스를 지었다(사진 282, 283).

조지 1세를 암살하고 권력을 잡은 휘그당 정치가 중의 한 사람인 벌링턴 백작 3세 리처드 보일(1694~1753)은 아마추어 건축가로서, 팔라디오의 작품을 추종하는 건축가들을 주변에 불러모았다. 그리고 1753년 죽을 때까지, 콜린 캠벨과 시인 알렉산더 포프, 로마에서 공부할 때 만난 젊은 화가 윌리엄 켄트(1685~1748)와 함께 당대 영국의 예술적 취향을 좌우하는 절대 군주와 같은 위치에 있었다. 팔라디오 양식은 저 멀리 러시아의 푸슈킨에까지 퍼졌는데, 차르스코예셀로('차르의 마을'이라는 뜻)에서 스코틀랜드인 찰스 캐머런(1746~1812)은 이

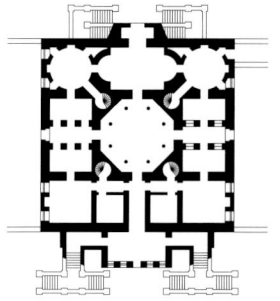

282 | 치즈윅 하우스, 1층 평면도

283 | **벌링턴 경과 윌리엄 켄트**, 치즈윅 하우스, 런던, 1725

284 | 찰스 캐머런, 캐머런 갤러리, 차르스코예셀로, 푸슈킨, 러시아, 1787

탈리아인 바르톨로메오 라스트렐리(1700~1771)가 지은 황궁에 공원을 바라보는 이오니아식 열주랑으로 날개를 붙였다(사진 284). 또 한 명의 스코틀랜드인 제임스 기브스(1682~1754)는 한때 성직자가 되려고 공부했고 로마에서 카를로 폰타나 밑에서 바로크 양식을 공부한 적도 있는, 가톨릭교도이자 자코바이트(1688년 명예혁명으로 국왕 제임스 2세가 폐위된 후 제임스 2세를 따른 사람들)였다. 그러므로 그는 당연히 벌링턴의 휘그당 정권에 반대했으리라 생각할지 모른다. 그러나 고전적인 주랑 현관에 고딕 뾰족탑을 결합해 놓은 세인트 마틴인더필즈 교회(1721~1726; 사진 285)와 같이 런던 교회에 있는 그의 작품도 아주 노골적인 바로크 양식은 아니며, 길고 이지적이며 품위 있는 대칭형 건물인 캠브리지 대학 이사회관(1722~1730)에서는 그 자신이 누구보다도 충실한 렌의 후계자임을 보여준다. 기브스 양식이 팔라디오의 우아함과 어울린다는 사실은, 팔라디오 양식을 열심히 모방한 아메리카 대륙이나 오스트레일리아 건축가 프랜시스 그린웨이가 1824년에 지은 시드니의 세인트 제임스 교회(사진 314)에서도 볼 수 있듯이, 이것이 해외에서도 널리 인기가 있었다는 것을 의미한다.

이 시기에 잉글랜드에서는 장차 시골 풍경을 바꿔놓을 농업 혁명이 진행중이었는데, 이런 변혁의 선두에 선 인물이 레스터 백작 토머스 코크였고, 벌링턴과 켄트는 1734년 그를 위해 노퍽에 홀컴 홀(사진 286)을 지었다. 이 저택의 겉면에는 노란 벽돌을 썼는데, 이것은 지역에서 만들었지만 코크의 요청으로 고대 로마의 벽돌을 본떠 만든 것이었다. 이 건물은 중앙에 사각형의 본관 건물이 위치하도록 설계되었으며, 여기에는 사슴 사냥터로 들어가는 팔라디오 양식의 주랑 현관이 있다. 그리고 본관 양쪽에는 앞뒤로 하나씩 그보다 작은 사각형 건물 네 동이 서 있었으며, 이것은 짧고 낮으며 우묵하게 들어간 연결부에 의해 본관과 이어져 있었다. 평면상으로 보면, 이것은 전면뿐 아니라 후면으로도 향하도록 반복되어 있을 뿐, 정확히 팔라디오의 서비스 날개동을 확장시킨 것이다. 그러나 입구에 있는 홀은 공간이 거의 바로크 양식에 가깝다. 이 저택은 원래 코크가 수집한 고대 유물을 전시하기 위해 지은 것이며, 2단으로 되어 있는 홀 안쪽 끝에는 앱스처럼 둥글게 들어간 회랑이 있다. 여기에는 한가운데에 길다란 벨벳 망토 자락 같기도 하고 곱게 접은 공작 꼬리 같기도 한 붉은 카펫을 깔아놓은 계단을 통해 올라간다. 흰 바탕에 갈색 무늬가 있는 더비셔 설화 석고 기둥은 로마의 포르투나 비릴리스 신전에 기초한 것으로, 이것은 흥미롭게 생긴 계단의 형태를 반영해 앱스 쪽으로 오목하게 들어간 천장을 받치기 위해 한 단 높이 올라간 회랑에서부터 올라가 있다.

새로운 우아함은 귀족들의 시골 저택에서만 추구된 것이 아니다. 팔라디오 양식의 시골 저택 건축가였던 존 우드 부자(아버지 1704~1754, 아들 1728~1781)는 단순하면서도 세련된 팔라디오 건축 방식을 거리에서 표현하는

285 | 제임스 기브스, 세인트 마틴인더필즈 교회, 런던, 1721~1726

286 | 벌링턴 경과 윌리엄 켄트, 홀컴 홀, 노퍽, 1734

방법을 발견했다. 우드 부자는 이후 어느 누구도 능가할 수 없었던 솜씨로 배스에 멋진 거리를 펼쳐놓았다. 로버트 애덤이 하나로 통합된 궁전 전면으로 설계한 에든버러의 샬럿 광장(1791~1807)도 멋진 배스의 거리를 능가하지는 못했다. 배스의 거리에서는 이 지방에서 나는 금빛 나는 하얀 돌로, 거리를 향해 서 있는 건물의 정면이 하나의 연속된 팔라디오 양식의 정면처럼 처리되어 있다. 그리고 퀸 광장(1729~1736)에서는 북쪽면 중앙에 페디먼트를 올려 건물에 강조점을 주었다. 그러나 이보다 훨씬 극적인 것은 거칠 것 하나 없이 드넓은 잔디밭이 타원형으로 구부러진 로열 크레슨트(1767~1775; 6쪽을 보라)에서 나무들이 줄지어 있는 가장자리까지 쭉 펼쳐져 있는 것이다.

도시 계획에 이처럼 새롭고 우아한 얼굴을 펼쳐보인 우드 부자의 훌륭한 솜씨는, 배스의 테라스 하우스 전면에 팔라디오식 벽기둥을 병렬시킴으로써 건물에 전체적인 균형을 주면서도 수평성을 강조한 데서 찾아볼 수 있다. 이들은 벽기둥을 양방향으로 죽 늘어 세워 거리를 형성하게 해서, 기둥의 토대와 기둥 받침 부분은 때로 건목치기를 한 1층이 되게 하고, 벽기둥의 몸체는 열주랑으로 반복되거나 가늘게 수직으로 올라간 2층 창문에서 반복되게 하며, 아키트레이브와 프리즈는 코니스의 쇠시리로 마무리한 다음 그 위에 페디먼트를 세우거나 지붕 아래층을 올렸다.

벌링턴 파에 속한 건축가들은 이후 낭만주의 운동에서 중요한 부분을 차지하게 될 '건축과 환경의 결합'을 꾀하는 데에 선구적인 역할도 했다. 자연을 손질하여 아름다운 풍경을 만들어내는 18세기 영국의 조경 건축 운동은 윌리엄 켄트로부터 시작되었다. 수상의 아들 호러스 월폴은 켄트가 "울타리를 뛰어넘어 자연이 하나의 정원이라는 것을 발견했다"고 칭찬했다.

이런 새로운 자각은 바로크 시대의 안과 밖의 관계를 완전히 역전시켰다. 우리는 이를 프랑스에서 볼 수 있는데, 앙드레 르 노트르(1613~1700)가 설계한 보르비콩트(사진 287)와 베르사유 궁전의 유명한 정원을 보면, 깔끔하게 다듬은 산울타리에 의해 여러 가지 형태로 배치된 화단과 길, 기하학적으로 조직된 잔잔한 호수로 가는 길다란 가로수길, 분수나 관목 숲으로 가는 대각선 모양의 길에서, 이것이 얼마나 정교하게 기하학적으로 다듬어졌는지 알 수 있다. 그러나 베르사유와 보르비콩트의 실내는 반원통형 천장과 아름답게 조각된 코니스로 아주 화려하고 활기찬 분위기지만, 이와는 대조적으로 18세기 영국의 시골 저택은 실내 분위기는 차분한데 밖으로 나가면 자연이 마음껏 굴곡을 이루면서 오솔길과 실개천, 호수가 제멋대로 뻗어나가고 나무도 마음껏 자랄 수 있었다. 켄트의 뒤를 이어 찰스 브리지먼(1738년 사망)은 영국이 낳은 또 하나의 획기적인 시도를 했다. 그것은 눈에 들어오는 풍경 전체가 사유지의 일부가 되게 하는 방법이

287 | 샤토 드 보르비콩트, 프랑스, 1657, **앙드레 르 노트르**가 설계한 정원

었다. 즉 정원과 정원을 둘러싼 목초지 사이에 울타리를 세우는 대신 도랑을 파 경계를 지은 것이다. '하하'라 불리는 이런 도랑을 파놓으면, 소떼가 정원으로 들어오는 것을 막을 수 있을 뿐 아니라 테라스나 응접실 창문에서 시선을 방해받지 않고 목초지까지 내다볼 수 있었다. 가장 유명한 정원사는, 언제나 한 장소가 가지고 있는 '역량'을 한껏 펼쳐보였다 하여 '역량 있는 브라운'이라는 별명을 얻은 랜슬롯 브라운(1716~1783)이었다. 그는 특히 식수 조림에 뛰어났는데, 여러 가지 나무를 무리지어 놓기도 하고 듬성듬성 흩어놓기도 하는 그의 독특한 기술은 이제 영국 풍경의 고유한 특성으로서 당연하게 받아들여지고 있다. 브라운의 손길이 얼마나 멀리 미쳤는지, 한 사유지의 주인은 브라운이 하늘에 손대기 전에 자신이 먼저 죽고 싶다고 말했을 정도이다.

주택과 정원의 상호작용은 한 단계 더 발전하여, 정원을 여러 가지 경쾌한 건축적 요소, 즉 다리와 작은 사원, 동굴 같은 자그만 돌집 등으로 아름답게 꾸민 픽처레스크 양식을 낳

았다. 스코틀랜드 건축가 로버트 애덤이 개조한 버킹엄셔 스토에 있는 주택(이것은 지금 공립학교로 쓰이고 있다)에 브리지먼이 조성한 정원(1771~)은 밴브루와 기브스, 켄트, 브라운 등 당대 내로라 하는 건축가들의 고전적인 사원과 다리로 가득 차 있는 건축의 보고이다. 이것은 어찌나 아름다운지, 로저 모리스가 월

288 | **헨리와 리차드 호어**, 스타워해드에 있는 정원, 윌트셔, 1720년대

289 | 자크 제르맹 수플로, 팡테옹, 파리, 1755~1792

턴 하우스에서 일련의 아치 위에 세운 팔라디오식 다리와 같은 모방작까지 있을 정도이다. 콜린 캠벨은 1720년대에 은행가 헨리 호어를 위해 월트셔의 스타워헤드에 있는 팔라디오식 주택을 설계했다. 그런데 호어와 그의 아들 마이클이 주택과 상호보완적인 정원(사진 288)을 만들기로 결정하고, 마을 서쪽에 있는 계곡에 댐을 쌓고, 베르길리우스의 〈아이네이스〉에서 영감을 얻어 그것을 인간이 생을 통과하는 다리를 상징하는 알레고리로 설정해놓았다. 그러나 푸릇푸릇한 수풀과 물 위에 떠 있는 수련, 축축하게 젖은 돌집과 아름다운 사원, 그리고 분홍, 파랑, 연한 자줏빛의 수국 사이로 물 위에 아름다운 곡선이 그대로 비치고 있는 다리를 지나 세모난 호숫가를 거닐다 보면, 이 목가적인 길은 오히려 착한 사람들이 죽은 후 가는 낙원인 엘리시온으로 가는 길 같다.

그런데 예술적인 연구와 문학적인 연구의 영향으로 이 목가적이고 환상적인 장면에 새로운, 보다 진지한 의미가 부여되었다. 최초로 이런 연구를 한 사람은 고고학과 건축 애호가인 아베 로지에(1713~1769)였다. 로지에는 권위를 추구하면서, 그리스 신전의 원형이 된 건축의 가장 기본적인 형태, 즉 기둥과 들보 그리고 그 위에 얹은 지붕으로만 이루어진 원시 시대의 오두막에 대해 새로운 평가를 내렸다. 로지에는 1753년에 쓴 『건축에 관한 소론(Essai sur l'architecture)』에서 벽기둥이나 페디먼트, 지붕 아래층, 돔은 물론 어떤 종류의 장식도 배제한 이런 형태의 건축이 가장 이상적인 건축 형태라고 주장했다. 로지에의 이론을 최초로 현실로 옮긴 사람은 1755년에 파리에 생트 즈네비에브 교회(이것은 혁명기에 세속적인 건물로 바뀌면서 이름도 팡테옹으로 바뀌었다; 사진 289)를 지은 자크 제르맹 수플로(1713~1780)였다. 그는 세인트 폴 대성당에 기초한 돔을 사용했는데, 네 귀퉁이를 제외하고는 곧게 뻗은 앤테블러처에 의해 결합된 기둥으로만 이 돔을 지탱했고, 네 귀퉁이에는 고딕 구조에서 빌려온 네 개의 삼각형 지주를 도입해, 이것에 기대어 원주를 세웠다. 빛이 건물을 자유롭게 통과하게 하려는 그의 의도는 혁명기에 좌절되고 말았다. 이것이 세속적인 건물로 바뀌면서 창문에 유리를 끼운 탓이었다.

아베의 논문이 나오고 5년 뒤에 줄리앙 다비드 르 루아가 『그리스의 아름다운 유적과 폐허』를 냈지만, 1762년에 제임스 스튜어트와 니컬러스 리벳이 대단히 포괄적이면서도 학술적인 저서 『아테네의 고대 유적』을 펴내면서 시대에 뒤떨어진 것이 되었다. 이것은 1750년대에 영국 철학자 샤프츠버리 경이 두 사람에게 아테네에 다녀오라고 설득한 후에 쓰여진 것이다. 1764년에는 독일에서 J. J. 빙켈만이 자신이 연구한 고대 예술사를 펴냈다. 빙켈만은 그리스에 가본 적이 없지만, "현재 점점 전 세계로 퍼지고 있는 품위 있는 취향은 그리스 하늘 아래서 처음 형성되었다"는 그의 『그리스 회화와 조각에 대한 재고』의 첫머리는 그의 충심이 어디에 있는가를 분명히 말해준다. 그는 건축가는 그리스인이 보여준 고귀한 특성인 "품위 있는 단순함과 조용한 웅장함, 윤곽의 정확성"을 추구해야 한다고 생각했다.

달리 말하면, 이것은 예술적인 용어나 문학적인 용어로만 설명할 수 있는 건축 운동이었다. 여기에는 고대의 건축물이나 폐허가 된 건

290 | **로버트 애덤**, 시온 하우스, 런던, 1762~1769, 대기실

건축이 훨씬 엄격하고 학문적인 신고전주의로 대체되었다. 이 시대 영국의 대표적인 건축가는 로버트 애덤(1728~1792)이었다.

애덤은 1750년대에 계속 유럽 일주 여행을 했다. 그는 로마에서 유명한 동판화가 조반니 바티스타 피라네시(1720~1778)를 만났다. 피라네시는 폐허가 된 고대 로마 유적과 더럽고 추한 감옥의 모습을 담은 극적인 장면으로, 유럽인의 의식 형성에 많은 영향을 끼친 로마의 이미지를 전달한 작품으로 유명하며, 그의 작품은 애덤과의 우정을 통해 더욱 활력을 얻었다. 애덤은 자신의 설계도 초안에 거친 풍경을 포함시켰고, 사팔라토에 있는 디오클레티아누스의 궁전을 면밀히 연구해 1764년에 그 성과를 출판했다. 로마에서 한동안 피라네시와 함께 생활한 후 런던에 돌아온 애덤은 때로 고전적인 그리스와 '에트루리아' 양식의 모티프를 사용해 일련의 시골 저택을 위한 실내장식을 디자인하고, 런던과 에든버러의 뉴타운에서는 가장 세련된 18세기 테라스 하우스 몇 가지를 지었다. 그는 아주 성공적인 가구와 비품 공급자이기도 했다.

애덤은 스팔라토의 디오클레티아누스 궁전에 기초해 위대한 발명을 해냈는데, 그것이 바로 그가 독자적으로 해석한 에트루리아 장식이었다. 동생인 제임스와 함께 일하면서, 애덤은 이후 엄청난 영향을 미치게 될 실내 장식 목록을 만들어냈다. 1770년대 이후에는 에트루리아식 방이 없는 애덤식 주택이란 거의 찾아볼 수 없을 정도였다. 조사이어 웨지우드가 스태퍼드셔의 에트루리아라고 이름 붙인 공장 마을에서 생산해낸 도자기 바탕에 쓴 것과 같은 파스텔 톤의 바탕에 얕은 부조로 새긴 하얀 인물상과 항아리와 화환은 애덤이 가구와 벽쇠시리, 벽난로 장식, 출입문 위의 부채꼴 채광창, 그리고 무엇보다도 정교한 부조로 아름답게 장식된 천장에서 선보인 수많은 작품의 축소판이었다.

이에 비해 그의 로마식 방은 기둥에 입힌 금박과 대리석 그리고 검은색과 암록색, 테라코타로 장식된 바닥에서처럼 훨씬 진한 색깔을

축물을 자연의 '웅장한' 경치와 결합시키기를 좋아했던 당대의 화가와 조각가들도 큰 영향을 끼쳤을 것이다. 클로드 로랭과 살바토르 로사의 그림은 당시 명문가 자제라면 한 번쯤 다녀온 유럽 일주 여행 기념품으로 불티나게 팔렸다. 동시에 1750~1760년대에는, 초기 르네상스 시대에 도안집이 쏟아져 나오면서 건축가들의 많은 실험이 이루어졌을 때처럼, 프랑스와 독일, 영국, 이탈리아에서 엄청나게 많은 책과 논문, 소묘집, 그림, 조각이 쏟아져나왔다. 변화하는 정치, 사회, 감정적인 분위기 속에서 이런 작품들도 부분적으로는 바로크의 멸망을 재촉했다. 이 밖에 바로크의 멸망을 낳은 결정적인 요인으로는, 이 단계에서는 거의 학문이라고도 할 수 없었지만 고고학이 새롭게 추구된 것과 특히 이 시대에 처음으로 유럽 귀족들에게 개방된 고대 그리스와 로마의 유적을 탐구하게 된 것도 꼽을 수 있을 것이다.

간단히 말하면, 18세기 후반에는 팔라디오와 이니고 존스의 영향을 받아 유행한 고전적인

291 | **로버트 스머크 경**, *대영박물관, 런던, 1823~1847*

보여줄 뿐 아니라, 제단이나 얕은 벽감을 웅장한 기둥으로 칸막이한 기교에서도 볼 수 있듯이 세부장식은 훨씬 남성적이었다. 제임스 1세 시대 양식으로 개조된 건물인 런던의 시온 하우스(1762~1769; 사진 290)의 대기실에서 벽 둘레에 있는 대리석 기둥은 원래 로마 시대의 것으로, 황금빛 인물상을 얹은 아름답게 장식된 코니스를 받치기 위해 이탈리아의 타이버 강에서 건져올린 것이다.

18세기 말에서 19세기 초에는 에든버러가 건축 산업의 중심지가 되어, '북부의 아테네'라는 별명을 얻었을 정도로 가장 엄격한 형태의 그리스 복고 양식이 풍미했다. 프린세스 가 끝에 있는 캘턴 힐에는 국가적인 기념물로 파르테논 신전의 일부가 세워졌다. 토머스 해밀턴(1784~1858)은 1825~1829년에 흠 잡을 데 없이 완벽한 그리크 로열 고등학교(지금은 스코틀랜드에서 법적인 권리를 이양받으면, 스코틀랜드 의회 건물로 쓰기로 되어 있다)를 지어 명성을 드높였다. 후에 글래스고에서는 앨릭잰더 톰슨(1817~1875)이 말 그대로 그리스 양식을 부활시킨 교회들을 지어, 그리스의 톰슨으로 알려졌다.

영국의 다른 지역에서도, 1823년부터 짓기 시작한 로버트 스머크 경(1780~1867)의 대영박물관(사진 291)과 제임스 갠던(1743~1823)이 지은 더블린 세관(1781~1791), 런던 트라팔가 광장에 있는 윌리엄 윌킨스(1778~1839)의 국립미술관(1833~1838), 데시머스 버튼(1800~1881)이 지은 하이드 파크 코너에 있는 세 개의 아치로 된 이오니아식 아치문(1825) 등 많은 공공 건물이 로버트 애덤과 윌리엄 체임버스 경(1723~1796)이 주도한 그리스 복고 양식으로 지어졌다. 1760년부터 조지 3세의 왕궁 건축가가 된 체임버스는 당대의 가장 유명한 전통주의자였다. 런던의 스트랜드 가에 있는 서머싯 하우스(1776~1786)에서, 그는 안뜰의 사면을 둘러싸고 있는 절제된 모습이면서 당당한 신 팔라디오 양식의 정면으로 잉글랜드 정부 청사에 신고전주의 양식을 정착시켰다.

그러나 이런 엄격한 순수성은 오래가지 못했다. 건축가들에게는 더 많은 재미와 자유가 필요했다. 그리하여 심지어는 윌리엄 체임버스 경조차 황폐한 것, 어리석은 것에 심취했다. 그는 웨일스의 황태자 프레드릭의 영묘를 설계하면서 정교한 그림 두 점을 그렸는데, 하나는 완성된 건물을 그린 것이고 다른 하나는 시간이 흘러 황폐해진 건물이 더욱 아름답게 묘사된 그림이었다. 그는 중국 건축에 관한 책(1757)도 펴냈는데, 큐 국립 식물원에 있는 그의 파고다(1761)는 '픽처레스크' 양식이 유행할 때 이 공원에 지은 로코코 양식의 고전적인 사원과 로마 극장, 모스크, 무어 양식의 알람브라 궁전, 고딕 성당 가운데 유일하게 남은 작품이다.

존 내시(1752~1835)에 대해 말하면, 그는 자신의 풍부한 재치와 유머 감각을 과거의 어떤 양식에도 적용할 준비가 되어 있었다. 내시는 런던의 리전트 공원 둘레에 1812년부터 짓

292 | **존 내시**, *컴버랜드 테라스, 리전트 공원, 런던, 1826~1827*

293 | **존 내시**, 로열 퍼빌리언, 브라이턴, 1815~1821, 연회장

케이드로 장식하고, 푸른빛이 나는 청동 돔과 뾰족한 미나레트로 유원지 같은 분위기가 나는 스카이라인을 창출해냈다. 그리고 안으로 들어가면, 온갖 나라의 건축적 특징을 절충한 듯한 일련의 개별적인 방(사진 293)에서 극도로 화려하고 사치스런 무절제의 천박함이 정교하고 섬세한 세공품과 우열을 다투고, 새로운 재료인 주철로 만든 야자나무 형태의 기둥이 있는 엄청나게 큰 부엌에서까지 신기함을 찾아볼 수 있었다.

이 후기 양식은 픽처레스크 양식이라고 할 수도 있고 신고전주의 양식이라고 할 수도 있으며 또는 이 두 가지를 합쳐 이 장의 제목으로 고른 낭만적 고전주의 양식이라고 할 수도 있다. 그러나 이 시기는 낭만적인 색채가 뚜렷하다. 피나레시의 동판화에서 볼 수 있었던 고풍스런 것과 회화적인 것에 대한 열풍은 담쟁이 덩굴에 둘러싸인 성채와 같은 폐허의 분위기를 중시하였기 때문에, 사실 그런 집은 감각보다는 돈이 많은 사람들이 지었다. 이를 가장 두드러지게 보여주는 예가 1796년에 애덤 형제의 경쟁자인 제임스 와이엇(1747~1813)이 윌리엄 벡퍼드를 위해 설계한 윌트셔의 폰트힐 대수도원이다. 이것은 가는 십자형 평면에 중세 수도원 같은 모습으로 지은 시골 저택인데, 긴 날개 부분에는 언뜻 보면 부분적으로 황폐해진 낡은 교회와 수도원 건물이 들어서 있는 것 같았다. 그리고 82미터 높이로 우뚝 솟은 다각형 고딕 탑은 1807년에 정말 무너져버림으로써 폐허처럼 위장해놓은 것들과 같은 신세가 되었으며, 나머지도 결국은 앞다투어 탑

기 시작한 신고전주의풍의 테라스 하우스(사진 292)로 시골 저택의 그림 같은 풍경을 도시에 옮겨놓았다. 이 테라스 하우스의 연속된 정면은 우드가 배스에 펼쳐놓은 정면과 애덤과 윌리엄 플레이페어(1790~1857) 등이 에든버러의 뉴타운에 펼쳐놓은 정면만큼이나 인상적이다. 그는 또 리전트 공원 주위에 집집마다 화단이 따로 있지만 공원은 전체가 소유하는 독립적인 빌라를 설계함으로써 전원 도시의 출현을 예고했다. 그는 데번셔에는 고딕 건물을 짓고, 슈롭셔에는 이탈리아식 건물을, 그리고 브리스틀 근처의 블레이즈 햄릿에는 이엉을 얹은 영국의 옛 시골집을 지었다. 그리고 1815년에서 1821년 사이에는 1780년대에 헨리 홀런드(1745~1806)가 브라이턴에 후에 조지 4세가 된 섭정궁을 위해 지은 팔라디오식 별장을 중국-인도식으로 개조했다. 그는 고전적인 대칭성을 보여주는 주요 정면을 무어 양식의 아

294 | **호러스 월폴**, 스트로베리 힐, 트위크넘, 런던, 1748~1777

과 같은 운명에 빠지고 말았다. 그러나 폰트힐 대수도원 이전에도 호러스 월폴은 미들섹스의 트위크넘에 있는 스트로베리 힐을 고딕 양식으로 개조하고 확장하여(1748~1777; 사진 294), 시골 저택에 신 고딕 양식을 채택하게 되는 기폭제가 되었다. 그는 예를 들면 그의 홀바인 체임버의 정교한 고딕풍 실내 장식에서 볼 수 있듯이 그의 말대로 "자꾸만 새로운 것을 찾는 분위기"에 빠져들었다.

건축사를 보면 흔히 그렇듯이, 특정한 시기에는 한 나라가 본보기가 되어 건축의 발전을 주도한다. 그리고 이번에는 분명 영국이 그런 나라였다. 그러나 이제 우리는 같은 시기에 유럽 대륙에서 일어난 일을 살펴봐야 한다. 프랑스에서는 켄트와 동시대인이자 1742년에 아버지의 뒤를 이어 왕궁의 수석 건축가가 된 앙주 자크 가브리엘(1698~1782)이 있었다. 일관성 있는 인물이었던 가브리엘은 끝까지 차분한 분위기의 고전적인 조화와 균형을 견지했다. 그러나 그의 후계자인 리샤르 미크(1728~1794)에게는 같은 말을 할 수 없다. 미크는 프티 트리아농 궁전의 정원을 설계하면서 영국 낭만주의의 영향을 보이며 프랑스 사람들이 '광기'라고 부르는 것을 선보였다. 그는 여기에 사랑의 신전(1778; 사진 295)이라 불리는 자그마한 매력적인 신전을 지었는데, 푸른 가지를 드리운 나무에 둘러싸여 있는 이 신전은 어떤 부분은 그리스에서 어떤 부분은 로마에서 그리고 어떤 부분은 영국에서 빌려온 것이었다. 그는 또 여기에 변덕스런 마리 앙투아네트가 시골 소녀가 되어 놀기도 하고 때로 염소 젖을 짜러 오기도 했다는 농촌 마을도 꾸며놓았다. 미크는 1725년부터 1750년 사이에 태어난 수많은 건축가 중의 하나였을 뿐이다. 미크보다 유명한 사람이 클로드-니콜라 르두(1736~1806)와 에티엔 루이 불레(1728~1799)인데, 이 두 사람의 작품은 대단히 웅장한 특징을 지니고 있다. 그러나 불레의 경우에는 도면 단계에서 좀처럼 나아가지 못했다. 불레는 천문학자 아이작 뉴턴을 기리는 기념비로 가장 많이 기억되고 있는데, 이것은 이중 고리 위에 어

295 | **리샤르 미크**, 사랑의 신전, 르 프티 트리아농, 베르사유, 1778

마어마하게 큰 공을 올려놓은 형상으로, 이는 거대한 기하학적 형태가 주는 효과를 활용하려는 바람을 드러낸 것이다.

한편 르두의 작품은 많이 살아남았다. 그는 파리 둘레에 45개 통행료 징수소를 세웠는데, 이것들은 평면과 전면이 모두 다르지만 기본적으로는 고전주의 양식이다. 지금은 4개만 남아 있는데, 그 중 가장 유명한 것이 라 바리에르 드 라 빌레트(1785~1789)이다. 혁명 때 그는 왕의 건축가라는 이유로 단두대에서 목이 잘릴 뻔했으며, 그가 세운 통행료 징수소도 많이 파괴되었다. 혁명 전인 1770년대 말에는 브장송에 그리스 복고 양식의 극장을 짓기도 했으나, 그가 시도한 일 가운데 가장 흥미로운 것은 산업 건축의 초기 예로서, 1775년부터 브장송 근처 루 강에 있는 아르크에스낭에 라 살린 드 쇼라는 제염소에서 일하는 화학 노동자들을 위한 도시를 건설하기 시작한 것이다. 지금은 거의 남아 있지 않지만, 입구는 아무런 토대

도 없이 그냥 땅 위에 땅딸막하게 서 있는 거칠고 튼튼한 도리아식 열주랑을 통해 들어가지만, 뒤에는 둥근 벽감이 있는 낭만적인 동굴집이 있고, 이 벽감에는 물이 흘러나오는 돌 항아리가 새겨져 있다.

르두의 기둥에는 당시 초기 그리스 기둥이 정말로 어떻게 생겼는가를 놓고 벌인 열띤 논쟁이 반영되어 있다. 당시 신고전주의의 두드러진 특징 두 가지가 긴 열주랑과 거대한 고전적인 기둥이었는데, 사람들은 이런 비율이 고대 그리스의 비율이라 여겼다. 그러나 진짜 도리아식 기둥은 짧고 땅딸막하다는 것을 발견하고 고전주의자와 골동품 애호가들은 충격을 받았으며, 무엇보다도 가장 충격적인 것은 기둥 받침이 없다는 사실이었다. 그때까지 항상 그리스의 도리아식 기둥으로 그려진 것은 그보다 훨씬 크고 가늘어서, 사실 거기에 세로줄 무늬만 있으면 로마의 도리아식 기둥이었고 세로줄 무늬가 없으면 이보다 더 오래된 로마의 토스카나 도리아식 기둥이었다. 우리는 지금 초기 그리스 신전이 선명한 색깔로 장식되어 있었다는 것을 알고 있지만, 순수주의자들이 그런 사실을 몰랐다는 것은 말할 나위도 없이 다행스런 일이었다. 왜냐하면 신고전주의 건물에는 거의 색깔이 없었기 때문이다.

열주랑과 고대 기둥의 효과를 뚜렷이 보여주는 극단적인 신고전주의 양식 건물 가운데 가장 뛰어난 것은 독일에서 찾을 수 있다.

1800년에 폐병으로 28세라는 젊은 나이에 생을 마감해야 했던 프리드리히 길리는 도면만 남겨놓았다. 그러나 프리드리히 대왕 기념비를 위한 장중하면서도 뛰어난 설계도와 훨씬 독창적이고 훨씬 형식적이지 않은 베를린 국립 극장을 위한 고전적인 설계도를 보면, 그가 프로이센에 있는 기사들의 중세 성을 연구하기 위해 얼마 되지 않은 생의 일부를 낭비한 것이 마냥 안타까울 뿐이다. 길리의 제자인 카를 프리드리히 싱켈(1781~1841)은 세상에 제공할 것을 더 많이 가지고 있었다. 왜냐하면 그는 여러 양식과 여러 시대에 걸쳐 있었기 때문이다. 따라서 그 역시 낭만적인 측면을 지니고 있어, 1815년에는 화가이자 무대 장치 설계자로서 모차르트의 〈마술피리〉 공연 때 밤의 여왕을 위한 신 이집트 양식의 궁전을 지어 찬사를 받았다. 싱켈은 길리에게서도 고전주의 양식을 배웠지만 1803년에 파리와 이탈리아를 여행하면서 르두와 볼레로부터도 고전주의 양식을 배웠다. 그러나 그의 눈은 뒤로만 향하지 않았다. 그는 산업혁명이 낳은 새로운 산물인 공장과 그 안에 있는 기계에도 눈을 돌리고, 주철과 파피에마세(종이 점토 반죽으로 만든 딱딱한 종이), 아연과 같이 새롭게 사용되기 시작한 재료에도 호기심 어린 눈길을 돌렸다. 싱켈의 가장 유명한 두 건물인 샤우스필하우스(1819~1821)와 베를린의 알테스 무제움(1823~1830; 사진 296)은 둘다 흠잡을 데

296 | **카를 싱켈**, 알테스 무제움, 베를린, 1823~1830

297 | 앙주자크 가브리엘, 르 프티 트리아농, 베르사유, 1762~1768

없는 그리스 양식이다. 그러나 그의 작품에는 차가운 정확함 이상의 것이 있고, 알테스 무제움의 길고 낮은 열주랑에는 충분히 매료될 만한 무언가가 있다.

그러나 우리는 영국에서와 마찬가지로 복고적인 고전주의 작품을 선보인 건축가들이 낭만적인 작품에서도 대개는 똑같이 뛰어난 솜씨를 발휘했다는 것을 인식해야 한다. 프랑스에서는 앙주자크 가브리엘이 베르사유 궁전터에 최초의 완벽한(그리고 동시에 아주 낭만적인) 신고전주의 건물인 르 프티 트리아농 궁전(1762~1768; 사진 297)을 지었다. 연한 석회암과 장밋빛 대리석으로 짓고 정면에 긴 아케이드 효과를 준 이 작은 정육면체 저택은 루이 15세를 위해 지었으나, 나중에 마리 앙투아네트를 위해 개조했다. 가브리엘의 작품 생활 기간은 20년의 간격을 두고 두 가지 도시 설계를 마쳤을 정도로 아주 길었다. 둘다 루브르의 열주랑에 기초해 설계했지만, 이 가운데 그가 1731~1755년에 설계한 (보르도의) 부르스 광장(전에는 루아얄 광장)은 이오니아식 기둥과 높은 프랑스 지붕이 있는 반면, (파리의) 콩코르드 광장(1753~1765)은 복고적인 고전주의 양식의 가장 전형적인 두 가지 특징인 거대한 코린트식 기둥과 긴 난간을 보여주어 대조적이다.

이 시기는 많은 점에서 문학적인 시기였다. 이 시기에는 당대의 철학적인 작가와 지식인들이 프랑스 혁명과 미국 식민지의 분리 독립과 같은, 세계에 지각변동을 일으킨 큰 정치적 운동뿐만 아니라 예술적인 운동에도 중요한 영향력을 행사했다. 그러나 아마 이 시기가 그렇듯 매력적인 시기가 된 것은 바로 합리주의와 엄격한 고전주의가 환상과 우아함, 자연과 미에 대한 숭배와 결합된 탓일 것이며, 따라서 이 장의 제목으로 '낭만적 고전주의'가 적절한 이유도 이로써 설명이 될 것이다.

17 개척자에서 기성 체제로 : 아메리카와 그 너머

우리가 방금 논의한 세기에서 유럽은 생명력 넘치는 자신의 빛나는 경계 안에서 일어난 일에만 사로잡혀 있었다. 그러나 고고학적 발견과 여행, 탐험, 선교 활동이 지금껏 알려지지 않은 영토를 열어젖히는 데 기여하면서, 이제는 더 넓어진 세계가 우리의 주제에 기여하겠다고 나섰다.

우리는 지금 외국 문화의 민속 예술에 기대어 새로운 주제와 색채의 배합으로 자신의 작품 세계를 풍부하게 하기 위해 아프리카나 멕시코, 안데스 산맥에서 휴가를 보내는 예술가들처럼 여행 중에 우연히 만난 외국의 몇몇 세부 장식을 취미삼아 시도해보려는 유럽 여행가들만을 이야기하는 것이 아니다. 물론 그런 상호작용도 있었다. 그래서 스페인과 포르투갈과 남아메리카의 초기 만남은 1500년 이후 아메리카 인디언의 세부 장식이 유럽 건축에 수입되는 결과를 낳았고, 이는 장식에서 플라테레스코 양식과 스페인과 포르투갈의 추리게라 양식에 뚜렷한 영향을 끼쳤다. 또 18세기와 19세기에는 유럽 낭만주의자들 사이에 중국 것이라면 무조건 열광하는 분위기가 있었다. 건축에서는 그것이 넓은 정자를 짓고 탑을 쌓고 다리를 놓는 것으로 나타났지만, 그 가운데 진지한 것은 하나도 없었다. 그리고 시아누리스의 유행, 즉 시대에 상관없이 중국 예술품에서 모티프를 얻은 벽면과 가구, 자기의 정교한 장식이 유행한 것은 집안에서도 뚜렷이 나타났다. 이것은 애덤의 '에트루리아식' 그리스 님프만큼이나 로코코적이었다. 유행의 첨단을 걷는 것처럼 보이려면 이제 시골 저택에는 반드시 중국풍의 방이 있어야 했다.

사실 이런 종류의 상호작용은 찔끔찔끔 여기저기서 훔치는 좀도둑질이나 다름없었다. 그러나 유럽이 식민지를 개척한 곳이나 선교 활동으로 유럽 국가의 세력권에 편입된 곳에서는 문제가 달랐다. 아메리카의 영국인에게는 동부 해안의 개척지가 그들이 노력한 결과였고, 캐나다와 플로리다 일부 지역 그리고 루이지애나는 프랑스가 개척한 땅이었다. 그리고 플로리다에는 스페인에서 개척한 땅도 있었고, 남아메리카는 스페인과 포르투갈에 의해 열리고 있었다. 처음에는 주로 프란체스코회 소속이었으나 나중에는 도미니쿠스회와 예수회에 소속되었던 스페인 선교 사절단은 남아메리카를 가로질러 캘리포니아 서부 해안 지대로 올라갔다가 마침내 뉴멕시코로 가로질러 가면서, 박공 지붕에 종탑이 있고 하얗게 회벽칠을 한, 어도비 벽돌로 지은 매력적인 교회와 정원과 형제들의 묘지, 마을의 물 공급원인 분수나 우물을 둘러싸고 있는 안뜰 주위에 있는 선교 건물을 남겨놓았다. 정원을 이루고 있는 안뜰 둘레에 2층으로 된 로지아가 있는 키토의 속량회(1630; 사진 299)는 훨씬 세련된 형태를 보여준다. 그러나 모든 식민지 개척자들이 서쪽으로 간 것은 아니었다. 인도와 인도네시아에서는 영국인과 네덜란드인, 포르투갈인이 정착하여 그들에 의해 개종되고 착취당했으며, 오스트레일리아 역시 그런 상황에 들어가야 했다.

298 | **토머스 제퍼슨과 윌리엄 손턴, 벤저민 러트로브**, *버지니아 대학*, 샬러츠빌, 버지니아, 1817~1826

299 | 속량회 수도원, 키토, 에콰도르, 1630

식민지에서 채택한 건축 양식은 처음에는 식민지가 되었을 당시 모국에서 유행한 건축 양식을 원시적으로 모방한 형태였다. 그러나 점차 기후 조건과 지역에서 구할 수 있는 재료, 지역 기술자의 솜씨에 맞게 실용적으로 조정되어, 나라마다 독자적인 특성을 가진 형태로 발전하였다. 예술이 원시적이고 석조 건축의 전통이 전무했던 브라질에서는 건축 양식이 포르투갈에서 직수입되는 경향이 있었다. 그러나 뉴멕시코와 같은 지역에서는 수입된 건축 양식을 누르고 어도비 벽돌을 사용하는 원주민 인디언의 전통이 그대로 살아남았다.

스페인 제국의 전초 기지였던 뉴멕시코 주 샌터페이에서는 철도가 부설되기 전 미주리에서 남서쪽으로 내려오는 길(샌터페이 가도)이 건설되었는데, 여기서는 지금도 건물의 높이가 엄격히 통제되고 있다. 오늘날에는 주요 광장 바로 곁에 있는 총독 관저(1610~1614; 사진 300)의 연륜과 우수성이 주변 건물보다 눈에 띄게 두드러져 보이지 않는다. 여기서는 주택과 정부 청사, 교회 모두 인디언의 어도비 벽돌로 짓는 경향이 있었으며, 창문과 문에는 이 지역에 전형적인 곡선으로 쇠시리 장식이 되어 있었고, 나무 서까래를 올린 지붕은 대개 이 지역에서 나는 가느다란 팔로 버디 나무로 채워져 있었다. 총독 관저는 길고 낮은 1층 건물이며, 길이를 따라 길게 목조 로지아가 서 있는데, 이 로지아에서는 근처 인디언 보호 지역에서 온 인디언들이 깔개나 바구니 세공품, 보석 장식 등을 펴놓고 관광객들에게 팔고 있다. 그러나 이와는 대조적으로 뉴올리언스의 격자형 평면이나 루이지애나의 습한 마을에서 볼 수 있는 열주랑으로 된 갤러리에서는 눈에 띄게 프랑스 취향이 묻어난다.

그러나 이민자와 원주민의 전통과 재능이 처음 결합되어 나타난 것은 아직도 초기 식민지 시대 건물이 일부 남아 있는 멕시코와 페루의 교회에서였다. 신대륙 정복자들은 '그리스도와 금을 위해'(르네상스 시대 피렌체 상인들이 그들의 회계원장에 '신과 이윤을 위해'라고 썼던 것을 그대로 모방한 구호)라는 좌우명과 함께 아주 장식적인 그들의 바로크 양식을 가져왔다. 그러나 일단 지역의 노동력으로 교회가 지어지자, 아스텍족과 잉카족의 뛰어난 손재주와 작품의 모티프에서 그 기원을 찾을 수 있는 화려한 장식이 나타났다. 이 두 인디언 부족이 스페인 정복자보다 훨씬 뛰어난 석공술과 조각술, 금속세공술을 가지고 있었던 것이다.

헤로니모 데 발바스(1680년경~1748)의 세 왕의 예배당(1718~1737)과 멕시코시티에 있는 성당에 부속된 성찬식 예배당인 사그라리오는 모델이 된 어떤 스페인 교회보다도 화려하고 사치스럽게 추리게라 양식으로 뒤덮여 있으며, 게다가 금박 칠을 많이 사용한 탓에 더욱더 눈부시다. 쇠시리는 전형적인 신세계 장식인 에스티피테(estipite), 즉 부서진 벽기둥(사진 301)의 확산으로 훨씬 더 울퉁불퉁해졌다. 1563년부터 일련의 건축가가 지은 이 메트로폴리탄 성당은 신대륙 정복자들이 한때 같

300 | 총독 관저, 샌터페이, 뉴멕시코, 1610~1614

301 | 메트로폴리탄 성당, 멕시코시티, 1563~ , 제단과 제단 뒤의 장식벽

302 | 상 프란시스쿠 교회, 바이아(살바도르), 브라질, 1701~ , 주요 제단

303 | 산토 도밍고 성당, 도미니카 공화국, 1521~1541

은 곳에 서 있던 아스텍족의 신전에 대한 기억을 지우기 위해 세웠던 원시적인 구조를 대체한 것이다. 쌍탑이 있고 엷은 황갈색 석회암으로 지은 신고전주의 양식의 서쪽 정면은 1786년에 호세 다미안 오르티스가 덧붙였으며, 돔과 채광창은 그보다 한참 후인 19세기에 마누엘 톨사(1757~1816)가 덧붙였다. 멕시코의 사카테카스에 있는 성당(1729~1752)도 비슷한 추리게라 양식으로 장식되어 있으며, 정면과 탑은 온통 이끼와 식물이 휘감고 있는 것 같다.

브라질 해안에 있는 바이아(지금의 살바도르)의 상 프란시스쿠 교회는 1701년부터 짓기 시작했으니 멕시코에 있는 두 교회보다 나중에 지어졌으나, 여전히 금박을 입힌 나무와 회반죽에서 아스텍/바로크 양식을 간직하고 있다(사진 302). 그러나 이와는 대조적으로 고대 잉카 도시인 페루의 쿠스코에 있는 17세기 성당은 스페인적인 요소로서 펠리페 2세가 지은 에스코리알 궁전과 같은 엄격한 고전주의를 택했으나, 서쪽 정면에서 반원형의 페디먼트까지 올라간 가느다란 기둥에서는 그와는 다른 유동성을 보여준다. 비슷한 맥락에서, 같은 도시에 있는 예수회 교회인 콤파냐 교회(1651~)의 독창적인 요소는 로마의 일 제수 교회에서 나왔을지 모르나, 여기서는 작은 큐폴라를 얹은 쌍둥이 종탑이 있고, 종탑의 네 모퉁이에는 작은 탑이 뻗어 올라가 있다.

신대륙에 가장 먼저 세워진 교회는 멕시코시티 근처에 있는 틀락스칼라에 있는 산 프란시스코 교회이다. 1521년경에 코르테스가 세웠다는 이 교회에서는 들보를 만드는 데에 이 지역에서 나는 삼나무 목재를 썼다. 도미니카 공화국의 산토 도밍고에는 후기 스페인 고딕 양식을 보여주는 예가 있는데, 1521~1541년에 지은 이 성당의 서쪽 정면은 플라테레스코 양식이다(사진 303). 산토 도밍고 성당이 완성될 즈음 멕시코시티에서는 또 하나의 교회가 지어지고 있었다. 이 산 아구스틴 아콜만 교회는 기본적으로는 스페인의 플라테레스코 양식에 고딕과 무어 양식의 세부 장식을 접목시킨 형태인데, 눈부신 햇살을 받으면 숙련된 인디언 장인들이 새긴 장식이 놀라울 정도로 날카로운 예각을 드러낸다. 지형적인 조건에 부응하기가 얼마나 어려운지는 특히 페루의 리마에 있는 성당에서 잘 볼 수 있다. 여기서는 처음에 엄청난 지진으로 교회가 무너지자 벽돌을 써 보았으나, 결국 18세기에 자연에 굴복하여 나무 볼트를 쓰고 그 안에 갈대와 회반죽을 채워 넣어 장래 위급한 상황이 벌어져도 대체할 수 있는 구조로 만들었다.

유럽에서는 바로크가 이미 퇴색한 18세기에, 남아메리카의 바로크 양식은 자기만의 독자적인 개성을 발견했다. 소박함과 현란한 아름다움의 결합이 그것인데, 서로 아주 많이 다르지만, 멕시코의 오코틀란에 있는 사그라리오와 브라질의 오루프레투에 있는 상 프란시스쿠

233

304 | 사그라리오, 오코틀란, 멕시코, 1745

305 | 알레이자디뉴, 상 프란시스쿠 데 아시스 교회, 오루프레투, 브라질, 1766~

오루프레투에 있는 상 프란시스쿠 데 아시스 교회(사진 305)는 제1대 혼혈아이며 알레이자디뉴(작은 불구자)라는 별명으로 더 많이 알려진 안토니우 프란시스쿠 리스보아(1738년경~1814)가 설계했다. 그는 1766년에 금광 지대인 미나스제라이스에 상인방과 코니스가 대조적인 이 하얀 교회를 지었다. 이것은 비율과 입구 양쪽에 있는 가는 기둥, 물결치듯 굽이치는 코니스는 보로미니를 연상시키지만, 둥근 두 탑과 색다르게 날개를 펼치고 있는 박공벽은 완전히 독창적이다. 그는 또 브라가의 봄 제수스 교회(사진 273)를 연상시키는 콩가스 두 캄푸 교회(1800)로 들어가는 입구 계단에는 일련의 예언자 상을 실물 크기로 조각해놓아 극적인 분위기를 연출했다.

그러나 이런 사치스런 바로크와 농부의 순박함이 뒤섞인 화려함에 뒤이어, 동부 해안에 정착한 초기 이민자들의 주거에서는 충격적일 정도로 엄격하게 단순한 양식을 보게 된다. 남아메리카에 처음 상륙한 유럽인은 정복자였지만, 뉴잉글랜드에 처음 정착한 사람들은 종교의 자유와 궁핍과 두려움에서 벗어날 수 있는 길을 찾아온 순례자들이었다. 미국과 캐나다에 흩어져 있는 이들의 헛간 같은 건물은 오크와 이엉 또는 미루나무 지붕널로 된 소박하지만 아름다운 구조이다. 이들은 아주 독특한 형태의 목조 가옥을 발전시켰는데, 그것이 바로 마을 전체가 함께 일하는 개척기 공동체에서 쉽게 세울 수 있는 경골 구조였다. 이것의 원리는 땅 위에서 건물의 각 면에 댈 격자틀을 못을 박아 짠 다음 밧줄로 끌어올려, 땅에 박아놓은 모퉁이 기둥에 붙들어매는 것이었다. 정착해서 성공한 이민자들은 영국에 두고 온 고전적인 조지 왕조 시대 양식으로 건물을 지었으나, 신세계에서는 돌과 석회를 거의 찾아볼 수 없어 대신 그것을 나무로 지었다. 16세기 스웨덴 이민자들은 통나무 오두막집을 짓는 기술을 가져왔고, 1649년에는 아메리카 대륙 최초의 제재소가 가동되었다. 1683년에 한 알려지지 않은 건축가가 지은 매사추세츠 주 탑스필드에 있는 파슨 카펜 하우스처럼, 이런 가장 초기

데 아시스 교회에서 그런 특징을 발견할 수 있다. 이들 교회의 공통의 조상은 1738년에 산티아고 데 콤포스텔라 성당에 덧붙인 정면이다. 그러나 두 교회는 박공과 장식의 변화로 전혀 다른 탑을 창조해내어, 교회에 아주 색다른 비율과 윤곽을 주었다.

한 인디언이 동정녀 마리아의 환영을 본 곳에 세웠다는 순례자 교회인 오코틀란의 사그라리오(1745; 사진 304)는 아무것도 없는 드넓은 광장을 가로질러 눈부신 멕시코 하늘을 배경으로 우뚝 서 있다. 이 교회 양옆으로는 바로무어 양식의 건물이 줄지어 서 있는데, 한쪽에는 아주 가느다란 기둥 위에 폭이 넓은 반원형 아치가 올라가 있는 아케이드가 2층으로 서 있고, 맞은편에는 피시타크(모스크로 들어가는 주요 출입구)처럼 생긴 사각형 정면으로 들어가는 아치문이 서 있다. 그리고 서쪽 정면은 깊은 부조로 치장벽토 세공이 되어 있고 머리가 둥근 판벽널이 두 탑 사이로 올라가 있다. 탑은 아랫부분과 윗부분이 뚜렷이 구분되어, 아랫부분은 유약을 바르지 않은 붉은 벽돌에 전체적으로 수수하게 물고기 비늘 무늬가 있지만, 윗부분으로 올라가면 갑자기 불안정하게 머리가 크고 색깔도 흰 2층탑으로 변한다. 끝이 뾰족한 이 윗부분에는 뇌문 무늬가 있고, 실내는 이 지역 조각가인 프란시스코 미겔의 조각으로 풍부하게 장식되어 있다.

306 | 롱펠로 하우스, 캠브리지, 매사추세츠, 1759

의 집들은 목구조에 납작한 널빤지 지붕을 올리고 물막이 판자로 겉을 쌌다. 그리고 영국 엘리자베스 여왕 시대와 제임스 1세 시대의 목조 주택에서 볼 수 있는 제티 구조처럼, 이런 집들은 위층이 아래층 위로 튀어나와 있었다. 한편 창문은, 영국 조지 왕조 시대의 벽돌조나 석조 건물에서처럼 벽에서 우묵하게 안으로 들어가지 않고, 벽과 같은 평면에 있었다. 매사추세츠와 코네티컷에는 아직도 이런 예가 상당히 많이 남아 있는데, 캠브리지의 롱펠로 하우스(1759; 사진 306)는 나중에 한층 우아해진 모습으로 이런 형태를 보여주는 대표적인 건물이다. 그리고 이 즈음에는 집에 로지아나 현관이 생겼고, 날씨가 더우면 나가 앉을 수 있는 발코니가 있기도 했다. 물막이 판자와 납 창틀을 댄 작은 유리창, (아래층 방을 둘로 가른 벽돌벽에 있어서 양쪽 방을 따뜻하게 할 수 있는) 벽난로에서 올라간 굴뚝이 있는 초기 가옥은 겨울 날씨에 안성맞춤이었다. 그러나 정착해서 편히 살 수 있게 되자 여름철에도 신경을 쓰게 되었다.

세일럼과 낸터컷, 찰스턴과 같은 초기 도시에는 안타깝게도 그 집을 지은 건축가의 이름은 알 수 없지만 발코니가 있는 집을 따라 길게 늘어선 가로수 길이 있어, 더운 여름날 시원한 그늘을 제공해준다. 그리고 일반적으로 물매가 느린 지붕은 꼭대기에 나무 난간을 두른 평평한 곳이 있어, 멀리 내다볼 수 있는 전망대가 되었다. 길고 가는 기둥으로 이루어진 팔라디오 양식의 멋진 2층짜리 열주랑은 목재를 써서 가능했으며, 버지니아의 제임스 강변에 있는 담배농장 주인의 집인 셜리 플렌테이션(1723~1770; 사진 307)처럼 공간이 풍부한 땅에 세워진 대저택에는 흔히 넓은 뜰이 있고 그 뜰을 가로질러 우람한 나무들이 줄지어 서 있는 가로수길이 있었다. 버지니아 주 마운트버논에 있는 조지 왕조 시대 양식의 목조 주택인 조지 워싱턴의 집(1757~1787)에도 이와 비슷한 주랑이 있어 여름철에는 시원한 그늘이 되었다. 버지니아에서는 일반적으로 벽돌을 썼지만,

307 | 셜리 플렌테이션, 버지니아, 1723~1770

때로는 필라델피아의 마운트플래전트(1761)에서처럼 건물 모퉁이의 귀돌에만 벽돌을 쓰고 잡석을 쌓아올린 벽에 치장벽토를 바르고 금을 그어 돌을 쌓아올린 것처럼 보이게 했다.

버지니아의 두 번째 주도(州都)인 윌리엄스버그에는 북아메리카에서 가장 초기에 지어진 르네상스 건물인 윌리엄 앤드 메리 대학(1695~1702; 사진 308)이 있다. 복구해서 지금도 완벽하게 보존되어 있는 이 대학 건물은 가운

데 교실이 있고 양쪽 날개에 예배당과 식당이 있는 U자형을 이루고 있다. 어쩌면 렌이 영국 왕실의 공사 감독관으로서 이 건물의 대략적인 설계를 했을지도 모른다. 그리고 이 즈음에는 이미 초기 이민자들의 검소하고 소박한 주택은 사라지고 없었다. 예를 들어, 윌리엄 버드는 버지니아 주 찰스시티 군에 있는 자신의 넓은 벽돌집인 웨스트오버(1730~1826)에 들일 가구를 모두 영국에서 수입하였고, 윌리엄스버그의 총독 관저(1706~1720)에서는 무도회실과 드넓은 정원에서 당시 펼쳐졌을 세련된 사교 생활을 짐작할 수 있다.

그리고 이어 나중에 독립선언문을 쓰고 대통령이 된 토머스 제퍼슨(1743~1826)을 통해 아메리카에 고전주의가 들어왔다. 제퍼슨은 베르사유에서 대사로 일한 적이 있는데, 당시 프랑스는 영국 열풍으로 건축에서 팔라디오 단계를 거치고 있었다. 제퍼슨은 파리와 팔라디오와 고대 로마의 유적, 그 중에서도 특히 1780년대 님에서 본 유적에 고무되어 아메리카에 돌아왔다. 그는 이미 1770년에 버지니아 주 샬러츠빌 근처에 있는 몬티셀로에 빌라 로톤다에서 많은 것을 본뜬 팔라디오 양식의 빌라를 지었으며, 1796년에는 파리에서의 경험을 한껏 살려 그것을 개조했다(사진 309). 여기에는 그가 파리의 오텔에서 본 것과 같은 돌출된 주간(株間)과 기묘하게 생긴 방이 있다. 이것은 블루리지 산맥과 그가 후에 버지니아 대학을 세운 곳을 바라보고 있는 작은 언덕

308 | **윌리엄 앤드 메리 대학**, 윌리엄스버그, 버지니아, 1695~1702

309 | **토머스 제퍼슨**, 몬티셀로, 샬러츠빌, 버지니아, 1770~1796

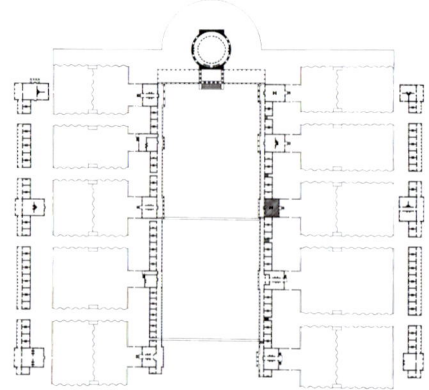

310 | **토머스 제퍼슨과 윌리엄 손턴, 벤저민 러트로브**, 버지니아 대학, 샬러츠빌, 버지니아, 1817~1826, 평면도

위에 서 있어, 실내가 온통 빛으로 가득 차 있다. 이것은 보기보다 크며, 지하에 있는 포도주 저장실과 마구간을 포함해 생활 공간도 아주 넓다. 게다가 이 집은 눈에 안 보이게 설치한 식기 운반용 엘리베이터와 덧문을 여는 장치, 두 방에서 들어갈 수 있는 침대 등 여러 가지 재치 있는 발명품으로 가득해, 건물을 지은 사람의 천재성이 잘 드러난다.

제퍼슨은 윌리엄 손턴(1759~1828)과 벤저민 러트로브(1764~1820)의 도움을 받아 1817 ~1826년 샬러츠빌에 종류와 크기가 다른 여러 가지 고전주의 건물을 볼 수 있는, 살아 있는 박물관으로서 '대학 마을'인 버지니아 대학 캠퍼스를 설계했다(사진 298, 310; 4~5쪽도 보라). 건물 꼭대기를 가로지르고 있는 도서관은 판테온을 본뜬 것으로 최근에 재건되었으며, 비스듬히 경사진 일련의 잔디밭 양쪽에는 교실과 교직원실로 쓰이는 건물이 늘어서 있다. 이것은 미국 대학 캠퍼스의 전형적인 형태로 자리잡았다. 그리고 잔디밭 둘레에는 향기 나는 관목으로 이루어진 정원이 있는데, 이것을 경계로 원래 초기 학생들의 노예 하인을 숙박시키기 위해 지었던 주택과 주요 안뜰이 분리된다. 이 버지니아 대학 캠퍼스의 면적은 피에르 샤를 랑팡(1754~1825)이 포토맥 강 연안에 있는 우아한 수도 워싱턴을 위해 설계한 평면보다 약간 작을 뿐이다. 워싱턴에 펼쳐져 있는 엄청나게 넓은 몰 산책로에는 미국의 기원을 기리는 기념물이 여기저기 흩어져 있으며, 대각선으로 교차하며 뻗은 가로수길에는 그 길이 가리키는 방향에 있는 주의 이름을 붙였다. 아일랜드인 제임스 호번(1764~1820)이 설계했고 나중에 러트로브가 주랑 현관을 덧붙인 팔라디오 양식의 백악관(1792~1829)은 몰 산책로와 동떨어져 있어, 신중하게 좋은 결과를 내놓기에 알맞은 분위기를 지니고 있다. 백악관은 워싱턴을 굽어보는 대신, 워싱턴의 우아함을 반영하고 있다.

아메리카에서는 교회와 마을회관이 서 있는 중앙 광장을 둘러싸고 격자형으로 뻗어나간 로마형 도시가 일반화되었는데, 이것은 영국보다는 프랑스와 아일랜드에서 들어온 설계 관행이었다. 보스턴의 크라이스트처치나 찰스턴의 세인트 마이클 교회처럼 이 시대에 특징적인 미국의 교회는 특히 고전적인 신전의 주랑 현관과 한층 고딕적인 뾰족탑의 결합에서 렌의 도시 교회와 제임스 기브스에게 많은 신세를 졌다. 러트로브는 1805~1818년에 볼티모어에 지은 가톨릭 성당(사진 311)에서 자신이 교육받은 프랑스와 영국의 고전주의 영향을 적절히 재해석하여, 볼트 천장 위에 아메리카 최초로 소란반자로 꾸민 돔을 얹은 널찍한 실내를 만들어냈다.

제퍼슨과 함께 아메리카에 고전주의가 도입되면서, 이 새로운 나라는 다음 200년 동안 이 나라가 하게 될 주요 역할을 예고하는 독창성을 가지고 건축 이야기에 본격적으로 진입했다. 그런 독창성은 먼저 고전주의가 이미 위력을 떨친 거대한 정부 청사와 상업 및 금융업계 건물에서 볼 수 있었다. 러트로브의 필라델피

311 | 벤저민 러트로브, *가톨릭 성당*, 볼티모어, 1805~1818

312 | 윌리엄 손턴과 벤저민 러트로브, 토머스 어스틱 월터, 국회의사당, 워싱턴 DC, 1793~1867

아 은행(1832~1834)도 그런 예 가운데 하나였다. 이어 아메리카의 윌리엄 윌킨스인 윌리엄 스트릭런드(1787~1854)는 한쪽 구석에 있는 장소의 어려움에 굴하지 않고 훌륭한 그리스 복고 양식 건물인 상인 증권거래소(1823~1824)를 완성했다. 그는 여기서 건물에 돔을 올리지 않고 대신 리시크라테스의 코라코스 대좌에 기초해 단순한 템피에토 채광창을 얹음으로써 뛰어난 경제성을 보여주었을 뿐 아니라, 이와 더불어 열주랑으로 된 제단으로 자신의 접근 방법에 품위 있는 위엄을 부여하였다. 영국 건축가이자 건축 애호가인 윌리엄 손턴은 1793년에 기본적으로는 판테온에 기초해 워싱턴의 국회의사당을 짓기 시작했으나, 이 건물에 세계적으로 유명한 윤곽을 준 토머스 어스틱 월터(1804~1888)의 삼중관 형태의 돔은 이 건물을 19세기 건물로 확고히 자리매김하였다. 1867년에 완성된 이 돔은 주철로 만들어졌다(사진 312).

지구 반대편에서도 정교한 레이스 장식 세공이 된 발코니와 난간에서 주철이 모습을 나타냈는데, 이것은 후에 멜버른과 시드니의 교외 지역에서 볼 수 있는 한 특징이 되었다(사진 313). 이것은 여름 날씨에 잘 맞아 오스트레일리아 주택의 한 특징이 된 물결 모양의 골이 진 골함석 지붕보다 철이 훨씬 정교하게 사용된 예이다. 주에서 이민자들에게 정면이 좁고 뒤로 길게 뻗은 땅을 파는 바람에, 오스트레일리아에서는 길고 좁은 1층짜리 상자형 건물이 죽 늘어선 형태로 도시가 발전했다. 이런 집에는 흔히 뒤쪽에 '덧붙여' 증축한 부분이 있었으며, 소유자의 여유가 닿는 한 될수록 집의 많은 면에 역시 골함석 지붕을 올린 발코니를 둘러쌌다. 토속적인 측면이 별로 없고 조지 왕조 시대 양식이나 고전주의 양식으로 한껏 뽐낸 이 지역 건물들은 같은 북아메리카 건물보다 일반적으로 격이 떨어진다.

그러나 래클런 매콰리 총독이 의뢰하여 1815년부터 그의 부관인 존 워츠 중위와 요크의 죄수 건축가인 프랜시스 그린웨이(1777~1837)가 짓기 시작한 뉴사우스웨일스의 공공 건물들은 그다지 질이 떨어지지 않았다. 시드니에 있는 세인트 제임스 교회(1824년; 사진 314)도 이때 지어진 건물 가운데 하나인데, 이것은 전형적인 꼼꼼한 그린웨이식 벽돌쌓기와 구리를 씌운 뾰족탑이 특징이다. 이것은 원래 법원 건물로 짓기 시작했으나, 영국 내무부에서 온 판무관이 다른 곳에 성당을 짓기로 한 계획을 취소하면서 오랫동안 고생한 건축가가 다시 설계를 해야 했다.

태즈메이니아 주에도 이 대륙에서 가장 오래된 건물 몇 가지가 있는데, 호바트에 있는 조지 왕조 시대 양식의 몇몇 매력적인 건물은 서섹스 주 브라이턴에 있는 테라스 하우스와 유사하며, 이것들은 바다를 바라보고 있다. 퍼스에서는 지중해성 기후로 인해 이탈리아 르네상스의 빅토리아조 풍의 해석이 활발히 일어났다. 그 가운데 성당 거리에 있는 토지부 건물(Lands Department Building; 1895~1896)과 특허청 건물(Titles Office Building; 1897)은 모두 조지 템플콜(1856~1934)의 작품이며, 이 두 건물에서는 매끄럽고 화려한 붉은 벽돌이 하얀 열주랑으로 된 발코니와 결합되어 있고, 하얀 열주랑 위에는 소란반자로 꾸민 처마가 있어 시원한 그늘을 만들어준다.

18세기와 19세기에 팔라디오 양식이나 신고전주의 양식으로 상업과 권위를 나타내는 건물이 우후죽순처럼 세워진 것은 오스트레일리아에서만 일어난 현상이 아니었다. 서인도 제도에서 말레이시아까지 대영제국 전역에서 '관청 같은 모습'의 팔라디오 양식이나 로마의 도리아식 건물이 여기저기 세워졌다. 이런 관청 같은 건물은 제임스 와이엇의 조카인 찰스 와이엇 장군이 설계한 캘커타의 정부 청사(1799~1802; 사진 315)에서뿐 아니라 캘커타와 마드라스에 있는 교회들처럼 기브스 양식을 본떠 지은 교회에서도 찾아볼 수 있는데, 이런 교회도 대개는 군인 건축가들이 설계했다.

313 | 파크빌, 멜버른, 오스트레일리아

314 | 프랜시스 그린웨이, 세인트 제임스 교회, 시드니, 오스트레일리아, 1824

315 | 찰스 와이엇, 정부 청사, 캘커타, 인도, 1799~1802

18 철의 승리 : 새로운 양식을 찾아서

19세기가 시작되면서 지난 세기에 풍미했던 우아한 건축에 대한 확신은 물거품처럼 사라졌다. 1789년 프랑스 혁명이 몰고온 사회적 동요는 가실 줄을 몰랐고, 유럽에서는 다른 종류의 사회가 형성되기 시작했다. 나폴레옹 전쟁이 끝날 즈음에는, 그러니까 사실상 1820년대에는 변화가 더 이상 돌이킬 수 없는 대세가 되고 있었다.

19세기는 불확실성의 시대였다. 그러나 19세기는 또 사회에 부르주아라는 강력한 계급이 새로이 출현한 시기이기도 했다. 이제는 더 이상 일과 여가의 형태가 18세기 귀족들에 의해 결정되지 않았고, 혁명은 노동자 계급의 이름으로 일어났지만 이들에게도 아직은 결정권이 없었다. 이제 결정권은 부르주아 계급에게 넘어갔다. 따라서 19세기에 유행한 건축은 중산 계급의 열망을 충족시키기 위해 설계되었다.

그런데 이 시기에는 프랑스 혁명 말고도 또 하나의 혁명이 있었다. 그것은 어느 모로 보나 프랑스 혁명 못지 않게 결정적인 영향을 끼친 산업 혁명이었다. 산업 혁명은 혁명이 아니라 새롭게 일이 되어가는 방식으로만 여겨졌으나, 대략 1750년부터 1850년까지 영국에서 서서히 일어났다. 산업 혁명이라는 이름은 19세기에 붙여졌다.

산업 혁명은 물과 석탄을 비롯한 천연 자원을 개발하면서 시작되었으며, 영국에서 처음 그 성과가 드러나자 걷잡을 수 없는 속도로 전 세계에 퍼졌다. 그리하여 도시 인구가 폭발적으로 증가했고, 도시의 수와 크기가 몇 배로 늘어났으며, 새로운 도시 사회가 나타났다. 건물에 대한 수요도 그 어느 때보다 높았다. 이제 보겠지만, 이 가운데 많은 건물들이 변화하는 사회의 필요와 요구에 부응하기 위해 설계되어, 유례 없이 새로운 형태를 띠었다.

이 시대 건축가들의 핵심 과제는 이런 변화의 시대에 걸맞는 양식을 발견하는 것이었다. 먼저 이들은 이전 세기로부터 공식적인 언어로 아주 분명하게 이야기된 고전주의에 대한 이해와 경험을 물려받았다. 고전주의와 신고전주의 건축은 무엇보다도 권위를 나타내는 건축이었고, 그들에게는 권위가 필요했다. 이런 고전주의 체제의 경쟁 상대는 고딕이었다. 예술과 문학에서 비롯된 낭만주의 운동은 하늘 높이 솟은 고딕 양식에서 상상력과 신비로움을 표현하기에 알맞은 배경을 발견했다. 이 밖에도 르네상스와 바로크, 중국과 사라센 양식 등 많은 양식들이 경쟁을 벌였다. 그러나 양식 전쟁에서 주요 경쟁자는 고전주의와 고딕 양식이었다. 특히 부활된 고딕 양식(또는 고딕 복고 양식)은 피상적인 장식을 넘어서 보다 기초적인 이해를 거쳐 개인적인 표현의 자유로 나아가는 일반적인 성장과 성숙의 단계를 밟아나갔다. 이 시기에 가장 많은 혹은 가장 지속적인 영향을 끼친 사람은 다작을 한 작가이며 비평가인 존 러스킨(1819~1900)이었다. 아마 그의 『건축의 일곱 등불』(1849)은 취향의 역사에서 어떤 책보다도 많은 영향을 끼쳤을 것이다. 이는 그의 박학다식함 때문이기도 했지만,

316 | **조지프 팩스턴**, 수정궁, 런던, 1851, 실내

그가 일반인들도 좋은 것과 나쁜 것을 구별하고 무엇이 옳고 그른지를 판단할 수 있다고 느낄 수 있는 지적인 권위를 부여했기 때문이다.

때마침 수많은 양식이 세를 겨루는 이런 양상을 가장 잘 보여주는 예가 바로 영국에서 법을 만드는 곳인 의회의사당이었다. 1834년의 화재로 의회의사당 건물인 웨스트민스터 궁이 그레이트 홀만 남기고 전부 소실되자 1836년에 상원과 하원이 들어갈 새 궁전을 위한 설계 공모를 했는데, 그 당선자가 찰스 배리(1795~1860)였다. 배리는 고전주의 양식을 대표하는 노련한 건축가였다. 그는 이미 중산층의 정치 권력의 확대를 상징하는 건물로 펠멜 가에 여행자 클럽(1728)과 개혁 클럽(1837)을 지은 바 있었다. 이탈리아풍으로 지어진 이 두 건물의 전면은, 19세기 중엽의 발전을 수용하면서 영국의 공공 건물과 민간 건물을 통해 여러 가지 형태로 변안되어 널리 퍼졌을 정도로 엄청난 영향을 끼쳤다. 그리고 개혁 클럽의 내부에는 유리로 둘러싸인 넓은 연회장이 있었는데, 이것은 이후 19세기의 기념비적인 건물 설계에서 공통적으로 볼 수 있는 중앙 홀의 원형이 되었다. 늘 현대적인 기술에 관심을 기울였던 배리는 유명한 요리사 알렉시스 수아예를 위

317 | 찰스 배리와 A. W. N. 퓨진, 영국 의회의사당, 런던, 1836~1851

해 증기를 이용한 아주 진보적인 부엌도 설치했다.

그런데 의회의사당(사진 317)에 대해 배리가 부딪힌 문제는 정부에서 새 건물은 영국을 가장 잘 대표한다고 생각되는 양식으로, 즉 엘리자베스 여왕 시대나 제임스 1세 시대 양식으로 해야 된다고 결정을 내린 데서 비롯되었다. 그렇게 하려면 배리는 고딕 양식에 대해 더 많은 지식을 가져야 했고, 그가 이미 설계한 고전적인 평면에서는 고전적인 정면이 나올 것이 거의 확실했다. 그는 그것을 고딕 양식으로 만들기 위해, 당시 고딕의 최고 권위자였던 오거스터스 웰비 노스모어 퓨진(1812~1852)을 불러들였다. 결국 퓨진은 돌과 놋쇠, 회반죽, 종이, 유리를 이용해 전면과 세부 장식, 실내를 설계하여 건물에 힘찬 생명력을 부여했다. 하원 건물은 제2차 세계대전 때 불타 다시 복구되었으나, 상원은 찬란한 모습을 그대로 간직하고 있어, 고딕 양식의 폭넓은 적응성과 풍부함을 증명하고 있다.

의회의사당 건물에 더하여, 퓨진은 교회 수백 채와 성당 다섯 채 그리고 수많은 대저택을 설계했고, 고딕 건축에 대한 주요 저서들도 펴냈다. 그러나 그는 세 아내와 수많은 건축 청부업자를 소진시키고 결국에는 자신마저 소진되어, 40세에 정신이상으로 죽고 말았다. 퓨진은 고딕 양식이 어디까지 갈 수 있는가를 보여주었다는 데에 의의가 있다. 그러나 더 중요한 것은 건축이 반드시 지켜야 할 두 가지 원칙을 제시한 것이다. 그것은 먼저 건물에 편의나 구조, 용도에 필요치 않은 요소가 있어서는 안 된다는 것과 장식도 그냥 사용되어서는 안 되고 반드시 건물의 본질적인 구조를 표현해야 한다는 것이었다. 그는 고딕 양식에서 이런 특징을 발견했다. 또한 그리스도교, 특히 가톨릭교는 구원에 이르는 길이기에, 고딕 건축은 최고의 권위를 지닌 건축이었다. 그가 설계한 수많은 교회 중에 정교한 색깔이나 가구와 함께 가장 적게 변한 것은 스태퍼드셔 치들에 있는 세인트 길스 교회(1841~1846; 사진 318)이다.

퓨진이 고딕 복고 양식의 으뜸가는 이론가이자 다작의 건축 설계자였다면, 퓨진을 스승으로 인정하지만 그보다 훨씬 많은 건물을 지은 사람은 조지 길버트 스콧(1811~1878)이다. 세상을 떠나기 직전에 빅토리아 여왕에게 기사 작위를 받은 스콧은 다양한 종류의 여러 건물을 엄청나게 많이 지었다. 그러나 그 가운데 우리 이야기에 시사하는 바가 많은 건물은 런던에 있는 세인트 팽크러스 역사와 호텔(1865)이다. 왜냐하면 역사의 전면과 호텔이 스콧의 고딕 양식으로 되어 있는 것과 대조적으로 그 뒤에 있는, 토목 기사 발로(1812~1892)가 설계한 크고 높고 넓은 차고는 새로운 기술의 산물이기 때문이다.

그런데 이상한 점은, 퓨진과 그를 따른 많은 건축가가 산업 세계를 혐오하고 이에 강하게 반발해 결국 19세기 말에 미술공예운동(산업혁명과 그에 따른 대량 생산에 반발하여 중세 장인의 정신과 특성을 되찾는 데 헌신한 영국의 심미 운동—옮긴이)이 일어났을 정도인데도, 아주 진지하고 단순하며 기능을 강조한다

318 | A. W. N. 퓨진, *세인트 길스 교회*, (치들), 스태퍼드셔, 1841~1846

319 | 커스버트 브로드릭, 리즈 시청사, 1853

는 점에서, 그의 원칙이 산업 혁명과도 연관이 있을 수 있다는 것이다. 그렇다면 이제 산업 혁명이 가져온 결과를 살펴보아야 할 것이다.

산업 혁명을 이끈 것은, 18세기 말에서 19세기 초에 다리와 도로, 운하, 교회를 건설한 텔포드와 다리와 철로를 놓은 스티븐슨 부자, 다리와 도로와 철로를 놓고 배를 건조한 브루넬과 같은 뛰어난 토목 기사와 측량 기사들이었다. 산업이 낳은 건물과 기타 산물들은 건축에 적용할 수 있는 지식과 경험을 주었고, 건축은 이제 유례 없는 속도로 성장하였다. 예를 들어, 제시 하틀리(1780~1860)가 설계하고 1845년에 앨버트 공이 문을 연 리버풀의 앨버트 독(인공적으로 막은 저수지에 선박을 점검하고 수리하기 위해 설치한 곳 – 옮긴이)은 면적이 7에이커에 이르는 아주 넓은 창고 같은 구조물로, 철골 구조에 벽돌을 덮고 주철로 된 거대한 도리아식 기둥이 떠받치고 있는, 산업 건축이 낳은 걸작 가운데 하나이다. 또 페나인 산맥 맞은편에서는 젊은 건축가 커스버트 브로드릭(1822~1905)이 1853년 리즈 시청사 설계 공모에 당선되어, 부유한 산업 도시 중의 하나인 이곳에 시민의 자부심을 상징하는 건물을 세웠다(사진 319). 이것은 드넓은 사각형 평면과 거대한 코린트식 기둥으로 자신감을 발산하였으며, 무엇보다도 모든 것을 압도한 것은 아주 높은 프랑스식 바로크 탑이었다. 몇 년 후에 브로드릭은 또 한 번 상징적인 행동을 취했는데, 스카버러의 그랜드 호텔(1863~1867)은 그 이름이 말해주듯 당시 최대 규모의 호텔이었으며, 바다 위로 솟아 있는 깎아지른 듯한 절벽 위에 서 있어 그야말로 장관을 이루었다. 그것은 바로 중산층의 꿈이었다. 벽돌과 테라코타를 쓰고 툭툭 불거져나온 탑으로 독특한 지붕선을 그리고 있는 그랜드 호텔은 설계도 뛰어났지만 당시의 최첨단 설비 기술을 이용한 점으로도 유명했다.

이런 건물들을 열거한 것은 이것들이 지닌 가치 때문이기도 하지만 이것들이 전에는 존재하지 않았고 설사 존재했더라도 건축사에서 작은 역할밖에 하지 못한 건물에 대한 수요를 보여주기 때문이다. 부가 증가하고 인구가 늘어나면서 새로운 부자들을 위한 시골 저택과 새로운 도시 인구를 위한 교회를 지어야 했고, 따라서 주택이나 교회를 짓는 건축가들의 일감도 크게 늘어났다. 그러나 19세기를 지배한 건물은 이런 건물보다 클럽과 정부 청사, 시청, 호텔, 그리고 은행과 사무실, 도서관, 박물관, 미술관, 전시관, 상점, 아케이드, 법원, 감옥, 병원, 학교, 대학과 같은 아주 다양한 건물들, 나아가 한층 뚜렷한 산업 혁명의 산물인 철도역과 독, 다리, 육교, 공장, 창고 등이었다. 우리는 앞으로 다른 나라에서 이런 건물이 건축의 풍경을 장악해가는 과정도 보게 될 것이다.

한편 산업 혁명 자체에 의해, 주로 건축 기술의 변화에 의해 일어난 중요한 변화도 있었다. 이런 변화는 새로운 인공적인 건축 재료와 새로운 구조 기술, 새로운 설비 기술의 형태로 왔다. 그리고 이 모든 것이 통합되어, 새로운 건물 형태에 적용할 수 있는 보편적인 구조 체계가 탄생했다.

철의 구조적 가능성은 먼저 1777년에 영국

320 | 에이브러햄 더비, 철교, 콜브룩데일, 슈롭셔, 1777

의 콜브룩데일에서 강을 세 번 가로지르는 철교(사진 320)가 건설되면서 극적으로 증명되었다. 그리고 몇 년 지나지 않아 속이 빈 점토 벽돌과 함께 철이 기둥과 구조에 널리 쓰이면서, 제분소나 제재소 같은 공장을 내화성 건물로 지을 수 있게 되었고, 19세기 초에는 이런 체계가 기둥과 들보로 이루어진 완벽한 내부 골조로 발전하였다. 처음부터 건물을 짓는 기초적인 방법 가운데 하나였던 골조가 다시 진가를 발휘하게 된 것이다.

철이 벽돌이나 돌보다 경제성이 뛰어나고 부피도 크지 않으면서 강도가 센 점이 장점으로 작용하여, 이제는 교회, 안뜰에 지붕을 올린 대저택, 클럽, 공공 건물과 같은 멋진 건물에도 철이 사용되었다. 1839년에는 샤르트르 성당 지붕이 석조 볼트 위에 새롭게 주철 지붕을 씌운 형태로 대체되었고, 몇 년 뒤에는 새로 지은 웨스트민스터 궁전 지붕에도 철이 사용되었다. 1850년대 이후에 한동안 철의 사용이 줄어들었으나, 이는 주로 건축가들이 다른 재료를 선호했고 러스킨이 막강한 지적 권위를 행사했기 때문이었다. 그러나 최근에 '기능적 전통'으로 알려지게 된 것, 즉 철도역과 온실, 시장, 상점, 사무실과 같은 수많은 평범한 건물에서는, 철은 당연한 선택이었다.

철은—처음에는 주철과 (1785년에 특허를 받은 교련법에 의해 훨씬 유연해지고 인장력이 강해진) 단철이 그리고 다음에는 (1856년에 발명된 베세머 법에 의해 생산된) 강철이—가장 극적이고 규모가 큰 기획에 기여했다. 그러자 이전에 널리 쓰이던 다른 재료들도 완전히 용도가 달라지거나 새로운 특성을 갖게 되었다. 1840년대에는 판유리 제조업이 발달하고 거기에 관세와 세금까지 철폐되면서 이후 판유리가 널리 사용되었다. 지금껏 손으로 만들던 벽돌도 생산이 기계화되었고, 새로운 유형이 나오면서 모양과 무늬, 색깔도 다양해졌다. 더불어 전통적인 장인의 기능도, 때로는 건축가와 러스킨 같은 비평가가 당혹스러워할 정도로, 급격히 변하였다.

공장에서 건축 자재와 조립식 부품이 대량 생산되면서부터 장인의 기능은 달라졌고, 현장에서의 작업도 기계화됐다. 이런 변화는 장인들로 구성된 예전의 작은 회사로는 감당할 수 없는 보다 큰 규모의 조직을 요구했고, 여기서 대규모 건축 청부업자가 출현했다. 나아가 산업상의 필요에서 난방과 통풍, 상하수도 설비에서 새로운 기술적 발전이 이루어졌고, 이런 설비는 주택 건축에도 적용되기 시작했다. 19세기 초반에는 로마 시대 이후로 사용되지 않았던 중앙 난방이 증기 난방 시스템의 형태로 다시 등장했고, 19세기 후반에는 냉온수 시스템과 상하수도관 설비가 급격히 발달했다. 1809년에는 런던에 가스등이 들어와 생활, 특히 도시의 밤 생활을 획기적으로 변화시켰다. 1801년에는 볼타가 전지로 전기를 만들 수 있다는 것을 나폴레옹에게 증명해 보였으며, 1880년대에는 전기등을 쓸 만한 여유가 있고 전기등을 쓰는 위험을 무릅쓸 준비가 되어 있는 사람들이 전기등을 사용했다. 19세기 말에는 엘리베이터와 전화, 자동 환풍기가 나왔다. 이런 변화의 속도와 규모에 많은 사람들이 놀라고 안타까워했음에도 이 100년 동안의 변화는 완전히 새로운 가능성을 열어젖혔고, 건축 설계자들에게 이것은 새로운 미학이자 도전이었다. 그럼 이런 혁명적인 상황에서 건축가들은 변화에 어떻게 대응하고 건축의 특성을 어떻게 표현했을까?

영국에서는 단지 하나의 건물이 이런 새로운 발견을 통합하여 당대 가장 영향력 있는 혁신적인 존재가 되었다. 영향력이 있었다는 것은 수많은 사람들이 그것을 보러 왔고 따라서 세계적인 건축물이 되었기 때문인데, 그것이 바로 1851년 만국박람회가 열렸던 런던의 수정궁(사진 316, 321)이었다. 수정궁에 관한 모든 것은 당대의 징후적인 현상이자 미래의 전조였다. 수정궁은 건축가가 아니라 정원사인 조지프 팩스턴(1801~1865)의 머리에서 나왔다. 팩스턴은 더비셔의 채츠워스에 있는 데번셔 공작의 거대한 시골 땅에 온실을 지으면서 얻은 교훈을 아주 큰 공간을 만드는 문제에 적용했다. 수정궁은 조립식으로 지어졌으며, 밝고

321 | **조지프 팩스턴**, 수정궁, 런던, 1851

사박물관(1868~1880; 사진 322)과 과로로 사망한 건축가인 스트리트(1824~1881)가 지은 영국의 마지막 고딕 복고 양식 건물인 런던 재판소, 아주 성공한 스코틀랜드 건축가이고 에든버러에 있는 많은 멋진 건물을 빚어낸 데이비드 브라이스(1803~1876)가 지은 에든버러의 왕립 진료소(1872~1879)가 있다. 이런 전통 속에 있는 건축가 가운데 가장 독창적인 이는 윌리엄 버터필드(1814~1900)였다. 런던의 마거릿 가에 있는 그의 올세인츠 교회(1847~1859)는 당시 영국 국교회의 고교회파(교회의 권위와 의식을 중시하는 영국 국교회의 한 파-옮긴이) 교회에 적용된 퓨진의 원칙을 가장 완벽하게 보여준 예로 평가받았다. 올세인츠 교회는 교회와 목사관, 홀이 조그만 뜰 둘레에 옹기종기 모여 있으며, 높은 뾰족탑이 있고, 네이브가 아주 높다. 독특한 지붕틀과 풍부하게 장식된 납작한 표면, 고유한 색깔을 살린 건축 재료의 솔직한 표현 등 독창적 요소로 가득한 올세인츠 교회는 가장 비타협적인 시기인 빅토리아 여왕 시대의 건축물이다. 고딕은 이제 부활시켜야 할 것이 아니라 개인적인 표현의 수단이 되었다. 1864년에 피터 엘리스(1804~1884)가 지은 리버풀의 오리엘 회관(사진 323)은 구조뿐 아니라 사무실로서의 기능 면에서도 한층 독창적이었다. 이것은 가벼운 철골 구조에 벽돌조의 지주를 사용했고, 건물 높이로 약간 돌출된 내민창을 사용함으로써 플레이트 판유리로 흥미로운 리듬감을 살리는

투명하고, 철과 유리에 둘러싸여 그것들에 의해 지탱되었다. 그 형태는 크기가 정해져 있지 않다는 점에서 아주 혁신적이었다. 왜냐하면 그것이 그보다 크거나 작지 말아야 할 이유도 없었고 그보다 길거나 넓지 말아야 할 이유도 없었기 때문이다. 수정궁에서는 과거의 어떤 인습적인 양식도 찾아볼 수 없었다. 수정궁은 9개월 만에 완성되었고, 이것은 1852년에 시드넘에서 그랬던 것처럼 허물고 다시 세울 수도 있었다. 수정궁은 1936년 화재로 무너질 때까지 아주 건재하게 서 있었다.

영국에서는 몇 년 동안 마을 전체, 도시 전체가 마치 거대한 공사판처럼 보일 정도로 엄청나게 많은 건물이 세워진 탓에, 몇몇 특징적인 건물밖에 열거할 수가 없다. 많은 형태와 변형태가 있는 로마네스크와 고딕 양식 가운데 한 형태를 사용하기로 함으로써 의식적으로 어떤 종류의 양식을 따른 건물 가운데는 앨프레드 워터하우스(1830~1905)가 지은 런던의 자연

322 | **앨프레드 워터하우스**, 자연사박물관, 런던, 1868~1880

323 | 피터 엘리스, 오리엘 회관, 리버풀, 1864

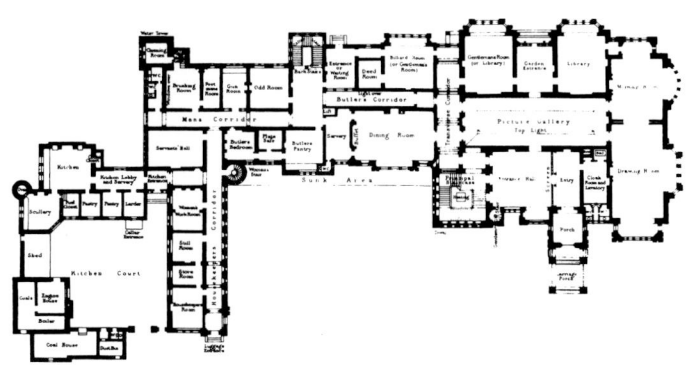

324 | 로버트 커, 배어 우드, 버크셔, 1865~1868, 평면도

문제를 아주 깔끔하게 해결했다.

19세기 건축의 또 한 가지 본질적인 특징은 평면도만 보아도 알 수 있다. 버크셔의 배어 우드(1865~1868)는 19세기 주택 설계의 표준 텍스트인 『신사의 집』(1864)을 쓴 로버트 커(1823~1904)가 〈더 타임즈〉의 소유자를 위해 설계한 것이다. 이것은 집으로서는 실패작이었고, 외관도 굳이 예시할 가치가 없을 정도로 형편없었다. 그러나 이것은 평면 설계에서는 가장 독창적인 형태의 빅토리아 여왕 시대 건축을 보여준다(사진 324). 이 건물에서는 배관과 가스등, 중앙 난방, 내화 구조에 진보된 기술을 사용했으며, 평면은 수많은 방이 서로 연결되도록 한 점이나 모든 기능을 따로따로 분명히 구분지은 점 그리고 총각 계단까지 따로 있을 정도로 사람에 따라 저마다 다른 공간을 배분한 점에서 평면 설계의 걸작으로 꼽을 만하다.

이런 평면 설계의 우수성은 프랑스에서는 샤를 가르니에(1825~1898)가 설계한 파리 오페라 하우스(1861~1875; 사진 325, 326)에서 훨씬 극적으로 증명되었다. 양식으로 보면, 이것은 화려한 색깔이며 조형적인 바로크 형태와 조각에서 화려한 역사주의의 승리를 보여주는 작품이다. 그러나 평면도는 정교하기 이를 데 없다. 대부분의 사람들은 막상 평면도를 봐도 읽기 힘들지만, 이것은 충분히 연구해볼 가치가 있다. 모든 기능과 모든 공간, 모든 구석과 모든 장식에 하나하나 신경을 쓴 건축가의 마음 씀씀이를 읽을 수 있기 때문이다. 19세기에 프랑스는 기념비적인 평면 설계의 대표 주자가 되었으며, 오늘날까지도 그것은 마찬가지다.

평면 설계 말고도 19세기 프랑스 건축에는 반드시 강조해야 할 두 가지 측면이 더 있는데, 이것은 건축가와 기술자들이 해결하려고 했던 일련의 문제를 보여준다. 유럽의 다른 나라에 영향을 끼친 첫 번째 측면은, 파리 오페라 하우스 자체가 보여주듯이, '건축의 다색장식' 이론이었다. 이 이론의 대변자는 썩 훌륭한 건축가는 아니었지만 고대 그리스 건물에서 발견한 것에 기초해 자신의 신념을 다진 히토르프(1792~1867)였다. 1823년에 그는 셀리누스와 아그리겐툼에서 고대 그리스 건물이 심지어는 천박할 정도로 아주 다채로운 색깔로 장식되어 있었다는 증거를 발견했다. 그리하여 1820

247

325 | 샤를 가르니에, 파리 오페라 하우스, 1861~1875

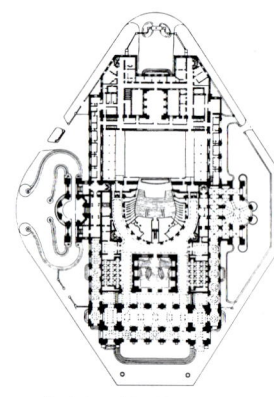

326 | 파리 오페라 하우스, 평면도

~1830년대에 열띤 논쟁이 벌어졌는데, 결국은 그런 믿음이 신고전주의적 관례의 순수성을 위협한 탓이었다. 그러나 히토르프는 고고학적 호기심에서 색깔에도 관심이 있었지만, 새로운 건축을 주장하는 자신의 제안을 뒷받침하기 위해 고대의 권위가 필요하기도 했다. 영국에서는 오언 존스가 이 이론을 열정적으로 받아들여 크리스탈 궁의 실내를 화려한 색깔로 장식했고, 코펜하겐에서는 고트리브 빈데스빌(1800~1856)이 1839년 고전적인 형태와 풍부한 원색으로 토르발센 박물관을 설계했다(사진 327). 파르테논 신전이 선명한 색깔로 뒤덮여 있고 기둥에는 금박이 되어 있었다면, 새로운 건축에서도 그와 같은 화려함을 추구하지 못할 이유가 없었다.

프랑스 19세기 건축의 두 번째 측면은 구조의 활용이었다. 작가이자 건축가인 외젠 비올레 르 뒤크(1814~1879)는, 1872년의 『건축론』을 포함한 건축에 관한 방대하고 영향력 있는 출판물을 통해, 고딕 건축의 원리가 구조적인 기술을 통해 어떻게 해석되고 발전될 수 있는지 증명했다. 평면 및 외관과 함께 구조를 가장 효과적으로 이용한 건축가는 앙리 라브루스트(1801~1875)였다. 그는 파리의 생트 즈네비에브 도서관(1843~1850; 사진 329)과 국립도서관 열람실(1862~1868)에서 겉모습은 무미건조할 망정 실내 공간은 아주 밝고 경쾌하게 만들었다. 날씬한 주철 기둥이 낮은 아치와 정교한 돔을 떠받치고 있는 실내 공간은 금속 건축이 빚어낸 가장 빛나는 성과 가운데 하나로 손꼽힌다. 그는 많은 사람이 이용하는 현대 도서관에 새로운 기술을 적용하여, 매우 창의적이면서도 우아한 공간을 창출해냈다.

라브루스트가 멋진 공간을 창출해냈다면, 파리에서 가장 눈에 잘 띄고 가장 많은 사람이 찾는 기념비적인 건축물인 에펠 탑(1887~1889; 사진 328)을 선사한 것은 토목기사인 귀스타브 에펠(1832~1923)이었다. 에펠은 자유의 여신상의 철골 구조뿐 아니라 많은 다리를 설계한 아주 뛰어난 토목 기사였다. 에펠 탑은 1889년 파리 박람회의 상징물이었으며, 오랫동안 세계에서 가장 높은 구조물이었다. 이것의 우아함과 경제성은 뚜렷이 강조된 노출 격자형 철골 구조와 함께 미래의 방향을 예고하는 전조였다. 당시 많은 비판과 비난이 있었지만, 이것은 이후의 구조뿐 아니라 장식 예술에 있어 새로운 공간적 가능성을 증명해준, 새로운 공학 기술이 낳은 역작이었다.

독일과 오스트리아에서도 양식에 대한 똑같은 집착과 구조와 공간에 대한 똑같은 모험을 볼 수 있다. 고지대에 위치하며 오스트리아-헝가리 제국의 해체를 앞둔 오스트리아에는 고전주의 양식이 가장 적절해 보였다. 그러나 오스트리아에는 1856~1879년에 하인리히 폰 페르스텔(1828~1883)이 지은 빈의 보티프키

327 | 고트리브 빈데스빌, 토르발센 박물관, 코펜하겐, 1839

328 | 귀스타브 에펠, 에펠 탑, 파리, 1887~1889

르세(봉헌교회)처럼 뛰어난 고딕 건축물도 있었다. 긴 대칭형 건물에 누가 봐도 훌륭한 그리스 양식인 테오필루스 한센(1813~1891)의 의사당 건물(1873~1883)은 이보다 차분하고 고전적이다. 이에 반해 둥글게 구부러진 정면이 빈의 중심지를 둘러싸고 있는 환상형 도로인 링슈트라세를 바라보고 있는 부르크 극장은 훨씬 대담하다. 풍부한 상상력을 보여주는 고전주의 걸작인 부르크 극장은 고트프리트 젬퍼(1803~1879)가 설계했고, 1874~1888년에 지어졌다.

비스마르크의 지도 아래 강성대국으로 발돋움하고 있는 나라에서 활약한 독일 건축가들은 엄격한 고전주의와 가장 무모한 환상 사이에서 오락가락한 것 같다. 19세기의 주요 미술관 가운데 하나인 뮌헨의 알테 피나코테크(1826~1836)에서는 레오 폰 클렌체(1784~1864)가 유럽 전역에서 그런 종류의 건물에 영향을 미치게 될 평면도를 내놓았다(사진 331). 전성기 르네상스의 양식이지만, 프랑스 예에서처럼 이것이 역사적으로 중요한 건물이 된 것은 평면도 때문이다. 25개의 주간으로 이루어진 엄청난 길이는 나란히 늘어선 세 부분으로 나누어져 있으며, 가운데에 위에서 채광이 되는 회랑이 있고, 입구 정면에는 로지아가 전면에 길게 늘어서 있어 이것을 통해 회랑으로 들어간다.

부자에 미치광이였던 바이에른의 루트비히 2세는 자신의 건축가들에게 산업 세계에서 벗어나 환상의 세계로 들어가도록 부추겼다. 그는 유명한 궁전을 세 채 지었는데, 그 비용이 막대하여 결국 가난해지고 말았다. 린더호프 성(1874~1878)이 로코코 양식의 환상적인 건물이고 헤렌힘제 궁전(1878~1886)이 베르사유의 영광을 떠올리게 한다면, 노이슈반슈타인 궁전(1868~1886; 사진 330)은 낭만주의의 결정판이라 할 수 있다. 동화에 나오는 성처럼 산꼭대기에 서 있는 작고 아름다운 이 성은 바그너의 낭만적인 오페라에 나오는 장면으로

329 | 앙리 라브루스트, 생트 즈네비에브 도서관, 파리, 1843~1850

330 | 에두아르트 리델과 게오르그 폰 돌만, 노이슈반슈타인 궁전, 바이에른, 독일, 1868~1886

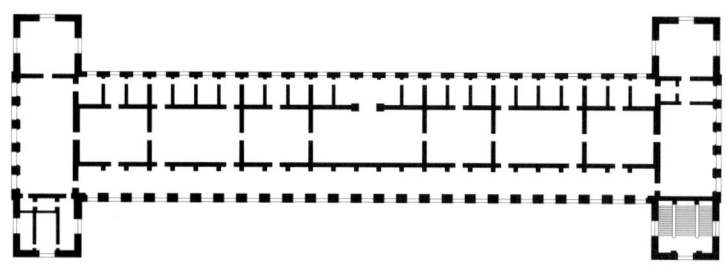

331 | 레오 폰 클렌체, 알테 피나코테크, 뮌헨, 1826~1836, 평면도

아름답게 꾸며져 있다.

유럽의 나머지 나라들도 나라와 지역에 따라 여러 가지 특색을 드러냈지만 다양성을 드러내기는 마찬가지였다. 조제프 풀라르트(Joseph Poelaert; 1817~1879)가 지은 브뤼셀 재판소(1866~1883)는 네오 바로크 양식이었고, 암스테르담의 레이크스뮈세윔(국립박물관; 1877~1885)은 페트루스 카이파스 (1827~1901)가 철과 유리로 된 거대한 홀을 품고 있는 자유로운 르네상스 양식으로 지었으며, 밀라노에서는 주세페 멘고니(1829~1877)가 갈레리아 비토리오 에마누엘레(1863~1867; 사진 332)에 지붕을 얹은 새로운 보행자 도로 중 가장 뛰어난 걸작 하나를 내놓았다. 이것은 거대한 십자형 평면으로 펼쳐져 있으며, 팔각형을 이루고 있는 십자형 교차부는 지름이 39미터에 높이가 30미터나 된다. 영국의 기술적 조언을 받아 영국 자본으로 지은 이 건물은 쇼핑을 하고 사회적인 교류를 할 수 있는 아주 넓은 공간을 제공해주고 있다. 19세기 전체를 통틀어 가장 성공적인 광상곡은 1885~1911년에 주세페 사코니(1854~1901)가 지은 로마의 비토리오 에마누엘레 2세 기념비에서 연주되었다. 이것은 피아차 베네치아에 우뚝 서서 코르소(경관이 조성된 넓은 거리)를 노려보고 있는데, 나라를 세운

332 | 주세페 멘고니, 갈레리아 비토리오 에마누엘레, 밀라노, 1863~1867

사람에게 바치는 통속적인 기념비치고는 아주 매력적이다.

19세기 건축의 주요 테마는 유럽에서 발견할 수 있다. 그러나 19세기 말에는 유럽이 완전히 지쳐 재난을 기다리고 있는 것 같았고, 그 즈음에는 엄청난 천연 자원 덕에 경제력이 증대된 아메리카로 건축 이야기의 중심이 이동하게 된다. 그러나 19세기 대부분의 기간에도 아메리카와 오스트레일리아, 뉴질랜드는 유럽을 휩쓸었던 양식과 새로운 기능에 대한 관심을 똑같이 보여주었다.

이 시기 미국에서 역사적인 양식으로 지어진 뛰어난 건물로는 프랭크 퍼니스(1839~1912)가 환상적이고 화려하고 독창적인 고딕 양식으로 지은 필라델피아의 펜실베이니아 미술 아카데미(1871~1876; 사진 334)와 매킴, 미드 앤드 화이트 건축설계사무소에서 지은 보스턴 공공도서관(1887~1895; 사진 333)이 있다. 후자는 아주 뛰어난 솜씨와 더할 나위 없이 우아한 아름다움이 돋보이는 16세기 이탈리아풍의 건물이다. 영국에서처럼 국가적 자부심과 확신은 정부 청사인 워싱턴의 국회의사당에서 가장 분명하게 표현되었다. 주랑 현관이 있는 중앙부는 18세기 말에서 19세기 초에 지어졌는데, 1851~1867년에 토머스 U. 월터가 이것을 크게 확장해, 결국 새롭게 통합된 엄청난 규모의 복합 건물을 탄생시켰다. 이 건물에서 가장 눈에 띄는 건축적 요소는 중앙에 있는 거대한 돔이다. 지름 28.6미터에 높이가 63미터인 이 돔은 외피가 주철로 되어 있다.

19세기에는 아주 다양한 취향을 보여주는 새 건물이 우후죽순처럼 솟아오르면서, 건축의 전체 풍경이 크게 변하였다. 거의 한 세기 동안 계속된 실험은 20세기 전환기에 미국에서 정점에 달했다. 그럼 이제 그리로 가보자.

333 | 매킴과 미드, 화이트, 보스턴 공공도서관, 1887~1895

334 | **프랭크 퍼니스**, 펜실베이니아 미술 아카데미, 필라델피아, 1871~1876

19 새로운 비전 : 20세기 전환기

이 장에서 다룰 시기는 1880년부터 1920년까지로 비교적 짧다. 그러나 이 시기는 건축사에서 아주 독특하게 빛나는 자극적인 순간이었다. 바로 이 시기에 도시의 형태를 바꿔놓게 될 이론과 슬로건이 만들어졌고 아주 뛰어난 걸작들과 새로운 형태의 건물이 창조되었다.

이 시기는 흥미롭다 못해 거의 히스테리에 가까운 발작을 보인 시기였다. 유럽과 아메리카 양쪽에서 도시가 성장했고, 아주 정교한 기술이 놀라운 속도로 발전했다. 음악과 시각 예술이 역사상 어느 때 못지 않게 활기를 띠었다. 유럽에서는 거의 모든 사람이 폭풍을 기다리고 있는 것 같았고, 이런 엄청난 변화는 1914~1918년의 제1차 세계대전과 함께 일어났다. 이 시기는 불안과 동요의 시기였다. 그러나 유럽이 신경질적인 흥분 상태였다면, 아메리카에서는 갈수록 자신감이 커가고 있었다. 자신의 자원으로 거의 모든 것을 살 수 있다는 것을 깨달은 나라에서 치솟고 있는 자신감은 걷잡을 수 없었다.

1880~1890년대에 아메리카, 그 중에서도 특히 시카고에서는 건축의 혁명이 일어나고 있었다. 나중에 시카고 학파로 알려진 이들의 성장에 주로 영향을 끼친 사람은 파리에서 라브루스트 밑에서 일하고 남북 전쟁이 끝나자 아메리카에 돌아온 헨리 홉슨 리처드슨(1838~1886)이었다. 그는 1866년에 공모에 당선되면서 건축가로서의 발길을 내딛었다. 그는 아주 개인적인 무거운 양식을 발전시켰는데, 이것을 보여주는 유명한 예가 시카고의 마셜 필드 상회(1885~1887; 사진 335)이다. 이것은 새로운 세대의 시카고 건축가들에게 본보기가 되었다. 설계자로서의 그의 면모를 가장 잘 보여주는 건물은 매사추세츠 주 퀸시에 있는 크레인 도서관(1880~1883; 사진 336)이다. 전면에는 그가 로마네스크 양식으로 훈련받았음이 분명히 드러나 있으나, 설계는 매스와 선 그리고 개인적으로 해석된 무거운 장식이 솜씨 좋게 결합되어 있는 것이 전혀 형식에 얽매이지 않았다.

리처드슨은 전국적으로 명성을 떨치고 있었다. 시카고 학파가 유명해진 것은 1871년에 일어난 큰 화재 덕분이었다. 이것은 순식간에 강을 가로질러 도심을 대거 파괴했으며 내화 구조가 아닌 수많은 주철 건물도 예외가 아니었다. 이 기회와 도전은 시카고 건축가들에게 역사적인 양식에 구애받을 필요가 없는 건설 계획의 기회를 주었다. 그리고 그런 건설 계획을 추진하는 과정에서 근대 건축 운동이 일어날 수 있는 발판이 마련되었다.

이 운동에서 결정적인 사건은 마천루였다. 최초의 마천루라고 할 수 있는 것이 1883~1885년에 윌리엄 르 배런 제니(1832~1907)가 시카고에 세운 가정보험회사 사옥이라는 것에는 일반적으로 이의가 없다. 내화 구조로 된 이 건물은 금속 골조를 벽돌과 돌로 싼 형태이다. 그러나 제니는 외관을 꾸미는 전통적인 세부 장식을 완전히 포기할 수 없었고, 따라서 새로운 종류의 건물에 새로운 형태를 부여하는 도전적인 일을 완벽하게 해냈다고는 할 수 없다.

335 | 헨리 홉슨 리처드슨, *마셜 필드 상회*, 시카고, 1885~1887

336 | 헨리 홉슨 리처드슨, *크레인 도서관*, 퀸시, 매사추세츠, 1880~1883

불이 나고 몇 년 지나지 않은 1890년대에는 버넘과 루트, 홀러버드와 로시, 아들러와 설리번의 회사에서 마천루를 지었다. 사실상 시카고학파와 20세기 상업 건축의 본질적 특성을 확립한 것은 바로 이들이다.

고층 건물을 지을 수 있었던 것은 1852년에 발명된 엘리베이터 덕분이었는데, 이것은 1880년에 지멘스의 전기 엘리베이터가 발명되면서 널리 이용되었다. 이제는 건물이 갈수록 높아져서는 안 될 이유가 없었다. 새로운 양식의 건물과 새로운 도시 풍경이 탄생했다. 시카고에 세워진 초기 마천루 가운데 빼어난 것은 단단한 석조 건물인 버넘과 루트의 머내드녹 빌딩(1884~1891; 사진 337)과 금속 골조를 사용한 릴라이언스 빌딩(1890~1894; 사진 338)이다. 버펄로에서는 1890년에 미국의 가장 교양 있는 건축가 가운데 한 사람인 루이스 설리번(1856~1924)이 개런티 빌딩을 설계했다. 그리고 시카고의 카슨 피리 스콧 백화점(1899~1904; 사진 339)에서는 새로운 형태의 석공술을 보여주었다.

설리번은 그 세대에서 가장 열정적이고 논리적인 건축가였다. 이 백화점을 잠깐만 살펴봐도 이것이 20세기의 수많은 사무실과 백화점의 원형이 될 수 있었던 본질적인 요소를 발견할 수 있다. 이것은 금속 구조의 일부로서 짜여진 2개 층의 토대 위에 10개 층의 사무실이 올라가 있으며, 이 윗부분은 강철 구조에 하얀 테라코타 타일을 붙이고 줄지어 늘어선 일련의 창문으로 마무리되어 있다. 주요 출입구의 위와 둘레에 있는 패널은 설리번 자신이 주철로 만든 화려한 장식으로 채워져 있다. 19세기에 그랬던 것처럼 여기서도 논리와 환상이 공존하며, 무늬가 반복되는 커다란 건물에는 거기에 걸맞는 나름의 장식이 필요했다. 19세기 이론가들에게 물려받은 '형태는 기능을 따른다'는 설리번의 원칙은 그 후 수년 동안 건축가들이 따라야 할 슬로건이 되었다.

높고 웅장한 새로운 건물에 쓰인 두 가지 주요 재료는, 앞서 보았듯이 영국에서 선구적으로 쓰이기 시작해 아메리카에서도 널리 사용된 강철과 프랑스에서 개발된 철근 콘크리트였다. 1892년에는 프랑수아 엔비크(1842~1921)가 강철로 콘크리트를 보강하기에 가장 좋은 위치를 정한 건물 구조 공법을 완성시켰다. 압축력이 강한 콘크리트와 인장력이 강한 강철의 결합은 건축사에서 획기적인 전환점의 하나가 되었다. 그것은 새로운 형태와 넓은 공간을 요구하는 현대 건축에 새로운 구조재를 제공했다.

철근 콘크리트가 최초로 사용된 예 가운데 하나가 아나톨 드 보도가 1897~1904년에 세운 파리의 생장드몽마르트르 교회였다. 비올레 르 뒤크의 제자였던 드 보도(1836~1915)는 현대 기술을 이용해 전통적인 구조적 원칙을 더욱 발전시키려는 스승의 이상을 따랐다. 네오 고딕에서 시작해 신고전주의까지 간 그는

337 | **버넘**과 **루트**, *머내드녹 빌딩*, 시카고, 1884~1891

338 | **버넘과 루트**, 릴라이언스 빌딩, 시카고, 1890~1894

전통적인 형태를 재검토해 그 가운데 오직 본질적인 요소만 남게 했다. 불필요한 장식의 제거와 구조의 표현, 이것은 현대 건축을 이해하는 데 필수적인 기본 원칙이다.

프랑스에서 그런 접근 방법을 만족할 만한 수준으로 처음 끌어올린 건축가는 오귀스트 페레(1874~1954)였다. 1903년에 페레는 파리의 프랑클랭 가 25번지에 지은 아파트(사진 340)에서, 시카고 건축가들보다 한 발 앞서갔다. 그는 8층짜리 구조에서는 내력벽이 필요 없다는 것을 깨달았고, 벽이 아무것도 지탱할 필요가 없으니 건물 안에 아주 넓은 실내 공간을 창출해낼 수 있었다. 그는 바깥에 있는 틀에 꽃을 소재로 한 장식의 타일을 붙였으나, 구조적인 요소를 자유롭게 표출시켜 날카롭고 깊게 각인되게 함으로써 건물에 뚜렷한 수직적 상승감을 주었다. 페레는 이 아파트 건물로 새로운 콘크리트 건물도 보기 흉하지 않은 멋진 건물이 될 수 있다는 것을 보여주었다. 그리고 20년 후인 1922~1923년에는, 파리 외곽에 있는 노트르담 뒤 랭시 교회(사진 341)에서 전통적인 평면에서 어떻게 뛰어난 고딕 설계자의 비전에 필적하는 공간 개념을 이끌어낼 수 있는지 보여주었다. 여기서는 철근 콘크리트로 된 분절된 볼트를 몇 개의 날씬한 기둥이 우아하게 떠받치고 있어, 새롭게 창출된 밝고 경쾌한 공간이 색유리로 채워진 조립식 콘크리트 부재로 이루어진 칸막이 벽에 둘러싸여 있다.

장식적인 세부 묘사를 즐기는 프랑스인의 취향은 놀랍게도 새로운 종류의 표현 공간을 창출하기에 이르렀다. 1900년에 파리 지하철 입구를 설계한 엑토르 기마르(1867~1942)는 당시 유행한 아르 누보의 대표자였다. 아르 누보의 특징은 채찍 끝과 같은 낭창낭창한 선, 추상화된 생물이나 식물 모양의 장식, 비대칭, 개인적인 표현을 할 수 있고 새로운 장식적 주제를 표현할 수 있는 폭넓은 재료였다.

브뤼셀에서 아르 누보를 주창한 사람은 빅토르 오르타(1861~1947)였다. 그의 오텔 타셀(1892~1893; 사진 342)은 새로운 평면에 다양한 높이를 이용했다. 그러나 오르타의 걸작은 나중에 지은 오텔 솔베(1895~1900)였다. 오텔 솔베의 계단실은 물 흐르는 듯한 곡선과 솔직한 연철의 장식적 표현 등 아르 누보의 모든 특징을 지니고 있다. 이 계단실은 저택의 실내 전체에 양식적 통일성을 가져다준 주제였다. 엑토르 기마르는 카스텔 베랑제(1897~1898)라 불리는 파리의 아파트에서 아르 누보 건축을 한층 완벽하게 보여주었다. 그는 건물 정면에 여러 가지 재료를 이용해, 마치 형태가 살아 있는 생물체처럼 움직이는 듯한 느낌을 주었다. 처음 얼마 동안은 아주 상상력이 풍부하고 유연한 체계가 발명되어 전 세계로 퍼져나갈 것 같았다. 그러나 아르 누보는 본질적으로 특별한 건물을 위한 장식적인 양식이었고, 따라서 일반적인 건물의 기능에는 잘 맞지 않았다.

그러나 아르 누보는 건축사에서 본 가장 색다른 독창성 중의 한 가지가 표현되는 데 일익

339 | **루이스 설리번**, *카슨 피리 스콧 백화점*, 시카고, 1899~1904

340 | 오귀스트 페레, 프랑클랭 가 25번지 아파트, 파리, 1903

을 담당했다. 그것은 스페인 북부의 안토니 가우디의 작품에서 일어났다. 스페인에서는 아르 누보가 모데르니스모로 알려져 있었으며, 바르셀로나는 유기적인 설계 흐름의 중심에 있었다. 1852년에 태어난 가우디는 가장 창의적이고 독특한 건축가였다. 그는 1926년에 전차에 치어 죽었는데, 그의 장례식 행렬은 이 도시에서 그때까지 본 가장 긴 행렬 중 하나였다. 온 국민이 그의 죽음을 애도했다.

가우디의 걸작 가운데 가장 유명한 것은 그의 죽음으로 완성되지 못한 채 지금도 공사중인 바르셀로나의 템플로 엑스피아토리오 데 라 사그라다 파밀리아(성가족교회; 1884~ ; 사진 343)이다. 가우디는 한 건축가에게 새로운 고딕 설계안을 넘겨받아, 그것을 거대한 성당으로 변형시켰다. 동쪽 트랜셉트에 있는 뾰족한 네 개의 탑은 그리스도의 탄생을 상징하는 것으로, 이 정면은 그가 살아 있는 동안 완성된 얼마 안 되는 부분 가운데 하나이다. 이것은 높이가 107미터가 넘으며, 긴 관 모양의 종에서 나는 종소리가 울려퍼지도록 설계된 루버(louver)로 마무리되어 있고, 꼭대기에는 유리와 자기, 타일로 이루어진 환상적인 꼭대기 장식이 얹혀 있다. 사람과 동물, 식물, 구름을 형상화한 조각은 사실적이다. 가우디가 직접 모든 것을 하나하나 감독했고, 심지어 어떤 것은 그가 직접 조합하기도 했다. 그는 이 일에 매달리느라 다른 일을 모두 포기하고 성당의 크리프트로 거처를 옮겼으며, 거기서 죽을 때까지 수도사와 같은 은둔 생활을 하였다.

341 | 오귀스트 페레, 노트르담 뒤 랭시 교회, 파리, 1922~1923

342 | 빅토르 오르타, 오텔 타셀, 브뤼셀, 1892~1893, 계단

가우디가 펼쳐낸 세속적인 건물과 풍경은 그가 지은 성당보다 훨씬 독창적이다. 바르셀로나의 중심에 있는 카사 바틀로(1904~1906)는 정면에 있는 구조재의 표면이 뼈 모양으로 휘어져 있다 하여 '뼈로 지은 집'으로 알려져 있다. 역시 바르셀로나에 있는 거대한 아파트인 카사 밀라(1905~1910; 사진 344)는, 겉모습은 물결치는 파도처럼 보이고, 실내에는 직각으로 꺾어진 곳이 한 군데도 없다. 그는 또 포물선 아치를 쓰고, 지주와 지주 사이의 거리를 달리하여 아치의 높이를 달리함으로써 놀라운 지붕 풍경을 조성했다. 구웰 공원(1900~1914)에서는 물결치는 모양과 이상한 석조 아케이드, 감동적인 조각으로 보기 드물게 다채로운 풍경을 펼쳐놓았다. 그는 조가비와 잎, 뼈, 연골, 용암, 식물, 날개, 꽃잎과 같은 자연 형태의 구조에 대한 색다른 이해에서 비롯된 건축을 하였다.

343 | 안토니 가우디, 사그라다 파밀리아 교회, 바르셀로나, 1884~

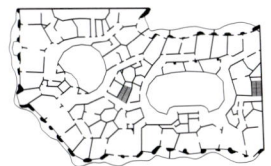

344 | 안토니 가우디, 카사 밀라, 바르셀로나, 1905~1910, 평면도

가우디의 작품 가운데 가장 매력적인 것은 산타 콜로마 데 세르벨로 교회(1898~1917; 사진 345)의 크리프트이다. 그는 여기서 자연 형태를 한층 정교하게 다듬었을 뿐 아니라 자신만의 독특한 구조 결정 체계를 만들어냈다. 그는 덧붙인 무게로 장력이 있는 그물망을 이용했다. 따라서 이렇게 해서 생긴 형태를 뒤집으면 압축력이 있는 돌로 만든 구조에 자연스런 형태를 줄 수 있을 터였다. 이상하게 꼬인 형태의 기둥과 볼트는 그 실험의 결과이다. 그는 고딕 건물에서처럼 부재가 올바른 각도에 있고 그 위에 놓인 힘을 지탱할 수 있도록 경사져 있으면 버팀벽이 전혀 필요 없다고 말했다.

가우디가 즐겨 사용한 기하학적 형태는 포물면과 쌍곡면, 나선면이었는데, 이것은 모두 서로 다른 곡선을 가진 휘어진 표면으로, 자연에서 발견할 수 있다. 이런 형태는 아무리 미친 듯 헝클어져 있는 것 같아도 사실은 신중하게 고안된 것으로, 구조적으로도 안전하고 기하학적으로도 정확하다. 그는 겉보기에는 불규칙하지만 실은 기능적인 자연의 형태와 색깔에 기초한 건축을 창조한 점에서 누구보다도 앞섰다.

프랑스와 벨기에, 스페인이 아르 누보의 발상지였다면, 영국에서는 오브리 비어즐리(1872~1898)의 삽화로 아르 누보의 활기찬 형태가 도입되었다. 그것은 장식적이었다. 그러나 건축에서는 그것이 한층 영구적이고 근본적이었다. 건축에서는 그것이 독창적인 형태로만 표현되지 않고 미술공예운동이라는 한결 견고하고 기능적인 접근 방법으로 표현되었던 것이다.

앞서 보았듯이, 퓨진은 기능주의 건축 원리를 천명했다. 러스킨은 퓨진의 생각을 크게 확대하여, 장식 형태에 수준 높은 질을 제공하는 장인의 중요성을 강조했다. 그런데 이제 여기에 건축이 사회의 표현이라는 믿음이 덧붙여졌다. 윌리엄 모리스(1834~1896)는 19세기 후반에 미술공예운동을 적극적으로 추진한 주요 인물로, 미술공예운동을 단순한 예술적 강

345 | 안토니 가우디, 산타 콜로마 데 세르벨로 교회(크리프트), 바르셀로나, 1898~1917, 지하실

257

346 | 필립 웨브, 레드 하우스, 벡슬리히스, 런던, 1859~1860

령이 아닌 사회적 강령으로 보았다. 그는 벡슬리히스에 지을 자신의 집(1859~1860년; 사진 346)을 위해 모리스는 필립 웨브(1831~1915)에게 양식은 중세풍이지만 재료를 솔직히 표현하는 점에서는 현대적인 집을 설계해 달라고 했다. 그것은 벽돌과 타일로 지어졌으며, 장식이 거의 없었고, 구조는 견고하고 겉모습은 소박했다. 웨브와 모리스는 정직한 건축을 창조하기 시작해 성공을 거두었다. 이것은 기능적인 근대 건축 운동의 선구자로서 건축사에 한 획을 긋는 획기적인 사건이었다.

고전주의나 고딕 양식의 인습적인 세부 장식을 피함으로써, 이제 건축가들은 재료를 정직하게 사용하는 도덕적 미덕을 보일 수 있었을 뿐 아니라 전통적인 토속 건축과 자연 재료로 만든 공예품의 풍부한 질감과 다양한 형태를 즐길 수 있었다. 그리하여 토속 건축에 대한 관심이 되살아났다.

이 시기를 지배한 건축가는 웨브를 포함해 토속 건축의 대표자인 찰스 엔슬리 보이지(1857~1944)와 자기 세대에서 가장 성공한 건축가인 리처드 노먼 쇼(1831~1912), 에드윈 러티언스 경(1869~1912)이 있었다. 러티언스는 백 채가 넘는 주택뿐 아니라 주요 공공 건물도 지었는데, 그 가운데 가장 뛰어난 것은 인도의 새로운 수도 뉴델리에 지은 총독 관저(1920~1931; 사진 347)이다. 주택 가운데 러티언스 작품의 특징을 가장 잘 보여주는 것은 1899~1902년에 템즈 강가의 소닝에 지은 디너리 가든(사진 348)이다. 이것은 거트루드 지킬이 꾸민 매혹적인 영국식 정원에 세운 중간 크기의 주택인데, 자연 재료를 있는 그대로 쓰고 그것을 솔직히 표현하였다. 그러나 이것을 포함한 러티언스의 모든 작품에서 독창적인 것은 평면이다. 그는 그의 집으로 들어가는 진입로와 입구를 놀라운 일로 가득 찬 모험으로 만들었다. 그래서 겉보기에는 한 축으로 늘어서 있는 집에서도 주요한 방에 이르기까지 여러 번 방향을 바꿔야 할지도 모르고, 디너리 가든에서는 도로에서 정원까지 죽 뻗어 있는 길이 때로는 반쯤 둘러싸여 있고 때로는 그냥 트여 있어 길에서 바로 공간이 트이고 방이 열렸다. 끝에 있는 정원의 전면은 영국 건축에서 가장 멋진 비대칭 구성물 가운데 하나이다.

찰스 레니 매킨토시(1868~1928)는 이 시대의 가장 독창적이고 역사적으로 중요한 건축가 중의 한 명으로 꼽힌다. 그는 글래스고에 자신이 독자적으로 해석한 아르 누보 방식으로 여러 채의 집과 아주 독창적인 다실 몇 개를 지었다. 그의 주요 작품은 공모 당선작으로 1896~1899년과 1907~1909년 두 차례에 걸쳐 지은 글래스고 미술학교이다. 이 건물에서는, 주철로 빚어낸 구부러지고 비틀린 갖가지 형태를 제외하면, 곧게 뻗어 올라간 주요 전면은 여

347 | 에드윈 러티언스 경, 총독 관저, 뉴델리, 인도, 1920~1931

러 방과 작업실을 가장 기능적으로 통합한 결과일 뿐이다. 그러나 안은 전혀 다른 경험의 세계이다. 주요 작업실과 전시실 그리고 계단은 그가 성질이 다른 여러 가지 재료를 자유자재로 주무를 수 있다는 것을 보여준다. 도서관은 주목할 만하다(사진 349). 매킨토시는 여기서 수직선과 수평선, 완만한 곡선을 그리는 목재를 사용해, 기둥과 보, 바닥재, 매달려 있는 격자 무늬 세공으로 뚜렷이 구분된 아주 장식적인 공간을 만들어냈다. 전등과 문간의 가구, 창문, 정기간행물 책상도 모두 그의 작품이다. 매킨토시는 당대에는 실패자로 낙인찍혀 글래스고를 떠났다. 그리고 꽃과 풍경을 묘사한 아주 매혹적인 수채화를 그리며 런던과 프랑스에서 여생을 보냈다.

영국과 스코틀랜드의 미술공예운동은 런던 주재 독일 대사관원인 헤르만 무테지우스의 『영국 주택』을 통해 유럽 대륙에 영향을 끼쳤다. 1904~1905년에 베를린에서 출판된 이 책에는 이 장에서 논의한 건축가 대부분의 작품이 삽화와 함께 설명되어 있다. 무테지우스는 건물의 기능을 분명하게 표현하고자 하는 열망과 때로 공상적이기까지 한 세부 장식의 활용 사이에서 타협한 작품을 이전 세대의 작품과 구별지었다. 조제프 마리아 올브리히(1867~1908)의 다름슈타트 전시관(1907)은 이런 타협을 보여주는 대표적인 예이다. 이에 비해 한층 표현적인 것이 빈의 건축가 오토 바그너(1841~1918)의 작품인데, 그는 고전주의의 정수만을 추출하여 재료와 구조, 기능의 논리적 진술만 남게 하려고 했다. 그의 마욜리카 하우스(1898; 사진 350)는 장식 없이 품위가 있고 균형이 잘 잡혀 있지만, 장식적인 마욜리카(15세기부터 만들어진 주석유약을 입힌 도기-옮긴이)가 색깔 있는 타일로 덮인 상부 4개 층에 우아하게 펼쳐져 있다. 그러나 우편 저축 은행(1904~1906)에서는 꾸밈과 장식을 좋아하는 마음을 누르고 오직 구조와 기능의 솔직한 표현을 통해서만 효과를 낸 아름다운 건물을 남겼다. 아돌프 로스(1870~1933)는 이런 종류의 기능주의를 가장 극단으로 몰고간 건축가이다. 그는 1908년에 실용적인 물건에서는 장식을 배제해야 한다고 주장하는 〈장식과 죄악〉을 썼다.

네덜란드에서, 이 시대의 주요 건물은 훨씬 개인적이고 표현적이었다. 그 가운데 뛰어난 것이 H. P. 베를라헤(1856~1934)의 암스테르담 증권거래소(1898~1903)이다. 이것은 베를라헤가 틀에 박힌 양식적 표현 없이 담백하게 표현하려고 했던 근대적인 기능을 가지고 있다. 하지만 그는 또 이 건물의 홀과 회랑을 사용할 많은 사람들로부터 이 건물이 관심과 찬사를 받기를 바랐다. 그래서 그는 화가와 조각가, 장인들을 불러모아 그 안에 멋진 공간을 만들게 했고, 그 결과 이 건물의 실내는 아주 세련된 품위와 매력적인 특성을 갖게 되었다.

이런 분위기는 널리 퍼졌다. 슐레지엔에서는 막스 베르크(1870~1947)가 1911~1913년에

348 | 에드윈 러티언스 경, 디너리 가튼, 템즈 강가의 소닝, 버크셔, 1899~1902

349 | 찰스 레니 매킨토시, 글래스고 미술학교, 도서관, 1907

350 | 오토 바그너, 마욜리카 하우스, 빈, 1898

슐레지엔이 나폴레옹에 저항해 일으킨 봉기가 100주년이 된 것을 기념하는 백년관을 세웠다. 이것은 철근 콘크리트로 지은 거대한 원형 구조물로, 이런 유형의 건물 가운데 가장 폭이 넓고, 안에는 거대한 아치가 있으며, 동심원을 그리는 고리 모양의 띠가 차곡차곡 쌓여 돔을 이루고 있다. 랑나르 외스트베리(1866~1945)의 스톡홀름 시청사는 효과 면에서 이보다 훨씬 감정적이다. 이것은 1904~1923년까지 20년에 걸쳐 지었지만, 항상 근대의 전통적 또는 낭만적 민족주의파라고 해야 옳을 것의 승리로 인식되었다(사진 351). 이것은 물가에 아름답게 자리잡고 있으며 가벼움과 견고함이 결합된 낭만적인 양식을 지니고 있어 훌륭한 국민적 상징물로서의 품위를 지니고 있다.

이 시대의 완전한 표현을 보려면, 다시 아메리카로 돌아가야 한다. 시카고 학파는 20세기 초까지 살아남았으나, 19세기 말과 같은 영향력을 다시는 행사하지 못했다. 그러나 그때 이미 시카고 학파는 출중한 천재를 배출하였는데, 뛰어난 독창성과 오랜 경력으로 이 운동에서부터 최소한 두 개의 다른 운동을 거쳐 거의 20세기 중반까지 활약한 이 천재는 다름 아닌 프랭크 로이드 라이트이다. 라이트는 1867년에 태어나 1959년에 세상을 떠났다(라이트는 파산한 후에 자신을 재정적으로 후원하던 친구를 격려하려고 자신이 1869년에 태어났다고 속였다). 라이트는 자신이 항상 '리버 마이스터(존경하는 선생님)'라고 불렀던 루이스 설리번 밑에서 일하다가, 1890년대에 독자적인 활동을 시작했다. 70년에 걸쳐 강철과 돌, 적색 목재, 철근 콘크리트를 자유자재로 다룬 다재다능한 솜씨가 빚어낸 그의 작품은 기하학적 평면과 윤곽을 확장하여 자연 환경과의 새로운, 유쾌한 관계를 창출해냈다.

라이트는 자신이 천재이며 당대 최고의 건축가임을 믿어 의심치 않았다. 그의 삶은 집이 두 번씩이나 불타고 아내와 자식이 살해당하는 등 온갖 극적인 사건으로 점철되었다. 그는 글도 많이 썼고, 세상에 널리 알려진 공인이었으며, 그의 자서전은 건축가의 생애를 다룬 가장 감동적인 이야기 가운데 하나로 꼽는다. 그의 책 『서약』(1957)은 그의 작품의 밑거름이 된 이

351 | 랑나르 외스트베리, 시청, 스톡홀름, 1904~1923

론과 개인적 신념을 종합해놓은 책이다. 그는 아마 당대 가장 위대한 건축가로 추앙받았을 것이다.

1889년에 라이트는 시카고의 오크 파크에 자신의 집을 짓고, 그 후 몇 년 동안 그 부유한 교외 지역에 많은 집을 지었다. 그리고 이것을 유니티 사원(1905~1908)으로 보완했는데, 이 사원의 기본 요소인 교회와 입구, 교구 회관이 단순한 정육면체를 이루게 되어 있어, 이후 많은 영향을 끼쳤다. 그가 지은 집을 이해하려면, 그의 전형적인 평면도 가운데 하나인 버펄로의 마틴 하우스(1904; 사진 352)의 평면도를 보는 것이 가장 좋다. 그 기본 형태는 서로 교차하는 두 축에서 나온다. 그리고 이 축은 정원에까지 확장되어, 그 안에 있는 형태들이 내부 형태와 외부 형태의 상호 관입을 통해 하나의 공간으로 경험되도록 배치되었다. 라이트는 입체 기하학에 남다른 이해력을 가지고 있었는데, 이것은 아마도 어렸을 때 프뢰벨의 장난감 집짓기 나무토막을 가지고 놀면서 습득되었을 것이다. 특히 흥미로운 것은 실내 공간이 서로 통하도록 하는 능력이었다. 그는 방의 모퉁이를 사실상 해체하고, 벽이 칸막이가 되게 하였다. 또 낮게 깔린 천장과 지붕 그리고 대개는 납틀을 붙인 채광창으로 일관되게 수평성을 강조하고, 장벽이나 문 없이도 방이 구분되도록 방의 높이를 변화시켰다. 라이트는 자신이 오픈 플랜(다양한 용도를 위해 칸막이를 최소한으로 줄인 건축 평면-옮긴이)을 고안해 냈다고 주장했다.

그가 지은 다수의 '프레리형 주택' 가운데 가장 유명하면서 쉽게 접근할 수 있는 것 중의 하나가 시카고의 로비 하우스(1908~1909; 사진 353)이다. 여기서 그는 장인의 기술과 멋진 세부 장식의 전통적 가치를 현대 기술 설비와 결합시켰다. 즉, 아주 아름답게 쌓은 벽돌과 돌담 위의 갓돌, 납틀을 붙인 창문 뒤에 당대 가장 발전된 형태의 전기 조명 장치와 난방 시스템이 있었다. 그러나 그의 작품은 기술보다는 멋지게 구성된 지붕과 서로 관통하는 실내 공간에서 더욱 빛나며, 이는 집을 상자의 집합체로 보는 관념을 영원히 바꿔놓았다.

라이트의 경력은 그의 끊임없는 탐구와 강한 호기심으로 몇 번이나 새로운 방향으로 나아갔으며, 따라서 그의 작품은 이 책에서 구분한 여러 시기에 걸쳐 있다. 그러나 여기서 그의 후기 건물을 논하는 것이 가장 좋은 이유는 그것들이 20세기 전환기에 시작된 이야기를 마무

(뒷면)

353 | **프랭크 로이드 라이트**, 로비 하우스, 시카고, 1908~1909

352 | **프랭크 로이드 라이트**, 마틴 하우스, 버펄로, 1904, 평면도

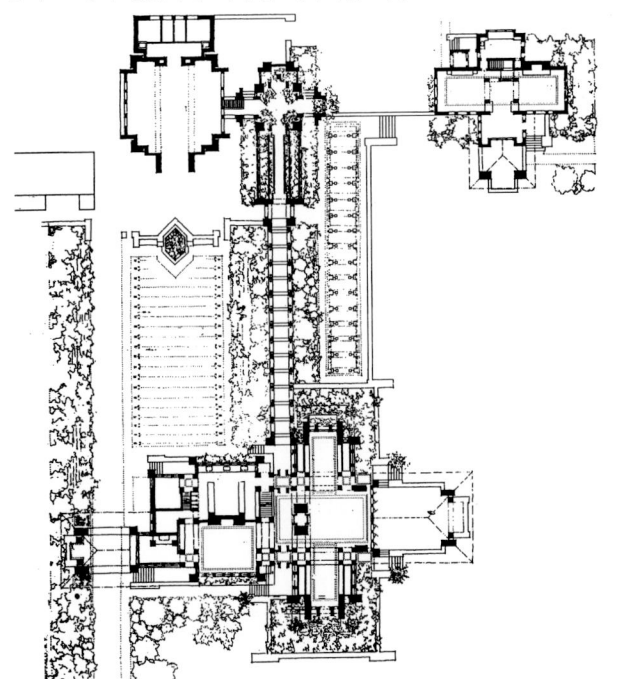

354 | 프랭크 로이드 라이트, 폴링워터, 베어 런, 펜실베이니아, 1935~1937

리지어주기 때문이다. 그는 1926년의 지진에도 끄덕 없을 정도로 뛰어난 구조를 지닌 도쿄의 임페리얼 호텔(1916~1922)을 완공하고 미국으로 돌아왔을 때 이미 거장으로 대접받았다. 그러나 그는 이후에도 훨씬 극적인 일련의 집들로 계속해서 세상을 깜짝 놀라게 했다. 그 중에서도 펜실베이니아의 베어 런에 있는 '폴링워터'(낙수장; 1935~1937; 사진 354)는 아마 20세기 주택 가운데 가장 빈번하게 거론되는 집일 것이다. 그의 이전 주택과 마찬가지로, 이것은 아주 유기적인 형태를 지니고 있다. 이것을 보면 계단 모양으로 층층이 올린 철근 콘크리트조 부분이 돌을 쌓아올린 부분의 중심에서 뻗어나와 바위와 나무, 폭포 위에 떠 있다. 그는 절대 건물을 지을 수 없을 것 같은 장소를 자유자재로 주물러, 자연을 보완하는 인공적인 형태 가운데 가장 눈부신 예를 펼쳐보였다.

그는 거의 같은 시기에 애리조나 주 피닉스에 텔리에신 웨스트(1938; 사진 355)를 지었다. 겨울 집으로 쓸 예정이었던 이 집은 그의 많은 학생들이 머물며 작업하는 공간으로도 쓰였으며, 아직도 라이트 숭배자들에게는 정신적인 고향과 같은 집이다. 45도 각도로 비스듬히 배치된 이 구조물은 이 지방에서 나는 표석(골재로 쓰인 이것을 라이트는 사막의 콘크리트라고 불렀다)과 목재 틀, 즈크로 만든 천막으로 만들어졌다. 쉽게 개조할 수 있고 장소와 조화를 이루는 자연 재료를 쓴 이 건물은 그의 유기적인 건축 개념을 간명하게 보여준다.

여기서 근대 건축 운동의 성격을 설명하는 데 도움이 될지도 모를 중요한 구분이 이루어진 것 같다. 20세기 전환기는 개념에서는 국제적이지만 그것이 각 나라에서 나타날 때는 아주 개인적이고 특이한 형태를 띤 건축을 낳았다. 그리고 이 시기는 건축가가 자신의 작품에서 그런 개성을 표현할 수 있는 마지막 기회를

누린 시기였다. 제1차 세계대전이라는 재앙을 겪은 후, 유럽과 아메리카, 동양은 차이보다는 획일성을 보여주는 국제주의라는 새로운 단계로 들어갔으며, 우리는 이것을 국제주의 양식이라고 부른다.

355 | **프랭크 로이드 라이트**, 텔리에신 웨스트, 피닉스, 애리조나, 1938

20 새로운 사회를 위한 설계 : 국제주의 양식

국제주의 양식이라는 말은 1932년 뉴욕 현대 미술관에서 열린 제1회 국제현대건축전시회를 조직한 사람들이 만들었다. 그때 이후로 국제주의 양식은, 그것이 실제 상황을 정확히 반영하는 것은 아니라는 많은 비판에도 불구하고, 1920년대부터 1950년대 말까지, 아니 어쩌면 1970년대까지도 근대 건축을 대표하는 주류가 되었다. 전시회를 위해 펴낸 책에서는 이렇게 선언했다. "이제는 일단의 규율만이 있을 뿐이다. 현대 양식을 하나의 실체로서 통합할 만큼은 확고하지만, 개인적인 해석을 허용하고 자연스런 성장을 촉진할 정도로 유연한 규율이…… 첫째, 새로운 건축 개념은 매스(mass)가 아니라 볼륨(volume)에 있다. 둘째, 하나의 축을 중심으로 한 대칭성보다는 질서정연한 규칙성이 설계의 중요한 기준이다."

질서의 필요성은 어떤 의미에서 이 시대 전반에 걸쳐 존재했다. 세계를 뒤흔든 제1차 세계대전과 1917년 러시아 혁명은 유럽의 내부 질서를 변화시켰다. 그 후 세계는 유럽에서 권위적인 사회주의와 파시즘이 발흥하는 것을 보았고, 잇따른 경제 위기를 겪었으며, 또 한 번의 세계대전(1939~1945)을 겪었다. 그리고 등장한 것이 생산과 소비, 커뮤니케이션의 대중 문화였다.

이 시대 건축가와 (도시) 계획가들이 새로운 사회의 설계자로서 국제적인 주제에 열정적으로 참여하여 1928년에는 근대건축국제회의(CIAM)가 창설되었다. 이 모임은 이런저런 형태로 1959년까지 지속되었으나, 최초의 선언이 가장 오랫동안 영향을 미쳤다. 그들은 "우리의 건축 작업은 오직 현재에서 나온다"고 선언했다. 그들은 "건축이 다시 그것이 자리한 현실의 지평에, 사회경제적인 지평에 놓이기"를 바라며, 특히 "가장 효과적인 생산은 합리화와 표준화에서 나온다"고 말했다. 그러면 전통적인 거리는 시대에 뒤떨어진 것이 될 것이고, 대신 우리는 개별적인 건물이 딸린 공원을 갖게 될 터였다.

이 운동이 어떻게 구체화되었는지, 또 이 운동이 왜 그토록 여러 세대 건축가들의 마음을 사로잡았는지 알려면, 이 운동을 이끈 몇몇 대표적인 건축가의 작품과 생각을 살펴봐야 한다. 그리고 이때 항상 염두에 두어야 할 것은, 이들 주류 건축가들이 자신을 사회 혁명에서 중요한 존재로 보았다는 것, 즉 건축이 새로운 사회의 창조를 증언만 하는 것이 아니라 그런 변혁을 이끄는 결정적인 주체가 될 것이라고 생각했다는 것이다. 따라서 건축사상 처음으로, 아니 어쩌면 유일하게, 일반인을 위한 주택 건설이 위대한 건축을 표현하는 수단이 되었다. 이전 시대의 성당이나 궁전처럼 이런 건물을 통해 위대한 건축적 발언을 한 것도 당연한 일이며, 이는 앞서 말한 이데올로기와도 부합되었다.

이 운동에서 독보적인 위치를 차지한 천재는 CIAM의 창설자 중의 한 명이며 르 코르뷔지에로 더 잘 알려진 샤를 에두아르 잔레(1887~1965)였다. 작가이자 화가이며 건축가이면서 도시 계획가였던 그는 건물 짓는 것을 시작하

356 | **르 코르뷔지에**, *빌라 사부아*, 푸아시, 파리 근교, 1928~1931

기 오래전부터 건축과 도시 계획에 관한 일련의 생각을 발표했다. 몇 년마다 그는 정곡을 찌르는 금언, 단호한 발언과 함께 자신의 설계와 계획안을 내놓았다. 그는 좋든 싫든 현대 건축에 가장 광범위한 영향을 끼친 사람이다. 따라서 현대 건축을 이해하려면 반드시 먼저 르 코르뷔지에의 작품부터 이해해야 한다.

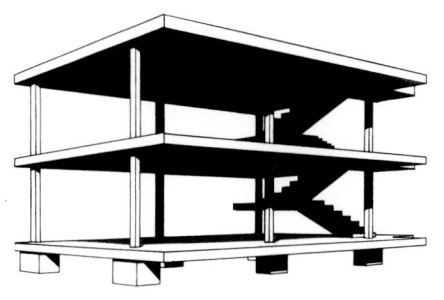

357 | 르 코르뷔지에, 도미노 주택 계획안, 1914

르 코르뷔지에는 영어로는 『새로운 건축을 향하여』(1927)라는 제목으로 번역된 독창적인 첫 번째 저서 『건축을 향하여』(1923)에서 '새로운 건축의 다섯 가지 요소'를 선언했다. 그것은 독립적으로 건물을 떠받치는 기둥(필로티)과 옥상 정원, 개방된 평면, 리본창(수직 창틀에 의해서만 분할되는 수평 띠창 – 옮긴이), 자유롭게 구성된 정면이었다. 우리는 푸아시에 있는 빌라 사부아(1928~1931; 사진 356)에서 이것을 모두 볼 수 있다. 이 건물은 수평과 수직으로 절개된 하얀 콘크리트 상자를 공중에 띄워놓은 형태이다. 그가 이런 구상을 하게 된 결정적인 계기는, 이 시대 회화에서와 마찬가지로 관찰자는 하나의 고정된 위치에 서 있는 것이 아니라 위치를 바꿔가며 사방에서 작품을 본다는 것이었다. 따라서 그렇게 되면 건물의 형태가 부분적으로 겹쳐, 어떤 때는 견고한 벽에 둘러싸인 것 같고 어떤 때는 투명해 보인다. 그리고 필로티가 대지를 자유롭게 개방했다면, 옥상 정원은 아래서 잃은 땅을 공중에 재창조해 놓았다.

이러한 개념은 평면도를 보면 가장 잘 이해할 수 있다. 우리는 빅토리아 시대 건축가들이 필요한 것을 분석하고 각 기능에 알맞은 공간과 형태를 발견하여 건물의 평면 구성을 달리한 것을 보았다. 그리고 러티언스가 집을 통과하는 길을 색다른 모험으로 만들어 새로운 평면을 창조하고, 프랭크 로이드 라이트가 모퉁이를 없애고 공간과 공간이 서로 통하게 하고 결국에는 외부와도 통하게 하여 평면을 완전히 자유롭게 개방한 것을 보았다. 르 코르뷔지에는 마음속으로 전혀 다른 구상을 가지고 있었다. 그는 실내 공간 또는 입체를 하나의 커다란 정육면체로 보고, 그것을 수직과 수평으로 분할하여 어떤 부분에는 키가 높은 방이 들어가게 하고 어떤 부분에는 키가 낮고 좁은 방이 들어가게 했다. 그는 입체파 화가들이 대상을 해석하는 방식으로 건물을 보았다. 어쨌거나 그 역시 화가였고, 마치 그 자신이 움직이는 것처럼 형태를 보았기 때문이다.

평면과 정면이 얻은 자유는, 단순하지만 아주 깊은 영향을 끼친 또 하나의 도해로도 설명할 수 있다. 도미노 주택 계획안은 1914년에 발표되었다(사진 357). 이것은 기둥에 의해 떨어져 있고 개방된 계단에 의해서만 서로 연결된 두 개의 콘크리트 슬래브로 구성된 아주 단순한 틀(낮은 비용으로 주택을 건설하기 위한 토대)이다. 그런데 여기서는 평면과 구조가 매우 독립적이어서, 설계자가 원하는 곳에 벽과 창문을 낼 수 있고 전면에 유리를 끼울 수도 있다. 건축사에서 벽은 거의 언제나 바닥과 지붕을 지탱하는 데 쓰였지만, 이제는 벽이 어디로든 갈 수 있고 움직일 수도 있었다. 이것은 단순한 도해지만, 건축의 미래 전체에 영향을 끼친, 진정으로 중요한 도해이다. 또한 이것은 가장 명백한, 그리고 가장 반감을 사는 현대 건축의 특징도 설명해준다. 납작한 지붕이 편리한 것은 완전히 자유로운 평면이 가능해지기 때문이다. 전통적인 건축에서는 뾰족한 지붕이 벽을 지탱해야 하지만, 이제는 벽을 아무 데나 원하는 곳에 놓을 수 있었다.

르 코르뷔지에의 이론에서 또 하나 결정적인 요소는 인체와 황금 분할에 기초한 건축의 비례 척도인 모듈러를 고안해낸 것이다(사진 358). 우리는 알베르티와 같은 르네상스 건축가들이 일련의 비율 체계를 고안해내 그들의 건물에 권위를 부여하고 동료들에게는 몇 세기 동안 사용된 일련의 실용적인 치수를 제공

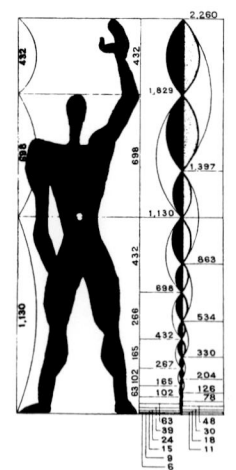

358 | 르 코르뷔지에, 모듈러 인간, 1948

360 | 르 코르뷔지에, *위니테 다비타시옹*, 마르세유, 1946~1952

해준 것을 보았다. 그런데 르 코르뷔지에는 더 나아가 그의 후기 건물에 모두 적용된 아주 유연한 체계를 만들어냈다. 그것은 모두 인체와 연관된 일련의 유용한 치수를 제공해주었으며, 이런 치수는 서로서로 연관되어 있어 아주 만족스러운 비례를 위한 정확한 공식도 만들어낼 수 있었다.

르 코르뷔지에는 파리의 대학 도시 시테 위니베르시테르에 있는 스위스 학생 기숙사 '파비용 스위스'(1930~1932; 사진 359)에서 필로티와 리본창을 사용했다. 그리고 기능의 위계질서라는 개념을 도입하여, 거대한 지주로 공중에 올린 슬래브에 45개의 학생 침실의 반복적인 기능을 표현하였다. 그리고 지면 위의 공동 구역은 자유롭게 통하도록 개방하고, 거친 돌을 마구잡이로 쌓은 벽으로 둘러쳤다. 르 코르뷔지에는 거의 20년 후에 이런 발견을 마르세유의 위니테 다비타시옹(1946~1952; 사진 360)에 한층 확대된 형태로 적용하였다. 이것은 전후 대량 주택 건설에 유일하게 가장 큰 영향을 끼친 혁명적인 건물이다.

모든 치수를 모듈러에 따라 정한 이 거대한 건물은 콘크리트를 부어넣은 목재 거푸집 자국이 뚜렷한 거대한 콘크리트 필로티 위에 반 층마다 높이를 달리한 23가지 유형의 337개 단위주택으로 이루어진 블록이 올라가 있다. 각 단위주택에는 실내 계단이 있고, 집안으로는 건물 안에 있는 넓은 복도를 통해 들어가거나 거리에서 바로 들어간다. 이 건물은 18층인데, 3분의 1쯤 올라가면 복도식으로 된 2층짜리 쇼핑몰이 있다. 그리고 꼭대기층에서는 단순한 옥상 정원이 아니라 르 코르뷔지에의 이전 작품에서는 볼 수 없었던 환상적인 장면이 펼쳐진다. 여기서는 콘크리트와 푸른 나무 사

359 | 르 코르뷔지에, *파비용 스위스*, 시테 위니베르시테르, 파리, 1930~1932

361 | 르 코르뷔지에, 노트르담 뒤 오 순례자 예배당, 롱샹, 프랑스, 1950~1954

이로 체육관과 경주로, 유치원, 아이들이 놀 수 있는 터널과 동굴, 수영장, 의자, 외팔보 식으로 뻗어나온 발코니, 식당이 이어진 하나의 거대한 조각처럼 무리지어 있으며, 이 가운데 가장 극적인 것은 건물에서 공기를 빨아올리는 거대한 깔대기 모양 통풍구이다. "집은 살기 위한 기계이다"라는 그의 말에서 느껴지듯 그는 냉철한 합리주의자이기는커녕 그가 처음부터 선언했던 위대한 이상 — "건축은 빛 아래 모여든 입체의 교묘하고 정확하며 화려한 유희이다" — 을 건물에서 보았고 결국 그런 이상을 자신의 건물에 표현했다.

자신을 비판하는 사람들을 당황스럽게 하려는 듯, 르 코르뷔지에는 1950~1954년에 많은 사람들이 20세기 최고의 걸작으로 꼽는 자그마한 교회를 지었다. 보쥬 산맥의 작은 언덕 위에 있는 롱샹의 노트르담 뒤 오 순례자 예배당(사진 361)에는 특별한 경우에는 수천 명의 발길을 끄는 놀라운 상이 있다. 이 예배당은 주요 예배식을 바깥에서 할 수 있도록 설계되었으며, 좁은 실내에 있는 세 개의 작은 예배당은 꼭대기에서 빛이 들어오게 되어 있다. 빛에 있어서 이 예배당은 전체가 연구 대상이다. 엄청나게 두꺼운 한쪽 벽에는 불규칙하게 나 있는 창문에 색유리가 끼워져 있고, 다른 벽에 있는 창문들은 각도를 달리해서 판 터널 모양이다. 그래서 태양의 움직임에 따라 실내 전체가 변하여 마치 살아 움직이는 것 같다. 거대한 콘크

362 | 르 코르뷔지에, 입법부 건물, 찬디가르, 인도, 1956

리트 셸(곡면판)로 된 지붕은 가운데에서 처졌다가 모퉁이에서 하늘로 쭉 뻗어올라간 형상이어서, 건물 전체가 사람들을 끌어당기면서 뭔가를 가리키고 있는 것 같다. 이것은 겉보기에는 불규칙하지만, 사실은 하나같이 모듈러에 따라 치수를 정한 일련의 평행성과 직각으로 교차하는 선을 중심으로 설계되었다. 르 코르뷔지에는 "우리의 눈은 빛 속에 있는 형상을 보도록 만들어졌으며, 정육면체와 원뿔, 구, 원통형, 피라미드는 가장 기본적인 형상이다"라고 말했다. 간단히 말해 이것들은 고전적인 입체이다.

르 코르뷔지에의 작품은 상당히 많고, 따라서 그의 영향력도 상당히 크다. 리옹 근처에 있는 라 투레트 수도원(1957)은 다른 나라에서도 많은 공동체 건물의 본보기가 되어, 길레스피와 키드, 코이어가 지은 스코틀랜드 카드로스의 세인트 피터스 칼리지(1964~1966)에 버금갈 만큼의 영향을 끼쳤다. 르 코르뷔지에는 가장 왕성한 작품 활동을 하던 시기에 히말라야 산맥을 배경으로 인도의 찬디가르에 있는 펀자브 주의 새 수도에 중앙정부 청사를 설계했다. 입법부 건물(1956)은 꼭대기를 자른 냉각탑 모양이고(사진 362), 거칠게 마무리된 콘크리트 건물인 사법부 건물(1951~1956)은 낮은 볼트로 이루어진 거대한 우산이 대법원과 법정 그리고 그 사이에 있는 주랑 현관을 덮고 있다. 그리고 하나의 단일체로 구성된 국무부 청사(1951~1958)는 햇빛을 막는 차양 구실을 하면서 시원한 산들바람이 들어올 수 있도록 '브리즈 솔레유'에 의해 절개된 철근 콘크리트 건물이다.

지금까지 르 코르뷔지에의 건물 몇 가지를 자세히 살펴본 것은 여기서 현대 건축가들이 사용하는 많은 건축 용어를 발견할 수 있을 뿐 아니라 그 건물들이 사실상 그 시대를 대표하는 상징이 되었기 때문이다. 그러나 물론 르 코르뷔지에 혼자서 현대 건축을 발전시킨 것은 아니다. 따라서 다양하게 나타난 국제주의 양식을 보려면 유럽 전역을 훑어본 후 아메리카

363 | 에리히 멘델존, 아인슈타인 타워, 포츠담, 독일, 1919~1921

해서 장차 (특히 미국에서) 건축 교육에 가장 광범위한 영향을 미치게 될 바우하우스라는 디자인 학교를 세웠다. 바우하우스는 1919년에 바이마르에서 설립되어, 1925년 데사우로 자리를 옮겼다가, 대다수 교수들이 나치 정권을 피해 미국으로 떠나면서 1933년에 문을 닫았다. 그로피우스의 지도 아래 폴 클레와 바실리 칸딘스키, 라슬로 모호이 노디와 같은 뛰어난 예술가들이 교수로 활약한 바우하우스에서는 모든 부분의 디자인을 관통하는 기본적인 통일성을 주장하고, 어떤 건축 계획이든 거기에는 처음부터 합리적이고 체계적인 분석이 필요함을 강조했다.

1925~1926년에 그로피우스가 설계한 바우하우스 학교 건물(사진 365)은 이런 원칙을 분명히 보여주었다. 이것은 가장 기본적인 단순한 형상으로 구성되어 있고, 기능에 따라 명확하게 구분되어 있으며, 종이 팔랑개비 모양의 평면에 가장자리는 유리로 처리되어 있고, 단단한 벽과 유리로 채워진 투명한 벽이 번갈아가며 늘어서 있다. 바우하우스의 가르침은 전 세계로 퍼져나갔다. 바우하우스 학교 건물도 마찬가지였다. 그리고 이곳에서 학생들을 가르친 교수들의 영향 또한 마찬가지였다. 그 중에서도 특히 루트비히 미스 반 데어 로에(1886~1969)가 많은 영향을 끼쳤는데, 그가 1927년 슈투트가르트에서 열린 전시회에 출품한 시범 주택단지인 바이센호프지틀룽은 평지붕 위에 테라스를 올린 선구적인 주택단지의 하나로, 이후 주택 건축의 발전에 결정적인 영향을 끼

이 운동은 제1차 세계대전 후에 특히 독일에서 뚜렷한 분열 양상을 보였다. 먼저 한편에는 포츠담의 아인슈타인 타워(1919~1921; 사진 363)를 지은 에리히 멘델존(1887~1953)으로 대표되는 분파가 있었다. 위대한 과학자들을 위한 천문학 실험실로 설계된 이 탑에서, 건축가는 조각 같은 유려한 형태가 돋보이는 콘크리트 건물(실은 점토 벽돌조 건물에 치장 벽토를 발랐다)로 과학에 대한 풍부한 발언을 할 수 있었다. 그러나 다른 한편에는 훨씬 몰개성적이고 형식적인 분파가 있었는데, 사실상 이 운동을 지배한 것은 이쪽이었다.

발터 그로피우스(1883~1969)와 아돌프 마이어(1881~1929)는 1911년 알펠트안더라이네에 있는 파구스 공장(사진 364)을 설계했다. 그들은 이 공장의 벽을 구조적인 지주에 의해 거의 방해받지 않고 매끄럽게 펼쳐지는 유리와 강철 막으로 해석했다. 그로피우스는 계속

364 | 발터 그로피우스와 아돌프 마이어, 파구스 공장, 알펠트안더라이네, 독일, 1911

365 | 발터 그로피우스, 바우하우스, 데사우, 독일, 1925~1926

쳤다. 미스의 영향은 전 세계적이었다. 교육면에서 보면, 그는 그로피우스의 뒤를 이어 바우하우스의 교장이 되었고, 후에 미국으로 건너가서는 바우하우스의 교육 방법을 전수했다. 그리고 건축에서는, 1920년대 초에 유리와 강철로 주택과 마천루를 짓는 계획안을 세웠으며, 1929년에 열린 바르셀로나 국제 박람회에 출품된 독일관(사진 366, 367)에서는 평지붕 아래 펼쳐진 개방된 평면의 가장 순수하고 기본적인 예를 보여주었다. 이것 역시 전 세계 건축가들에게 영향을 끼쳤다.

네덜란드에서는 1917년에 일단의 예술가와 건축가들이 (레이덴에) 모여 '데 스테일'이라는 모임을 결성했다. 그리고 자신의 그림과 구조물에서 서로 맞물린 기하학적 형태와 아무런 장식 없이 매끈한 표면, 몇 가지 기초적인 원색만을 사용한 예술가 피에트 몬드리안에게서 영향을 받아 같은 이름의 잡지를 냈다. 1923~1924년에 게리트 리트벨트(1888~1964)가 지은 위트레흐트의 슈뢰더 하우스(사진 368)는 데 스테일 미학의 진수를 보여주는 훌륭한 예이다. 이것은 아무런 장식 없이 매끈한 평면을

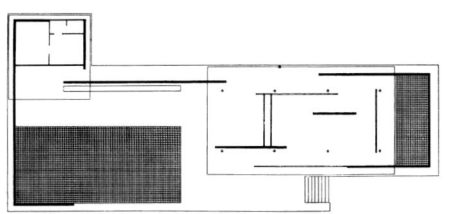

(뒷면)

367 | 루트비히 미스 반 데어 로에, 독일관, 바르셀로나 국제 박람회, 1928~1929

366 | 독일관, 평면도

368 | 게리트 리트벨트, 슈뢰더 하우스, 위트레흐트, 네덜란드, 1923~1924

직각으로 배치하고 원색으로 그것을 뚜렷이 구분한 입체파 풍의 구조물이다. 그리고 안으로 들어가면, 벽이 제거되어 아무런 거침없는 넓은 공간이 펼쳐진다. 바깥에서 보면, 이것은 확고한 미학적 확신을 위해 기꺼이 편안함을 희생할 사람들을 위해 직선과 원색만 사용해 만든 리트벨트의 유명한 의자처럼 하나의 추상적인 조각품 같다. 빌렘 뒤도크(1884~1974; 사진 369)의 힐베르숨 시청사(1927~1931)는 좀더 권위적이었다. 그러나 이것은 거드름을 피우지 않고도 기품 있는 공공 건물을 창조해 낸 네덜란드의 멋진 벽돌조 전통을 이용해 놀라울 정도로 단순한 모습을 보여주며, 내부는 공간과 색깔의 세련된 선택으로 아주 편안한 느낌을 준다. 이것은 보수적인 성향과 급진적인 성향이 뒤섞여 있어, 특히 영국 건축가들은 이것이 그들의 취향과 잘 맞는다는 것을 발견했다.

영국에서는 대륙의 전체주의 정권을 피해 온 다수의 사람들에 의해 국제주의 양식에 급진주의가 깊숙이 주입되었다. 영국에서 처음 국제주의 양식을 선보인 것은 에이미어스 코늘(1901~1980)이 지은 애머섬의 하이 앤드 오버 하우스(1929~1930)였다. 코늘은 로마에 있는 영국 학교(여기서 그는 르 코르뷔지에의 작품에 관해 배웠다)에 있다가 돌아와 그 학교 교장을 위해 이 집을 지어, 지역 주민들의 빈축을 샀다. 그로피우스는 아메리카로 가기 전에 얼마 동안 영국에 머물렀는데, 이때 몇몇 영향력 있는 학교 건물의 설계를 맡아 젊은 건축가인 맥스웰 프라이(1899~1987)와 함께 일했다. 햄스테드에 있는 맥스웰의 선하우스(1936)는 전

369 | 뷜렘 뒤도크, 힐베르숨 시청사, 네덜란드, 1927~1931

370 | 베르톨트 루베트킨, 펭귄 풀, 런던 동물원, 1934

쟁 전의 국제주의 양식을 보여주는 뛰어난 예이다. 그러나 가장 극적인 영향을 미친 것은 러시아 망명객인 베르톨트 루베트킨(1901~1990)이었다. 그가 런던 동물원에 지은 펭귄 풀(1934; 사진 370)은 그 활기찬 동물원의 모든 동물 우리 가운데 가장 세련된 구조물이다. 그가 세운 회사인 텍튼(뛰어난 차세대 건축가들 가운데 몇몇이 여기서 활동했다)에서는 런던의 하이게이트에 지은 집단주택인 하이포인트 I, II(1933~1938)와 함께 영국에서 가장 뛰어난 국제주의 양식 건물을 지었다. 하이포인트는 아주 높고, 선이 뚜렷하며, 비용이 많이 드는 철근 콘크리트로 마무리되었다.

그러나 영국에서는 국제주의 양식이 제2차 세계대전 이후까지 명맥을 잇지 못했다. 전후에는 공공 건축가들의 사무소에서 주도권을 잡았고, 특히 로버트 매슈(1906~1975)가 이끈 런던 시의회 건축 사무소가 유명했다. 1951년 영국 축제의 꽃이었던 로열 페스티벌 홀은 세 가지 점에서 중요한 건물이었다. 첫째, 이것은 양식을 사용한 최초의 공공 건물이었다. 둘째, 장엄하게 펼쳐진 유려한 실내 공간은 근대 건축 운동의 특징을 완벽하게 보여주는 것이었다. 셋째, 진보된 음향학을 어떻게 응용할 수 있는가를 포괄적으로 보여준 최초의 건물이었다. 이것은 이후 전 세계 음악회장 설계에 커다란 영향을 미쳤다.

같은 건축 사무소에서는 1952~1955년에 거리를 버리고 아름드리 나무로 둘러싸여 완만한 기복을 이루고 있는 공원 용지로 갔다. 그들은 런던의 로햄프턴에 1층과 2층, 4층짜리 아파트와 함께 11층짜리 슬래브 블록(판상형 블록)과 포인트 블록이 섞여 있다 하여 혼합주택 단지로 알려진 훌륭한 주택 단지를 건설했다(사진 371). 전 세계적으로 유명해진 이것은 르 코르뷔지에의 이론이 스칸디나비아에서 배운 교훈과 융합되어 영국식으로 독특하게 변용된 주택단지였다. 지금은 고층 건물에 사

371 | 런던시의회 건축 사무소, 로햄프턴 주택단지, 런던, 1952~1955

372 | 군나르 아스플룬드, 숲속의 화장터, 스톡홀름, 1935~1940

는 것이 좋지 않다는 것이 밝혀져 그다지 매력 있게 보이지 않지만, 그때는 이것이 주택이 대규모로 제공되는 전후 사회의 영웅적 이미지로 보였다.

스칸디나비아에서는 전쟁 전에 이미 주택뿐 아니라 박물관과 대학, 교회, 병원과 같은 공공 건물에서도 국제주의 양식을 아무런 우려나 갈등 없이 기꺼이 받아들였다. 스칸디나비아에서 가장 유명한 국제주의 양식 건물은 스톡홀름에 있는 군나르 아스플룬드(1885~1940)의 숲속 화장터(1935~1940)이다. 이것은 가장 단순한 기하학적 형태와 예배당과 화장장, 납골당, 십자가의 정교한 구성에 의해 위엄이 있으면서도 편안한 느낌을 준다(사진 372). 핀란드에서는 알바 알토(1897~1976)의 작품이 뛰어났다. 알토는 실용적이면서도 매우 개인적인 많은 건물에서 낭만과 기술을 결합한 독자적인 거장으로서, 세상에 널리 알려진 공인이었을 뿐 아니라 국민적인 영웅이었다. 그의 작품 가운데 가장 유명하고 영향력 있는 것이 현관에 있는 그의 흉상으로 이 건물을 지은 건축가의 명성을 증명해준 결핵 환자 요양소인 파이미오 결핵 요양소(1929~1933; 사진 373)라면, 가장 매력적인 것은 세위네트살로 시청사(1950~1952; 사진 374)이다. 이것은 붉은 벽돌과 나무, 구리로 지은 건물들이 옹기종기 모여 있는 복합 건물인데, 지반을 올린 푸른 안뜰

둘레에 회의실과 시청 사무실, 도서관, 상점, 은행, 우체국이 무리지어 있는 모습이 한 폭의 그림 같다. 알토는 핀란드의 풍경에 영향을 받아 이 나라의 독특한 분위기를 살린 푸근하고 차분한 건물을 짓는 데 성공했고, 교조적인 엄격함이 모두 배제된 자유로운 표현이 돋보이는 그의 작품은 민족적 낭만주의의 표본이라 할 수 있다.

그러나 미국은 공적인 규제가 거의 없는 데다 자본이 풍부해서 근대 건축 운동이 성취한 가장 눈부신 성과 가운데 몇 가지를 이룰 수 있는 기회를 누렸다. 미국에서는 국제주의 양식을 펼친 첫 번째 건물 가운데 하나가 루돌프 쉰들러(1887~1953)가 캘리포니아 주 뉴포트비치에 지은 러벌 비치 하우스(1925~1926)였다. 빈에서 태어나 거기서 오토 바그너의 영향을 받은 쉰들러는 1913년에 미국으로 이민을 왔다. 그러나 국제주의 양식이 가장 빨리 퍼진 것은 상업 건물을 통해서였다. 1929년의 월스트리트 붕괴는 제1차 세계대전 후 일어난 사무소 건설 붐에 찬물을 끼얹었다. 그러나 그때 이미

373 | 알바 알토, *파이미오 사나토륨*, 핀란드, 1929~1933

374 | 알바 알토, 세위네트살로 시청사, 핀란드, 1950~1952

윌리엄 밴 앨런(1883~1954)이 설계한 뉴욕의 아르 데코 크라이슬러 빌딩(1928~1930; 사진 375)은 거의 완성 단계에 있었고, 엠파이어 스테이트 빌딩(1930~1932)은 설계 단계에 있었다. 슈리브와 램, 하먼이 설계한 엠파이어 스테이트 빌딩은 오랫동안 세계에서 가장 높은 건물이 되었다. 라인하르트와 호프마이스터 등이 지은 뉴욕의 록펠러 센터(1930~1940)는 이 주제를 훨씬 광범위한 규모로 적용했다. 5헥타르에 이르는 대지에 사무용 건물과 레저용 건물이 모여 있는 록펠러 센터는 선과 면의 수직 운동을 이용한 멋진 구성을 보여준다.

바우하우스에서 온 망명객들 역시 영향을 끼쳤다. 그로피우스와 바우하우스 역사상 가장 뛰어난 학생으로 손꼽히는 마르셀 브로이어(1902~1981)는 매사추세츠 주 링컨에 아주 기품 있는 그로피우스의 집(1937~1938)을 지으면서, 미국의 목재 건축 방법을 유럽의 근대 건축 기법에 접목시켜 바우하우스의 가르침을 미국에 전파했다. 미스 반 데어 로에는 자신이 설계한 건물뿐 아니라 그와 함께 일한 미국인의 작품에서도 아주 강력한 영향을 보여주었다.

필립 존슨(1906~)은 미스가 바우하우스에

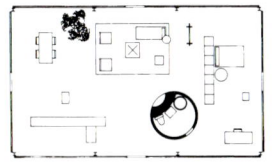

376, 377 | 필립 존슨, 글래스 하우스, 뉴캐넌, 코네티컷, 1949, 평면도와 외관

375 | 윌리엄 밴 앨런, 크라이슬러 빌딩, 뉴욕, 1928~1930

서 발표한 강철과 유리를 주제로 한 유리집 계획안을 채택해, 그것을 코네티컷 주 뉴캐넌에 세운 아주 멋진 건물군에 실현시켰다. 이 글래스 하우스(1949; 사진 376, 377)는 바깥 경치를 벽으로 이용해, 투명성의 엄격한 적용을 보여주었다. 미스의 1923년도 유리 마천루 계획안에서는 영향력 있는 '스키드모어–오윙스–메릴' 건축사무소가 도저히 실현불가능할 것 같은 미스의 환상적인 구상을 최초로 실현시킬 영감을 발견했다. 뉴욕의 레버 하우스(1951~1952; 사진 378)는 주요 구조의 바깥면을 둘러싸고 있는 (가벼운 강철로 구획된) 청록색 유리 커튼월, 국제적 표준이 된 설비 기술, 현관과 사교 공간이 있는 낮은 포디움 위에 높고 가는 슬래브를 올린 기본적인 배열에서, 전 세계 고층 건물의 본보기가 되었다.

미스 자신은 다른 계획안 중에서도 1951년 시카고의 레이크 쇼어 드라이브 아파트먼트로 실현된 계획안을 추진했다. 16층짜리 건물인 이 아파트에는 엄격한 규율이 적용되었으며, 이런 규율은 입주자들에게까지 확대되어, 이들은 건물의 입면이 질서정연하게 보이도록 표준색으로 된 블라인드를 올바른 위치에 설치해달라는 요구를 받았다. 미스는 이 학파의 거의 마지막 건물로 보이는 것에서는 필립 존슨과 함께 일했다. 1954~1958년에 세운 뉴욕의 시그램 빌딩(9쪽을 보라)은 38층짜리 건물 전체가 보이도록 도로에서 얼마쯤 들어간 곳에 세워져, 새로운 도시 공간을 창출했다. 비용을 아끼지 않은 위스키 회사의 본사 건물인 시그램 빌딩은 레버 빌딩보다 한층 진보된 형태이며, 유리와 표면에 노출된 청동 들보의 색깔이 갈색이고, 몇몇 세부 장식은 기념비적이며, 마감재도 풍부하게 썼다. 이후 세련된 멋에서

378 | 스키드모어–오윙스–메릴 건축사무소, 레버 하우스, 뉴욕, 1951~1952

379 | **오스카르 니마이어**, 정부 청사, 브라질리아, 1958~1960

이보다 앞선 건물은 보기 힘들었으며, 다음 세대는 좀더 개인적인 것을 찾기 시작했다.

남아메리카에서는 한층 웅장한 건축 계획이 추진되고 있었다. 여기서도 주로 영향을 끼친 것은 르 코르뷔지에였다. 르 코르뷔지에는 1936년에 새 교육보건부 청사(1936~1945) 설계 고문으로 리우데자네이루에 간 적이 있었다. 그의 자문을 받아 지은 이 건물은 유리벽에 그늘을 만들어주는 브리즈 솔레유를 사용한 그의 전형적인 설계 가운데 하나를 보여준다. 2차 대전 후에는 브라질의 독자적인 건축 계획이 폭발적으로 일어났다. 루시우 코스타(1902년생)는 1957년 새로운 수도 브라질리아의 설계 공모에 당선되어, 이 도시를 설계했다. 그러나 중요한 건물의 대부분을 지은 건축가는 오스카르 니마이어(1907년생)였다. 필로티 위에 세운 주택인 약간 거만해 보이는 대통령 궁(1957)에서는 니마이어의 불꽃처럼 강렬한 개성이 드러나 보이며, 어쩌면 이는 이 새 수도에 대한 브라질의 자부심 같은 것을 표현하고 있는지도 모른다. 삼권 광장(1958~1960)을 내려다보고 있는 중앙의 복합 건물(1958~1960; 사진 379)은 저마다 다른 기하학적 형태로 그것의 분리된 기능을 뚜렷이 보여준다. 불레의 환상적인 기하학적 구성에 버금가는 힘을 지니고 있는 이 세 가지 기본적인 기하학적 형태로 구성된 건물에는, 쌍둥이 탑에는 행정부가 들어 있고, 돔에는 상원이, 받침 접시 모양에는 하원이 들어가 있다. 순수한 기하학적 형태의 브라질리아에는 현실 같지 않은 공상적인 측

380 | 펠릭스 칸델라, 라비르헨밀라그로사(기적을 행하는 성모 마리아 교회), 멕시코시티, 1954

면이 있으며, 이는 어쩌면 건축가의 꿈이 사람들의 필요에는 거의 관심을 기울이지 않은 탓에 오늘날 이것이 별로 인기가 없는 것과 관계가 있을지도 모른다.

멕시코에서는 스페인 내전 후 멕시코에 건너가 건축가와 건축업자로서 활동한 펠릭스 칸델라(1910년생)에 의해 새로운 건축에 획기적인 방향 전환이 일어났다. 펠릭스는 쌍곡 포물면을 개발한 것으로 유명한데, 이것은 직선에 의해 생성된 휘어진 표면으로, 경제적으로 건설할 수 있다. 입체 기하학과 재료의 속성에 남다른 조예가 있는 비범한 인물인 펠릭스는 첫 번째 주요 작품인 멕시코시티의 라비르헨밀라그로사 교회(1954; 사진 380)에서 볼 수 있듯이 가우디의 영향을 받았다. 이것의 구조는 극적인 장면을 연출하는 일련의 비틀린 기둥과 사실은 쌍곡 포물면을 이루고 있는 이중으로 구부러진(double-curved) 볼트로 이루어져 있어, 틀에 박힌 교회 평면을 매우 독창적이고 신비로운 실내 공간으로 변화시켰다.

여기서 국제주의 양식의 발전 가능성과 이것과 더불어 이루어진 기술의 발전이 한계에 이르렀다고 말할 수 있을지도 모른다. 아니면 이것을 다른 식으로도 표현할 수 있을 것이다. 근대 국제주의 양식은 완벽한 건축으로 생각되었으며, 모든 전통적인 양식을 거부했다. 그러나 이제는 그것 자체도 하나의 양식으로 보게 되었다. 1950년대 말에 건축가들은 기능주의의 명령을 어기지 않으면서도 독창성과 개성을 결합할 그 어떤 것을 열망하는 것 같았다. 세계의 형태가 변하자, 사람들의 공간 개념도 달라졌다. 다시 새로운 양식에 대한 탐구가 시작되었다.

21 다원주의 건축 : 확실성의 종말

국제주의 양식의 발생에 책임이 있는 사람들에게는, 그 어느 때보다도 좁아진 용감한 신세계에서 모든 점에서 전 세계의 모든 사람을 위한 건축이 달성된다면 그것은 모든 것이 달성된 것이나 다름없었다. 우리 시대의 위대한 건축사가(니콜라우스 페브스너)의 주장대로, "누군가 국제주의 양식을 버리고 싶어할 것이라 생각한다면 그건 어리석은 일"이었다. 그러나 건축 이야기에는 끝이 없다. 인간의 마음은 끊임없이 새로운 것을 찾고 새로운 것을 만들어낸다. 어떤 건축가들은 궁극적인 해결책을 찾았다고 생각했을지 모르나, 어떤 건축가들은 20세기초 근대 건축 운동이 그랬던 것처럼 현상을 타개할 건물을 생각하고 있었다. 현대사에 정통한 한 비평가는 1972년 7월 미노루 야마사키(1912~1986)가 설계한 세인트루이스의 프루트 이고우 아파트가 폭파 철거되면서 근대 건축 운동은 종말을 고했다고 말했다. 이 아파트는 1955년에 완성되어 미국건축가협회 상을 받았으나, 고의적인 파괴로 손상되고 훼손되는 일이 많아, 이런 종류의 주택 단지 가운데 가장 높은 범죄율에 시달려야 했다. 사건은 이것으로 끝나지 않았다. 1979년에는 1958년에 건설된 리버풀의 고층 아파트 2개 블록이 비슷하게 해체되었고, 그 이후에는 더 많은 건물이 해체되었다. 그런데 아이러니는 그런 건물이 사회 건축을 보여주는 주요 본보기였다는 점이다. 그것은 만인을 위한 주택인 서민 주택을 지향한 건물이었다.

그런데 지난 20년간 무엇이 잘못된 것일까?

건축가와 비평가 모두가 그들이 근대 건축이라고 보아왔던 것에 대해 확신을 잃은 것이다. 비평가들에게는 그런 일이 주로 1960년대에 영국이나 미국뿐 아니라 전 세계에서 일어났다. 사람들의 평가가 가장 많이 떨어진 것은 후기 근대 건축 운동의 성과 대부분을 차지한 두 가지 종류의 건물, 즉 근대 도시의 특징이 되었던 대규모 주택 단지와 사무용 건물이었다. 주택 단지에서는 사회민주주의를 지향하고 도심에서는 상업적 성공을 지향한 이 운동은 마치 괴물을 풀어놓은 것 같았다. 전에는 건축가를 새로운 사회의 영웅이라고 치켜올렸던 비평가들이 이제는 건축가들이 도시를 파괴하고 민중을 얕잡아보았다고 믿었다.

설계자들도 이제 더 이상 자신이 어디로 가고 있는지 확신할 수 없었다. 삶의 많은 부분이 그렇듯이, 사람들은 스스로에 대한 확신이 없을 때 가장 교조적으로 변한다. 도덕적 확신이 있는 세계에는 도그마가 필요 없기 때문이다. 그리하여 일반 대중의 생각이 어떠했는지는 몰라도, 건축은 여러 갈래로 갈라지기 시작했다. 하나의 주류를 인정하는 대신, 건축가들이 서로 다른 길을 가기 시작했고, 이들 가운데 일부는 도저히 양립할 수 없는 길을 걸었다. 그뿐 아니었다. 건축가들이, 20세기까지는 그렇게 광적이지 않아도 지금껏 흔히 설계자들이 빠졌던 것, 즉 예술과 건축의 '주의'에 빠졌다. 그리하여 전통주의의 부활을 차치하더라도, 브루털리즘과 역사주의, 구성주의, 미래파, 신조형주의, 표현주의, 공리적 기능주의, 신경험

381, 382 | 외른 우드손, 시드니 오페라 하우스, 1957~1973, 공중에서 본 모습과 자세히 본 지붕 셸

주의, 유기체설, 메타볼리즘, 신메타볼리즘, 포스트모더니즘이 발흥했다. 그러나 이것은 우리 사회의 많은 영역이 그렇듯이, 현대 건축을 다원주의로 특징지을 수 있음을 의미할 뿐일 것이다.

계속 존재해왔지만 이제는 초보적인 건축 방법이 아니라 널리 유행하는 하나의 멋진 양식이 된 유일한 양식은 토속 건축이었다. 그리고 때로는 건축가와 상관없이, 때로는 그들 앞에 제기된 도전에 대한 해결책으로서 꾸준히 전진한 건축의 한 측면이 기술의 발전이었다. 기

383 | 에로 사리넨, *TWA 터미널*, J. F. 케네디 국제 공항, 뉴욕, 1956~1962

술은 새로운 발견을 통하기보다는 20세기 초에 일어난 혁신적인 구상을 정교하게 다듬으면서 비약적으로 발전했다.

구조적인 설계에 이용되는 대부분의 재료도 그 쓰임새가 크게 발전했다. 먼저 철근 콘크리트 셸(곡면판)이 개발되어 뉴욕 J. F. 케네디 국제 공항에 있는 TWA 터미널의 건축에 사용되었다(사진 383). 강철은 하중을 모든 방향으로 골고루 분배하는 3차원 시스템인 스페이스 프레임이 개발되어, 경간(아치나 대들보, 교량에서 지주와 지주 사이의 거리)이 크게 늘어났고, 스페이스 프레임을 공 모양으로 구부리면 지오데식 돔이 되었다. 칸델라가 도입한 휘어진 표면(쌍곡 포물면)은, 2차원으로 환원할 수 있

는 구조로부터 여러 가지 종류의 분석이 요구되는 아주 많은 종류의 공간 구조물을 낳았다. 케이블 막 지붕(cable net roof)과 공기막 구조(건물 안에 있는 공기가 외기압보다 약간 더 높은 기압으로, 전통적인 구조와는 반대로 위로 떠받치는 지지물 없이 닻을 내려서 조형적인 외피를 지탱하는 구조)에서도 엄청난 실험이 이루어졌다. 그러나 이런 기술은 아직 초보적인 발전 단계에 있다. 아주 높은 곳에서 바람의 힘에 저항하기 위해서는, 전통적인 고층 건물 프레임에서 견고한 코어와 교차벽(cross wall), 가새를 넣은 외피(braced outer skin)와 같은 여러 가지 구조적 형태가 발전되어 나왔고, 그리하여 결과적으로 건물이 수직 외팔보와 같은 것이 되었다. 몇 가지 재료는 산업화되어, 더욱 많은 요소를 조립식으로 짜맞출 수 있게 되었다. 이런 경향은 아주 불균등한 역사를 가지고 있지만, 이미 현대 건물의 상당 부분이 그렇듯, 미래에는 더욱더 많은 요소가 공장에서 만들어져 이른바 기성복처럼 살 수 있게 될 거라고 생각해도 좋을 것이다. 근대 건축 운동 초기에는 강철과 콘크리트가 필수적인 구조재였지만, 오늘날에는 어디서나 볼 수 있는 것이 유리이다. 유리는 창문뿐만 아니라 구조와 금속 피복제, 벽에 사용하기 위해서도 시험되고 발전되었으며, 지금은 전자공학에도 쓰이고 있다.

하지만 건물을 구상하고 세우고 사용하는 방법을 가장 근본적으로 변화시킨 것은, 공기 조절 장치나 음향 조절 장치와 같은 새로운 설비 기술과 더불어, 건물의 설비 기술이 발전한 것이었다. 특히 고층 건물은 엘리베이터에서 물과 공기에 이르기까지 모든 서비스 시설이 조절될 경우 건물의 개념 자체가 크게 달라진다. 게다가 그런 설비는 엄청난 에너지 소비원이다. 몇몇 나라에서는—그리고 어쩌면 미래 건축에는—1973년의 석유 파동이 하나의 전환점이 되었으며, 그 결과 태양과 바람, 물과 같은 대체 에너지원에 대한 고려가 더욱 많아졌고, 건물에서 일반적으로 사용되는 에너지의 효율을 향상시키기 위한 시도도 많이 이루어

졌다.

그렇다면 결국 오늘의 또는 내일의 건축가는 이제 유례 없는 규모로 이용할 수 있는 기술에 정통해야 한다. 따라서 새로운 건물의 생성도 가장 초기에 기술적인 설비에는 비용의 얼마를 쓰고 편의 시설에는 비용의 얼마를 쓸 것인가 등의 결정에 크게 좌우된다. 그리고 그것이 건물의 편리함뿐만 아니라 건물의 전체 양식과 겉모습에도 크게 영향을 미칠 것이다. 이제 건축의 3요소인 견고함과 유용함, 기쁨은 현대 과학기술에 의해 보다 확대된 의미를 지니게 되었다.

해를 거듭할수록 국제주의 양식의 건물이 모든 것이 될 수 없다는 것이 분명해졌다. 그리하여 어떤 건축가들은 고전주의 양식으로 되돌아갔고, 근대 국제주의 양식의 단조로움과 매끄러움에 대한 의도적인 저항으로 벨지오조소-페레수티-로저스 건축사무소에서 밀라노의 토레 벨라스카(1956~1958; 사진 384)를 지은 이탈리아에서처럼 어떤 건축가들은 좀더 적극적으로 나섰다. 토레 벨라스카는 26개 층으로 된 탑 가운데 상부 8개 층이 3층 높이의 엄청나게 두툼한 콘크리트 까치발 위로 뻗어 나와 있고, 창문이 마치 아무렇게나 흩뿌려놓은 것처럼 정면에 흩어져 있다. 이것은 지나치게 단조로운 근대 사무용 건물의 형식성과 무미건조함에 대한 거친 반발이었다.

거의 같은 시기에 에로 사리넨(1910~1961)은 뉴욕 J. F. 케네디 국제공항에 새처럼 날아오르는 유려한 형상의 TWA 터미널(1956~1962)을 선보여 아메리카를 깜짝 놀라게 했다. 갑자기 몰개성적인 근대 건축 대신에 역동적인 것이 나타났으나, 이것은 이 건물의 존재 이유인 비상을 상징하는 것이기도 했다. 그런데 이보다 한층 강렬하고 열정적인 설계자는 루이스 I. 칸(1901~1974)이었다. 바깥에서 보면 (계단실, 엘리베이터, 공기 흡입구와 배출구, 파이프 등이 들어 있는) '도구' 공간과 (생활과 작업 영역인) '편의' 공간이 마치 거대한 덕트처럼 보이도록 구성되어 있는 그의 펜실베이니아 대학 리처드 의학 연구 센터(1958~1960; 사진 385)

384 | 벨지오조소-페레수티-로저스 건축사무소, 토레 벨라스카, 밀라노, 1956~1958

는 학생들에게 본보기가 되었다. 그리고 방글라데시 데카에 있는 주 의사당 건물(1962)에서는 19세기 파리의 에콜 드 보자르에서 가르친 원칙인 하나의 축을 중심으로 한 배치 원칙을 부활시켰다. 근대 건축 운동은 갈수록 새롭고 감정적인 색채를 더해갔다.

이런 건물들이 새롭게 펼쳐질 운동의 일단을 보여주었다면, 그런 분위기를 말과 행동에서 가장 분명하고 가장 정확하게 표현한 건축가는 로버트 벤투리(1925년생)였다. 그의 책 『건축의 복합성과 대립성』(1966)은 근대 건축 운동의 단조롭기 짝이 없는 형태가 아닌 그 이상의 것을 옹호했다. 그는 추상적인 건축 대신 의미도 있고 대중적인 흥미도 불러일으킬 수 있는 건축을 원했던 것이다. 그가 1962~1964년 필라델피아 체스트넛 힐에 어머니를 위해 지은 집(사진 386, 387)은 이 학파의 복잡하고 신선하고 은유적인 언어를 보여주는 대표적인 예였다. 필라델피아의 프랭클린 정원(1976)과 같은 건물에서는 모호함이 한층 더한데, 여기서는 이전에 있던 집의 윤곽을 기록해놓은 강

385 | 루이스 칸, 리처드 의학 연구 센터, 펜실베이니아 대학, 필라델피아, 1958~1960

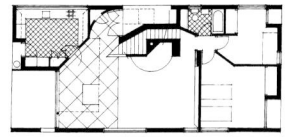

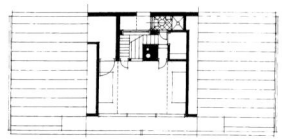

386 | 로버트 벤투리, 체스트넛 힐에 있는 집, 필라델피아, 1962~1964

387 | 체스트넛 힐에 있는 집, 1층과 2층 평면도

철 골조를 통해 새 건물이 보인다.

벤투리와 그의 동료인 존 로치(1930년생)와 드니스 스콧-브라운(1931년생)은 어떤 색다르고 흥미로운 변화를 가져오게 될 분위기를 표현하고 있었다. 스페인에서 그리고 이어 프랑스에서, 카탈로니아 건축가 리카르도 보필(1939년생)도 몇 가지 아주 화려하고 다채로운 복합 건물을 선보였다. 그는 400가구가 살 수 있는 10층짜리 주택 단지인 파리 외곽의 팔레 다브락사스(1978~1983)에서는 거대한 이오니아식 콘크리트 기둥으로 리듬감을 주었고, 마르세유에 있는 상가 건물인 레 자르카데 뒤 라크(1970~1975)는 다섯 개의 거대한 아치로 마무리를 했다. 그리고 386세대의 저렴한 아파트는 기념비적인 고전주의 또는 기술적 고전주의로 평가되었으며, 그는 근대사에서 처음은 아니지만 어쩌면 불운하게도 주택을 공공 기념물로 만들었다. 한편 스페인 토목기사인 산티아고 칼라트라바(1951년생)는 세계의 많은 곳에서 주요 건축 작품으로 인정될 정도로 우아하고 극적이고 독창적인 구조물을 발표했다. 여기에는 의자에서 박물관, 연주회장, 몇 개의 다리, 쇼핑 아케이드, 올림픽 스타디움, 철도역, 공항까지 모든 것이 포함되며, 그 중 가장 독특한 것 두 가지는 세비야에 있는 알라미요 다리(1987~1992)와 리옹-사톨라 공항의 TGV 역사(1988~1992; 사진 407)이다.

포스트모던 고전주의라 알려진 새로운 고전주의를 추구하는 경향은 그 어디에서보다 로스엔젤레스 대학의 박학한 건축과 교수이며 고전적인 혼성모방에 뛰어난 설계자였던 미국의 찰스 무어(1925~1993)의 작품에서 가장 솜씨 있게 드러날 것이다. 캘리포니아 주 샌터바버러에 있는 그의 집(1962)은 고전적인 건물의 공간 개념을 표현하고 있다. 뉴올리언스에 있는 그의 이탈리아 광장(1975~1978; 사진 388)은 분수와 채색한 정면, 칸막이벽, 이오니아식 스테인레스 기둥머리와 같은 고전적인 장식이 있는 유쾌한 공공 장소이다. 그는 캘리포니아 샌터크루즈 대학에서는 크레스지 칼리지(1973~1974)라 불리는 무대 장치를 만들었다. 이것은 19세기 초 회화적인 건축가들이 좋아할 만한 형태로 배열된 일군의 주택과 풍경을 가로질러가는 불규칙한 산책길이다.

국제주의 양식이 통일성과 익명성, 단순성을 지향했다면, 그것을 대체한 양식은 복합성과 재미를 추구했다. 이것은 (역사적 정확성이 아니라) 역사적 기억과 지역적 상황에 의존했다. 이것은 토속 건축을 활용하고, 은유적이고 모호한 종류의 공간이 있는 건물을 좋아했으며, 심지어는 한 건물에서도 다양한 양식을 사용하고, 이미지와 상징에 열중했다. 건축가들은 이제 더 이상 진정한 현대 양식으로 가는 단 하나의 길, 또는 유토피아적인 해결책을 찾지 않았다. 그들은 개성과 다양한 방법을 모색했으

388 | **찰스 무어**, *이탈리아 광장*, 뉴올리언스, 1975~1978

며, 미스 반 데어 로에에게 작별 인사를 하고 다시 가우디와 롱샹의 르 코르뷔지에에게로 돌아갔다.

새로운 다원주의 양식을 가장 극명하게 보여주는 몇 가지 예는 미국과 캐나다에 있다. 에이먼 로치(1922년생)와 존 딩컬루(1918~1981)는 1967년 뉴욕에, 12층 높이로 올라간 거대한 온실 같은 로비가 있고 사무실과 공동 구역은 그 온실의 두 측면에 둘러싸여 있는 포드 재단 본부를 세웠다. 존 포트먼(1924년생)은 캘리포니아 하이엇 리전시 호텔(1974)처럼 모두 휘황찬란한 이 호텔 몇 채를 설계하고, 개발업자로서 그것을 직접 지었다. 눈부시게 아름다운 이들 호텔의 실내에는 초목으로 가득하여 아름다운 풍경을 펼쳐놓은 거대한 공간이 있어, 호텔에 머물면 마치 이국 땅에 와 있는 듯한 느낌

을 준다. 캐나다에서는, 1967년 몬트리올에서 열린 만국 박람회 때 미국이 캐나다에서 가장 말이 많을 뿐 아니라 가장 뛰어난 엔지니어이기도 한 버크민스터 풀러(1895~1983)를 고용해 미국관을 짓게 했다. 이것은 삼각형과 육각형을 이루는 요소로 구성된 지오데식 구조 위에 플라스틱 피막을 씌운 거대한 돔으로, 지름이 75미터나 된다(사진 389). 풀러는 공동체 전체가 그런 '온화한 물리적인 소우주'에 살 수 있다고 믿었다. 같은 박람회에서 가장 기억에 남을 만한 영구 전시물은 모셰 사프디(1938년생)와 동료들이 지은 아비타 주거관이었다. 이것은 158개의 조립식 주거 공간을 무질서하게 그러나 정확히 계산된 형태로 쌓아올린 것으로, 사생활과 사회적 접촉, 근대적인 쾌적함을 결합시킨, 형식에 얽매이지 않은 도시 생활을 제공하려는 시도였다(사진 390).

독일에서는, 한스 샤룬(1893~1972)이 노년에 베를린 필하모니 콘서트 홀(1956~1963; 사진 391, 392)을 지었다. 이것은 언뜻 보면 고집스런 개인적 표현 같지만, 실은 음향 문제에 대한 합리적인 해결책이자 청중과 오케스트라가 긴밀히 교감하기를 바라는 마음의 표현이었다. 그리고 환상적인 공간의 정교함은 연주자를 둘러싸고 그 위에 계단식으로 올라간 '장소'에 음향을 고려해 자리를 창조적으로 배열한 결과였고, 이는 그 안에서 연주할 뛰어난 오케스트라의 엄격한 요구에 성공적으로 대응한 결과였다. 1972년에 뮌헨에서 올림픽 경기가

389 | **버크민스터 풀러**, *미국관*, 1967 몬트리올 국제 박람회, 1967

390 | 모세 사프디, *아비타 주거관*, 몬트리올, 1967

열렸을 때는, 드넓은 스타디움을 거대한 텐트 지붕(사진 393)이 덮고 있었다. 이것은 토목기사인 프라이 오토(1925~)가 건축가인 '베미슈 앤드 파트너스'와 함께 정반대의 곡률을 가진 인장력이 빚어내는 원리(the principle of tension in opposite curvature)를 이용해 만든 것이었다. 여기서는 투명한 플렉시글라스 판유리에 뒤덮인 강철 케이블 망이 강철 로프에 의해 기둥에 매달려 있어, 거의 그늘이 지지 않는 반투명의 차양막이 되었다.

영국은 처음에 구조에서는 별로 모험적이지 않았지만 양식과 환경에서는 아주 실험적이었다. 르 코르뷔지에의 후기 건물로부터 영향을 받은 건축가들이 강철과 콘크리트가 대부분인 재료를 감추려 하지 않고 그대로 노출시킴으로써 아주 매력적으로 보이게 한 신야수주의로 알려진 짤막한 막간극이 펼쳐진 후, 건물의 내부와 외부의 환경에서 몇 가지 주목할 만한 발전이 이루어졌다. 피터 스미스슨(1923년생)과 앨리슨 스미스슨(1928년생) 부부가 지은 런던의 이코노미스트 빌딩(1962~1964)은 18세기 배경에 높이가 다른 세 개의 탑으로 이루어져 있으며, 르네상스식 평면 배치를 보여주고 있다(사진 395). 레스터 대학 공학관 건물(1963)에서는 제임스 스털링(1926~1992)과 제임스 고원(1923년생)이 건물의 기능과 경제성에 대한 아주 엄격한 해석을 통해 연구집회실과 실험실, 강의실, 교직원실, 사무실이 독특하게 배열된 아주 독창적인 복합 건물을 창조해냈다(사진 394). 런던의 로열 국립극장에서는 데니스 래스던 경(1914년생)이 콘크리트로, 아주 훌륭하게 구성되어 있지만 약간 접근하기 힘든 외관과, 서로 뚜렷이 대비되는 세 극장을 둘러싸고 있는 몇 개의 훌륭한 실내 공간을

391 | 한스 샤룬, *베를린 필하모닉 콘서트 홀*, 1956~1963

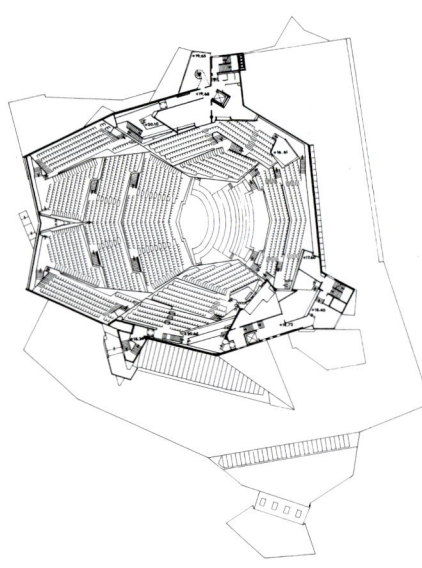

392 | 베를린 필하모닉 콘서트 홀, 평면도

393 | **프라이 오토, 베미슈 앤드 파트너스**, 올림픽 스타디움, 뮌헨, 1972

선보였다. 몇 년 후에 마이클 홉킨스(1935년생)는 런던에 있는 로즈 크리켓 경기장에 구조적으로 훌륭하고 우아한 마운드 스탠드를 지었다(1987).

그러나 다양한 운동이 일어난 영국에서 가장 빛나는 성공을 거둔 것은 1974년 노먼 포스터(1935년생)가 입스위치에 지은 윌리스 파버 앤드 뒤마 빌딩(사진 396)일 것이다. 이것은 불규칙한 대지 전체를 덮고 있는 층고가 낮아 공간이 깊어 보이는 3층짜리 블록이 태양 광선을 차단하는 글라패널로 된 물결 모양의 창문벽에 둘러싸여 있고, 그 뒤에는 고도로 기계화된 환경 조절 장치로 드물게 쾌적한 작업 조건이 마련되어 있다. 이 건물의 두드러진 특징은 유리벽에 비치는 상의 색깔과 빛이 빚어내는 무늬가 늘 다르다는 것이다. 또 포스터가 설계한 홍콩의 홍콩 상하이 은행(1979~1986; 사진 397)은 상당한 비용을 들여 전산화된 난방 장치와 환기, 통신, 제어, 조명, 음향 장치에서뿐 아니라 재료에서도 가장 진보된 과학기술의 성과를 이용하고 있는데, 이는 우주비행학의 발전 덕분이기도 하다. 그런 점에서, 이 건물은 건축의 수준을 한 단계 높인 것이라고 말할 수 있을지도 모른다. 왜냐하면 우리는 역사에서 건축이 그 시대의 가장 진보된 기술을 구현하고 있는 경우를 종종 보기 때문이다. 그런데 이제는 건축이 진보된 공간 기술을 이용할 것 같다. 이러한 배경에서, 그리고 '형식은 기능을 따른다'는 설리번의 격언을 생생하게 표현하면서, 포스터는 스탠스테드 공항에서는 한층 멋진 건물을 선보였다(1991).

영국에는 이 밖에도 여러 분파가 있다. 힐링던 시민회관(1977)에서는 '로버트 매슈, 존슨 마샬 앤드 파트너스 건축사무소'의 앤드류 더비셔(1926년생)가 영국 고유의 전통을 가장 잘 이용한 벽돌 무늬와 여러 각도로 잘린 지붕으로, 지금까지 본 '토속' 건축 가운데 그것이 가장 광범위하게 적용된 예를 보여주었다. 그러나 많은 사람들에게 영국의 새로운 건축을 보여주는 가장 뛰어난 예로 생각되는 것은 뉴캐슬에 있는 바이커 월(1977)이다. 물결 모양을 이루며 길게 늘어선 이 주택 단지는 풍경이 빽빽히 새겨진 장식 벽돌로 지었으며, 설계자인 랠프 어스킨(1914년생)은 이것을 모든 설계 단계에서 거주자를 참여시키는 공동체 건축의 일환으로 삼았다.

영국에서나 다른 나라에서나 현대 건축에서 가장 성공적이면서 모험적인 성과 가운데 일

394 | **제임스 스털링과 제임스 고원**, 공학관, 레스터 대학, 1963

395 | **앨리슨 스미스슨·피터 스미스슨 부부**, 이코노미스트 빌딩, 런던, 1962~1964

396 | 노먼 포스터, 윌리스 파버 앤드 뒤마 빌딩, 입스위치, 1974

부는 역사를 간직하고 대중을 새로운 사회적 중심으로 끌어들이는, 진정으로 근대적인 기능을 가진 박물관에서 발견할 수 있었다. 그런 박물관으로는 슈투트가르트에 있는 새 국립박물관인 제임스 스털링의 노이에 슈타츠갈레리(1984; 사진 398)와 텍사스 주 포트워스에 있는 루이스 칸의 킴벨 아트 뮤지엄(1972; 사진 399), 글래스고에 있는 배리 개슨(1936년생)의 버렐 컬렉션(1972) 등이 있다.

파리는 근대 건축을 가장 급진적으로 재고한 예를 받아들였다. 상트르 퐁피두(1971~1977; 사진 400)는 이탈리아인 렌조 피아노(1937년생)와 영국인 리처드 로저스(1933년생)가 설계했다. 여기서 요구된 것은 드넓게 펼쳐진 많은 공간과, 작품 전시는 물론 도서관이나 정보 서비스 같은 기능을 위한 기술적인 기반 시설이었다. 이런 요구는 실내는 아무것도 없이 깨끗이 남겨두고 건물이 기능하는 데 필요한 모든 것, 예를 들면 도관이나 에스컬레이터, 구조와 같은 것은 모두 바깥에 두는 방법으로 충족시켰다. 로저스는 런던에서 로이드를 위한 건물(1978~1986)을 지을 때도 똑같은 과정을 밟았다. 전통적인 건물과 비교하면, 현대 건물은 엎어지고 뒤집어지고 거꾸로 서 있다. 벨기에에서는 루뱅 대학의 학생 기숙사와 광장(1970~1977)에서 루시앵 크롤(1927년생)이 현대 건물은 거꾸로 떨어질 수도 있다는 것을 보여주었다.

네덜란드에서는, 헤르만 헤르츠버거(1932년생)가 1974년 아펠도른에 있는 센트랄 베헤어 회사를 위해 개인 작업실이 삼차원으로 복잡하게 조합된 건물을 지었는데, 이것은 거의 표준화된 부품으로 지은 노동자 마을 같았다.

독창적이면서 사려 깊은 알바 알토가 지배했던 핀란드에서는, 독창적인 면에서는 알바 알토보다 훨씬 뛰어난 레이마 피에틸레(1923년생)가 그 뒤를 이었다. 그가 지은 교회와 도서관은 탐페레에 있는 것처럼 생물체의 형태를 활용했다. 그는 자신이 지은 핀란드 대통령 관저(1987)가 "빙하기가 끝나고 지각의 융기가 일어난 핀란드 자연의 신화적인 힘"을 표현한 것이라고 말했다.

일본을 포함한 극동 지역에서도 진보된 실험적인 건축이 가장 극적인 형태로 나타난 몇 가지 예를 볼 수 있었다. 구조에서는 예를 들어, 르 코르뷔지에의 수제자였던 겐조 탄게(1913년생)가 1964년 도쿄 올림픽을 위한 두 경기장(사진 401)에서 아주 풍부한 상상력을 보여주는 구조적 실험 결과를 내놓았다. 강철 케이블에 매달려 있는 거대한 텐트 같은 지붕에 덮여 있는 이 구조물은 스포츠 정신과 스포츠의 활력을 반영하고 있는 것 같았다. 탄게는 이미 도쿄 만으로 뻗어나온 도시 계획안 등 몇 가지 대형 계획안을 설계한 바 있었다. 일본의 건축 풍경은 바다쪽으로 아니 심지어는 바다 밑으로 뻗어나간 주택에서 거대한 계단식 주택 단지, 복잡하게 짜여진 사무실 환경, 팽창과 수축에

397 | 노먼 포스터, 홍콩 상하이 은행, 홍콩, 1979~1986

변화까지 할 수 있는 건물(생물학적 과정에서 일어나는 일에 대한 이해를 바탕으로 인간의 생리작용에 알맞은 건축을 창조하려는 메타볼리즘을 주제로 한 것)에 이르기까지 온갖 모험적인 장면으로 가득하다.

그 가운데 가장 주목할 것은 기쇼 구로카와(1934년생)가 설계한 도쿄의 나카긴 캡슐 타워(1972; 사진 402)이다. 일본은 조립주택 산업화 시스템에서 선두를 달리고 있는 나라 가운데 하나이다. 구로카와는 (모두 2.4×3.6미터의 공간 안에 있는) 욕실과 2인용 침실, 부엌, 창고, 거실로 이루어져 있는 작은 주거단위로 구성된 플러그인 시스템의 틀을 마련했다. 여기서는 주거단위마다 난방과 환기, 냉난방 장치를 독자적으로 조절할 수 있는 장치가 있었다. 그런데 평자들은 이것을 고대 일본에서 목재를 기하학적으로 복잡하게 결합시켜 지은 고대 사원의 목구조와 닮은 것으로 본다. 구로카와는 그 캡슐에 대하여 "그것은 새집이다. 일본에서는 콘크리트 상자로 둥그런 구멍이 있는 새집을 만들어 나무 위에 올려놓은 것을

398 | 제임스 스털링, 노이에 슈타츠갈레리, 슈투트가르트, 1984

399 | 루이스 칸, 킴벨 아트 뮤지엄, 포트워스, 텍사스, 1972

쉽게 볼 수 있다. 나는 일본을 방문한 사업가를 위해, 자신의 새와 함께 날아온 총각들을 위해 이 새집을 지었다"고 말했다고 한다.

현대의 모든 공공 건물 가운데 가장 웅장한 것은—그러나 어떤 점에서는 가장 불만족스러운 것은—시드니 오페라 하우스(사진 381, 382)이다. 이것은 공모에 당선된 덴마크 건축가 예른 우드손(1918년생)이 1957년에 시작해서, 1973년에 홀과 리틀모어, 토드 팀이 완성시켰다. 우드손은 시드니 항구로 튀어나온 거대한 방파제 위에 가장 상상력이 풍부하고 표현주의적인 일련의 철근 콘크리트 셸이 펼쳐져 있는 풍경을 구상했다. 그 밑에, 또는 그것이 앉아 있는 화강암으로 덮인 기단 위에, 연주

400 | 리처드 로저스와 렌조 피아노, 상트르 퐁피두, 파리, 1971~1977

회장과 오페라 하우스, 극장, 영화관, 식당이 있다.

그러나 사실 그것은 셸이 아니라(그렇게 큰 규모로는 셸을 만들 수 없었을 것이다) 공장에서 미리 만들어온 콘크리트 조립품에 영국적인 자기 타일을 붙인 것이었다. 우드손은 일이 끝나기 전 사임했고, 최종적으로 완성된 실내는 외관과 아무런 관계가 없었다. 그러나 이 오페라 하우스는 20세기 건축이 빚어낸 가장 극적이고 가장 가슴 설레게 하는 모습의 하나로 남아 있다. 건축은 다시 위대한 발언을 하고, 사람들을 경이로움으로 가득 차게 할 수 있었다.

그 이후로는 무슨 일이 일어났을까? 호시절이 끝났다는 것을 거부하고 건축 이야기에 다른 종류의 걸작을 보탤, 새롭고 활기찬 전망을 가장 잘 보여주는 예는 무엇일까? 그런 예로, 파리 루브르 박물관에 있는 나폴레옹 광장 아래 새로 조성된 편의시설에 활기를 주고 진입로를 내준 미국 건축가 I. M. 페이(1917년생)의 멋진 유리 피라미드(1989; 사진 403)와 고딕 성당보다 높은 기념비적인 건물 안에 있는 35층짜리 사무용 건물로, 측면에 카라라 대리석을 쓴 요한 오토 폰 슈프렉켈슨(1929~1987)의 그랑드 아르케 드 라 데팡스(1983~1989), 쿠웨이트에 있는 V. B. B. 스위든의 멋진 버섯 모양의 물탑(1981), 델리에 있는 파리뷔르츠사바가 바하이 사원에 올린 환상적인 '수련' 모양의 콘크리트 셸(1987), 오스트리아 시드니에 있는 콕스와 리처드슨과 테일러의 '롤러 코스터' 축구 경기장(1988), 캔버라의 언덕 위에서 이 생기 넘치는 나라의 민주주의 이데올로기를 표현하고 있는 '미첼/지우골라(Guirgola)와 소롭' 회사의 날렵한 새 국회의사당 건물(1988) 등을 꼽을 수 있을 것이다.

런던의 화이트홀에 있는 윌리엄 위트필드의 리치먼드 하우스(1976~1987)나 헤리퍼드에 있는 그의 성당 도서관(1996)은 성격은 훨씬 전통적이지만 건축적 발언으로서는 앞서 든 예에 못지 않게 아주 적극적이다. 런던 부근의 옛 주택 단지에는 거의 눈이 휘둥그레질 정도로 다양한 새 사무실과 주택 그리고 화려한 현대판 신전 같은 존 우트럼의 멋진 양수 발전소(1988)가 있다. 이런 건물들은 거의 서툰 모방의 수준에서 역사적인 양식을 사용하고 있지만 그런 것을 명백히 20세기적인 것으로 전환시키고 있다. 우트럼은 "우리는 덕트라는 기둥의 새로운 정체성을 발견함으로써 '인방식 구조' 건축이라고도 하는 원주형 건축(columnar architecture)을 현대화했다"고 주장한다. 그리고 (고대 그리스 사원과 같은) 가장 훌륭한 건축은 가장 완벽한 단계에 있을 때 채색이 되었

402 | 기쇼 구로카와, *나카긴 캡슐 타워*, 도쿄, 1972

401 | 겐조 탄게, *올림픽 스타디움*, 도쿄, 1964

403 | I. M. 페이, 루브르 박물관의 유리 피라미드, 파리, 1989

다고 말하며, 그는 "색깔은 확신과 활력의 표현"이라고 말한다. 또한 '낭만적 실용주의'로 알려진 것에서는, 에드워드 컬리넌(1931년생)이 독창적인 새로운 건물뿐 아니라 풍부한 상상력을 발휘해 역사적인 걸작을 개작한 건물을 내놓기도 했다.

아메리카에서는 마이클 그레이브스(1934년생)가 오리건 주 포틀랜드에 있는 그의 아스텍 양식의 퍼블릭 서비스 빌딩(1980~1982; 사진 404)으로 사람들을 깜짝 놀라게 했고, 한때 미스 반 데어 로에의 제자였던 필립 존슨은 뉴욕 맨해튼에 미국전신전화회사(AT&T; 1978~1983)의 사무용 건물로 자신의 족적을 남겼다. 이 건물은 꼭대기의 부서진 페디먼트 탓에 치펜데일식 건물로 알려지게 되었다. 덴마크에서는 시드니 오페라 하우스를 설계한 건축가 외른 우드손이 코펜하겐 근처에 있는 바그수에르에 겉모습은 놀라울 정도로 수수하지만 실내는 멋지게 구부러진 표면과 아주 정교한 세부 장식으로 꾸며져 있는 교회(1969~1976)를 지었다. 이것은 집과 홀, 교회가 모두 한 공간에 있는 건물로, 오늘날 건축에서 날로 눈에 띄게 증가하고 있는 다기능, 다목적 공간 구성을 보여준다.

제3세계에서는, 특히 대규모 주택 단지와 사무용 건물에서, 근대 건축의 표준형이 놀라운

404 | 마이클 그레이브스, 퍼블릭 서비스 빌딩, 포틀랜드, 오리건, 1980~1982

속도로 우후죽순처럼 솟아오르면서 도시들이 서구 도시의 복사판으로 변질되기 시작했다. 이제는 도시마다 특징을 구별할 수 없을 정도로 도시들이 닮아갔다. 독특한 건축이 등장하는 경우, 그것은 대개 오만한 '근대'에 대한 반발과, 필요한 것은 그 나라에서 자급할 수 있는 '지속가능한' 건축이라는 인식의 소산이었다.

그리고 그런 것이 보이기 시작한 곳은 건축가들이 전통적인 건축 방법과 설계 방법, 즉 가난한 사람들을 위한 건축에 눈을 돌린 곳이었다. 다시 지역의 특징이 보이기 시작했다. 토속 건축이 새로운 의미를 갖게 되었다. 그러나 변화는 그보다 훨씬 심층적이었다. 한편에서는 '보존'이라는 이름으로 갈수록 많은 일이 행해졌다. 살아남은 건물을 보존하고 강화할 뿐 아니라 때로는 그런 건물의 새로운 쓰임새를 발견하는 일이 이루어졌다. 그리고 다른 한편에서는 건축가들이 지역의 특성을 재발견하고 전통적인 건축 방법과 설계 방법을 사용하기 시작했다. 토속 건축이 새로운 의미를 획득했

다. 이집트에서는 하산 파시(1900~1989)가 전통적인 재료와 방법을 사용하고 토속적인 양식을 알맞게 변화시켜 설계하면서, 이를 적극 옹호했다. 요르단에서는 한층 큰 규모로, 독일에서 건축 수업을 받은 라셈 바드란(1945년생)이 자신이 일한 모든 나라의 옛 건물을 철저히 연구하여, 국제주의 양식과는 사뭇 다른, 구성은 현대적이지만 각 나라에 고유한 것으로 보이는 건축을 선보였다. 사우디아라비아의 수도 리야드의 중심에 있는 그의 대 모스크와 사법부 건물(1992)은 자연적인 환기법과 쉼터를 이용하고 번쩍이는 것을 막는 특별한 기법을 써서 겉보기에는 역사적인 양식을 지닌, 아주 독특한 형태를 띠고 있다. 그리고 지금은 현대 건물에 알맞은 역사적인 양식을 개발할 목적으로, 주택을 포함한 건물들이 전통적인 방식으로 결합, 배치되고 있다. 어쩌면 우리가 극동이라 부르는 지역과 중동이라 부르는 지역에서 지금 건축 이야기의 다음 장이 쓰여지고 있을지도 모른다.

대부분이 엄청난 규모와 오만함을 자랑할 뿐 감동이라고는 전혀 주지 않는 거대한 건축 작품들 속에서 우리에게 잠시 생각할 기회를 준 것으로는 또 무엇이 있을까? 거기에는 평면과 단면에 대한 실험도 있고, 지역 건축의 특성을 개인적으로 실험한 예도 있고, 역사적인 건물과 환경 전체를 보존하려는 몇 가지 방대한 작업도 있을 것이다.

그런데 최근에 나타난 경향 가운데 가장 색다르고 대부분의 평자들로서는 설명하기 힘든 것이 해체주의로 정의되는 것이다. 이것은 하나의 운동이라기보다는 하나의 태도로서, 파편들이 이상한 각도로 충돌하며 산만하게 편재되어 있는 것을 허용한다. 그리고 이보다 일관된 설계자 가운데는 피터 아이젠먼(1932년생)이 있다. 그는 자신을 '탈기능주의자'라고 말하고 "가장 뛰어난 내 작품은 목적이 없다. 누가 기능 따위에 신경 쓴다는 말인가?"라고 말했다. 그는 오하이오 주립 대학에 웩스너 시각예술 센터(1983~1989; 사진 405)를 설계했다. 베르나르 취미(1944년생)는 파리에 미테랑

405 | 피터 아이젠먼, 웩스너 시각 예술 센터, 오하이오 주립 대학, 콜럼버스, 오하이오, 1983~1989

유용한 공간을 제공해야 한다. 그리고 오늘날 이용 가능한 기술로 인해 과거 어느 때보다도 훨씬 크고 독창적이며 흥미롭고 주목할 만한 건축 공간을 구상하고 경험할 수 있다. 어쩌면 건축 이야기는 끝난 것이 아니라 이제 막 시작되었을 뿐인지도 모른다.

대통령의 '그랑 프로제'의 일환으로, 21세기를 향한 새로운 종류의 풍경으로서, 잔디밭에 빨강색 물체를 흩뿌려놓은 파르크 드 라 빌레트('작은 도시의 공원'; 1984~1989; 사진 406)를 설계했다.

나는 이 장에 '다원주의'라는 제목을 붙였다. 그러나 이런 경향에 공통되는 특징은 없을까? 근대 건축의 후기 단계를 특징짓는 어떤 일반적인 주제가 있다면, 그것은 다음과 같다.

자연과 성장에서 영감을 얻은 건축 형태.
권위의 원천으로서의 토속 건축.
설계에 필수불가결한 공간에 대한 이해.
입체 기하학과 수학적 비율.
환경 조절에 이용된 현대 기술.
내부와 외부 풍경에서의 형태적 연속성.
용도, 운동, 경험의 심리학적 통일.

이것은 새로운 시대의 픽처레스크 양식을 의미한다. 국제주의 양식과 단순한 기능적인 디자인의 몰개성으로부터의 이탈을 보면서, 우리는 새로운 건축에 기본적인 것은 공간에 대한 이해와 현대 기술, 형태의 일관성임을 발견했다. 그런데 이 모든 것이 새로운 것일까? 사실 이런 특징은 건축사의 다른 시대에서도 발견할 수 있을 것이다.

그러나 건축사의 어느 시대나 건축이 제공해야 할 것은—그리고 창조적인 예술 가운데 유일하게 건축만이 제공할 수 있는 것은—공간의 창조와 통제이다. 즉 조각과는 달리 건축은

406 | 베르나르 취미, *파르크 드 라 빌레트*, 파리, 1984~1989

에필로그

나는 '건축 이야기'라는 하나의 이야기를 하려고 했으나, 도중에 몇 번이나 이야기를 주워올리려고 노력해야 했다. 나는 모든 건축물이 어떻게 지어지는가에 대한 간단한 설명으로 이야기를 시작했다. 이야기가 진행될수록 시작할 때는 안다고 생각했던 것들의 그 복잡한 내면까지 속속들이 알지는 못하고 있다는 것을 깨달았다.

이것을 '이야기'라고 하기는 좀 어렵다. 이야기에는 전통적으로 끝이 있기 때문이다. 물론 오늘날의 이야기들은 결말이 나지 않은 채 끝나는 일이 흔하기는 하지만 말이다. 그런데 바로 건축 이야기가 그렇다. 건축 이야기에는 끝이 없다.

우리는 이야기를 마무리할 때면 항상 주제를 말끔히 정리하고픈 충동을 느낀다. 심지어는 이야기의 절정과 결말까지 찾아내고 싶어 한다. 그러나 오늘날의 현대 건축을 절정으로 보고 이것이 지금까지 펼쳐진 건축사의 최종 결론이라고 말한다면, 그건 말이 안 되는 이야기이다. 현대 건축은 결코 그런 것이 아니다. 건축 이야기에서는 줄곧 절정과 결말이 반복되었다. 모든 건축은 평자의 갈채 끝에 조롱거리가 되고 때로는 완전히 파괴되는 과정을 겪는다.

내가 이 이야기에서 줄곧 사용한 시대 구분과 양식 구분에도 그런 분류가 시작된 시대의 태도가 반영되어 있다. 그리스의 고전 건축을 오더('오더'라는 말은 '등급'을 뜻하는 라틴어에서 왔다)로 분류한 것은 후기 로마의 이론가인 비트루비우스였다. 중세 유럽의 건축을 일컫는 고딕이라는 말은 르네상스 시대 역사가 바사리가 1550년대에 만들어낸, 빈정거림이 깃든 말이었다. 그리고 영국 고딕 건축은 19세기 초 건축사가가 분류한 개념이다. 그러나 건축사를 보면 거의 모든 시기의 건축가들이 어떤 일정한 양식으로 설계하려 한 것은 아니다. 그들은 단지 문제를 해결하고 기억에 남을 만한 건물을 지으려 했을 뿐이다. 건축가가 고대 양식이든 현대 양식이든 어떤 특별한 양식으로 설계를 해야 한다고 느끼게 된 것은 불과 200년 전부터의 일이다.

좋아하고 싫어하는 기호의 순환, 좋고 나쁨에 대한 판단도 엄청나게 달라졌다. 내가 학생이었을 때 런던에서 가장 우스꽝스러운 건물은 세인트 팬크러스 역에 있는 길버트 스콧의 미들랜드 호텔이었다. 그런데 지금은 그것이 보존되어야 할 중요한 건물이 되었다. 20세기 초에 사람들이 옥스퍼드 대학에서 가장 추한 건물로 꼽은 것이 버터필드의 키블 칼리지(1867~1883)였다. 그런데 지금 이 대학에서는 그것을 아주 자랑스럽게 여긴다. 마찬가지로 경멸의 대상이었던 아르 데코 풍의 영화관과 공장이 지금은 사랑받고 있다. 한때는 욕설을 들었던 건물들이 명성을 회복하여, 건축의 보고에 들어가고, 따라서 우리 이야기에도 들어온다.

그런 의미에서 건축 이야기는 결코 결론에 이를 수 없다. 언제나 새로운 출발이 눈앞의 풍경을 바꾸고 역사의 모양까지도 바꾼다. 그리

407 | 산티아고 칼라트라바, *TGV 역사, 리옹-사톨라 공항*, 리옹, 프랑스, 1988~1992

408 | **렌조 피아노**, *장 마리 치바우 문화센터*, 누메아, 뉴칼레도니아, 1991~, 주요 구조 체계의 모형

고 새로운 발견이 있을 때마다 우리는 그것의 기원을 찾아 — 설계자가 건물의 형태를 구상할 때 의식적으로든 무의식적으로든 영향을 끼친 것을 발견하기 위해 — 과거를 돌아보는 우리 자신을 발견하게 된다.

어떤 경우에도 그것이 우리 시대 건축에서만큼 결정적이었던 때는 없었다. 역사 시대의 많은 건물들을 겉모습만 보고도 이해하고 평가하는 것이 가능할지 모른다. 그런데 현대 건물은 평면도를 모르면 도저히 이해하기 힘들다. 설계자가 해결하려고 한 문제가 평면, 즉 실내 공간을 배열하는 문제였기 때문이다. 그러나 시대를 불문하고 공부를 하면 할수록 우리는 더욱더 경이로움을 느끼게 된다. 그리고 잠시 생각하게 된다.

그러나 우리는 이야기에 어떤 패턴이 있는 것은 아닌지 자문해 보아야 한다. 약 6000년에 걸친 건축사 전체에 대한 고찰에서 내가 처음에 던진 질문 즉, 그것이 왜 그렇게 생겼는가를 설명하는 데 도움이 되는 어떤 일관된 주제가 나타나지는 않는가? 물론 이에 간단히 대답할 수는 없다. 우리가 지금까지 본 이야기는 여러 가지 많은 대답이 있었으며 앞으로는 그 대답이 더욱 많아질 것이라는 점을 분명히 보여주기 때문이다.

미래에는 어떤 대답이 나올 거라고 예측하는 것은 언제나 성급한 일이며, 현재의 풍경도 이에 대해 책임 있는 비판적 판단을 하려면 몇 년이 지나야 할 것이다. 그러나 나는 모험을 하려고 한다. 내가 보기에 틀림없이 새로운 21세기 건축을 특징지을 건축의 발전 방향에는 두 가지가 있다.

한 가지는 하나의 사회 현상인 건축이 증가하는 인구의 요구에 부응해야 할 것이라는 점이다. 사람들은 항상 쓰고 버릴 수 있는 인공적인 재료뿐 아니라 대개는 흙을 포함해 지역에서 나는 재료로 지을 수 있는 경제적인 건물을, 건물과 풍경이 어우러진 지속가능한 환경을 요구한다. 사실 이런 경향은 세련된 건축가인 렌조 피아노와 같은 한 건축가의 작품 안에서도 발견할 수 있다. 피아노는 리처드 로저스와 함께 1970년대 중반 전지구적인 에너지 위기가 오기 전인 1972년에 퐁피두 센터(사진 400)를 설계한 것으로 유명하다. 그런데 그는 현재 뉴칼레도니아의 누메아 섬에서 건설중인 장 마리 치바우 문화센터(1991~)처럼 에너지 문제를 깊이 고려한 환경 친화적인 건물에 열중하고 있다(사진 408). 이것은 완전히 주변 환경과 하나가 된 건물로, 전통적인 재료와 건축 방법으로 지어지고 있다. 그러나 문화와 지역에 완전히 밀착된 건물이기 때문에, 이것이 다른 곳에서 지어지는 것을 상상하기는 어려울 것이다.

또 하나 무시할 수 없는 부분은 지금껏 건축 기술을 변화시켜온 환상적인 과학기술의 발전이다. 사회적 요구도 있지만 상식적으로 생각해도, 재료에 대한 더욱 완벽한 이해와 기술과 독창적 형태의 결합을 꿈꾸는 풍부한 상상력으로, 우리는 훨씬 정교한 기술을 발전시킬 것이다. 그렇게 되면 당연히 그런 건축물을 세계적으로 훨씬 광범위하게 응용할 수 있게 되거나 아니면 산업화된 건축 시스템에 의해 기성품 형태로 훨씬 쉽게 세계 어느 곳에나 옮겨놓을 수 있게 될 것이다. 지금껏 보았듯이, 그런 건축에는 보통 '하이테크'라는 딱지가 붙지만, 이런 진영에 속하지 않는 많은 건축가의 작품에서도 '세계주의'의 요소는 감지할 수 있다. 예를 들어, 산티아고 칼라트라바는 여러 가지 양식으로 변화시킬 수도 있고 크게 수정하지 않고도 거의 세계 어디서나 지을 수 있는 다리와 철도역을 선보였다(사진 407).

하지만 어떤 양식에 열중했든, 모든 건축은 인간의 창의력이 인간의 요구를 충족시키는 데 사용된 것임을 보여준다. 그리고 이런 요구 중에는 따뜻하게 편안히 쉬고 싶은 욕망뿐 아니라 세계 어디서나 항상 끊임없이 다른 방식으로 느끼는 욕망, 한층 심오하고 감동적이고 보편적인 것에 대한, 아름다움과 영속성, 영원 불멸에 대한 욕망이 있다.

지도와 연대표

| 1 | 304 | 세계 |
| 2 | 306 | 유럽과 북아메리카, 중동 |

1	308	**제국과 양식:** 기원전 3000년부터 서기 2000년까지
2	310	**세계의 건축:** 기원전 2500년부터 서기 1400년까지
3	312	**세계의 건축:** 1400년부터 1800년까지
4	314	**세계의 건축:** 1800년부터 2000년까지

주: 지도에는 수도와 주요 도시 그리고 이 책에서 이야기된 작품이 있는 중요한 곳이 표시되어 있다. 그리고 연대표에는 이 책에서 이야기된 대표적인 건물과 함께 그런 건물과 관련된 역사적 시기와 사건이 정리되어 있다. 제국과 양식, 초기 건물의 연대 가운데는 대략 정한 것이 많다. 또한 연대표에서는 이 책에서 소개된 건물의 건립 시기 중 건립이 시작된 해만 명기해 놓았다.

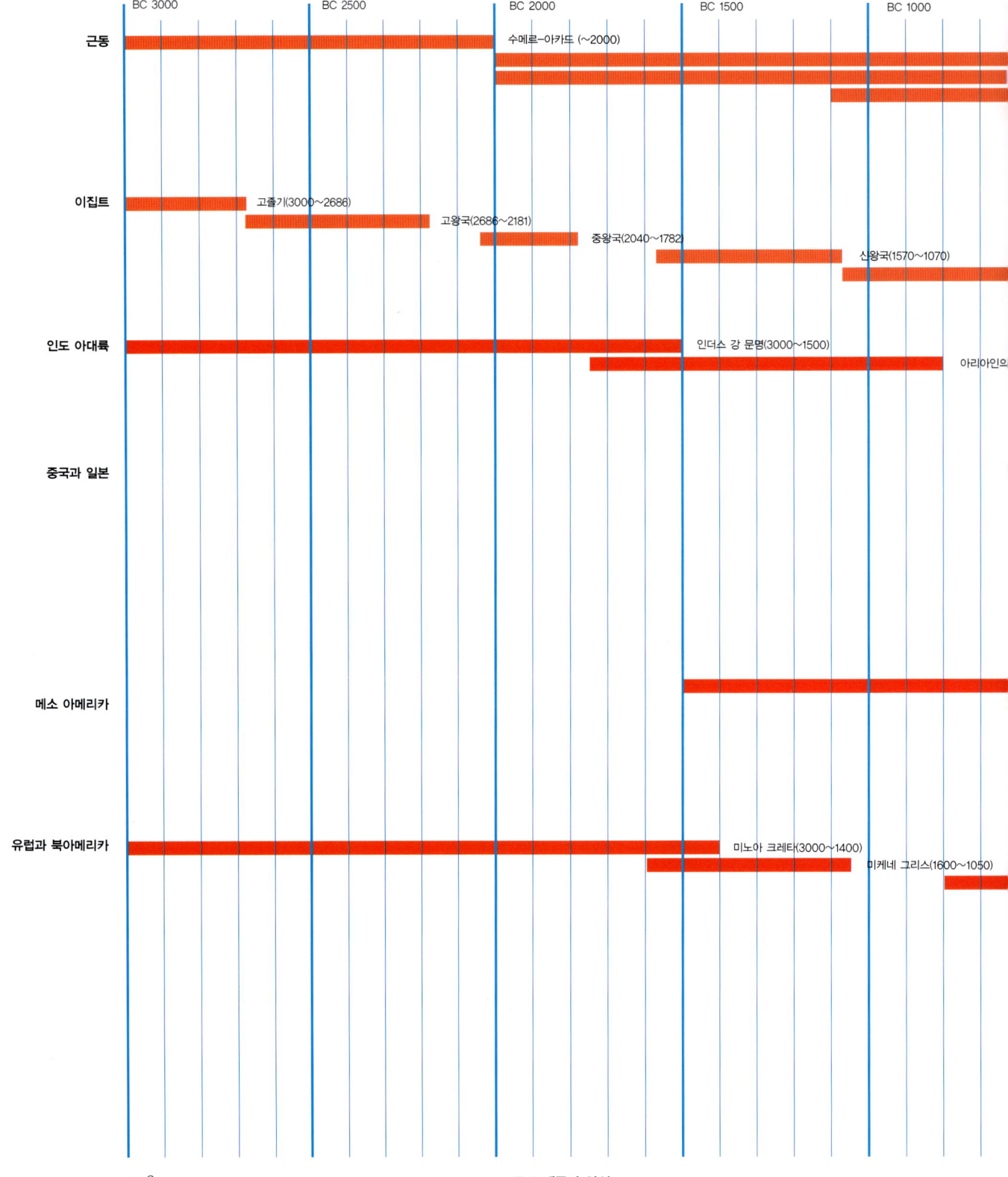

표 1 제국과 양식

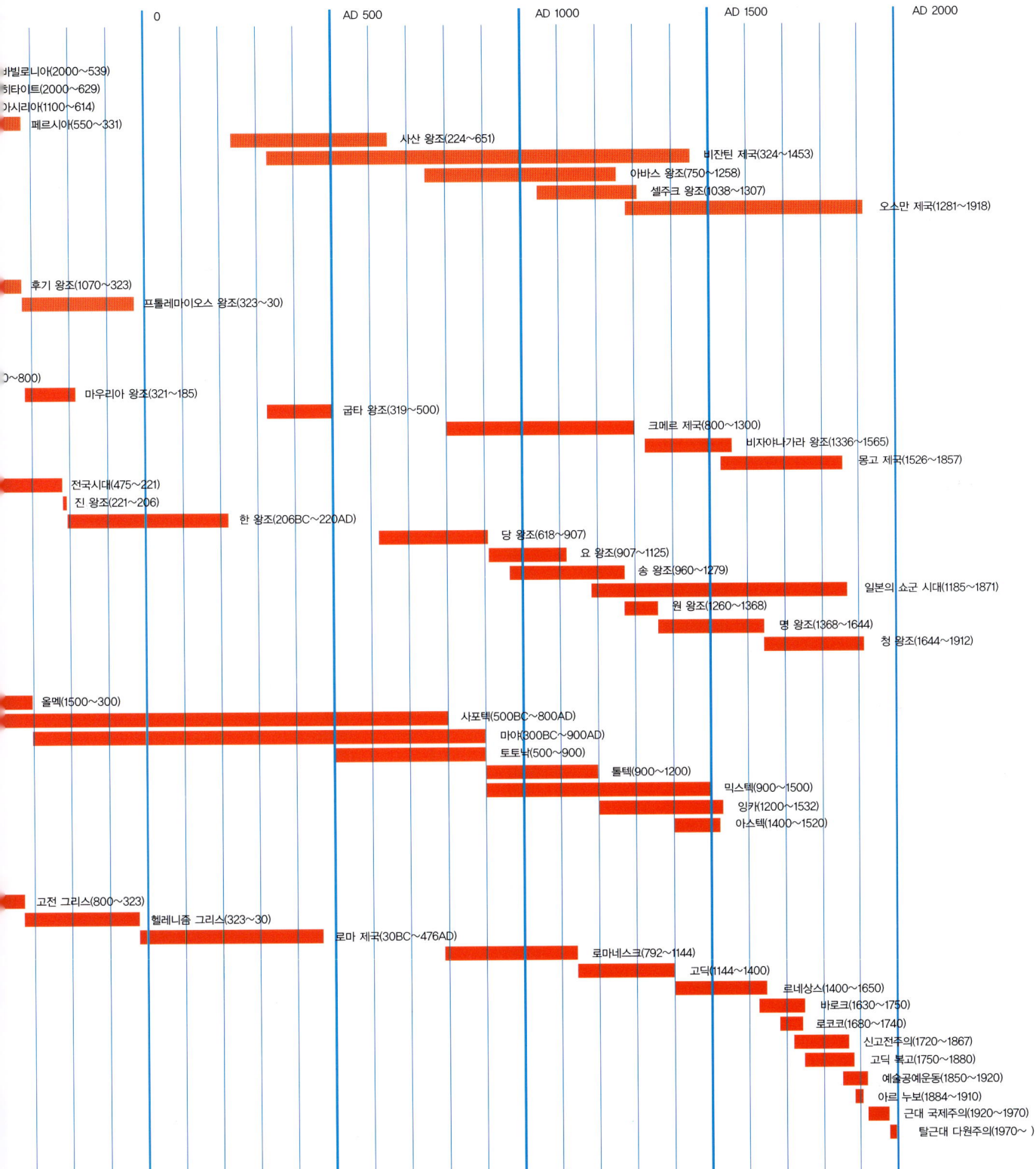

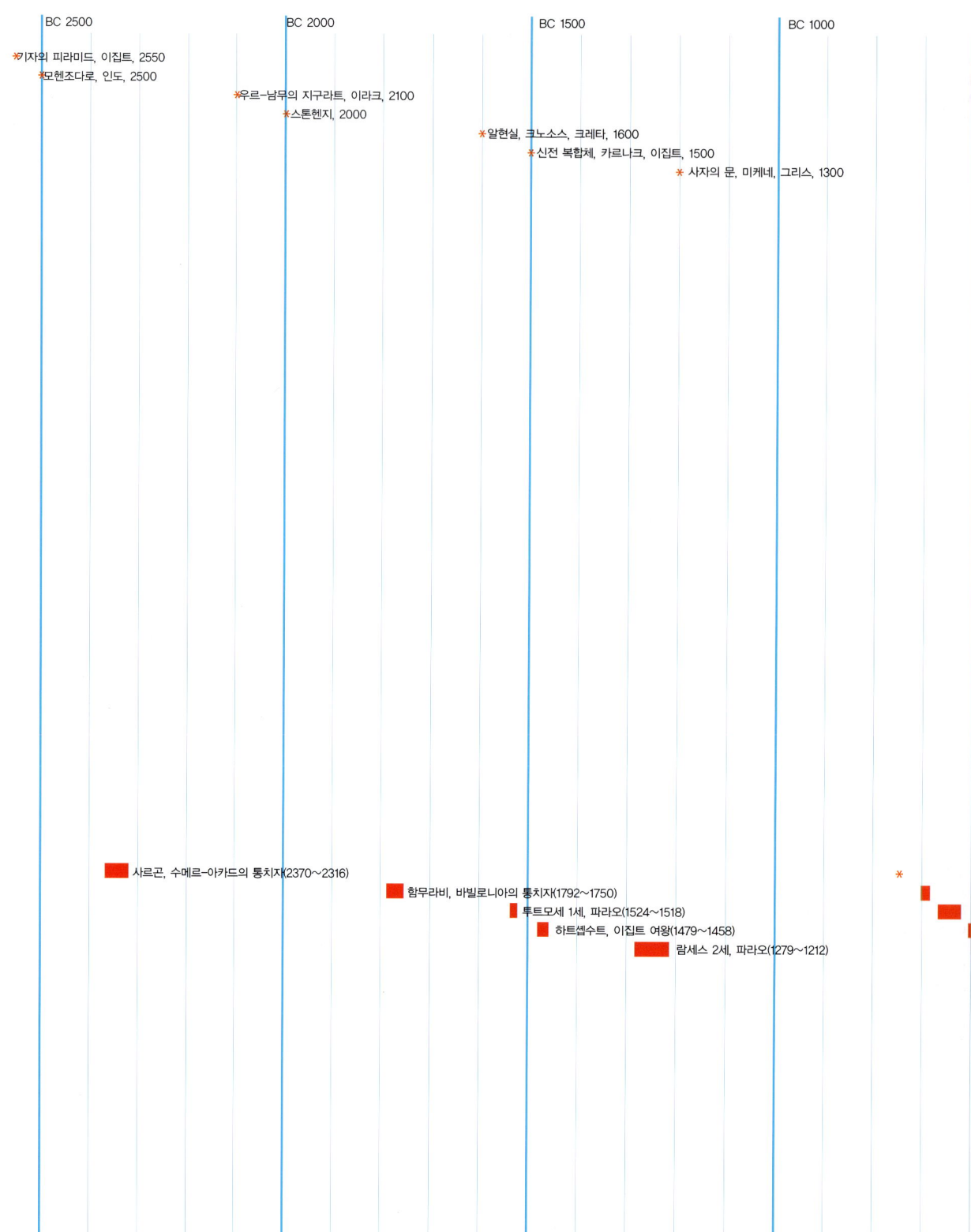

표 2 세계의 건축: BC 2500~AD 1400

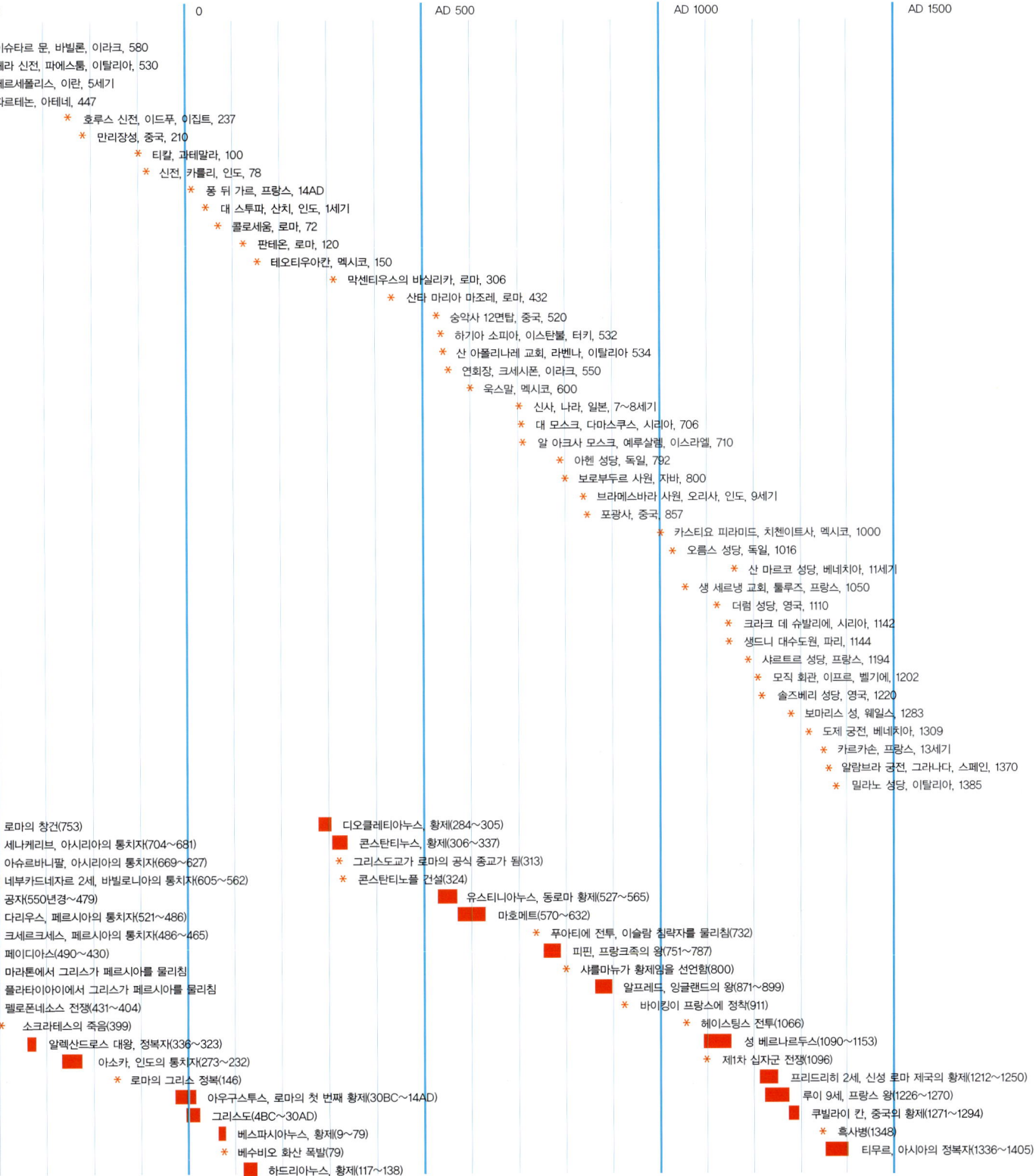

표 3 세계의 건축: 1400~1800

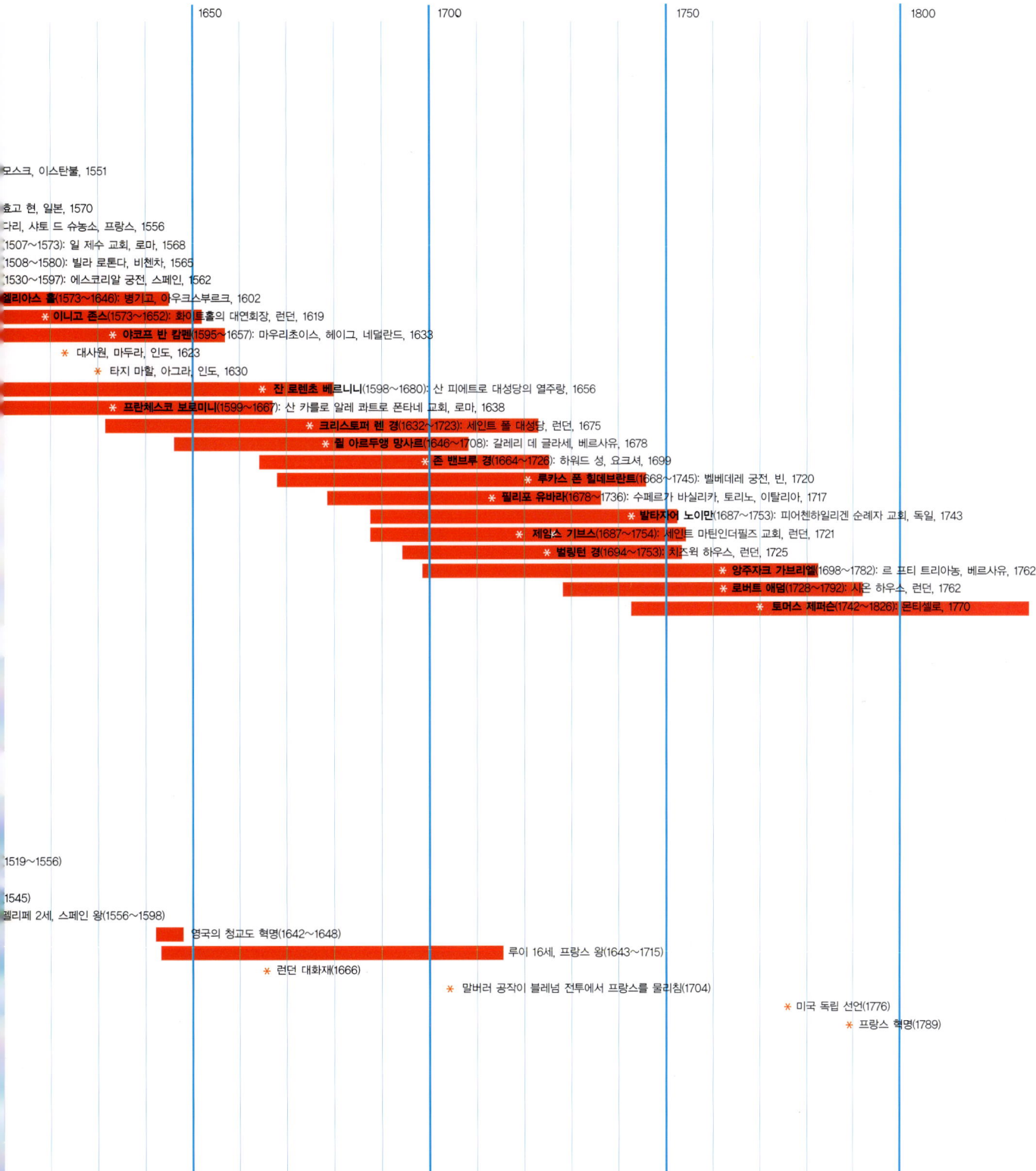

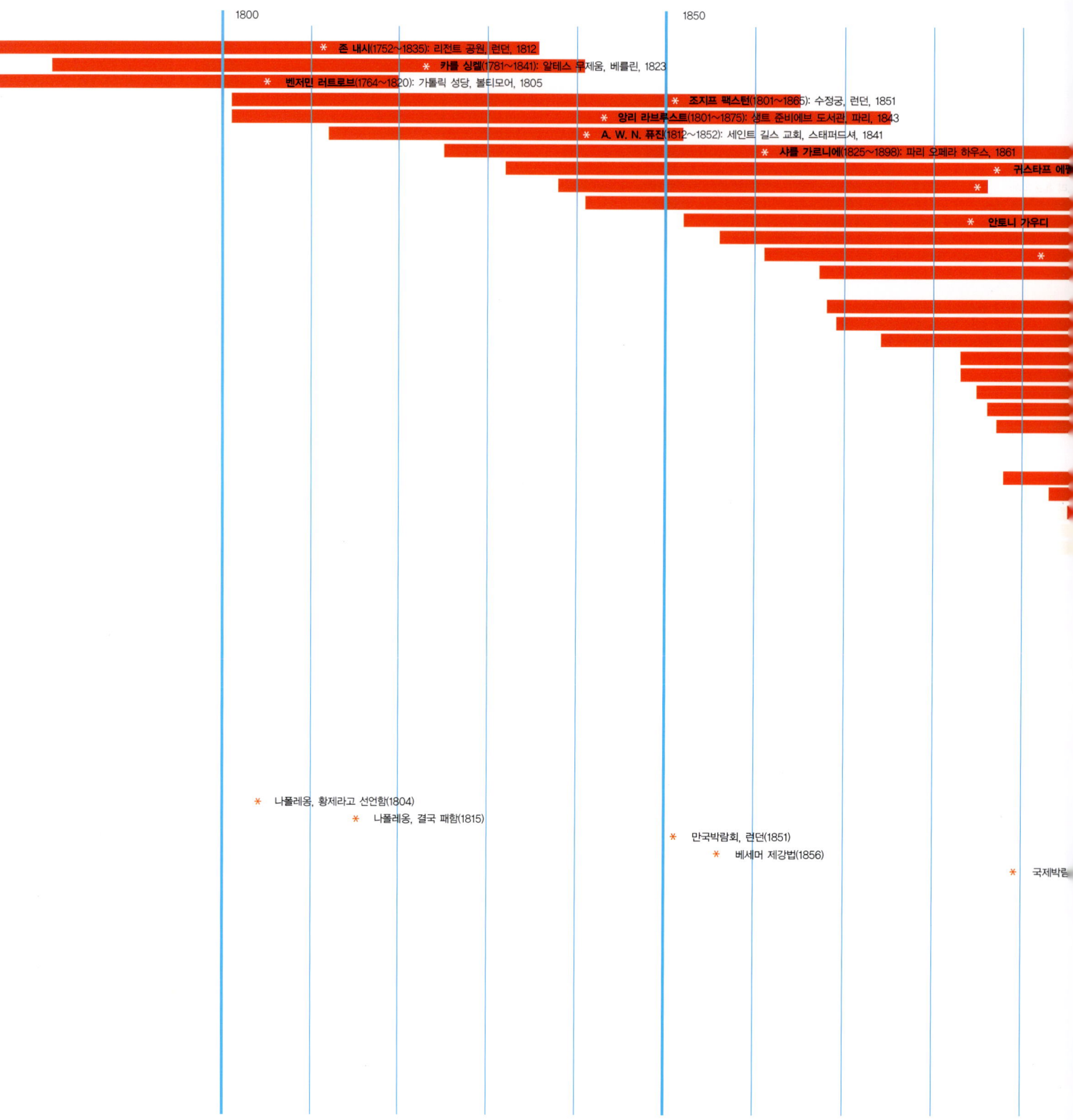

표 4 세계의 건축: 1800~2000

용어 해설

ㄱ

강철 구조(steel frame): 건물이 서 있는 데 필요한 구조적 요소를 모두 제공해주는 철골 구조.

갤러리(gallery): (1) 건물의 외벽을 따라 내부 또는 외부로 확장된 보행 공간(예를 들면 교회의 아일 위에 있는 갤러리). (2) 중세와 르네상스 시대 건축에서는, 길고 좁은 방.

거대한 기둥 양식(giant order): 정면을 명확히 나타내기 위해 사용된 벽기둥이나 반(半)기둥으로, 2층 이상 높이로 올라가 있다.

거석쌓기(cyclopean): 모르타르를 쓰지 않고 아주 큰 돌로 벽을 쌓는 것.

건목치기(rustication): 돌을 쌓아올릴 때 겉으로 드러난 표면을 매끄럽게 다듬지 않고 거칠게 두어 강한 느낌이 들게 하는 방법. 보통 가장자리는 깎아내 블록과 블록 사이에 깊은 홈이 생기게 한다.

고딕 양식(gothic): 12세기 중엽부터 르네상스 시대 전까지 중세 유럽에서 유행한 양식. 뾰족한 아치와 플라잉 버트레스, 리브 볼트가 특징이다.

고전적인(classical): 고대 그리스나 로마의 것 또는 여기서 유래한 것을 말하며, 특히 오더를 사용했을 때 이런 말을 쓴다.

공공 욕장(thermae): 각각 다른 온도의 물이 담긴 큰 홀(칼다리움, 테피다리움, 프리기다리움)과 함께 많은 오락 시설이 있던 로마의 공공 욕장.

교차부(crossing): 십자형 교회에서 네이브와 트랜셉트, 성단소가 만나는 중앙부.

국제주의 양식(International Style): 제1차 세계대전 직후에 유럽과 미국에서 발전한 건축 양식. 기능을 강조하고 전통적인 장식적 모티프를 거부한 것이 특징이다.

궁륭(groin): 두 개의 볼트가 만났을 때 형성되는 모서리나 이랑.

그물형 트레이서리(reticulated): 그물망처럼 생긴 트레이서리. 영국 고딕 양식의 장식적 단계에서 볼 수 있는 특징.

기단(plinth): 기둥이나 받침대, 조상 등을 올려놓는 토대. 또는 건물 전체의 토대.

기둥 머리(capital): 기둥의 윗부분. 도리아식, 이오니아식, 코린트식 기둥과 오더를 보라. 고전주의 건축이 아닌 경우에는 기둥머리가 어떤 모양을 해도 된다.

까치발(bracket): 수평으로 떠받치기 위해 수직 표면에서 뻗어나온 부재. 외팔보도 보라.

ㄴ

내쌓기(corbel): 수평 받침대나 아치의 홍예받이로 벽에서 돌출되어 나온 석재. 아치와 볼트를 보라.

네이브(nave): (1) 바실리카의 중앙에 있는 공간. 양 옆에 아일이 있고 채광층에서 빛이 들어온다. (2) 십자형 평면에서 교차부의 서쪽 부분을 가리키거나, 트랜셉트가 없는 경우에는 성단소의 서쪽 부분을 가리킨다.

노르만 양식(Norman): 영국의 로마네스크 양식에 붙인 이름.

능보(bastion): 성이나 요새의 커튼월에서 돌출되어 나와 있는 부분. 능보에서 불이 나면 벽으로 둘러싸인 부분이 화염에 휩싸일 수도 있게 자리해 있다.

ㄷ

다가바(dagoba): 싱할리즈어인 다가바는 사리를 의미하는 dhata와 자궁을 의미하는 garbha가 합성된 용어로, 스리랑카의 스투파를 말한다.

다주실(hypostyle): (대개는 납작한) 지붕을 원주가 측면뿐만 아니라 전체를 떠받치고 있는 홀이나 벽에 둘러싸인 넓은 공간.

단(dais): 홀의 끝에 높이 올린 대.

닫집(canopy): 천개(天蓋)라고도 함. 무덤이나 설교단, 벽감과 같은 작은 개방된 구조 위를 덮고 있는 장식. 대개 기둥 위에 얹혀 있다.

도리 들보(purlin): 경사진 지붕의 중간쯤에서 용마루와 평행하게 서까래를 받치는 들보.

도리아식(Doric): 고전적인 오더 가운데 가장 먼저 나온 가장 단순한 형태. (1) 기둥 받침이 없고, (2) 비교적 짧은 몸체에 모서리가 날카로운 세로 홈이 파여 있으며, (3) 단순하고 장식이 없는 에키누스와 사각형 아바쿠스가 있는 것이 특징이다.

돔(dome): 원형 토대 위에 대략 반구형으로 오목하게 올라간 지붕. 돔의 단면은 반구일 수도 있고 뾰족할 수도 있고 쟁반처럼 약간 편평할 수도 있다. 이렇게 면이 약간 편평한 돔을 소서 돔 또는 쟁반꼴 돔이라 부른다. 대부분 서유럽의 돔에는 드럼이 있다. 양파 또는 알뿌리 모양의 돔은 외적인 특징일 뿐이다.

동심원을 그리는 성벽(concentric walls): 십자군이 동방에서 들여온 요새 형태로, 동심원을 그리는 여러 개의 성벽으로 둘러싸인 완벽한 방어 체계.

드로모스(dromos): (1) 경주로, (2) (예를 들면, 미케네의 무덤으로 가는 길처럼) 높은 벽 사이에 있는 통로나 입구.

들보(joist): 마루나 천장을 떠받치는 수평 보.

ㄹ

로마네스크 양식(romanesque): 카롤링거 왕조 시대 이후에 고딕에 앞서 발전한 양식. 육중한 벽과 둥근 아치, 그리고 볼트 구조를 재발견하여 반원통형 볼트에서 교차 볼트와 리브 볼트를 발전시킨 점이 특징이다.

로지아(loggia): 한쪽 면 이상이 개방된 아케이드가 있는 지붕 덮인 공간.

로코코 양식(rococo): 18세기 말에 프랑스에서 발전한 가벼운 형태의 바로크 양식. 유려한 선과 아라베스크 장식, 치장 벽토 세공, 그리고 건축 부재를 뚜렷이 구분하지 않고 건물 전체를 하나의 조형물처럼 표현한 것이 특징이다.

로툰다(rotunda): 돔을 얹었는가에 상관 없이 모든 원형 건물을 일컫는 용어.

ㅁ

마니에리스모(manierismo): 영어로는 mannerism. 전성기 르네상스와 바로크 양식 사이에 온 양식. 고전적인 모티프의 색다른 사용과 부자연스러운 비율, 양식적 모순이 특징이다.

마름돌(ashlar): 잘 마름질되어 표면이 매끄럽고 네모 진 돌.

마스타바(mastaba): 고대 이집트 건축에서, 꼭대기가 납작하고 경사가 느린 무덤. 피라미드의 선조 격.

마우솔레움(mausoleum): 영묘(靈廟)라고도 하는 화려하고 정교한 무덤. 소아시아 할리카르나소스에 있는 그리스 통치자 마우솔로스의 무덤에서 유래된 명칭.

메가론(megaron): 미노아 문명이나 호메로스 시대 주택의 중심이 된 홀.

메토프(metope): 도리아식 엔태블러처에서 트리글리프 사이에 끼어 프리즈를 형성하는 부분. 처음에는 아무런 장식이 없었으나 나중에는 조각을 하여 장식함.

모듈(module): 건물의 모든 부분을 일정한 비율에 따라 치수를 정할 때 기준이 되는 측정 단위. 고전주의 건축에서는 대개 기둥 받침 바로 위에 있는 기둥의 반지름이 모듈이 되었다.

모스크(mosque): 기도를 하거나 설교를 하는 이슬람 사원.

모자이크(mosaic): 벽면이나 바닥 장식을 위해 시멘트 바탕에 유리나 돌 조각으로 무늬를 넣는 기법.

미나레트(minaret): 모스크 근처에 세우거나 모스크의 한 부분으로 세운 탑. 여기서 무에진이 신자들에게 기도할 시간을 알린다.

미라브(mihrab): 이슬람 건축에서, 모스크의 벽에 있는 벽감. 메카의 방향을 가리킴.

민바르(minbar): 모스크의 설교단.

ㅂ

바로크(Baroque): 1600년경 이탈리아에서 마니에리스모 이후에 유행한 양식. 이후 유럽 전역으로 퍼졌다. 역동적인 선과 웅장한 규모, 고전적인 모티프의 자유로운 사용이 특징이다.

바실리카(basilica): (1) 로마 건축에서, 재판이 열리던 넓은 홀. (2) 초기 그리스도교 건축과 후기 건축에서는, 네이브와 아일로 구성되어 있고 아일의 지붕 높이 위로 창문(채광층)이 나 있는 건물.

박공(gable): 경사진 박공 지붕에서 삼각형을 이루는 끝부분. 고전주의 건축에서는 이것을 페디먼트라고 불렀으나 의미가 확장되어 프랑스 고딕 성당의 입구에서처럼 지붕이 없어도 문 위에 있는 삼각형 부분을 가리키게 되었다.

반쪽 돔(semidome): 건물의 일부(대개는 완전한 돔)에 기대어 (이스탄불의 하기아 소피아에서처럼) 확장된 플라잉 버트레스의 역할을 하는 반쪽 돔.

방사형 예배당(radiating chapels): 앱스에서 방사형으로 뻗어나간 작은 예배당.

버팀벽(buttress): 벽 자체의 강도를 보강하거나 볼트나 아치의 추력에 저항하기 위해 벽면에 붙여 쌓은 버팀벽. 플라잉 버트레스(flying buttress)는 아치나 볼트 옆으로 미는 힘이 작용하는 벽면에 기대어 이 추력을 그 아래 있는 석조물로 전달하는 반쪽 아치. 고딕 양식의 특징.

베란다(verandah): 집 바깥에 있는 개방된 작은 갤러리. 기둥 위에 지붕이 얹혀 있고 바닥은 지면보다 약간 높게 올려져 있다.

벽감(niche): 벽면에서 우묵하게 들어간 곳. 흔히 조각상이나 장식을 놓는다.

벽기둥(pilaster): 구조적 기능 없이 그냥 장식으로 벽에 붙어 있는 납작한 사각형 기둥. 그러나 이것 역시 오더의 규칙을 따른다.

복합식(composite): 코린트식 기둥머리의 아칸서스 잎 모양과 이오니아식 기둥머리의 소용돌이꼴을 결합하여 로마인이 발명한 오더.

볼트(vault): 석조 천장. 반원통형 볼트(barrel vault)는 지지벽 위에 올린 반원형 아치나 뾰족한 아치로 된 볼트이다. 교차 볼트(groin vault)는 두 개의 반원통형 볼트가 직각으로 만난 형태이고, 리브 볼트(rib vault)는 기본적으로는 교차 볼트와 같으나 두 개의 볼트가 만나는 접합부가 석재 리브(늑재)로 덮여 있다. 부채꼴 볼트는 리브가 벽면에 있는 기둥으로부터 부채처럼 퍼져나간 장식적인 형태의 리브 볼트이다.

부조(relief): 표면에 도드라지게 새긴 장식. 돋을새김이라고도 하며, 고부조(높은 돋을새김)와 얕은 부조(얕은 돋을새김)가 있다.

붙임 기둥(engaged): 독립적으로 서 있지 않고 벽에 붙어 있는 원주.

비잔틴 양식(Byzantine): 5세기경에 콘스탄티노플에서 발전한 양식. 일부 지역에서는 지금도 쓰이고 있다. 둥근 아치와 쟁반꼴 돔, 대리석판을 사용한 것이 특징이다.

비하라(vihara): 불교 사찰 또는 사찰에 있는 넓은 방(원래는 동굴).

ㅅ

상감(inlay): 나무나 유리, 도자기의 표면에 무늬를 파고 그 안에 다른 화려한 재료를 넣어 장식하는 기법.

상인방(lintel): 개구부에 걸친 수직 보나 슬래브. 고전주의 건축에서는 상인방을 아키트레이브라고 부른다.

성가대석(choir): 교회에서 성가대가 앉는 자리. 일반적으로 성단소의 서쪽에 있다. 큰 중세 교회에서는 성가대가 십자형 평면의 교차부와 그 서쪽에 있었지만, 흔히 대충 성단소와 같은 것을 의미하는 말로 쓰임.

성단소(chancel): 교회에서 사제를 위해 마련된 공간으로, 여기에는 제단과 성가대석도 포함된다.

세로 창살(mullion): 창문을 세로로 구획하는 창살.

세로 홈(flute, fluting): 고전적인 원주의 몸체에 수직으로 판 긴 홈.

소란반자 장식(coffering): 천장이나 돔을 우묵하게 들어간 다각형 장식판으로 꾸미는 것. 그런 장식판을 소란반자 또는 정간(井間)이라 부른다.

쇠시리(moulding): 건축 부재에 주는 장식적 윤곽. 대개 조각이 되어 있거나 돌출된 무늬가 긴 띠를 이루고 있다.

수직 양식(perpendicular): 14세기 후반에 장식 양식 뒤에 와 17세기까지 유행한 영국 고딕 양식의 마지막 단계. 밝고 경쾌한 분위기와 큰 창문, 격자 무늬 같은 수직 트레이서리, 얕은 쇠시리, 포센티드 아치, 부채꼴 볼트가 특징이다.

슈베(chevet): 큰 고딕 교회의 동쪽 끝에 있는 제단과 유보회랑, 방사상으로 뻗어나간 작은 예배당을 통틀어 일컫는 말.

스퀸치(squinch): 돔의 토대를 이루기 위해 사각형 공간의 모서리에 가로질러 쌓은 작은 아치.

스타일로베이트(stylobate): 신전을 떠받치고 있는 기단의 맨 윗부분. 이 위로 열주가 서 있다.

스토아(stoa): 그리스 건축에서 공공 장소로 쓰인 개방된 주랑으로 된 공간. 긴 로지아.

스투파(stupa): 원래는 불교의 분묘. 나중에는 유보회랑에 둘러싸인 유골 안치소.

신고전주의(neo-classicism): 바로크 이후에 온 양식. 고전적인 특징을 한층 절도 있게 사용한 것이 특징.

십자형(cruciform): 십자가 모양.

쌍대공(queen posts): 지붕에서 이음가로장 위에 서서 서까래를 받치는 두 개의 수직 들보.

ㅇ

아고라(Agora): 고대 그리스의 공공 집회장. 로마의 포룸과 같다.

아르 누보(Art Nouveau): 전통적인 모티프를 피하고 유려한 곡선과 나무와 풀과 같은 형태에 기초한 장식 양식. 유럽에서 1890~1910년 사이에 유행.

아바쿠스(Abacus): 기둥머리 바로 위에서 직접 앤테블러처를 받치고 있는 관석(冠石).

아성(keep): 성의 가장 안쪽에 있는 성채. 원래는 돌로 지은 부분만을 가리켰으나, 나중에는 동심원을 그리는 성벽으로 둘러싸게 되었다.

아일(aisle): 바실리카 건물에서 네이브와 평행을 이루고 있으나 네이브만큼 높지 않은 구역. 때로는 네이브도 아일에 포함시킨다. 한자어로는 측랑(側廊).

아치(arch): 양쪽 측면에서 지탱하는 힘에 의해서만 결합된, 개구부 위에 세워진 구조물. 이때는 하중이 양쪽으로 미는 힘으로 전환된다. 내쌓기 아치는 가운데서 만날 때까지 조금씩 돌을 돌출시켜서 쌓은 아치이다. 진짜 아치는 홍예석이라 불리는 쐐기 모양의 돌을 방사형으로 쌓아 만든다.

아칸서스(Acanthus): 잎사귀 끝이 뾰족한 식물로, 그 모양이 코린트식 기둥머리에 적용됨.

아케이드(arcade): 지주나 원주가 떠받치고 있는 일련의 아치.

아크로폴리스(Acropolis): 흔히 도시의 수호신을 모신 신전이 있는, 그리스 도시의 요새.

아키트레이브(architrave): 기둥 위에 올린 상인방인 고전적인 앤태블러처의 맨 아랫부분.

앤테블러처(entablature): 고전주의 건축에서 원주와 페디먼트 사이에 있는 부분. 즉 기둥 위에 있는 아키트레이브와 프리즈, 코니스를 통틀어 부르는 말.

앱스(apse): 건물에서 평면이 반원형이거나 U자 모양인 부분. 대개는 예배당이나 성단소의 동쪽 끝에 있다.

에키누스(echinus): 도리아식 기둥머리의 아랫부분으로, 아바쿠스 아래 있는 쿠션 같은 원형 부재. 이오니아식 기둥머리에서는 이 부분이 소용돌이꼴 기둥머리 장식에 의해 부분적으로 가려져 있으며, 달걀 모양과 창의 촉 모양이 번갈아 있는 쇠시리 모양으로 조각되어 있다.

에트루리아식(Etruscan): 고대 그리스의 오더에 로마인이 덧붙인 오더. 도리아식과 비슷하지만 기둥 받침이 있고 세로 홈과 트리글리프가 없다.

엔타시스(entasis): 완전히 원통형인 기둥의 경우 중간 부분이 약간 가늘어보이는 착시 현상을 바로잡기 위해 기둥을 약간 불룩하게 처리하는 것. 이런 기둥을 배흘림 기둥이라 한다.

열주랑(colonnade): 열지어 있는 기둥 또는 그런 기둥으로 이루어진 복도.

오더(orders): 원주와 그 위에 있는 앤테블러처를 말하며, 특히 그리스와 로마 건축가들이 따른 도리아식, 이오니아식, 코린트식, 복합식, 에트루리아식 기둥 양식을 의미한다. 로마 건축에서는 오더가 벽과 정면에 덧붙이는 장식과 같은 것으로 사용되었다.

오벨리스크(obelisk): 단면이 사각형이며 위로 올라갈수록 가늘어져 피라미드처럼 생긴 높고 뾰족한 기둥.

왕대공(king-post): 지붕에서 이음가로장의 중앙에서 수직으로 올라와 용마루 보를 떠받치는 보.

외팔보(cantilever): 길이의 중간에서 지탱되거나 반쯤까지 지탱되는 들보나 도리. 한쪽 끝에 적당한 무게가 실리도록 다른 쪽 끝에 더 많은 무게가 실리게 함.

용마루 보(ridge beam): 경사진 지붕의 용마루에서 서까래를 지지하는 보.

원주(column): 건물의 일부분을 지탱하는 둥근 기둥이나 원통형 지주. 기념비로 홀로 세우기도 한다. 도리아식, 이오니아식, 코린트식을 보라.

원주형(columnar) 또는 인방식(trabeate) 구조: 아치의 원리를 이용하지 않고 원주나 들보(또는 상인방)만을 이용한 구조.

원형극장(amphitheatre): 빙 둘러 계단식으로 자리가 마련된 원형이나 타원형 공간.

유보회랑(ambulatory): 아일의 연장선상에서 흔히 제단을 둘러싸고 있는 보도(步道). 유럽에서는 동쪽 끝에 있고, 인도에서는 사원의 사당을 둘러싸고 있다.

이오니아식(Ionic): 세 개의 고전주의 오더 가운데 두 번째 오더. (1) 우아하게 만들어진 기둥 받침과 (2) 세로 홈이 파인 길고 날씬한 몸체, (3) 소용돌이꼴 장식을 쓴 기둥 머리가 특징이다.

이음가로장(tie beam): 경사진 지붕의 토대를 가로질러 두 지붕면이 퍼지지 않도록 결속시키는 보.

ㅈ

장식 고딕 양식(Decorated): 초기 영국 고딕 양식에 이어 나타난 영국의 건축 양식. 정교한 곡선 트레이서리와 색다른 공간 효과, 복잡한 리브 볼트, 커스프, 사실적인 잎무늬 장식이 특징이다.

주간(株間; bay): (예를 들면, 교회에서) 한 기둥과 다음 기둥 사이의 공간으로 이루어진, 큰 건물의 한 구획. 주간에는 그 사이에 있는 벽과 그 위에 있는 볼트나 천장도 포함된다. 의미를 확장시켜, 공간을 가르는 큰 수직 부재나 (바깥쪽에서) 창문에 의해 구분된 벽면 단위를 가리키기도 한다.

주랑 현관(portico): 열주가 있는 현관. 신고전주의 주택에서는 주랑 현관(원주와 페디먼트)이 흔히 정면과 통합되어 있다.

중앙집중식 평면(central-plan): 사방으로 대칭을 이루거나 거의 그런 평면.

지구라트(ziggurat): 제단이나 신전을 떠받치고 있는 계단식 피라미드. 고대 메소포타미아와 멕시코에서 지어졌다.

지붕널(shingles): 기와 대신 쓰는 나무 조각.

지붕창(dormer window): 경사진 지붕에 수직으로 난 창.

지성소(sanctuary): 교회나 사원에서 가장 신성한 장소.

지주(pier): 아치를 떠받치는 독립적인 석조 지지물. 보통 단면이 복잡하고 원주보다 두껍지만 원주와 같은 기능을 한다.

ㅊ

채광창(lantern): (1) 아래로 빛이 들어오게 창문이 달려 있는 탑. (2) 돔이나 큐폴라 위에 얹은 창문이 있는 작은 탑.

채광층(clerestory): 벽으로 둘러싸인 넓은 공간에서 외벽과 나란히 이어진 옆 지붕보다 높이 솟아올라 햇빛을 받아들이게 되어 있는 일련의 창문으로 된 층. 특히 바실리카에서 아일을 이루고 있는 아케이드 위로 줄지어 서 있는 창문.

처마(eave): 벽 위로 뻗어나와 있는, 경사진 지붕의 맨 아랫부분.

초기 영국 고딕 양식(Early English): 1180년경부터 시작된 영국 고딕 양식의 첫 번째 단계. 첨두창이나 기하학적인 무늬의 트레이서리, 리브 볼트, 육중한 부피 대신 가늘고 뚜렷한 선의 강조, 날카로운 쇠시리, 건축 부재의 뚜렷한 구별이 특징이다.

추녀마루(hip): 두 개의 경사진 지붕면이 만나서 형성되는 선. 추녀마루 지붕은 박공 대신 추녀마루가 있는 트러스 지붕이다. 즉, 용마루 보가 그것과 평행으로 달리는 벽보다 짧으며, 따라서 지붕이 사면으로 경사져 있다.

축방향평면(longitudinal plan): 모든 영국 성당에서처럼 네이브와 성단소를 잇는 축이 트랜셉트보다 긴 교회 평면.

치장벽토(stucco): 흔히 실내 장식을 위해 장식이나 무늬를 넣어 바르는 회반죽이나 시멘트. 그러나 외관에 바르기도 하며, 때로는 정면 전체가 돌로 된 것처럼 보이게 하려고 쓰기도 한다.

ㅋ

카롤링거 양식(Carolingian Style): 800년경 샤를마뉴 대제 때 시작된 양식으로, 로마네스크 양식을 낳았다.

카리아티드(Caryatid): 여상주(女像柱)라고도 함. 여인상과 같은 형태로 조각된 기둥.

칸막이(screen): 중세 교회에서 성가대석을 둘러싸고 있는 칸막이처럼, 떠받치는 기능은 하지 않고 공간을 구분하는 기능만 하는 벽.

칼다리움(Caldarium): 로마의 공공 욕장에 있던 고온 욕실.

319

캐노타프(cenotaph): 다른 곳에 묻힌 사람을 추모하기 위해 세운 기념비.

커스프(cusp): 아치나 창문, 둥근 문장에서 안쪽으로 뾰족하게 돌출된 점.

커튼월(curtain wall): (1) 성에서 능보나 탑 사이에 있는 벽. (2) 근대 건축에서 하중을 받지 않고 칸막이 역할만 하는 외벽. 철골 구조 건물에서는 모든 벽이 커튼월이다.

코니스(cornice): (1) 고전적인 앤테블러처에서 돌출된 맨 윗부분(오더를 보라). (2) 르네상스 건축에서 까치발이 떠받치고 있는 벽의 윗부분을 따라 돌출되어 있는 선반.

코린트식(Corinthian): 세 가지 고전 오더 가운데 마지막 오더. (1) 기둥 받침이 높고, (2) 기둥 몸체에 날씬하고 가는 띠와 함께 세로 홈이 파여 있으며, (3) 상징화된 아칸서스 잎을 이용해 기둥머리를 장식한 것이 특징이다.

코브(cove, coving): 벽과 천장이 만나는 모서리를 둥글게 처리했을 때 생기는 오목면.

큐폴라(cupola): 때로는 돔과 같은 것을 뜻하나, 대개는 꼭대기에 채광창이 있는 소형 돔이나 작은 탑을 말한다.

크리프트(crypt): 교회의 동쪽 끝에 있는 지하 공간. 원래는 성인의 유해를 간직하는 납골당으로 쓰임(그리스어로 '숨겨진'이라는 뜻).

클리어스토리(clerestory) → 채광층을 보라.

ㅌ

터릿(turret): 흔히 원형 계단 위에 짓거나 장식인 요소로 지은 작은 탑.

테라코타(terracotta): 여러 가지 모양으로 구운 흙. 벽돌보다 단단하며, 자연색인 갈색 그대로 두기도 하고 색칠을 하거나 유약을 바르기도 한다.

테메노스(temenos): 그리스 건축에서, 담에 둘러싸여 있는 신성한 경내. 안에 신전이나 제단이 있다.

테피다리움(tepidarium): 로마의 공공 욕장에서 따뜻한 물이 담겨 있던 미온 욕실.

토스카나식(Tuscan) → 에트루리아식을 보라.

트러스(truss): 개구부를 가로질러 기와나 함석을 떠받치기 위해 설계된 딱딱한 삼각형 틀. 대부분의 목조 지붕은 트러스에 의해 지탱된다.

트레이서리(tracery): 큰 창을 구성하는 여러 조각의 유리를 결합시키는 석재 틀. 그러나 실제로는 거의 고딕 창문의 트레이서리만을 의미한다. 가장 먼저 나온 판형 트레이서리는 기본적으로 유리를 끼울 구멍을 파낸 단단한 벽이었다. 진정한 의미의 트레이서리라 할 수 있는 막대형 트레이서리는 여러 가지 복잡한 무늬의 석재 창살을 이용했다.

트랜셉트(transept): 십자형 교회에서 네이브 및 성단소와 직각을 이루며 남북으로 뻗어나간 부분(남쪽으로 뻗어나간 부분은 '남쪽 트랜셉트'라 부르고 북쪽으로 뻗어나간 부분은 '북쪽 트랜셉트'라 부른다). 교차부의 동쪽에 트랜셉트를 덧붙인 성당도 있다.

트리글리프(triglyph): 두 개의 홈에 의해 세 갈래로 나누어진 수직 띠로 이루어진 부분. 메토프와 함께 도리아식 엔테블러처의 프리즈를 형성한다.

트리포리움(triforium): 로마네스크나 고딕 교회의 전면에서 아케이드와 클리어스토리 중간에 있는 층.

ㅍ

파고다(pagoda): 층마다 넓게 뻗어나간 지붕이 있는, 중국이나 일본의 다층 건물.

페디먼트(pediment): 원래는 경사진 지붕이 있는 그리스 신전의 삼각형 박공벽. 나중에는 그 뒤에 있는 것과 상관 없이 기념비적인 요소로 쓰임.

펜던티브(pendentive): 돔을 얹는 원형 토대를 마련하기 위해 사각형 공간의 꼭대기 모서리에 반원통형 천장을 올렸을 때 생기는 삼각형 곡면. 스퀸치와 용도가 같다.

포디움(podium): 바닥에서 높이 올린 석조 기단으로, 이 위에 사원을 짓는다.

포럼(forum): 로마의 시장 또는 집회를 위한 광장. 보통 공공 건물에 둘러싸여 있다.

프레스코화(fresco): 엄격하게는 회반죽이 아직 마르지 않았을 때 벽에 그린 그림을 가리킨다. 그러나 때로는 막연히 벽화를 의미하기도 한다.

프로팔라이온(propylaea): 그리스어로 '문앞'이라는 뜻. 신성한 장소로 들어가는 기념비적인 입구.

프리기다리움(frigidarium): 로마의 공공 욕장에 있던 야외 수영장.

프리즈(frieze): 고전주의 건축에서 앤테블러처를 구성하는 한 부분으로, 아키트레이브 위에 있고 코니스 아래에 있다. 도리아식에서는 트리글리프와 메토프로 나누어진다. 흔히 인물상을 조각하는 띠로 사용되었으며, 따라서 르네상스 건축에서는 건물이나 방 꼭대기에 띠처럼 두른 부조 부분을 의미한다.

플라테레스코 양식(Plateresque): 스페인에서 1520년경부터 유행한 초기 르네상스 양식.

플랑부아양(flamboyant): 프랑스 고딕 양식의 마지막 단계(말 그대로는 '불꽃 모양'을 의미한다). 복잡한 곡선과 트레이서리, 풍부한 장식이 특징.

피라미드(pyramid): 사각형 토대에 측면은 삼각형을 이루도록 돌이나 벽돌을 쌓아올려 한 정점에서 만나도록 축조한 기념비적 구조물.

필로티(pilotis): 1층을 완전히 비워놓은 채 건물 전체를 떠받치는 기둥(프랑스어에서 '필로티'는 말뚝을 의미함).

ㅎ

한 축을 중심으로 한 평면 설계(axial planning): 여러 개의 건물이나 한 건물 안에 있는 여러 개의 방을 한 축을 중심으로 나란히 배열하는 방식.

홍예받이(springing): 아치에서 곡선이 시작되는 지점. 아치굽이라고도 한다.

회랑(cloister): 개방된 아케이드의 둘레에 있는 사각형 뜰.

히포드롬(hippodrome): 고대 그리스에서 경마와 전차 경주가 벌어졌던 원형 경기장.

참고 문헌

총론

BRONOWSKI, J., The Ascent of Man, London, 1975
CANTACUZINO, SHERBAN, European Domestic Architecture, London, 1969
CLARK, KENNETH, Civilisation, London, 1969
CLIFTON-TAYLOR, ALEC, The Pattern of English Building, London, 1972
COWAN, HENRY J., The Masterbuilders, Sydney and London, 1977
DAVEY, NORMAN, A History of Building Materials, London, 1961
FLETCHER, SIR BANISTER, A History of Architecture, 19th edn., London, 1987
Hoskins, W. G., The Making of the English Landscape, London, 1955
JELLICOE, GEOFFREY and SUSAN, The Landscape of Man, London, 1975
JONES, OWEN, The Grammar of Ornament, London, 1856; facsimile edn., London, 1986
MUMFORD, LEWIS The City in History, London, 1961
NUTTGENS, PATRICK (ed.), The World's Great Architecture, London, 1980
NUTTGENS, PATRICK, Pocket Guide to Architecture, London, 1980
PEVSNER, SIR NIKOLAUS, An Outline of European Architecture, Harmondsworth, 1943
WATKIN, DAVID, A History of Western Architecture, London, 1986

1. 토속 건축

BRUNSKILL, R. W., Traditional Buildings of Britain, London, 1981
—, Vernacular Architecture, London, 1971
GUIDONI, ENRICO, Primitive Architecture, New York, 1978
RAPOPORT, AMOS, House Form and Culture, Englewood Cliffs, New Jersey, 1969
RUDOFSKY, BERNARD, Architecture without Architects, London, 1973

2. 최초의 문명

BACON, EDWARD (ed.), The Great Archeologists (from The Illustrated London News), New York, 1976
BORD, JANET and COLIN A Guide to Ancient Sites in britain, St Albans, 1979
BURL, AUBREY, The Stonehenge People, London, 1987
COTTRELL, LEONARD, Lost Cities, London, 1957
—, The Bull of Minos, London, 1955
CULICAN, WILLIAM, The Medes and the Persians, London, 1965
GARBINI, GIOVANNI, The Ancient World, London, 1967
GIEDION, SIGFRIED, The Beginnings of Architecture, vol. 2 of The Eternal Present (2 vols.), oxford, 1964
JAMES, E. O.,From Cave to Cathedral, London, 1965
LLOYD, S. and MULLER, H. W., Ancient Architecture, London, 1980
MACAULAY, ROSE, The Pleasure of Ruins, London, 1964
MACKENDRICK, PAUL, The Mute Stones Speak, London, 1960
PIGGOTT, STUART (ed.), The Dawn of Civilization, London, 1961
POSTGATE, NICHOLAS, The First Empires, Oxford, 1977
WHITEHOUSE, RUTH, The First Cities, Oxford, 1977

3. 고대 이집트

DE CENIVAL, JEAN-LOUIS, Living Architecture: Egyptian, London, 1964
CURL, JAMES STEVENS, A Celebration of Death, London, 1980
EDWARDS, I. E. S., The Pyramids of Egypt, London, 1947
HANCOCK, GRAHAM, Fingerprints of the Gods, London, 1955
HUTCHINSON, WARNER, A., Ancient Egypt, London and New York, 1978
PEMBERTON, DELIA, Ancient Egypt, Harmondsworth, 1992
SMITH, W. STEVENSON, The Art and Architecture of Ancient Egypt (rev. edn), Harmondsworth, 1971

4. 인도 아대륙

BUSSAGH, MARIO, Oriental Architecture, London, 1981
GRAY, BASIL (ed.), The Arts of India, Oxford, 1981
HARLE, J. C., The Art and Architecture of the Indian Subcontinent, Harmondsworth, 1986
Indian Temples and Plalaces (Great Buildings of the World series), London, 1969
ROWLAND, BENJAMIN, The Art and Architecture of India (rev. edn), Harmondsworth, 1971
TADGELL, CHRISTOPHER, The History of Architecture in India, London, 1990
VOLWAHSEN, ANDREAS, Living Architecture: Indian, London, 1969

5. 중국과 일본

AUBOYER, JEANNINE and GOEPPER, ROGER (eds.), Oriental World, London, 1967

COTTERELL, ARTHUR, The First Emperor of China, London, 1981

DEPARTMENT OF ARCHITECTURE, Qinghua University, Historic Chinese Architecture, Qinghua University Press, 1985

GARDINER, STEPHEN, The Evolution of the House, London, 1976

KIDDER, J. EDWARD JR., The Art of Japan, London, 1981

LIP, EVELYN, Chinese Geomancy, Singapore, 1979

PAINE, ROBERT TREAT and SOPER, ALEXAN DER, The Art and Architecture of Japan (rev. edn), Harmondsworth, 1975

SICKMAN, LAURENCE and SOPER, ALEXANDER, The Art and Architecture of China (3rd edn.), Harmondsworth, 1968

TERZANI, TIZIANO, Behind the Forbidden Door, London, 1986

YU, ZHUOYAN, Palaces of the Forbidden City, Harmondsworth, 1984

6. 메소 아메리카

HEYDEN, DORIS and GENDROP, PAUL, Pre-Columbian Architecture of Mesoamerica, New York, 1975, and London, 1980

—, The Pre-Columbian Civillisations, New York, 1979

MORRIS, CRAIG, AND VON HAGEN, ADRIANA, The Inka Empire and its Andean Origins, New York, 1996

ROBERTSON, DONALD, Pre-Columbian Architecture, Englewood Cliffs and London, 1963

7. 고대 그리스

BROWNING, ROBERT (ed.) The Greek World, London, 1985

GRANT, MICHAEL (ed.), The Birth of Western Civilisation, London, 1964

LAWRENCE, A. W., Greek Architecture, Harmondsworth, 1957; rev. edn., 1983

ROLAND, MARTIN, Living Architecture: Greece, London, 1967

ROBERTSON, D. S., Greek and Roman Architecture, Cambridge, 1969

SCULLY, VINCENT, The Earth, the Temple and the Gods, New Haven and London, 1962

SPIVEY, NIGEL, Greek Art, London, 1997

TAPLIN, PLIVER, Greek Fire, London, 1989

8. 고대 로마

GIBBON, EDWARD, Decline and Fall of the Roman Empire, 1776-1788; available in various modern editions and abridgements

GOODENOUGH, SIMON, Citizens of Rome, London, 1979

GRANT, MICHAEL, The World of Rome, New York, 1960

PICARD, GILBERT, Living Architecture: Roman, London, 1965

VITRUVIUS, The Ten Books on Architecture, transl. M. H. Morgan, New York, 1960

WARD-PERKINS, JOHN B., Roman Architecture, New York, 1977

—, Roman Imperial Architecture, 2nd edn., New Haven and London, 1992

9. 초기 그리스도교와 비잔틴 제국

FOSTER, RICHARD, Discovering English Churches, London, 1980

HETHERINGTON, PAUL, Byzantine and Medieval Greece: Churches, Castles, Art, London, 1991

KRAUTHEIMER, RICHARD, Early Christian and Byzantine Architecture, harmondsworth, 1975

LOWDEN, JOHN, Early Christian and Byzantine Art, London, 1997

MACDONALD, WILLIAM L., Early Christian and Byzantine Architecture, Englewood Cliffs and London, 1962

MAINSTONE, ROWLAND, Hagia Sophia, London, 1986

MANGO, CYRIL, Byzantine Architecture, London, 1978

STEWART, CECIL, Early Christian, Byzantine and Romanesque Architecture, London, 1954

TALBOT RICE, DAVID (ed.), The Dark Ages, London, 1965

10. 로마네스크 양식

ATROSHENKO, V. T., and COLLINS, JUDITH, The Origins of the Romanesque, London, 1980

CONANT, K. J., Carolingian and Romanesque Architecture 800-1200, London, 1959

COOK, OLIVE, English Cathedrals, 1989

EVANS, JOAN (ed.), The Flowering of the Middle Ages, London, 1985

KUBACH, HANS ERICH, Romanesque Architecture, New York, 1977

OURSEL, RAYMOND and ROUILLER, JACQUES, Living Architecture: Romanesque, London, 1967

SERVICE, ALASTAIR, The Building of Britain: Anglo-Saxon and Norman, London, 1982

TAYLOR, H. M. and J., Anglo-Saxon Architecture, Cambridge, 1965

11. 이슬람

BARAKAT, SULTAN (ed.), Architecture and Development in the Islamic World, York, 1993

BLAIR, SHEILA S., and BLOOM, JONATHAN M., The art and Architecture of Islam, 1250-1800, New Haven and London, 1995

BLAIR, SHEILA S., and BLOOM, JONATHAN M., Islamic Arts, London, 1997

ETTINGHAUSEN, RICHARD and GRABAR, OLEG, The Art and Architecture of Islam, 650-1250, New Haven and London, 1992

GOODWIN, GEOFFREY, Islamic Architecture: Ottoman Turkey, London, 1977

—, Sinan, London, 1993

GRUBE, ERNST J., The World of Islam, London, 1966

HOAG, JOHN D., Islamic Architecture, New York, 1977

HUTT, ANTHONY AND HARROW, LEONARD, Islamic Architecture: Iran, London, 1977

HUTT, ANTHONY, Islamic Architecture: North Africa, London, 1977

MICHELL, GEORGE, Architecture of the Islamic World, London, 1978

WARREN, J. AND FETHI, I., Traditional Houses in Baghdad, Coach Publishing House, 1982

12. 중세와 고딕

ACLAND, JAMES H., Mediaeval Structure: the Gothic Vault, Toronto and Buffalo, 1972

BRAUNFELS, WOLGANG, Monasteries of Western Europe, London, 1972

CHARPENTIER, LOUIS, The Mysteries of Chartres Cathedral, Research into Lost

Knowledge Organisation, Haverhill, Suffolk, 1966
COWAN, PAINTON, Rose Windows, London, 1979
FRANKL, PAUL, Gothic Architecture, Harmondsworth, 1962
GIMPEL, JEAN, The Cathedral Builders, new edn., London, 1993
GRODECKI, LOUIS, Gothic Architecture, New York, 1977
HARVEY, JOHN, The Medieval Architect, London, 1972
HOFSTATTER, HANS H., Living Architecture: Gothic, London, 1970
JAMES, JOHN, Chartres: the Masons Who Built a Legend, London, 1982
MALE, EMILE, The Gothic Image, London, 1961
PANOFSKY, ERWIN, Gothic Architecture and Scholasticism, Latrobe, PA, 1951
VILLARD DE HONNECOURT, The Sketchbooks of Villard de Honnecourt, Bloomington, Indiana, 1959
VON SIMSON, OTTO, The Gothic Cathedral, London, 1962
WILSON, CHRISTOPHER, The Gothic Cathedral, London, 1990

13~14. 이탈리아 르네상스와 르네상스의 확산

ACKERMANN, JAMES, Palladio, Harmondsworth, 1966
ALBERTI, LEON BATTISTA, On the Art of Building in Ten Books, Florence, 1485; transl. J. Rykwert, N. Leach and R. Tavernor, Cambridge, Mass., 1988
ALLSOPP, BRUCE, A History of Renaissance Architecture, London, 1959
BENEVOLO, LEONARDO, The Architecture of the Renaissance, 2 vols., London, 1978
GADOL, JOAN, Leon Battista Alberti, Universal Man of the Early Renaissance, Chicago, 1969
HAY, DENYS(ed.), The Age of the Renaissance, London, 1967
HEYDENREICH, LUDWIG H., and LOTZ, WOLFGANG, Architecture in Italy, 1400-1600, Harmondsworth, 1974
MORRICE, RICHARD, Buildings of Britain: Stuart and Baroque, London, 1982
MURRAY, PETER, Renaissance Architecture, New York, 1971
PALLADIO, ANDREA, The Four Books of Architecture, Venice, 1570; Engl. transl., London, 1738, reprinted New York, 1965
PLATT, COLIN, The Great Rebuilding of Tudor and Stuart England, London, 1994
PORTOGHESI, PAOLO, Rome of the Renaissance, London, 1972
SCOTT, GEOFFREY, The Architecture of Humanism, London, 1914
SERLIO, SEBASTIANO, Regolo generale di architettura, Venice, 1537; English translation, 1611, reprinted New York, 1980
SUMMERSON, JOHN, The Classical Language of Architecture, London, 1963
--, Architecture in Britain, 1530-1830, Harmondsworth, 1953; 6th edn., 1977
WITTKOWER, RUDOLF, Architectural Principles in the Age of Humanism, London, 1962
VASARI, GIORGIO, Lives of the Most Eminent Painters, Sculptors and Architects, Florence, 1550, revised edn. 1568; transl. C. de Vere, London, 1912-1915, reprinted New York, 1979

15. 바로크와 로코코

BAZIN, GERMAIN, Baroque and Rococo, London, 1964
BLUNT, ANTHONY(ed.), Baroque and Rococo: Architecture and Decoration, London, 1978
DOWNES, KERRY, Hawksmoor, London, 1969
DOWNES, KERRY, Vanbrugh, London, 1977
FISKE-KIMBALL, The Creation of the Rococo, New York, 1964
HARALD, BUSCH AND LOHSE, BERND, Baroque Europe, London, 1962
HUBALA, ERICH, Baroque & Rococo, London, 1989
KITSON, MICHAEL, The Age of the Baroque, London, 1976
MILLON, HENRY A., Baroque and Rococo Architecture, Englewood Cliffs and London, 1961
WHINNEY, MARGARET, Wren, London, 1971
WITTKOWER, RUDOLPH, Art and Architecture in Italy, 1600-1750, Harmondsworth, 1965

16. 낭만적 고전주의

AUNT, JOHN DIXON, and WILLIS, PETER, The Genius of the Place: the English Landscape Garden 1620-1820, Cambridge, Mass., 1988
BRAHAM, ALLAN, The Architecture of the French Enlightenment, London, 1980
CAMPBELL, COLEN (ed.), Vitruvius Britannicus, London, 1715-1725
CROOK, J. MORDAUNT, The Greek Revival, London, 1972
CRUIKSHANK, DAN and WYLD, PETER, London: The Art of Georgian Building, London, 1975
GERMANN, GEORGE, Gothic Revival in Europe and Britain, London, 1972
HARRIS, JOHN, The Palladian Revival: Lord Burlington, His Villa and Garden at Chiswick, New Haven and London, 1996
IRWIN, DAVID, Neoclassicism, London, 1997
MIDDLETON, ROBIN, and WATKIN, DAVID, Neoclassical and Nineteenth Century Architecture, New York, 1980
STUART, JAMES and REVETT, NICOLAS, The Antiquities of Athens, London, 1762
SUMMERSON, JOHN, Architecture in the Eighteenth Century, London, 1986
TREVOR-ROPER, HUGH (ed.), The Age of Expansion, London, 1968
WATKIN, DAVID, The English Vision: the Picturesque in Architecture, London, 1982
WITTKOWER, RUDOLF, Palladio and English Palladianism, London, 1974

17. 아메리카와 그 너머

COOKE, ALASTAIR, America, London, 1973
DAVIES, P., Splendours of the Raj: British Architecture in India, 1660-1947, London, 1985
FIELDHOUSE, D.K., The Colonial Empires, London, 1966
HAMLIN, T.F., Greek Revival Architecture in America, New York, 1944 and 1964
HANDLIN, DAVID P., American Architecture, New York and London, 1985
HITCHCOCK, HENRY-RUSSELL, Architecture: Nineteenth and Twentieth Centuries(4th edn.), Harmondsworth, 1977
KUBLER, G., and SORIA, M., Art and Architec-

ture in Spain and Portugal and their American Dominions, London, 1959
MORRIS, JAMES, Heaven's Command: an Imperial Progress, New York, 1975
O'MALLEY, DINAH, Historic Buildings in Australia, London, 1981
PIERSON, WILLIAM H., American Buildings and their Architects; the Colonial and Neoclassical Styles, New York, 1970
STACKPOLE, JOHN, Colonial Architecture in New Zealand, Wellington, Sydney and London, 1959
TREVOR-ROPER, HUGH (ed.), The Age of Expansion, London, 1968

18. 새로운 양식을 찾아서

ALDRICH, MEGAN, Gothic Revival, London, 1996
ATTERBURY, PAUL and WAINWRIGHT, CLIVE, Pugin: A Gothic Passion, New Haven and London, 1994
BRIGGS, ASA, Victorian Cities, London, 1963
CLARK, KENNETH, The Gothic Revival, London, 1962
COLLINS, PETER, Changing Ideals in Modern Architecture, London, 1966
CROOK, MORDAUNT J., The Dilemma of Style, London, 1989
DIXON, ROGER, and MUTHESIUS, STEFAN, Victorian Architecture, London, 1978
GIROUARD, MARK, The Victorian Country House, Oxford, 1971
GOODHART-RENDELL, H., English Architecture since the Regency, London, 1953
HITCHCOCK, HENRY-RUSSELL, Architecture: Nineteenth and Twentieth Centuries(4th edn.), Harmondsworth, 1977
IRVING, ROBERT GRANT, Indian Summers, New Haven and London, 1984
MAHONEY, KATHLEEN, Gothic Style: Architecture and Interiors from the Eighteenth Century to the Present, New York, 1995
MORRIS, IAN, with WINCHESTER, SIMON, Stones of Empire: the Buildings of the Raj, Oxford, 1986
MUTHESIUS, STEFAN, The High Victorian Movement in Architecture 1850-1870, London, 1972
PEVSNER, NIKOLAUS, A History of Building Types, London, 1976
ROLT, L.T.C., Isambard Kingdom Brunel, London, 1961
STROUD, DOROTHY, The Architecture of Sir John Soane, London, 1962
TREVOR-ROPER, HUGH (ed.), The Nineteenth Century, London, 1968
WAINWRIGHT, CLIVE, The Romantic Interior 1750-1850, New Haven and London, 1989

19. 20세기 전환기

AMAYA, MARIO, Art Nouveau, London, 1985
CONDIT, CARL, W., The Chicago School of Architecture 1875-1926, Chicago, 1964
DAVEY, PETER, Arts and Crafts Architecture, London, 1980; 2nd edn., 1995
FRANKLIN, JILL., The Gentleman's Country House, 1835-1914, London, 1981
GAUNT, WILLIAM, The Pre-Raphaelite Dream, London, 1943
GUTHEIM, FRED, Frank Lloyd Wright on Architecture, New York, 1941
HOWARTH, THOMAS, Charles Rennie Mackintosh, London, 1977
HUSSEY, CHRISTOPHER, The Life of Sir Edwin Lutyens, Woodbridge, 1984
MACCARTHY, FIONA, William Morris, London, 1994
MACLEOD, ROBERT, Charles Rennie Mackintosh, London, 1968
MUTHESIUS, HERMANN, Das englische Haus, Berlin, 1904-5
NAYLOR, GILLIAN, The Arts and Crafts Movement, London, 1971
NUTTGENS, PATRICK (ed.), Mackintosh and his Contemporaries, London, 1988
PEVSNER, NIKOLAUS, The Sources of Modern Architecture and Design, London, 1968
RUSSELL, FRANK, Art Nouveau Architecture, London, 1979
SERVICE, ALASTAIR, Edwardian Architecture, London, 1977
SULLIVAN, LOUIS H., Autobiography of an Idea, new York, 1956
ZERBST, RAINER, Antoni Gaudi, London, 1992

20. 국제주의 양식

BANHAM, REYNER, Theory and Design in the First Machine Age, London, 1960
BENEVOLO, LEONARDO, History of Modern Architecture, 2 vols., London, 1971
DROSTE, MAGDALENA, Bauhaus, London, 1990
FABER, COLIN, Candela the Shell Builder, London and New York, 1963
GIEDION, SIGFRIED, Space, Time and Architecture, Cambridge, Mass., 1963
GROPIUS, WALTER, The New Architecture and the Bauhaus, London, 1935
HATJE, GERD (ed.), Encyclopaedia of Modern Architecture, London, 1963
HITCHCOCK, HENRY-RUSSELL and JOHNSON, PHILIP, The International Style, New York, 1932; 2nd edn., 1966
LE CORBUSIER, Towards a New Architecture, London, 1927; reprinted 1970
NUTTGENS, PATRICK, Understanding Modern Architecture, London, 1988
PEVSNER, NIKOLAUS, The Sources of Modern Architecture and Design, London, 1968
RICHARDS, J.M., Guide to Finnish Architecture, London, 1966
SCULLY, VINCENT, Modern Architecture, New York, 1961
WEBER, EVA, Art Deco, London, 1989

21. 확실성의 종말

CURTIS, WILLIAM J.R., Modern Architecture since 1900, 3rd edn., London, 1996
GLANCEY, JONATHAN, New British Architecture, London, 1989
FRAMPTON, KENNETH, Modern Architecture, a Critical History, New York, 1980
JENCKS, CHARLES, A., The Language of Post-Modern Architecture, 3rd edn., London, 1981
—, Late Modern Architecture and Other Essays, London, 1980
ROSSI, ALDO, The Architecture of the City, Cambridge, Mass., 1982(original Italian edition, Padua, 1966)
VENTURI, ROBERT, Complexity and Contradiction in Architecture, New York, 1966

건축가 프로필

가르니에, 샤를(Garnier, Charles; 1825~1898): 프랑스 건축가. 대표작인 웅장한 네오 바로크 양식의 파리 오페라 극장은 풍부한 색깔과 화려한 장식, 고도로 절제된 매스와 공간이 이루어낸 걸작이다.
작품: 오페라 하우스, 파리(1861~1875), 카지노, 몬테카를로(1878), 빌라, 보르디게라(1872), 출판사 클럽 본부, 파리(1878).

가브리엘, 앙주자크(Gabriel, Ange-Jacques; 1698~1782): 가장 위대한 프랑스 고전주의 건축가. 1742년에 아버지의 뒤를 이어 루이 15세의 수석 건축가가 되었으며, 주요 작품은 주로 퐁텐블로와 콩피에뉴, 베르사유 궁전을 개조하고 증축한 것으로 이루어져 있다. 가장 뛰어난 작품은 위엄과 단순성, 절제된 장식 사용이 특징이다.
작품: 오페라 하우스, 베르사유(1748), 파비용 드 퐁파두르, 퐁텐블로(1748), 에콜 밀리테르, 파리(1750~1768), 르 프티 트리아농, 베르사유(1763~1769), 사냥별장, 라 뮈에트(1753~1754), 루아얄 광장, 보르도(1731~1755), 콩코르드 광장, 파리(1753~1765).

가우디, 안토니(Gaudi, Antoni; 1852~1926): 자연 형태에 기초해 아주 환상적이고 기이한 형태의 아르 누보를 창조한 스페인 건축가. 곡선으로 구부러진 정면과 지붕선, 풍부하고 다채로운 장식이 특징이다.
작품(모두 바르셀로나에 있다): 사그라다 파밀리아 교회(1884~), 구엘 궁전(1885~1889), 구엘 공원(1900~1914), 산타 콜로마 데 세르벨로 교회(1898~1917), 카사 바틀로(1904~1906), 카사 밀라(1905~1910).

고원, 제임스(Gowan, James) → 스털링, 제임스를 보라.

구아리니, 구아리노(Guarini, Guarino; 1624~1683): 이탈리아 바로크 건축가이며 수학자. 보로미니의 생각을 한층 기념비적인 형태로 표현했다. 그가 지은 교회는 아주 복잡한 공간이 특징적이며, 그 위에 올린 아주 독창적인 원뿔꼴 돔은 많은 영향을 끼쳤다.
작품(모두 토리노에 있다): 산타 신도네 예배당(1667~1690), 산 로렌초 교회(1668~1687), 콜레조 데이 노빌리(1678), 팔라초 카리냐노(1679).

구로카와, 기쇼(Kurokawa, Kisho; 1934년 출생): 일본 고유의 양식뿐 아니라 국제주의 양식도 구사하는 현대 일본의 대표적인 건축가. 메타볼리즘을 주창하는 집단의 일원이며, 표준화된 단위에 기초한 체계를 발전시켰고, '공생' 관념, 즉 인간과 환경, 서로 다른 문화와 문화의 상호작용을 강조했다. 다작을 하는 작가이다.
작품: 나카긴 캡슐 타워, 도쿄(1972), 소니 타워, 오사카(1976), 현대미술관, 히로시마(1988), 스포팅 클럽, 일리노이 센터, 시카고(1990), 시립 사진 전시관, 나라(1992).

그레이브스, 마이클(Graves, Michael; 1934년 출생): 프린스턴과 뉴욕에서 활동한 미국 건축가. '뉴욕 파이브'(아이젠먼을 보라)의 일원이었으며, 근대와 고전적인 원형에 대한 형식 조작에 전념하여, 역사적인 인용이 의도적인 풍자와 애매모호함으로 사용된 양식을 발전시켰다.
작품: 베너세라프 하우스, 프린스턴(1969), 파고-무어헤드 문화 센터, 노스다고타/미네소타(1977~1978), 퍼블릭 서비스 빌딩, 포틀랜드, 오리건(1980~1983).

그로피우스, 발터(Gropius, Walter; 1883~1969): 근대 건축에서 국제주의 양식을 창조한 사람 가운데 하나이며, 20세기 가장 영향력 있는 건축 설계 학교였던 바우하우스의 설립자. 1933년 나치가 바우하우스를 폐쇄하자 잠시 영국에서 일하다가(1934~1937) 미국으로 이민 가서 하버드 대학 대학원 건축학부 학과장으로 있으면서 모더니즘 확산에 주된 역할을 했다.
작품: 파구스 공장, 알프레트안더라이네(1911), 베르크분트 박람회 전시관, 쾰른(1914), 바우하우스, 데사우(1925~1926), 그로피우스 하우스, 링컨, 매사추세츠(1938), 하크니스 커먼스 도미토리스, 하버드 대학, 캠브리지, 매사추세츠(1948).

기브스, 제임스(Gibbs, James; 1682~1754): 영국 바로크와 신고전주의 건축가. 로마에서 카를로 폰타나에게 배웠으며, 절제된 바로크 양식을 구사해 영국 신고전주의 양식의 발전에 큰 영향을 미쳤다.
작품: 디치리 하우스, 옥스퍼드셔(1720~1725), 세인트 마틴인더필즈 교회, 런던(1721~1726), 이사회관, 캠브리지 대학(1722~1730), 펠로우 빌딩, 킹 대학, 캠브리지(1724~1729), 레드클리프 카메라실, 옥스퍼드(1737~1749).

내시 존(Nash, John; 1752~1835): 다재다능하고 모험적인 건축가이며 도시 계획가. 그가 개발한 대규모 주택 단지는 런던의 얼굴에 영원한 족적을 남겨놓았다. 원기왕성하고 아주 성공적인 사업가이기도 했던 그는 1812년에 이미 이엉을 올린 시골집뿐 아니라 40채가 넘는 시골 저택을 지었으며, 이것은 모두 픽처레스크 양식의 영향 아래 고전주의와 고딕, 이탈리아 양식으로 지어졌다. 1806년에는 황태자의 건축가로 임명되어, 세인트 제임스 공원에서 리전트 공원까지 이어진 행렬가도에 건설할 웅장한 신고전주의 계획안을 내놓았다. 이 가운데 많은 부분이 실현되어, 런던의 가장 유명한 명소 가운데 일부가 되었다.
작품: 크링크힐(1802년경), 레번스위스 성(1808), 로킹엄(1810), 블레이즈 햄릿(1811), 리전트 공원과 리전트 거리, 런던(1811~), 브라이턴 퍼빌리언(1815), 올 세인츠 교회, 랑엄 궁전, 런던(1822~1825), 버킹엄 궁, 런던(1825~1830).

노이만, 발타자어(Neumann, Balthasar; 1687~1753): 독일 건축가. 노이만의 작품은 소용돌이치는 곡선과 꿈틀거리는 표면, 풍부하고 다채롭지만 정교한 장식으로 절정기에 오른 후기 바로크 양식을 대변해준다.
작품: 주교관(레지덴츠), 뷔르츠부르크(1719~1744, 공동 작품), 목조 교회당, 뷔르츠부르크 근처(1726), 계단, 브루흐잘 주교관(1732), 순례자 교회, 피어첸하일리겐(1743~1772), 대수도원 교회, 네레스하임(1745~), 성모 봉헌 교회, 림바흐(1747~1752).

니마이어, 오스카르(Niemeyer, Oscar; 1907년 출생): 브라질 건축가. 르 코르뷔지에의 제자. 포물선과 기타 단순한 기하학적 형태를 조각처럼 이용해 독특한 형태의 모더니즘을 선보였다. 1957년에는 브라질리아라는 새로운 도시 건설 계획을 추진한 주요 건축가가 되었다.
작품: 교육보건부 청사, 리우데자네이루(1936~1945, 루시우 코스타, 르 코르뷔지에와 함께), 상 프란시스쿠 데 아시스 교회, 팜풀라(1942~1943), 팜풀라 카지노(1942~1943), 니마이어 하우스, 리우데자네이루(1953), 브라질리아(1957).

돌만, 게오르그 폰(Dollmann, Georg von; 1830~1895): 독일 고딕 복고와 낭만주의 건축가. 레오 폰 클렌체의 학생이었으며, 에두아르트 리델(1813~1885)의 뒤를 이어 바이에른의 루트비히 2세의 궁정 건축가가 되어, 왕의 '동화 같은' 생각을 중세적인 요소와 바로크, 비잔틴, 동방적인 요소가 통합된 건물로 옮기는 일을 맡았다.
작품: 교구 교회, 기싱(1865~1868), 노이슈반슈타인 궁전(1872~1886; 1868년에 리델이 시작), 헤렌킴제 궁전(1878~1886).

뒤도크, 빌렘(Dudok, Willen; 1884~1974): 힐베르숨에서 활동한 네덜란드 건축가. 벽돌을 사용하고 전통을 존중한 점에서 보수적이었으나, 데 스테일과 프랭크 로이드의 영향을 흡수하여 특히 영국에서 많은 찬사를 받은 독특한 국제주의 양식을 탄생시켰다.
작품: 바빙크 박사 학교, 힐베르숨(1921~1922), 시청사, 힐베르숨(1927~1931), 비엔코르프 백화점, 로테르담(1938~1939, 철거됨).

디엔첸호퍼, 요한(Dientzenhofer, Johann; 1665~1726): 독일 바로크 건축가 집안의 한 사람. 로마에 갔으며, 초기 작품에서는 이탈리아적인 특성이 보인다. 성숙기 작품은 극적이고 유동적인 공간 개념이 특징이다.
작품: 풀다 성당(1701~1712), 반츠 대수도원 교회(1710~1718), 포머스펠덴 궁전(1711~1718).

라브루스트, 앙리(Labrouste, Henri; 1801~1875): 프랑스 건축가. 선구적으로 건물에 철골 구조 볼트를 이용한 대표적인 합리주의자. 형태는 기능과 재료를 따라야 한다는 원칙에 따라, 의뢰받은 두 개의 큰 도서관에서 강력한 철을 이용해 넓고 밝고 우아한 실내를 창조했다. 철도역과 같은 구조물에서 그것의 전세계적인 영향을 볼 수 있다.
작품: 생트 즈네비에브 도서관, 파리(1843~1851), 신학교, 렌(1853~1872), 국립도서관, 파리(1854~1875), 오텔 드 빌그뤼, 파리(1865).

라우라나, 루치아노(Laurana, Luciano; 1420/5~1479): 이탈리아 초기 르네상스 건축가. 작품 가운데 아주 위엄 있고 넓은 전면과 정교하고 세련된 실내 장식이 돋보이는 우르비노의 뒤칼 성(1454년경~)이 유일하게 알려져 있다.

라이트, 프랭크 로이드(Wright, Frank Lloyd; 1867~1959): 많은 사람이 가장 위대한 미국 건축가로 꼽는다. '프레리 양식'의 창시자로서, 이 양식에 전형적인 긴 지붕선을 개발하고, 유동적인 실내 공간이라는 새로운 개념과 건물과 자연의 새로운 관계를 도입했다. 이색적이고 아주 독창적이었던 라이트는, 국제주의 양식에 거의 영향을 받지 않고 풍부하고 강력한 자신의 상상력에 따랐다.
작품: 오크 파크 하우스, 시카고(1889), 마틴 하우스, 버펄로(1904), 유니티 사원, 오크 파크, 시카고(1905~1908), 반스돌 하우스, 로스앤젤레스(1916~1921), 임페리얼 호텔, 도쿄(1916~1922), 에니스 하우스, 로스앤젤레스(1923~1924), 폴링워터, 베어런, 펜실베이니아(1935~1937), 존슨 왁스 빌딩, 레신, 위스콘신(1936~1945), 텔리에신 웨스트(1938), 구겐하임 박물관, 뉴욕(1943~1959).

라트로브, 벤자민(Latrobe, Benjamin; 1764~1820): 영국 태생의 건축가 겸 기술자로 1793년에 미국으로 이민 왔다. 네오 고전주의 양식을 미국 건축에 도입하는 데 열의가 있었고, 워싱턴 DC에 있는 캐피톨 빌딩(1803~1811, 1814)의 책임 건축가 중 한 사람이다.
작품: 펜실베이니아 주 은행, 필라델피아(1798), 발티모어 성당(1805~1818), 마코 하우스, 필라델피아(1810), 버지니아 대학(1817~1826, 공동 작품), 루이지애나 주 은행, 뉴올리언스(1819).

러티언스 경, 에드윈(Lutyens, Sir Edwin; 1869~1944): 20세기 초 두각을 나타낸 영국 건축가. 그가 지은 웅장한 시골 저택과 공공 건물은 에드워드 시대 영국의 부와 제국의 권위를 반영하고 있다. 초기 작품에는 창의적인 평면 계획과 흥미로운 정면이 미술공예운동의 이념과 결합되어 있으나, 나중에는 갈수록 기념비적인 고전주의 작품을 선보였다.
작품: 먼스테드 우드, 서리(1896), 티그본 코트, 서리(1899~1901), 디너리 가든, 소닝, 벅스(1899~1902), 히스코트, 일클리, 요크셔(1906), 총독 관저, 뉴델리(1920~1931), 전쟁기념관, 벨기에(1927~1932), 영국 대사관, 워싱턴 DC(1927~1928).

렌 경, 크리스토퍼(Wren, Sir Christopher; 1632~1723): 영국의 가장 위대한 건축가. 수학자이며 천문학자였으나, 구조와 공학에 대한 지식을 통해 건축에 입문했다. 왕의 공사감독관으로 임명되어(1669) 1666년 런던 대화재로 파괴된 세인트 폴 대성당과 51개 교회를 재건하는 일을 맡았고, 이 기회를 이용해 지나치게 화려한 장식은 피하고 명료하고 차분한 분위기를 강조한 영국판 바로크 양식으로 절제되어 있으나 다양하고 창의적인 일련의 고전주의 걸작을 탄생시켰다.
작품: 셸더니언 극장, 옥스퍼드(1663~1665), 세인트 스티븐 월브룩 교회, 런던(1672), 세인트 폴 대성당, 런던(1675~1710), 트리니티 칼리지 도서관, 캠브리지(1676~1684), 첼시 병원, 런던(1682~1692), 햄프턴 궁, 런던(1690~1700), 그리니치 해군 병원, 런던(1694~1716).

로게르스, 에르네스토(Rogers, Ernesto) → 벨지오조소, 로도비코를 보라.

로름, 필리베르 드(L'Orme, Philibert de; 1514~1570): 16세기 가장 중요한 프랑스 건축가. 독창적이고 창의적인 그는 이탈리아의 모델뿐 아니라 프랑스 전통에도 기대어 독특한 르네상스 고전주의를 창조하는 데 이바지했다.
작품: 칸막이, 생테티엔 뒤 몽, 파리(1545), 샤토 드 애넷(1547~1552; 파괴됨), 다리, 샤토 드 슈농소(1556~1559), 튈르리 궁전, 파리(1564~1572; 파괴됨).

로저스, 리처드(Rogers, Richard; 1933년 출생): 이탈리아에서 태어난 영국 건축가. 런던에 자기 회사를 세우기 전에는 렌조 피아노와 함께 일했다(1971~1978). 과학기술을 찬양하며, 외관에서 구조와 설비 부분을 대담하게 강조한, 관 모양의 독특한 하이테크 양식을 선보였다.

작품: 상트르 퐁피두, 파리(1971~1977, 렌조 피아노와 함께), 로이드 빌딩, 런던(1978~1986), 터미널 5, 히스루 공항, 런던(1989), 채널 4 헤드쿼터스, 런던(1990~1994), 법원 청사, 보르도(1993~).

론게나, 발다사레(Longhena, Baldassare; 1598~1682): 가장 위대한 베네치아 바로크 건축가. 극적인 구성과 웅장한 규모, 풍부한 질감을 가진 표면이 특징이다. 대표작인 산타 마리아 델라 살루테 교회에 작품 생활의 대부분을 바쳤다.
작품(모두 베네치아에 있다): 산타 마리아 델라 살루테 교회(1630~1687), 계단, 산 조르조 마조레 수도원(1643~1645), 팔라초 벨로니(1648~1665), 팔라초 본(레초니코)(1649~1682), 팔라초 페사로(1652~1659), 산타 마리아 디 나자레스(1656~1673).

루베트킨, 베르톨트(Lubetkin, Berthold; 1901~1990): 러시아 건축가. 영국으로 이주하여 텍튼을 발견했다. 텍튼은 전쟁 전 영국에서 가장 먼저 가장 영향력 있는 국제주의 양식의 건물 가운데 일부를 지은 집단으로 유명하며, 이들의 작품은 단순성과 뚜렷한 선이 특징이다.
작품: 고릴라 우리와 펭귄 풀, 런던 동물원(1934, 1935), 하이포인트 I, II, 하이게이트, 런던(1933~1938), 핀즈베리 헬스 센터, 런던(1939).

루트, 존 웰본(Root, John Wellborn; 1850~1891): 미국 건축가. 대니얼 버넘과 함께 시카고에서 선구적인 고층 건물을 설계하고, 시카고 양식의 전형적인 특징이며 마천루의 결정적인 특징인 유리와 커튼월 구조를 발전시켰다. 루트가 한층 독창적인 설계자였다면, 버넘은 조직과 계획을 담당했다.
작품(모두 시카고에 있다): 몬토크 블락(1882), 머내드녹 빌딩, 시카고(1884~1891), 루커리 빌딩(1886), 프리메이슨 교회, 시카고(1891).

르 보, 루이(Le Vau, Louis; 1612~1670): 대표적인 프랑스 바로크 건축가. 루이 16세를 위한 주요 계획안에서 웅장함과 우아함이 결합된 건물을 선보였다.
작품: 오텔 랑베르, 파리(1639~1644), 보르비콩트 궁전(1657), 콜레지 데 콰트르 나시옹, 파리(1662), 루브르 궁(1664~)과 베르사유 궁(1668~) 개조.

르 코르뷔지에(Le Corbusier, 본명은 Charles-Edouard Jeanneret; 1887~1965): 스위스에서 태어난 건축가. 그의 전형적인 형태는 근대 건축의 발전에 결정적인 영향을 끼쳤다. 푸아시에 있는 빌라 사부아의 깔끔한 선은 모더니즘의 규범으로 받아들여졌고, 마르세유의 위니테 다비타시옹은 전세계 집단 주택의 전형이 되었다. 후기 작품은 풍경과 자연 형태에 대한 새로운 관심을 반영하여, 한층 거칠어지고 시적으로 변했다.
작품: 메종 라 로슈/잔레, 파리(1925), 빌라 스타인/드 몬지에, 가르슈(1928), 빌라 사부아, 푸아시(1928~1931), 파비용 스위스, 시테 위니베르시테르, 파리(1930~1931), 위니테 다비타시옹, 마르세유(1946~1952), 예배당, 롱샹(1950~4), 방직업 협회 회관, 아마다바드(1951~1954), 찬디가르, 인도(1956~), 수도원, 라 투레트(1957), 카펜터 센터, 하버드 대학(1959~1963).

리델, 에두아르트(Riedel, Eduard) → 돌만을 보라.

리처드슨, 헨리 홉슨(Richardson, Henry Hobson; 1838~1896): 미국 건축가. 파리에서 라브루스트에게 배웠으며, 로마네스크 영향을 받은 그의 무겁고 특이한 건물은 19세기 말 최초의 독창적인 미국 양식인 시카고 양식의 형성과 발전에 결정적인 영향을 끼쳤다.
작품: 트리니티 교회, 보스턴(1872~1877), 에임스 도서관, 노스이스턴, 매사추세츠(1877), 크레인 도서관, 퀸시, 매사추세츠(1880~1883), 오스틴 홀, 하버드 대학(1881), 피츠버그 법원 청사와 감옥(1884~1887), 마셜 필드 상회, 시카고(1885~1887), J. J. 글레스너 하우스, 시카고(1885~1887).

리트벨트, 게리트(Rietveld, Gerrit; 1884~1964): 네덜란드 건축가이며 가구 디자이너. 데 스테일 집단의 영향을 받아, 유명한 레드-블루 의자(1918)를 내놓았고, 위트레흐트의 슈뢰더 하우스를 설계했다(1923~1924). 이것은 공간과 파편화된 평면에 대한 입체파의 개념을 건축에 옮겨놓은 최초의 건물이다. 1950년대까지 계속 건축과 디자인에서 성공적인 활동을 했으나, 후기 작품에서는 앞의 걸작만큼 큰 영향을 주지 못했다.

망사르, 쥘 아르두앵(Mansart, Jules-Hardouin; 1646~1708): 대표적인 프랑스 바로크 시대 건축가. 1675년 루이 16세의 궁정 건축가로 임명되었다. 생애 대부분을 베르사유 궁을 완성하는 데 보냈으며, 여기서 요구된 화려하고 웅장한 시각적 효과를 내는 데 정통함을 보여주었다. 후기 작품에서는 로코코 양식을 예고하는 가볍고 경쾌함을 보여주었다.
작품: 유리의 방, 베르사유(1678~1684), 앵발리드 기념관 부속예배당, 파리(1680~1691), 궁정 예배당, 베르사유(1699~).

매킨토시, 찰스 레니(Mackintosh, Charles Rennie; 1868~1928): 아주 이색적인 아르 누보 건축을 펼쳐 보인 독창적인 영국 건축가. 영국보다는 오히려 유럽 대륙(특히 빈)에 더 많은 영향을 끼쳤다.
작품: 크랜스턴 양을 위한 다실, 글래스고(1897~1911), 글래스고 미술 학교(1896~1899, 1907~1909), 힐 하우스, 헬렌스버러(1902~1903).

매킴, 찰스(Mckim, Charles; 1847~1909): 미국 건축가. 윌리엄 미드(1846~1928), 스탠퍼드 화이트(1853~1906)와 함께 당대 미국에서 가장 큰 건축 사무소를 운영했으며, 이들은 주로 이탈리아 전성기 르네상스에 기댄 양식을 펼쳐보였다.
작품: 보스턴 공공도서관(1887~1895), 로드아일랜드 주의사당 건물, 프라비던스(1892~1904), 컬럼비아 대학, 뉴욕(1892~1901), 모건 도서관, 뉴욕(1903), 펜실베이니아 역, 뉴욕(1902~1911, 철거됨).

메릴, 존 → 스키드모어를 보라.

멘고니, 주세페(Mengoni, Giuseppe; 1829~1877): 밀라노의 갈레리아 비토리아 에마누엘레(1863~1867) 계획안 하나로 유명한 이탈리아 건축가. 지금껏 지어진 가장 큰 쇼핑 상가 가운데 하나인 이것은 자유로운 르네상스 양식으로 지어졌다.

멘델존, 에리히(Mendelsohn, Erich; 1887~1953): 독일 건축가. 초기 작품에서는 콘크리트로 표현된 유려한 형상으로 모더니즘에서도 '표현주의적' 경향을 보였다. 후기 작품에서는 한층 형식적인 경향과 수평적인 구성 방법을 보였으나, 유려한 선은 변함이 없었다.
작품: 아인슈타인 타워, 포츠담(1919~1921), 모자 공장, 루켄발데(1921~1923), 쇼켄 백화점, 켐니츠(1928), 델라웨어관, 벡스힐, 서섹스(1935~1936, 세르지 세르마예프와 함께), 하다사 메디컬 센터, 스코푸스 산, 예루살렘(1936~1938).

무어, 찰스(Moore, Charles; 1925~1993): 미국 건축가. 대학 교수와 작가로도 유명하다. '포스트모던 고전주의자'로서, 역사적인 양식의 의도적인 병치와 조작을 옹호하고 실천했다.
작품: 시랜치에 있는 집, 캘리포니아(1965~1970), 패컬티 클럽, 캘리포니아 대학, 샌터바버러(1968), 크레스지 칼리지, 샌터크루스 대학(1973~1974), 이탈리아 광장, 뉴올리언스(1975~1978).

므네시클레스(Mnesicles; BC 5세기): 기원전 437년경 아테네의 아크로폴리스에 세워진 프로필라이온 하나로 유명한 고대 그리스 건축가.

미드, 윌리엄(Mead, William) → 매킴을 보라

미스 반 데어 로에, 루트비히(Mies van der Rohe, Ludwig; 1886~1969): 근대 건축 운동의 창시자 가운데 하나. 처음에는 독일에서 활동했으나, 1938년부터는 미국에서 활동했다. 1930~1933년까지는 바우하우스 교장이었고, 1939~1958년에는 일리노이 공과대학 건축학부를 이끌어, 20세기 가장 영향력 있는 교사 가운데 하나였다. 강철과 유리, 철골 구조 공법을 기꺼이 받아들이고, 구조의 명징성과 자유로운 평면 설계, 모듈러를 이용한 설계, 세부의 정교함을 옹호했다. 그의 바르셀로나 전시관과 고층과 저층 강철 구조 건물은 국제주의 양식의 전범과 같은 것이 되었다.
작품: *유리 마천루 계획안*(1920년대 전반: 건설되지 않음), *시범 주택단지*, 바이센호프지틀룽, 슈투트가르트(1927), *독일관*, 바르셀로나(1929), *판스워스 하우스*, 플레이노, 일리노이(1945~1950), *크라운 홀*, 일리노이 공과대학(1950~1956), *레이크 쇼어 드라이브 아파트먼트*, 시카고(1948~1951), *시그램 빌딩*, 뉴욕(1954~1958), *새 국립미술관*, 베를린(1962~1968).

미켈란젤로 부오나로티(Michelangelo Buonarroti; 1475~1564): 조각가, 화가, 공병학자, 건축가이며, 르네상스 시대 가장 위대한 천재 가운데 한 사람. 규칙을 깨고 건물을 유기적으로 전개되는 조각적인 형태로 인식함으로써 일련의 독창적인 작품을 탄생시켜 엄청난 영향을 끼쳤으나, 이 가운데 완성된 것은 하나도 없었다. 또한 과감하게 벽기둥과 거대한 기둥을 사용하고 공간을 동적으로 파악해, 후에 마니에리스모와 바로크 양식이 발전할 수 있는 길을 열어놓았다.
작품: *산 로렌초 교회의 정면*(1515, 건설되지 않음)과 *메디치 가의 예배당*(1519~), *라우렌치아나 도서관*(1524), *캄피돌리오 광장*, 로마(1839~), *산 피에트로 대성당*, 로마(1546~), *카펠라 스포르차*, *산타 마리아 마조레 교회*, 로마(1560년경).

미크, 리샤르(Mique, Richard; 1728~1794): 프랑스 신고전주의 건축가, 디자이너, 토목기사. 마리 앙투아네트의 공식 건축가가 되면서 급부상했으나, 프랑스 혁명의 여파로 처형되었다. 가장 훌륭한 작품은 자연스런 풍경을 무대로 아름답게 펼쳐진 일련의 아주 우아한 구조물이다.
작품: *포르트 생트 카트린*, 낭시(1761), *우르술라 수녀원*, 베르사유(1766~), *사랑의 신전*, *르 프티 트리아농*, 베르사유(1778), *카비네 도레*, 베르사유(1783), *살롱 데 노블레*, 베르사유(1785).

밀레투스의 이시도루스 → 트랄레스의 안테미우스를 보라.

바그너, 오토(Wagner, Otto; 1841~1918): 오스트리아 근대 건축 운동의 창시자 가운데 하나. 1894년부터 빈 아카데미 교수가 되어 교육자로서 많은 영향을 끼쳤다. 양식의 절충주의와 과도하게 정교한 장식을 거부하고, 대신 단순성과 구조적 합리성, 현대 건축 재료의 사용을 옹호했다.
작품(모두 빈에 있다): *철도 역사와 다리*(1894~1901), *마욜리카 하우스*(1898), *우편 저축 은행*(1904~1906), *슈타인호프 정신 수용원 교회*(1905~1907).

배리 경, 찰스(Barry, Sir Charles; 1795~1860): 초기 빅토리아 왕조 시대에 활약한 다재다능한 영국 건축가. 대표작은 퓨진의 고딕 장식이 돋보이는 의회의사당 건물이다.
작품: *여행자 클럽*, 런던(1829~1831), *의회의사당*, 런던(1836~1852), *개혁 클럽*, 런던(1837), *브리지워터 하우스*, 런던(1847), *핼리펙스 시청사*(1859~1862).

밴 앨런, 윌리엄(Van Alen, William; 1883~1954): 미국 건축가. 뉴욕에서 마천루를 전문적으로 지었다. 그 가운데 크라이슬러 빌딩(1928~1930)이 유명하며, 이것은 건축에서 아르 데코 양식을 가장 상징적으로 보여주는 건물이다.

밴부르 경, 존(Vanbrugh, Sir John; 1664~1726): 영국의 군인이며 극작가였으나, 공식적인 훈련도 받지 않고 건축가가 되었다. 유능한 니컬러스 혹스무어의 도움으로, 영국에서 가장 크고 가장 화려한 바로크 양식의 시골 저택을 지었다. 육중한 무게감과 거대한 기둥, 아주 변화무쌍한 스카이라인이 특징이다. 후기 작품은 한층 요새 같아, 고딕 복고 양식의 도래를 예고했다.
작품: *하워드 성*, 요크셔(1699~1726), *블레넘 궁*, 옥스퍼드셔(1705~1724), *킹스 웨스턴*, 브리스틀(1711~1714), *밴브루 성*, 그리니치(1718~1719), *시턴 델러벌 궁전*, 노섬벌랜드(1720~1728).

버넘, 대니얼 H.(Burnham, Daniel H.; 1846~1912): 미국 건축가이며 도시 계획가. 존 웰본 루트와 함께 시카고 양식을 창조하는 데 결정적인 역할을 했다. 1893년 시카고에서 열린 콜럼버스 국제박람회 수석 건축가였으며, 콜럼비아 계획안(1901~1902)과 시카고 계획안(1906~1909)을 내놓았다.
작품: *머내드녹 빌딩*, 시카고(1884~1891), *릴라이언스 빌딩*, 시카고(1890~1894), *프리메이슨 교회*, 시카고(1891), *플래타이언 빌딩*, 뉴욕(1902).

벌링턴 경(Burlington, Lord; 1694~1753): 팔라디오 양식을 적극 후원한 건축 애호가이며 미술품 감식가. 당대 영국의 취향에 엄청난 영향을 끼쳤다. 까다롭고 엄격했던 그는 스승인 팔라디오의 순수하고 '절대적인' 고전적 기준을 강조했다. 팔라디오의 빌라 로톤다에 기초하여 치즈윅에 자신의 빌라를 지었다.
작품: *웨스트민스터 학교 기숙사*, 런던(1722~1730), *치즈윅 하우스*(1725), *요크셔 주의회 의사당*(1731~1732).

베르니니, 잔 로렌초(Bernini, Gian Lorenzo; 1598~1680): 당대의 가장 위대한 조각가이며 바로크 양식을 창조한 대표적인 인물. 그의 작품은 조각과 건축을 하나로 통합하여, 연극적인 요소가 풍부하다.
작품(모두 로마에 있다): *산 피에트로 대성당의 청동 닫집*, *산 피에트로 대성당*(1624~1633), *트레비 분수*(1632~1637), *코르나로 예배당*, *산타 마리아 델라 비토리아 교회*(1646), *열주랑*, *산 피에트로 대성당 앞 광장*(1656~1671), *산 안드레아 알 퀴리날레 교회*(1658~1670), *팔라초 키지-오데스칼키*(1664).

벤투리, 로버트(Venturi, Robert; 1925년 출생): 미국 포스트모던 건축가, 디자이너, 작가. 파트너인 존 로치(1930년 출생), 드니스 스콧-브라운(1931년 출생)과 함께 이제 더 이상 독창적이지도 새롭지도 않은 근대 건축에 반기를 들고 복잡하고 반어적이며 상징적인 건축을 제안하며, 토속 건축과 현대적인 상을 포함해 역사상의 모든 양식을 기꺼이 인용하였다.
작품: *체스트넛 힐 하우스*, 필라델피아(1962~1964), *길드 하우스*, 필라델피아(1962~1968), *소방서*, 컬럼버스, 인디애나(1966~1968), *버틀러 칼리지*, 프린스턴 대학(1980), *국립 미술관 증축*, 런던(1987~1991).

벨지오조소, 로도비코(Belgiojoso, Lodovico; 1909년 출생): 이탈리아 건축가. 1932년에 에르네스토 로저스(1909~1969), 엔리코 페레수티(1908~1973)와 함께 밀라노에 BBPR 건축 사무소를 세웠다. 이들의 모더니즘에는 유머와 기발한 재치, 전통적인 양식을 활용하려는 의지가 뒤섞여 있다.
작품: *일광요법 클리닉*, 레냐노, 밀라노(1938; 1956년

에 철거), EUR지구 우체국, 로마(1940), 스포르차 성 박물관, 밀라노(1956~1963), 토레 벨라스카, 밀라노(1956~1958), 체이스맨해튼 은행, 밀라노(1969)

보로미니, 프란체스코(Borromini, Francesco; 1599~1667): 뛰어난 이탈리아 바로크 시대 건축가. 베르니니의 제자이자 경쟁자. 가장 유명한 작품은 그가 로마에서 비좁거나 어설프게 생긴 장소에 지은 작은 교회들이며, 이들 교회는 모두 단순한 기하학적 형태를 아주 절제해서 사용해, 구조의 뛰어난 명확성과 공간에 대한 완전한 장악을 낳았다. 그가 창조한 형태는 과감하고 독창적이며 영향력이 있었으나, 자신이 고전적인 건축의 법칙을 깨고 있다는 적들의 주장을 부인했다. 말년에는 아주 비참한 상태에서 외롭게 지내다 결국 자살하고 말았다.
작품(모두 로마에 있다): 산 필리포 네리 교회의 기도실(1637~1650), 산 카를로 알레 콰트로 폰타네 교회(1638~1677), 산 이보 델라 사피엔차 교회(1642), 산 아녜세 교회의 정면, 피아차 나보나(1652~1666).

보프랑, 가브리엘 제르맹(Boffrand, Gabriel Germain; 1667~1754): 가장 위대한 프랑스 로코코 시대 건축가. J. H. 망사르의 제자였으나, 나중에는 동료로서 함께 일함. 그의 건물은 단순한 외관과 화려한 실내가 특징이며, 수비즈 저택이 가장 유명하다. 주로 파리에 투기적인 개인 주택을 지어 크게 부자가 되었으나, 1720년의 미시시피 버블로 재산을 많이 잃었다.
작품: 샤토 드 루네빌(1702~1706), 샤토 드 생투앙(1710년경), 오텔 드 몽모랑시, 파리(1712), 뒤칼 궁, 낭시(1715~1722; 1745년에 철거), 오텔 드 수비즈(지금은 국립문서보관소), 파리(1735~1739)

뷜랑, 장(Bullant, Jean; 1520년경~1578): 프랑스 마니에리스모 건축가. 올바른 고전기 장식에 대한 관심과 더불어 거대한 기둥의 사용으로 아주 웅장한 효과를 냈다. 카트린 드 메디시스의 건축가가 되었으며, 「원주의 5가지 건축규범」(Reigle générale d'architecture des cinq manieres de colonnes, 1564)을 썼다.
작품: 프티 샤토, 샹티에(1560), 오텔 드 수아송, 파리(1572; 파괴됨), 브리지 갈러리, 슈농소(1576~1577).

브라만테, 도나토(Bramante, Donato; 1444~1514): 이탈리아 전성기 르네상스 시대 건축가. 그의 템피에토는 흔히 완벽한 르네상스 건물로 거론된다. 1480년경부터 밀라노에 있으면서, 레오나르도와 함께 루도비코 스포르차의 후원을 받으며 밀라노의 많은 교회에서 일했다. 1499년 프랑스가 침입하자 로마로 가, 거기서 아주 장엄하고 독창적인, 그리스 십자형 평면의 새 산 피에트로 대성당을 설계했다(최종적으로 지어진 구조는 이후 많은 수정을 거친 것이다).
작품: 산타 마리아 프레소 산 사티로 교회, 밀라노(1482), 산타 마리아 델레 그라치에 교회, 밀라노(1492), 회랑, 산타 마리아 델라 파체 교회, 로마(1500~1504), 산 피에트로 대성당, 로마(1506~1511), 팔라초 카프리니, 로마(1510).

브로드릭, 커스버트(Brodrick, Cuthbert; 1822~1905): 요크셔에서 활약한 전성기 빅토리아 왕조 시대의 영국 건축가. 그의 고전적인 양식은 프랑스 르네상스와 바로크 양식에서 큰 영향을 받았다.
작품: 리즈 시청사(1853), 리즈 곡물 거래소(1860~1863), 그랜드 호텔, 스카버러(1863~1867).

브루넬레스키, 필리포(Brunelleschi, Filippo; 1377~1446): 이탈리아 건축가, 조각가, 수학자. 르네상스 양식을 개척했고, 원근법을 재발견했다. 고대와 로마네스크 시대 건물을 연구하여, 우아하고 단순하며 완벽한 조화가 돋보이는 전형적인 르네상스 건물을 선보였다.
작품(모두 피렌체에 있다): 고아원(1421), 피렌체 대성당의 돔(1420~1434), 산 로렌초 교회(1421~), 파치 예배당, 산타 크로체 교회(1429~1461), 산토 스피리토 교회(1436~).

비뇰라, 자코모 다(Vignola, Giacomo da; 1507~1573): 미켈란젤로 이후 로마에서 가장 두각을 나타낸 이탈리아 마니에리스모 건축. 작품 가운데 공동 작품이거나 다른 사람이 시작한 건물을 완성한 것이 많다. 아일을 없애고 네이브를 넓혀 높은 제단에 초점을 맞춘 일 제수 교회 설계안은 타원형 평면을 가진 산타 안나 데이 팔라프레니에리 교회(1572경 착공)와 마찬가지로 엄청난 영향을 미쳤다.
작품: 팔라초 파르네세, 카프라롤라(1547~1549), 빌라 줄리아, 로마(1550~1555), 팔라초 파르네세, 피아첸차(1564~), 산 피에트로 대성당, 로마(1567~1573), 일 제수 교회, 로마(1568~1584), 산타 안나 데이 팔라프레니에리, 로마(1573~).

빈데스뵐, 고트리브(Bindesbøll, Gottlieb; 1800~1856): 덴마크 건축가. 신고전주의 양식을 자유롭게 구사하고 색깔을 과감하게 사용하여 많은 찬사를 받았다. 그가 지은 건물 가운데는 다채로운 색깔로 장식된 벽돌을 사용한 것이 많고, 토속적인 건축의 영향이 반영되어 있는 것도 많다.
작품: 토르발센 박물관, 코펜하겐(1839~1848), 하브로 교회(1850~1852), 오링게 정신병원(1854~1857), 수의과 대학, 코펜하겐(1856).

사리넨, 에로(Saarinen, Eero; 1910~1961): 1923년 미국으로 이주한 걸출한 핀란드 건축가 엘리엘 사리넨의 아들. 미스 반 데어 로에의 영향을 받은 차분하고 질서정연한 정면에서 곡선과 볼트에 기초한 아주 개인적이고 시적인 형태의 표현주의로 양식이 변했다.
작품: 제퍼슨 기념관, 세인트루이스(1947~1966), 제너럴 모터스 기술 센터, 워런, 미시건(1948~1956, 엘리엘과 함께), TWA 터미널, J. F. 케네디 국제 공항, 뉴욕(1956~1962), 스타일스 앤드 모스 칼리지, 예일 대학(1958~1962), 덜리스 공항, 워싱턴 DC(1958~1963), 비비언 보몬트 극장, 링컨 센터, 뉴욕(1965).

사프디, 모세(Safdie, Moshe; 1938년 출생): 이스라엘에서 태어난 캐나다 건축가. 1964년부터 몬트리올에서 활동. 그의 계획안에 표현되고 그의 저서에서 대중화된 '아비타'의 개념은 모더니즘의 순수한 선을 거부하고 대신 아상블라주와 무질서, 공간적으로 복잡한 형태를 통해 건축과 사회 질서와 자연 환경의 관계를 탐구했다.
작품: 아비타 주거관, 몬트리올(1967), 포라트 요셉 랍비 대학, 예루살렘(1971~1979), 캐나다 국립미술관, 오타와(1988), 히브리 유니언 대학 캠퍼스, 예루살렘(1988), 벤쿠버 도서관 광장(1991).

상크티스, 프란체스코 데(Sanctis, Francesco de'; ?1693~1731): 이탈리아 바로크 건축가. 로마의 스페인 계단(1723~1725)으로 유명하다. 이 밖에 중요한 작품으로는 유일하게 로마의 트리니타 데이 펠레그리니 교회의 정면(1722)이 있다.

샤룬, 한스(Scharoun, Hans; 1893~1972): 독일 건축가. 초기 작품에서는 국제주의 양식의 직선으로 된 엄격함과 표현적인 곡선으로 된 한층 개인적인 양식 사이의 긴장이 드러난다. 그의 표현주의가 유행하면서 1950년대에 국제적인 인정을 받았다.
작품: 시범 주택단지, 바이센호프지틀룽, 슈투트가르트(1927), 슈민케 하우스, 뢰바우(1933), 로미오와 줄리엣 아파트, 슈투트가르트(1954~1959), 필하모닉 콘서트 홀, 베를린(1956~1963), 해양 박물관, 브레머하펜(1970), 국립극장, 볼프스부르크(1965~1973), 국립도서관, 베를린(1967~1978).

설리번, 루이스(Sullivan, Louis; 1856~1924): 가장 독창적이고 영향력 있는 시카고 파 건축가 가운데 하나. '형식은 기능을 따른다'는 원칙 아래 새로운 형태의 건물인 마천루에 어울리는 형태와 양식을 개발하기 위해 노력하고 자연 형태에서 영감을 구했다. 당크마르 애들러와 함께 일했다(1844~1900).
작품: 오디토리움 빌딩, 시카고(1886~1889), 게티 묘, 시카고(1890), 웨인라이트 빌딩, 세인트루이스(1890~1891), 실러 시어터 빌딩, 시카고(1892), 개런티 빌딩, 버펄로(1894~1895), 카슨 피리 스콧 백화점, 시카고(1899~1904), 내셔널 파머스 뱅크, 오위토나, 미네소타(1906~1908).

수플로, 자크 제르맹(Soufflot, Jacques Germain; 1713~1780): 가장 위대한 프랑스 신고전주의 건축가. 이탈리아에서 훈련을 쌓고, 고대 로마 건축의 규칙성과 장엄함을 그가 고딕 건축의 특징으로서 찬양했던 구조적 경쾌함과 결합하여 프랑스에서 처음으로 신고전주의 건물을 지었다.
작품: 오텔 디외, 리옹(1741~1748), 로주 데 샹주, 리옹(1747~1760), 생트 즈네비에브 교회(팡테옹), 파리(1755~1792), 에콜 드 드루아, 파리(1771~1783).

스머크 경, 로버트(Smirke, Sir Robert; 1781~1867): 그리스 양식의 부활을 주창한 주요 영국 건축가. 단순성과 품위, 장엄함이 특징인 많은 대규모 공공 계획안과 시골 저택이 그의 손에서 나왔다.
작품: 코번트 가든 오페라 하우스, 런던(1808~1809; 철거됨), 로서 성, 컴브리아(1806~1811), 이스트너 성, 헤리퍼드셔(1812), 세인트 메리 교회, 메릴러번, 런던(1823), 대영박물관, 런던(1823~1847), 로열 칼리지 오브 피지션 앤드 유니언 클럽, 트라팔가 광장, 런던(1824~1827), 옥스퍼드 앤드 캠브리지 클럽, 펠 멀 가, 런던(1835~1838).

스미스슨, 앨리슨(Smithson, Alison; 1928년 출생)**과 피터**(Smithson, Peter; 1923년 출생): 영국 부부 건축가. 실현된 계획안은 거의 없지만 교사와 아방가르드 선전가로서, 상상력이 풍부한 계획안의 창안자로서 많은 영향을 끼쳤다. '신야수주의' 사상을 펼쳤다.
작품: 헌즈탠턴 학교, 노퍽(1949~1954), 이코노미스트 빌딩, 런던(1962~1964; 미스 반 데어 로에의 영향을 받은 이 건물은 유리 상자 구조로, 당시 많은 논란을 불러일으켰다), 로빈 후드 레인 하우징, 런던(1966~1972).

스미스슨, 로버트(Smythson, Robert; 1536~1614): 영국의 석공, 건축가. 화려한 장식과 대담한 입체적 조형, 극적인 실루엣이 특징인, 독특한 영국식 르네상스 건물인 엘리자베스 여왕의 시골 저택을 지었다.
작품: 롱릿, 월트셔(1572~1575), 울러턴 홀, 노팅엄셔(1580~1588), 하드윅 홀, 더비셔(1590~1597).

스키드모어, 루이스(Skidmore, Louis; 1897~1967): 미국 건축가. 1936년에 너새니얼 오윙스(Nathanial Owings, 1903~1984), 존 메릴(John Merrill, 1896~1975)과 함께 파트너십을 형성하여, 제2차 세계대전 후 미국에서 가장 큰 건축 사무소의 하나가 되었으며, 대규모 관청 건물을 전문적으로 지었다. 미스 반 데어 로에의 영향을 크게 받아, 이들의 작품은 간결하고 분명한 것이 특징이며, 그들의 손에서 강철과 유리로 된 마천루는 전세계적으로 모방된 표준형과 같은 수준에 올랐다. 후기 작품에서는 첨단 과학기술을 이용하고 구조를 솔직히 표현했다.
작품: 레버 하우스, 뉴욕(1951~1952), 매뉴팩처러 신용 은행, 뉴욕(1952~1954), 코네티컷 일반 생명보험 회사, 하트퍼드(1953~1957), 체이스맨해튼 은행, 뉴욕(1962), 존 핸콕 센터, 시카고(1968~1970), 하즈 공항 터미널, 지다, 사우디아라비아(1980).

스털링, 제임스(Stirling, James; 1926~1992): 영국 건축가. 강철과 유리로 대담하고 표현적인 형태를 빚어내 '하이테크' 건축의 도래를 예고했다. 그리고 여기에 포스트모더니즘의 입장에서 의식적으로 역사적인 양식을 인용하고 일부러 서로 관계 없는 요소들을 병치시켰다.
작품: 햄 공동 주택, 리치먼드, 런던(1955~1958), 공학관, 레스터 대학(1959~1963), 역사학부 도서관, 캠브리지 대학(1964~1966), 올리베티 빌딩, 해슬미어, 서리(1969~1972), 노이 슈타츠갈레리, 슈투트가르트(1977~1984), 브라운 본사, 멜중엔, 독일(1986~1991).

시난, 코카(Sinan, Koca; 1489~1578 또는 1588): 가장 위대한 터키 건축가. 1538년부터 죽을 때까지 오스만 제국의 최고의 건축가로 일했다. 생전에도 많은 찬사를 받았으며, 그가 지은 사원과 학교, 병원 등이 476채가 넘는다. 오스만 제국에서 전형적으로 볼 수 있는 돔을 올린 사원이 완전히 발전하는 데 결정적인 역할을 했다.
작품: 세자데 사원, 이스탄불(1543~1548), 쉴레이만 사원, 이스탄불(1551~1558), 쉴레이만 사원, 다마스쿠스(1552~1559), 미리마 술탄 사원, 에드르네카피, 이스탄불(1565년경), 셀림 사원, 에드르네(1570~1574).

실로에, 디에고 데(Siloe, Diego de; 1495년경~1563): 스페인 건축가이며 조각가. 스페인에 이탈리아 르네상스 형태를 소개했으며, 스페인의 독특한 플라테레스코 양식을 발전시키는 데 결정적인 역할을 했다.
작품: 에스칼레라 도라다('황금 계단'), 부르고스 대성당(1524), 그라나다 대성당(1549), 살바도르 교회, 우베다(1536), 과딕스 대성당(1549), 산 가브리엘 교회, 로하(1552~1568).

싱켈, 카를 프리드리히(Schinkel, Karl Freidrich; 1781~1841): 19세기 초 독일에서 가장 중요하고 영향력 있던 건축가. 1815년부터 프로이센 공공사업부의 수석 건축가가 되었고, 1831년부터는 이 부서의 책임자가 되었다. 싱켈의 완벽하게 구성된 고전적인 정면은 전세계 공공 건물의 원형이 되었으나, 주철을 사용해 고딕 양식 건물을 짓기도 했고, 아무런 장식이 없는 기능적인 건물을 설계하여 발전하고 있던 근대 건축 운동에 영향을 주기도 했다.
작품: 노이 바허 하우스, 베를린(1817), 전쟁 기념관, 베를린(1818), 샤우스필하우스, 베를린(1819~1821), 베르데르셰 교회, 베를린(1821~1831), 훔볼트 하우스, 테겔(1822~1824), 알테스 무제움, 베를린(1823~1830), 니콜라이 교회, 포츠담(1829~37), 빌딩 아카데미, 베를린(1831~1835), 슐로스 샤를로텐호프, 베를린(1833~1834).

아스플룬드, 군나르(Asplund, Gunnar; 1885~1940): 밝고 우아한 국제주의 양식을 발전시킨 스웨덴의 대표적인 건축가.
작품: 스톡홀름 시립 도서관(1920~1928), 스톡홀름 박람회(1930), 예테보리 시청사 증축(1934~1937), 숲 속의 화장터, 스톡홀름(1935~1940)

아이젠먼, 피터(Eisenman, Peter; 1932년 출생): 미국 건축가. 초기 모더니즘의 고전적인 형태를 찬양하고 기능을 희생시키고 형식적인 가치를 추구한 '뉴욕 파이브' 집단의 한 사람. 자신을 '포스트휴머니스트'라고 말하며, 해체와 중첩된 그리드 체계, 임의적인 병치에 몰두하게 되었다.
작품: IBA 소셜 하우징, 코흐슈트라세, 베를린(1982~1987), 웩스너 시각 예술 센터, 오하이오(1983~1989), 막스 라인하르트 하우스(계획안), 베를린(1983~1989, 1994), 그레이터 콜럼버스 컨벤션 센터, 콜럼버스, 오하이오(1989~1993).

아잠, 에기트 크비린(Asam, Egid Quirin; 1692~1750): 독일 남부의 바이에른에서 독특한 바로크 양식을 고안해낸 아잠 형제 중 한 명. 주로 교회 실내를 설계한 아잠 형제는 프레스코와 치장 벽토를 사용해 아주 풍부한 장식으로 환상적인 효과를 냈다.
장식: 프라이징 성당(1723~1724), 장크트 에메람 교회, 레겐스부르크(1733) 등.
건축: 네포무크의 장크트 요하네스 교회, 뮌헨(1733~1744), 우르술라회 교회, 슈트라우빙(1736~1741).

알레이자디뉴(Aleijadinho, 본명은 Antonio Francisco Lisboa; 1738~1814): 브라질 건축가. 아버지는 포르투갈 건축가였고, 어머니는 흑인 노예였다. 조각과 건축을 하나의 공간 개념으로 결합하여, 풍부한 장식과 일그러진 형태로 브라질 특유의 독특한 바로크 양식을 창조하는 데 이바지했다.
작품: 상 프랑시스쿠 데 아시스 교회, 오루프레투(1766~1794), 봄 제주스 데 마토지뉴스 교회, 콩고냐스 두 캄푸(1800~1805)

알베르티, 레온 바티스타(Alberti, Leon Battista; 1404~1472): 이탈리아 르네상스 시대 건축가이며 저술가. 인문주의자들 사이에서 활동했으며, 그가 세운 건물들은 조화로운 비율과 고전적인 기둥 양식의 올바른 이용에 대한 그의 관심을 반영하고 있다. 많은 영향을 끼친 그의 책 『건축에 관하여』는 1440년에 쓰여졌으나, 1485년에야 출판되었다.
작품: 팔라초 루첼라이, 피렌체(1446), 산타 마리아 노벨라 교회의 정면, 피렌체(1456~1470), 산 안드레아 교회, 만토바(1472).

알토, 알바(Aalto, Alvar; 1898~1976): 핀란드의 가장 위대한 건축가. 낭만적인 민족주의 전통 속에서 자랐으며, 핀란드에 근대 국제주의 양식을 소개하고, 거기에 아주 개인적이고 핀란드적인 성격을 부여했다. 조경에 아주 많은 신경을 썼으며, 벽돌과 목재를 매우 효과적으로 사용했다.
작품: 비푸리 도서관(1927~1935), 파이미오 결핵 요양소(1929~1933), 빌라 마이레아, 노르마르쿠(1938), 베이커 하우스, MIT, 캠브리지(1947~1948), 세위네트살로 시청사(1950~1952), 오타니에미 공과대학(1950~1964), 부오크센니스카 교회, 이마트라(1956~1959), 공립 도서관, 로바니에미(1963~1968)

애덤, 로버트(Adam, Robert; 1728~1792): 18세기 후반 영국의 가장 위대한 건축가. 아주 장식적이고 우아한 신고전주의 양식을 고안해내어, 영국뿐만 아니라 아메리카와 러시아에도 큰 영향을 미쳤다. 유명한 스코틀랜드 건축가 윌리엄 애덤(1689~1748)의 아들인 그와 그의 동생 제임스는 사업에서도 크게 성공했다. 이들의 「건축 작품집」이 1773년과 1779년, 1822년에 출판되었다. '애덤 양식'에는 유례없이 다양한 공간뿐만 아니라 장식과 가구도 포함된다.
인테리어 개조: 헤어우드 하우스, 요크셔(1758~1771), 케들레스턴 홀, 더비셔(1759~), 시온 하우스, 런던(1760~1769), 오스털리 파크, 미들섹스(1761~1780), 켄우드 하우스, 런던(1767~1769). 건축: 포트먼 광장 20번지 주택(1770년대), 레지스터 저택, 에든버러(1774~), 컬진 성(1777~1790), 샬럿 광장, 에든버러(1791~1807).

에레라, 후안 데(Herrera, Juan de; 1530년경~1597): 스페인 건축가. 후원자인 펠리페 2세의 엄격한 취향을 반영하여 아주 단순하고 순수한 르네상스 양식을 발전시켰다. 1572년부터 에스코리알 궁전을 완성시키는 일을 맡았다.
작품: 아랑후에스 궁전(1569), 알카사르, 톨레도(1571~1585), 엘 에스코리알(1572~1582, 1562년에 후안 바우티스타 데 톨레도가 시작), 교역소, 세비야(1582), 바야돌리드 성당(1585년경).

에펠, 귀스타브(Eiffel, Gustave; 1832~1923): 레티스를 활용한 상자형 들보 공법을 다리 건설에 도입한 선구적인 프랑스 토목기술자. 그의 구조물은 절제된 우아함으로 가벼움과 강인함이 결합되어 있다.
작품: 가라비 고가교, 캉탈, 프랑스(1870~1874), 도루강 다리, 포르투, 포르투갈(1877~1878), 자유의 여신상의 철골 구조, 뉴욕(1885), 에펠 탑, 파리(1887~1889).

오르타, 빅토르(Horta, Victor; 1861~1947): 벨기에 건축가. 아주 독창적인 일련의 건물에서, 물결 모양의 유려한 선이 특징적인 아르 누보 양식을 형식과 장식이 하나로 통합된 '완벽한 건축'으로 옮겨놓았다.
작품(모두 브뤼셀에 있다): 오텔 타셀(1892~1893), 오텔 솔베(1895~1900), 시민회관(1896~1899), 리노바시옹 스토르(1901).

오윙스, 너새니얼(Owings, Nathanial) → 스키드모어를 보라.

오토, 프라이(Otto, Frei; 1925년 출생): 가벼운 텐트 구조를 현대 건축에 중요한 형태로 확립하고 발전시키기 위해 발전된 컴퓨터 기술과 공학 기술을 과감히 채택한 독일 건축가. 아주 복잡한 곡률을 가진 그의 텐트 구조물은 아주 정교하면서도 조각처럼 매력적인 형상을 가지고 있어 낭만적이기까지 하다.
작품: 리버사이드 댄스 파빌리옹, 쾰른(1957), 스타 파빌리옹, 함부르크(1963), 독일관, 엑스포 '67, 몬트리올(1967), 접히는 지붕, 야외극장, 바드 헤르스펠트(1968), 올림픽 스타디움, 뮌헨(1972), 컨퍼런스 센터, 메카(1974).

외스트베리, 랑나르(Ostberg, Ragnar; 1866~1945): 스웨덴 건축가이며 디자이너. 스톡홀름 시청사 작품 하나로 전세계적인 명성을 얻었다. 여기서 그는 전통적인 요소와 현대적인 요소를 미묘하게 혼합시켜놓은 '낭만적 민족주의'라는 양식을 구사했다.
작품: 스톡홀름 시청사(1904~1923), 에스테르말름 남자 학교, 스톡홀름(1910), 베름란드 국립학교, 웁살라(1930), 마리네 역사 박물관, 스톡홀름(1934), 수른 박물관, 모라(1939).

우드, 존(Wood, John the Younger; 1728~1781): 영국 건축가이며 도시 계획가. 아버지인 존 우드(1704~1754)와 함께 조지 왕조 시대의 도시인 배스의 많은 부분을 건설하였다(1729~1775). 거대한 기둥을 이용해 팔라디오식 시골 주택의 열주랑을 도시의 테라스 하우스에 옮겨놓아, 둥글게 구부러진 아주 우아한 정면을 펼쳐놓았다. 이는 르네상스 고전주의 이념의 완벽한 성취로서, 이후 도시 설계에 엄청난 영향을 끼쳤다.

우드손, 외른(Utzon, Jφm; 1918년 출생): 아주 독창적이고 이색적인 덴마크 건축가. 알토와 아스플룬드의 영향을 흡수하여, 벽돌과 표준화된 건축 요소를 이용해 자연 배경과 융합된 주택을 지었으며, 나아가 조각과 같은 아주 극적인 형태를 실험하였다.
작품: 킹고 주택단지, 헬싱외르(1956~1960), 시드니 오페라 하우스(1957~1973), 비르케호이 주택단지, 헬싱외르(1963), 바그수에르 교회, 코펜하겐(1969~1976), 국회의사당 건물, 쿠웨이트(1972).

워터하우스, 앨프레드(Waterhouse, Alfred; 1830~1905): 큰 공공 건물과 상업용 건물에 고딕 양식을 채택할 것을 제안한 영국 전성기 빅토리아 시대 주요 건축가. 깔끔하고 질서정연한 세부 묘사로 뚜렷한 윤곽과 회화적인 스카이라인을 펼쳐보였으며, 대담하게 색깔 있는 벽돌과 테라코타를 사용했다. 때로 로마네스크나 르네상스 양식도 채택했으나 특기는 고딕 양식이었고, 다작을 한 것으로도 유명하다.
작품: 맨체스터 시청사(1868~1877), 자연사박물관,

런던(1868~1880), 블랙무어 하우스, 햄프셔(1869), 린드허스트 로드 예배당, 햄스테드, 런던(1883), 유니버시티 칼리지 병원, 런던(1896).

월터, 토머스 어스틱(Walter, Thomas Ustick; 1804~1887): 뛰어난 미국 그리스 복고 양식 건축가. 미국건축가협회 창설자이며 2대 회장. 수많은 집과 공공 건물을 지었으며, 단순성과 규칙성, 절제가 특징이다.
작품: 지라드 칼리지, 필라델피아(1833~1848), 침례교회, 리치먼드(1839), 웨스트체스터 군 재판소(1847), 국회의사당, 워싱턴 DC(1851~1867).

월폴, 호러스(Walpole, Horace; 1717~1797): 4대 오퍼드 백작, 하원 의원, 미술품 감식가, 예술 후원자, 아마추어 건축가. 여러 해 동안 트위크넘에 있는 스트로베리 힐이라는 별장을 고딕풍으로 개조함으로써(1748~1777), 고딕 복고 양식을 불러일으키는 기폭제가 되었다. 건축가들(특히 존 슈트와 리처드 벤틀리, 로버트 애덤, 제임스 에섹스)을 고용했지만, 스트로베리 힐의 전반적인 개념은 명백히 월폴의 머리에서 나온 것이었다.

웨브, 필립(Webb, Philip; 1831~1915): 건축가이며 디자이너. 윌리엄 모리스의 절친한 친구이자 파트너. 역사적인 양식을 피하고 토속적인 전통과 유용성, 지역에서 나는 재료, 솜씨 있는 장인 기술에 기초한 솔직하고 차분한 설계로 거의 일반 주택만 지었다. 예술공예운동의 선구자였다.
작품: 레드 하우스, 벡슬리히스(1859~1860), 팰리스 그린 1번지 주택, 켄싱턴, 런던(1868), 홉 건조소, 헤이스커먼, 미들섹스(1872), 클라우즈 저택, 윌트셔(1880), 스탠던, 이스트그린스테드, E. 서섹스(1891~1894).

유바라, 필리포(Juvarra, Filippo; 1678~1736): 카를로 폰타나의 제자이며, 18세기 가장 뛰어난 이탈리아 바로크 건축가. 작품 대부분이 토리노와 그 주변에 있다. 아주 뛰어난 독창성보다는 기존 양식에 대한 완벽한 이해를 보여주는 그의 건물은 하나의 통합된 전체로서 아주 감동적이고 멋진 조화를 이루고 있다.
작품(토리노와 그 주변에 있다): 산 필리포 네리 교회(1715), 수페르가 교회(1717~1731), 팔라초 마다나(1718~1721), 스투피니지 성(1729~1733).

익티노스 → 칼리크라테스를 보라.

임호테프(Imhotep; BC 2600년경에 활약): 역사상 처음으로 이름이 알려진 건축가이며, 이집트 조세르 왕의 고문이며 고관이었고, 헬리오폴리스의 사제였다. 사카라에 거대한 장제전을 건설하였으며, 이것은 계단식 피라미드와 정교한 석조 건축물 그리고 기둥의 사용으로 2,500년간 이집트의 기념비적인 건물의 귀감이 되었다.

제임스 오브 세인트 조지(James of St. George; 13세기): 잉글랜드 왕 에드워드 1세의 축성 계획을 도맡아 관장한 장인. 그의 감독 아래 13세기 말 콘위 성과 카나번 성, 팸브로크 성, 할레크 성, 보마리스 성을 포함해 웨일스의 경계 둘레에 세워진 일련의 '완전무결한' 성이 건설되었다.

제퍼슨, 토머스(Jefferson, Thomas; 1743~1826): 미국의 제3대 대통령이 된 미국 정치가였으나, 재주 많은 아마추어 건축가이기도 했다. 팔라디오와 고대 로마에서 영감을 얻어, 미국의 공공 건물에 심대한 영향을 끼친 순수한 고전주의 양식을 창조했고, 워싱턴에서 새 연방 수도를 설계할 때도 주도적인 역할을 했다.
작품: 몬티셀로(1770~1796), 버지니아 주의사당 건물, 리치먼드(1796), 버지니아 대학, 샬러츠빌(1817~1826).

존스, 이니고(Jones, Inigo; 1573~1652): 영국에 르네상스 양식을 소개한 뛰어난 건축가이며 무대 디자이너. 주로 팔라디오의 영향을 받아, 영국 최초의 고전주의 양식 건물을 지었으며, 18세기 팔라디오 양식이 부활하는 데 막대한 영향을 미쳤다.
작품: 퀸스 하우스, 그리니치(1616~1635), 대연회장, 화이트홀(1619~1622), 퀸스 예배당, 세인트 제임스 궁전, 런던(1623~1627), 포티코, 옛 세인트 폴 대성당, 런던(1631~1642), 윌턴 하우스 재건, 윌트셔(1647년경).

존슨, 필립(Johnson, Philip; 1906년 출생): 뉴욕에서 활동한 건축가. 1932년 뉴욕현대미술관에서 같은 이름의 유명한 전시회를 주도하여, 미국에 국제주의 양식을 소개했다. 미스 반 데어 로에의 학생으로서, 미국에서 가장 먼저 가장 영향력 있는 몇 가지 철과 유리로 된 건물을 지었다. 그러나 1980년대에는 '포스트모더니즘'을 주창하며 고층 건물에 역사적인 양식을 인용하기 시작했다.
작품: 글래스 하우스, 뉴캐넌(1949~1955), 시그램 빌딩, 뉴욕(1954~1958, 미스 반 데어 로에와 함께), 셸던 기념 미술관, 링컨, 네브래스카(1963), 주립극장, 링컨 센터, 뉴욕(1964, 리처드 포스터와 함께), 존 F. 케네디 기념관, 달라스(1970), AT&T 빌딩, 뉴욕(1978~1983), IBM 타워, 애틀랜타(1987).

줄리오, 로마노(Jiulio, Romano; 1492~1546): 이탈리아 건축가이며 화가. 고전주의 건축의 규칙을 대담하게 의도적으로 조작한 그의 재기발랄함은 마니에리스모의 특징을 보여주는 것이었다. 만토바에서 페데리코 공작 곤차가 2세에게 고용되어 일했다.
작품(모두 만토바에 있다): 팔라초 델 테(1525~1534), 팔라초 듀칼레(1538~1539), 성당(1545~1547).

취미, 베르나르(Tshumi, Bernard; 1944년 출생): 스위스에서 태어난 프랑스 건축가. 파리와 뉴욕에서 활동. 교사와 이론가로서도 영향을 끼쳤다. 포스트모더니스트이며 '해체주의자'로, 형식과 기능과 의미에 관한 가정에 의문을 던지고, 패러디와 파편화, 공간에서의 형식 조작에 기초한 건축을 펼쳤다.
작품: 파르크 드 라 빌레트, 파리(1984~1989), 글래스 비디오 갤러리, 그로닝겐, 네덜란드(1990), 건축 학교, 마른라발레, 프랑스(1991~), 러너 학생회관, 컬럼비아 대학, 뉴욕(1991~).

칸, 루이스 I.(Kahn, Louis I.; 1901~1974): 가장 뛰어난 제2세대 미국 현대 건축가 가운데 한 사람, 재료의 사용을 절제하고 전통에 공감하여, 건물에 위엄과 조각 같은 강렬한 형상을 부여함으로써 기념비적인 웅장한 건물의 거장이 되었다.
작품: 예일 대학 미술관(1951~1953), 리처드 의학 연구 센터, 펜실베이니아 대학, 필라델피아(1957~1965), 솔크 연구소, 러호이아, 캘리포니아(1959~1965), 인도 경영 연구소, 아마다바드(1962~1974), 주의사당 건물, 데카(1962~1975), 킴벨 아트 뮤지엄, 포트워스, 텍사스(1966~1972).

칸델라, 펠릭스(Candela, Felix; 1910년 출생): 스페인에서 태어난 멕시코 건축가이며 토목기사. 콘크리트 셸 볼트를 실험하여 현대 건축에 표현적이면서도 기능적인 포물면을 도입했다.
작품: 멕시코국립자치대학의 우주선관, 멕시코시티(1951), 라비르헨밀라그로사 교회(1954), 재무성 창고, 발레호(1954), 방직공장, 코요콴(1955), 식당, 소치밀코(1958).

칼라트라바, 산티아고(Calatrava, Santiago; 1951년 출생): 스페인에서 태어나 스위스 취리히에서 활동한 건축가이며 토목기사. 건축과 선진 토목 기술을 극적으로 결합하여, 기능적이면서도 거의 조각과 같은 우아하고 표현적인 삼차원 형상을 창조해냈다.

작품: 슈타델호펜 철도역사, 취리히(1982~1990), 갤러리 앤드 헤리티지 스퀘어, 토론토(1987~1992), 알라미요 다리, 세비야(1987~1992), TGV 역, 리옹-사톨라 공항(1988~1992), 통신탑, 몬주익Montjuic, 바르셀로나(1989~1992), 빌바오 공항(1991).

칼리크라테스(Callicrates; BC 5세기): 대표적인 아테네 건축가. 익티노스와 함께 설계한 파르테논 신전으로 유명하다.

작품: 아테나-니케 신전, 아테네(BC 450~424), 파르테논 신전, 아테네(BC 447~432), 아테네와 피레에프스를 잇는 장벽(Long Walls)의 일부(BC 440년경)

캄펜, 야코프 반(Campen, Jacob van; 1595~1657): 네덜란드 고전주의 건축가. 팔라디오 양식을 네덜란드에 소개하여 크게 유행했다. 특히 영국에 많은 영향을 끼쳤다.

작품: 마우리초이스, 헤이그(1633~1635), 암스테르담 시청사(1648~1655), 니웨 교회('새 교회'라는 뜻), 하를렘(1654~1659).

캐머런, 찰스(Cameron, Charles; 1746~1812): 스코틀랜드 신고전주의 건축가. 로버트 애덤의 신봉자. 1779년에 러시아의 에카테리나 여제를 위해 일하러 갔다가 러시아에서 여생을 보냄.

작품: 차르스코예셀로에 있는 건물과 실내, 정원 설계, 푸슈킨(1780~1787), 파블로프스크 궁, 푸슈킨(1781~1796), 해군 병원과 병영, 크론슈타트(1805).

켄트, 윌리엄(Kent, William; 1684~1748): 영국의 건축가이며 조경 설계자. 격식을 따지지 않은 그의 혁명적인 정원 설계는 건물과 건물을 둘러싼 자연 환경 사이에 새로운 관계를 낳았다. 벌링턴 경의 후원을 받았으며, 그와 함께 영국에 큰 영향을 미친 순수한 신 팔라디오 양식을 창조했다.

작품: 치즈윅 하우스(1725), 풍경식 정원, 스토, 버킹엄셔(1732~), 홀컴 홀, 노퍽(1734), 풍경식 정원, 로셤 홀, 옥스퍼드셔(1739), 버클리스퀘어 44번지 저택, 런던(1742~1744), 근위기병 본부, 런던(1748~1759).

퀴빌리에, 프랑수아(Cuvilliès, François; 1695~1768): 벨기에에서 태어났으나, 남부 독일에서 로코코 양식을 대표하는 뛰어난 건축가가 되었다. 바이에른의 선제후에게 궁정 건축가로 임명되어, 파리에서 공부하고 돌아와 환상적인 풍부함과 아주 우아하고 정교한 멋을 결합시킨 양식을 발전시켰다.

작품(뮌헨에 있다): 주교관의 장식(1729~1737), 아말리엔부르크 별장, 님펜부르크 궁전(1734~1739), 주교관 극장(1751~1753), 테아티너 교회 정면(1767).

클렌체, 레오 폰(Klenze, Leo von; 1784~1864): 주로 남부 독일에서, 일부는 그리스 양식으로 일부는 르네상스 양식으로, 품위 있는 웅장한 공공 건물을 지은 다재다능한 독일 건축가.

작품: 글립토테크, 뮌헨(1816~1831), 로이히텐베르크 궁전, 뮌헨(1817~1819), 알테 피나코테크, 뮌헨(1826~1836), 발할라 신전, 레겐스부르크 근처(1830~1842), 에르미타슈 미술관, 상트페테르부르크(1839~1852).

탄게, 겐조(Tange, Kenzo; 1913년 출생): 전후 일본의 뛰어난 건축가. 르 코르뷔지에의 영향을 많이 받았다. 국제주의 양식을 전통적인 일본의 웅장한 건축과 결합하려고 노력하며, 대담하고 때로는 무거운 콘크리트 정면을 펼쳐보였으나, 갈수록 곡선을 그리는 표현적인 지붕선을 보여주었다.

작품: 평화 기념 박물관, 히로시마(1949~1955), 도쿄 시청사(1955), 가가와 현청사, 타카마츠(1958), 야마나시 신문 라디오 센터, 고후(1961~1967), 올림픽 스타디움, 도쿄(1964).

톨레도, 후안 바우티스타(Toledo, Juan Bautista de; 1567년 죽음): 스페인 건축가. 1561년 스페인의 펠리페 2세에게 궁정 건축가로 임명되기 전까지 로마와 나폴리에서 활동했다. 스페인에 새로운 건축 교육 시스템을 도입했고, 순수하고 엄격한 고전적인 르네상스 양식을 창조하여 많은 영향을 끼쳤다. 유일하게 남아 있는 주요 작품은 대표작인 에스코리알 궁전(1562~1582)으로, 후계자인 후안 데 에레라가 완성시켰다.

트랄레스의 안테미우스(Anathemius of Tralles): 6세기 초에 크게 활약한 그리스 건축가. 원래는 기하학자였다. 밀레투스의 이시도루스와 함께 최초의 하기아 소피아 사원(콘스탄티노플, 532~537)을 지었다.

티리다테스(Trdat, 989~1001년에 활약): 아르메니아 건축가. 크리스천 비잔틴 시대에 동료들과 함께 구조적으로 서구보다 100년이나 앞선 많은 교회를 지었다.

작품: 하기아 소피아의 재건, 이스탄불(989), 아니 성당(1001~1015).

팔라디오, 안드레아(Palladio, Andrea; 1508~1580): 가장 위대하고 가장 영향력 있는 이탈리아 르네상스 건축가 가운데 하나. 거의 모든 작품이 비첸차와 그 주변에 지어졌다. 비투르비우스와 르네상스 시대의 선조들에 기대어, 아주 세련되고 쉽게 모방할 수 있는 고전적인 양식을 탄생시켰다. 그의 건물은 우아함과 대칭성이 특징이다. 영국과 미국에 가장 큰 영향을 미쳤다. 1570년에 『건축 4서』를 펴냈다.

작품: 바실리카, 비첸차(1549), 팔라초 키에리카티, 비첸차(1550), 빌라 말콘텐타, 비첸차(1560), 팔라초 발마라나, 비첸차(1565), 빌라 로톤다, 비첸차 근처(1565~1569), 산 조르조 마조레 교회, 베네치아(1565~1610), 일 레덴토레, 베네치아(1577~1592), 테아트로 올림피코, 비첸차(1580).

팩스턴, 조지프(Paxton, Joseph; 1801~1865): 영국 조경가, 정원 설계사, 건축가. 채츠워스 영지의 수석 정원사로서, 온실에 유리와 조립식 철골 구조를 선구적으로 사용하였으며, 이는 1851년의 수정궁에서 절정에 달했다. 수정궁은 전 세계 철도 역사와 홀, 산업용 건물의 원형이 되었다. 정원 설계사로서 공공 공원을 설계했고(예를 들면, 1843~1847년에 버켄헤드에서), 일반적인 건축가로서 버킹엄셔에 멘트모어 하우스를 지었다(1852~1854).

퍼니스, 프랭크(Furness, Frank; 1839~1912): 필라델피아에서 활동한 미국 건축가. 주로 프랑스와 영국에서 유래한 많은 양식을 절충적으로 이용한 그의 건물은 과감한 형식과 다채로운 벽돌을 사용한 것으로 유명하다. 그가 가르친 학생 중에 루이스 설리번이 있었다.

작품(모두 필라델피아에 있다): 펜실베이니아 미술 아카데미(1871~1876), 프라비던트 라이프 앤드 트러스트 컴퍼니 빌딩(1876~1879), 펜실베이니아 대학 도서관(1887~1891), 브로드 스트리트 역사(1891~1893; 철거됨).

페레, 오귀스트(Perret, Auguste; 1874~1954): 프랑스 근대 건축의 확립한 사람 가운데 하나. 철근 콘크리트 구조를 사용한 선구자로서, 구조를 대담하게 표현한 정면과 자유로운 평면의 실내 공간을 연출해냈다.

작품: 프랑클랭 가 25번지 아파트, 파리(1903), 테아트르 데 샹젤리제, 파리(1911~1913), 노트르담 뒤 랭시 교회(1922~1923), 공공사업 전시관, 파리(1937), 아미앵 철도 역사(1945), 르 아브르의 재건설(1949~1956).

페레수티, 엔리코(Peressutti, Enrico) → 벨지오조소, 로도비코를 보라.

페로, 클로드(Perrault, Claude; 1613~1688): 프랑스 아마추어 건축가. 원래 직업은 의사. 주로 루이 16세를 위해 지은 파리, 루브르 궁의 인상적인 동쪽 정면으로 알려져 있다. 저술가이기도 했으며, 비트루비우스의 첫 번째 프랑스어판을 냈다(1673).
작품: 동쪽 정면, 루브르, 파리(1665), 천문대, 파리(1667), 샤토 드 소(1673).

페루치, 발다사레(Peruzzi, Baldassare; 1481~1536): 이탈리아 전성기 르네상스와 마니에리스모 건축가. 로마의 산 피에트로 대성당을 설계할 때 브라만테의 조수로 일했으며, 그의 영향을 많이 받았다. 초기 작품은 섬세한 정교함으로 주목을 받았으나, 후기에는 정통에서 벗어나 덧붙인(superimposed) 기둥과 독창적인 창문 형태, 불규칙한 평면을 사용해 마니에리스모 양식의 도래를 예고했다.
작품: 빌라 파르네시나, 로마(1508~1511), 산 엘리조 데글리 오레피시, 로마(1520), 빌라 파르네세, 카프라롤라(1530년경), 팔라초 마시모 알레 콜론네, 로마(1532~).

페이, 예오밍(Pei, Ieoh Ming; 1917년 출생): 중국에서 태어난 미국 건축가. 뉴욕에서 활동. 발터 그로피우스의 학생으로, 깨끗한 선과 거울처럼 매끈한 표면이 특징적인 고층 상업용 건물로 명성을 얻었다. 박물관과 공공 건물에서도 조화와 비율에 대한 깊은 조예와 구조의 명징성을 보여주었다.
작품: 마일 하이 센터, 덴버, 콜로라도(1955), 캐나다 임페리얼 상업은행, 토론토(1972), 존 핸콕 타워, 보스턴(1973), 이스트 빌딩, 국립미술관, 워싱턴 DC(1978), 중국은행, 홍콩(1989), 유리 피라미드, 루브르, 파리(1989).

포르타, 자코모 델라(Porta, Giacomo della; 1537년경~1602): 이탈리아 마니에리스모 건축가. 비뇰라의 일 제수 교회 정면(1568~1584)과 산 피에트로 대성당의 돔(1588~1590)을 완성했다. 또 미켈란젤로가 설계한 캄피돌리오 광장 계획안을 이어받아 추진했다.
작품: 팔라초 델라 사피엔차, 로마(1575년경), 산 안드레아 델라 발레, 로마(1591, 마데르나가 완성), 빌라 알도브란디니, 프라스카티(1598~1603).

포스터 경, 노먼(Foster, Sir Norman; 1935년 출생): 리처드 로저스와 함께 '첨단 과학기술'을 활용한 영국 모더니즘의 발전을 이끈 영국 건축가. 발전된 과학기술을 과감히 활용하고 구조를 솔직히 표현하면서도, 설계에서는 유동성과 형식에 대한 절제를 보여주었고, 건물에 사회적 요구뿐 아니라 정신적 요구까지를 반영하였다.
작품: 릴라이언스 관리 공장, 스윈던(1966), 센스버리 시각 예술 센터, 이스트 앵글리어 대학(1974~1978), 윌리스 파머 뒤마 빌딩, 입스위치(1974), 홍콩 상하이 은행, 홍콩(1979~1986), 스탠스테드 공항(1980~1991), 새클러 갤러리, 로열 아카데미(1985~1993), 카레 다르, 님, 프랑스(1985~1993), 센추리 빌딩, 도쿄(1987~1991), 책랍콕 공항, 홍콩(1992~1998).

푀펠만, 마트하우스(Pöppelmann, Mattaeus; 1662~1736): 독일 바로크 건축가. 1705년부터 드레스덴에서 작센 선제후의 궁정 건축가가 되었다. 그의 걸작인 츠빙거는 무대 디자인을 돌로 옮겨놓은 뛰어난 작품이다.
작품: 타셴베르크 궁, 드레스덴(1705), 츠빙거, 드레스덴(1711~1722), 슐로스 필니츠(1720~1732), 아우크스부르크 다리, 드레스덴(1728).

풀러, 리처드 버크민스터(Fuller, Richard Buckminster; 1895~1983): 미국 토목기사이며 이론가. 언제나 새로운 소재와 새로운 공법을 사용하는 것을 옹호했으며, 스페이스 프레임의 원리를 이용한 가벼운 구조물인 지오데식 돔을 발명했다. 지금까지 이런 식으로 세워진 돔이 25만 개 이상이다.
작품: 루이지애나 배턴루지(1959)와 몬트리올 국제 박람회(1967), 일본의 후지 산(1973), 플로리다의 디즈니월드(1982)에 세워진 지오데식 돔.

퓨진, 오거스터스 웰비 노스모어(Pugin, Augustus Welby Northmore; 1812~1852): 영국의 건축가이며 디자이너. 고딕 양식의 열정적인 선전가. 의회의사당 건물의 건축적인 세부와 실내 장식에서 보인 작품으로 가장 잘 알려져 있다. 그의 책은 학문에 새로운 표준을 세웠으며, 형식과 기능, 장식의 관계에 대한 그의 분석은 후에 기능주의 사상에 큰 영향을 주었다. 건물보다 저서와 디자인으로 더 많은 영향을 끼쳤다.
작품: 올튼 타워스(1837~1852), 세인트 길스 교회, 치들(1841~1846), 노팅임 성당(1842~1844), 어쇼 칼리지, 더럼(1848~1852), 세인트 오거스틴 교회, 램즈게이트(1846~1851), 리스모어 성, 아일랜드(1849~1850).

프란타우어, 야코프(Prandtauer, Jacob; 1660~1726): 오스트리아 바로크 건축가. 아주 극적인 장소에 자리한 멜크 수도원(1702~1714)이라는 걸작을 탄생시킨 후에는, 가르스텐과 크렘스뮌스터, 장크트 플로리안에 있는 수도원과 존타크베르크의 순례자 교회(1706~1717)을 포함해 주로 오스트리아에 있는 수도원과 교회를 짓고 재건하는 일에 나머지 여생을 보냈다.

피아노, 렌조(Piano, Renzo; 1937년 출생): 이탈리아 건축가. 처음에는 리처드 로저스와 함께 일했으나, 1981년에 제노바에 본부를 둔 유명한 렌조 피아노 워크숍을 열었다. 미리 어떤 양식을 염두에 두지 않고 일하면서 고객과의 협력과 자연과의 조화를 강조했으며, 진보된 과학기술과 전통적인 재료를 결합하여 기능적이면서도 환경친화적인 대담하고 다채로운 구조를 탄생시켰다.
작품: 상트르 퐁피두, 파리(1972~1977, 리처드 로저스와 함께), 슐룸베르게 오피스 빌딩, 몽루지, 파리(1981~1984), 메닐 컬렉션 아트 뮤지엄, 휴스턴, 텍사스(1981~1986), 간사이 국제공항 터미널, 오사카(1988~1994), 장 마리 치바우 문화 센터, 누메아 섬, 뉴칼레도니아(1991~).

홀, 엘리아스(Holl, Elias; 1573~1646): 독일의 대표적인 르네상스 건축가. 1602년에 아우크스부르크 시 건축가로 임명됨. 그의 양식은 팔라디오와 마니에리스모의 영향을 받았으나, 높은 박공벽과 같은 전형적인 독일의 특징을 이용해 이탈리아 양식을 변형시켰다.
작품(모두 아우크스부르크에 있다): 병기고(1602~1607), 장크트 안네 그래머스쿨(1613~1615), 시청사(1615~1620), 성령 병원(1626~1630).

화이트, 스탠포드 → 매킴을 보라.

힐데브란트, 루카스 폰(Hildebrandt, Lucas von; 1668~1745): 오스트리아의 대표적인 바로크 건축가. 카를로 폰타나에게 배웠고, 구아리노 구아리니를 숭배했다. 그가 지은 건물은 특히 계단을 포함해 실내는 아주 극적이고 장식이 풍부한 데 반해 정면은 비교적 단순하다. 벨베데레 궁전을 빼고는 기존의 건물을 개작한 작품이 많다.
작품: 포머스펠덴 궁전(1711~1718), 주교관, 뷔르츠부르크(1719~1744), 벨베데레 궁전, 빈(1720~1724), 미라벨 궁전, 잘츠부르크(1721~1727).

찾아보기

*주: 고딕체 숫자는 사진 번호임.

가금 시장 십자가 건물, 솔즈베리 171
가르 다리, 님 111; **111**
가르니에, 샤를
　오페라 하우스, 파리 247~248; **325~326**
가리센다 탑, 볼로냐 142
가면 궁전, 카바 83
가브리엘, 앙주자크 229
　르 프티 트리아농 229; **297**
　부르스 광장, 보르도 229
　콩코르드 광장, 파리 229
가스가 대 신사, 나라; **62**
가쓰라 이궁, 교토; **79**
가우디, 안토니 256~257, 283, 289
　구웰 공원, 바르셀로나 256
　사그라다 파밀리아, 바르셀로나 256; **343**
　산타 콜로마 데 세르벨로 교회, 바르셀로나 257; **345**
　카사 밀라, 바르셀로나 256; **344**
　카사 바틀로, 바르셀로나 256
가정보험회사 건물, 시카고 252
가톨릭 교회 196, 197, 204, 205
갈 비하라, 폴론나루와 46; **40**
갈라 플라치디아 121
갈레리아 비토리오 에마누엘레, 밀라노 250; **332**
강철 245, 286
개런티 빌딩, 버펄로 254
개선문, 로마 107; **118**
개슨, 배리 버렐 컬렉션, 글래스고 292
개원사, 정현 63; **65**
개혁 클럽, 런던 242
갠던, 제임스 더블린 세관 225
거대한 기둥 185
거북이 집, 욱스말 82; **90**
거푸집 109
건륭제(乾隆帝) 67
견직물 시장, 발렌시아 171
계단 198
고대 스칸디나비아인 132

고딕 건축 140, 158~175, 178, 190, 245
고딕 복고 양식 244, 245, 249
고아원, 피렌체 176, 178; **217**
고원, 제임스:
　공학관, 레스터 대학 290~291; **394**
고전기 86
고전주의 218~229, 236~238, 240
고트족 116, 118
곡선 고딕 양식 164, 165
곤차가 2세, 페데리코 공작 186
공리적 기능주의 284
공자 69
공작 궁전, 아누라다푸라 49
공학관, 레스터 대학 290, 294; **394**
구아리니, 구아리노 207, 210
　산타 신도네 예배당, 토리노 207, 209, 210
　산 로렌초 교회, 토리노 207, 210; **265**
과테말라 76, 81
교구 교회 168, 171
교차 볼트 109
교토 73
　가쓰라 이궁; **79**
　기타야마덴 73; **78**
　료안지; **80**
교회
　고딕 158~170; **189~206**
　로마네스크 130~141; **154~158, 162, 164, 165**
　르네상스 180~181, 183~185, 189; **216, 218~222, 225~227, 229, 232~233, 236, 242**
　바로크 204~211, 213; **258~259, 262~265, 267~269, 274~277**
　바실리카 114~115, 116, 118~120, 121; **128~129, 132~135**
　비잔틴 121~129; **139~150**
　중앙집중식 121~122; **138**
　카롤링거 왕조 시대 132; **153**
구기장, 메소아메리카 76, 81; **85**
구로사와, 키쇼:

나카긴 캡슐 타워, 도쿄 293; **402**
구르에아미르, 사마르칸트 157; **188**
구성주의 284
구호 기사단 138
국립극장, 런던 290
국립도서관, 파리 248
국립미술관, 런던 225
국립박물관, 암스테르담 250
국무성 청사, 찬디가르 271
국제주의 양식 265, 266~283, 284, 287, 296, 297
국제현대건축전시회, 뉴욕(1932) 266
굴뚝 15, 136, 153
굽은 피라미드, 스네프루; **24**
굽타 왕조 51
궁전
　로마 114
　르네상스 178~179, 181~182, 194, 196~197, 200; **223~224, 230~231, 245**
　미노아 25; **18**
　바로크 204~205; **260**
　이슬람 148~149; **178~179**
구웰 공원, 바르셀로나 256
그라나다 133
　라 카르투하 202; **259**
　알람브라 궁전 149, 156; **178~179**
그랑드 아르케 드 라 데팡스, 파리 294
그랜드 호텔, 스카버러 244
그레벌, 윌리엄 173
그레이브스, 마이클 퍼블릭 서비스 빌딩, 포틀랜드 295; **404**
그로피우스, 발터 272, 273, 279
　바우하우스 272, 273; **365**
　파구스 공장, 알펠트안더라이네 272; **364**
그리니치, 퀸스 하우스 200; **254~255**
그리스 125~126, 223
그리스 복고 양식 225, 227, 238
그리스, 고대 13, 26, 41, 86~101, 102, 105~106, 109, 224, 248, 295

그리스도 수도회 교회, 토마르 196; 198
그리스도교 114, 115, 116, 118~129, 132, 243
그리크 로열 고등학교, 에든버러 225
그린웨이, 프랜시스
　세인트 제임스 교회, 시드니 220, 239; 314
극장, 그리스 99~100, 106
극장, 델포이 101; 110
극장, 에피다우로스 99~100; 107
극장, 오랑주 105; 114~115
근대 건축 운동 257
근대건축국제회의(CIAM) 271
글래스 하우스, 뉴캐넌 286; 376~377
글래스고 225, 259
　버렐 컬렉션 292
　글래스고 미술 학교 260; 349
글로브 극장, 런던 171
글로스터 성당 163
금빛 정자, 긴카쿠지, 교토 73; 78
기둥
　거대한 기둥 185
　그리스 13, 88~90, 91~92, 227~228
　도리아식 88, 91~92, 181, 228; 98
　로마 107
　르네상스 181, 185
　복합식 91, 107; 98
　에트루리아식 107
　이오니아식 88, 91, 92, 181; 98
　이집트 13, 35; 26~27
　코린트식 88, 91, 92, 107, 181; 98
　페르시아 26
기둥 궁전, 미틀라 84
기둥 머리 35, 88~89, 92, 125; 27, 98, 46
기마르, 엑토르 255
　카스텔 베랑제, 파리 255
기브스, 제임스 207, 210, 220, 222, 237, 239
　래드클리프 카메라실, 옥스퍼드 183
　세인트 마틴인더필즈 교회, 런던 220; 285
　이사회관, 캠브리지 대학 220
기술 245, 286~287, 291
기자 34
　멘카우레의 피라미드 35, 36~37; 28~29
　우나스 왕의 피라미드 36
　카프레의 피라미드 35, 36~37; 28
　쿠푸의 피라미드 33, 35, 36~37, 38~39; 28~30
기타야마덴, 교토 73; 78
길드 회관, 래번햄 171
길레스피와 키드, 코이어 세인트 피터스 칼리지, 카드로스 271
길리, 프리드리히 228
김나지움 100
나라 72

가스가 대 신사 62; 62
　도쇼다이지; 77
　야쿠시지 71~72; 75
　호류지 72; 76
나세르 호 30
나일 강 28~30, 32, 33
나치 272
나카긴 캡슐 하우스, 도쿄 293; 402
나폴레옹 1세, 황제 16, 245, 260
난로 15
남아메리카 76, 230~232, 233~234, 282~283
남쪽의 집, 사카라 35
낭만주의 운동 230, 240
낭시 216
내시, 존 225~226
　로열 퍼빌리언, 브라이턴 226; 293
　블레이즈 햄릿 226
　컴버랜드 테라스, 리전트 공원, 런던 225; 292
내쌓기 12, 13; 5
낸터컷 235
네덜란드 199~200, 260, 273~274, 292
네로, 황제 183~184
네부카드네자르 2세, 바빌로니아 왕 19, 21, 22~23, 35
네크로폴리스 32
네팔 49
네포무크의 장크트 요하네스 교회, 뮌헨 209; 258
노르웨이 164
노리치 성당 142
노브고로트 129
노이만, 발타자어 209
　주교관, 뷔르츠부르크 211, 212; 270
　주교관, 브루흐잘 209, 212
　피어첸하일리겐 순례자 교회 209~210; 267~268
노이슈반슈타인 249; 330
노이에 슈타츠갈레리, 슈투트가르트 292; 398
노자 69
노트르담 대성당, 푸아티에 140; 162
노트르담 뒤 랭시 교회 255; 341
노트르담 뒤 오, 롱샹 270; 361
노트르담, 파리 166
누메아, 뉴칼레도니아, 장 마리 치바우 문화 센터 301; 408
누비아 28, 30
뉴델리, 총독 관저 258; 347
뉴멕시코 230, 232
뉴사우스웨일스 239
뉴올리언스 232
　이탈리아 광장 288; 388
뉴욕
　레버 하우스 281; 378
　록펠러 센터 279

미국전신전화회사 건물 295
시그램 빌딩 281 (책 머리에)
엠파이어 스테이트 빌딩 279
자유의 여신상 248
크라이슬러 빌딩 279; 375
포드 재단 본부 건물 289
TWA 터미널, J. F. 케네디 국제공항 286, 287; 383
뉴질랜드 251
뉴칼레도니아 301
뉴캐넌, 글래스 하우스 281; 376~377
뉴포트비치, 로벨 비치 하우스 278
니네베 19, 21, 23
니마이어, 오스카르:
　대통령 궁, 브라질리아 282
　정부 청사, 브라질리아 282~283; 379
니코메디아 116
님 105, 236
　가르 다리 111; 111
님루드 19, 23
님펜부르크 궁전, 뮌헨 209, 217; 281
닝보, 아유왕 사 61; 63
다름슈타트 259
다리우스 1세, 페르시아 왕 26
다리우스 대왕의 아파다나(알현실), 페르세폴리스 27; 15, 19
다마스쿠스 153
　대 모스크 146; 173
다실, 가쓰라 이궁, 교토; 79
다실, 일본 73; 79
다이르알마디나 28
다이르알바리, 하트셉수트 여왕의 장제전 41; 36
다프니, 수도원 교회 126; 147
단다라 41
달 호, 샬리마르 공원 148; 177
당 왕조 69
대 모스크, 다마스쿠스 146; 173
대 모스크, 사마르칸트 150~151
대 모스크, 알카이라완 147, 152, 153; 174
대 모스크, 코르도바 146, 155; 172
대 모스크와 사법부 건물, 리야드 296
대 스투파, 산치 47, 54; 41~42
대사원, 마두라 52~53; 52
대서양 79
대수도원 138~139; 161
대연회장, 화이트홀 200, 201; 256
대영박물관, 런던 225; 291
대욕장, 모헨조다로 42; 37
대학 171~172; 247
더럼 성당 132, 167; 155
더블린 198
　세관 225

더비, 에이브러햄:
　철교, 콜브룩데일 245; 320
더비셔, 앤드류:
　힐링던 시민회관 291
데 스테일 273
데번셔 공작 245
데사우 272
데카, 주 의사당 건물 287
데칸 고원 50
덴마크 295~296
델리
　바하이 사원 294
　후마윤의 무덤 157
　쿠와트울이슬람 사원; 185
델피
　극장 101; 110
　아테네의 보물창고 100~101; 110
　아폴론 신전 101; 110
　톨로스 101
도가; 113
도교 69
도리아식 기둥 88, 91~92, 181, 228; 98
도메니코 다 코르토나 212
　샤토 드 샹보르 192~193; 238~240
도미노 주택 계획안 268; 357
도미니카 공화국 233
도미니쿠스 수도회 230
도미티아누스, 황제 106
도쇼다이 사, 나라; 77
도시 주택 198~200
도시의 발전 16~27, 28
도시의 성벽 143
도안집 194
도제 궁전, 베네치아 174~175; 213
도쿄 73
　나카긴 캡슐 타워 293; 402
　올림픽 스타디움 292~293; 401
　임페리얼 호텔 264
독일
　고딕 건축 165, 167, 170, 175
　국제주의 양식 271~273
　바로크 건축 202, 204
　19세기 건축 249~250
　20세기 건축 289~290, 292
독일관, 바르셀로나 국제 박람회 273; 366~367
돌만, 게오르그 폰:
　노이슈반슈타인 249; 330
돔
　로마 110~111
　르네상스 176
　비잔틴 121, 123~125; 141~145

양파 모양 128
이슬람 156~157; 186
인도 157
트룰로 12; 6
동남 아시아 42, 59
동방 교회 122
두공 61~62; 60
뒤도크, 빌렘:
　힐베르슘 시청사 276; 369
드라비다 44, 46, 52
드레스덴, 츠빙거 205; 261
디너리 가든, 소닝 258~259; 348
디안 드 푸아티에 194
디엔첸호퍼, 요한:
　반츠 대수도원 교회 209; 269
디오니소스 극장, 아테네 99
디오클레티아누스 황제의 궁전, 스팔라토 114, 121, 224
디오클레티아누스, 황제 114, 116~118
디테를린, 벤델 195
딩컬루, 존:
　포드 재단 본부, 뉴욕 289
라 바리에르 드 라 빌레트, 파리 227
라 살린 드 쇼, 아르크에스낭 227
라 생트샤펠, 파리 162; 189
라 카르투하, 그라나다 202; 259
라 투레트 수도원 271
라 트리니테 교회, 방돔 162
라가시 19
라벤나 118, 119, 125
　갈라 플라치디아의 마우솔레움 121; 137
　클라세의 산 아폴리나레 교회 120; 136
　산 비탈레 교회 123, 132; 140, 146
라브루스트, 앙리:
　국립도서관 열람실, 파리 248
　생트 즈네비에브 도서관, 파리 248; 329
라비르헨밀라그로사 교회, 멕시코시티 283; 380
라스트렐리, 바르톨로메오:
　차르스코예셀로 220
라우라나, 루치아노:
　우르비노 궁전 178
라이날디, 카를로:
　피아차 나보나의 산 아녜세 교회, 로마 209, 212
라이트, 프랭크 로이드 260~265, 268
　로비 하우스, 시카고 260~264; 353
　마틴 하우스, 버펄로 260; 352
　오크 파크, 시카고 261
　유니티 사원, 시카고 261
　임페리얼 호텔, 도쿄 264
　텔리에신 웨스트, 피닉스 264~265; 355
　폴링워터, 베어런 264; 354

라인하르트와 호프마이스터 278
　록펠러 센터, 뉴욕 278
라파엘로 186
　산 피에트로 대성당, 로마 183
라플란드 10
람세스 2세, 파라오 31, 39, 109
람세스 2세의 대사원, 아부 심벨 31; 21
랑 대성당 166
랑팡, 피에르 샤를 237
래드클리프 카메라실, 옥스퍼드 183
래번햄, 길드 회관 171
래스던 경, 데니스:
　로열 국립극장, 런던 290
랭스
　대성당 162, 163, 165, 166~167; 192
　생레미 교회 120
러벌 비치 하우스, 뉴포트비치 278
러스킨, 존 240, 245, 257
러시아 125, 128, 204, 218~220
러시아 혁명 266
러트로브, 벤저민:
　필라델피아 은행 237
　가톨릭 성당 237; 311
　국회의사당, 워싱턴 DC 238, 251; 312
　백악관, 워싱턴 DC 237
　버지니아 대학 237; 298, 310
러티언스 경, 에드윈 258, 268
　디너리 가든, 소닝 258~259; 348
　총독 관저, 뉴델리 258; 347
런던 224
　개혁 클럽 242~243
　국립극장 291
　국립미술관 225
　글로브 극장 171
　대연회장, 화이트홀 200, 201; 256
　대영박물관 225; 291
　런던 탑 172
　로열 페스티벌 홀 277
　로이드 빌딩 292
　리치먼드 하우스 294
　미들랜드 호텔, 세인트 팬크러스 역 243, 298
　새 웨스트민스터 궁전 245
　서머싯 하우스 225
　세인트 마틴인더필즈 교회 220; 285
　세인트 팬크러스 역 298
　세인트 폴 대성당 124, 183, 214; 277
　수정궁 245, 246; 316, 321
　시온 하우스 225; 290
　여행자 클럽 242
　올세인츠 교회, 마거릿 스트리트 246~247
　웨스트민스터 대수도원 162, 167, 170; 204

337

의회의사당 242, 243; 317
이코노미스트 빌딩 290; 395
자연사박물관 246; 322
재판소 246
치즈윅 하우스 218; 282~283
컴버랜드 테라스, 리전트 공원 225; 292
펭귄 풀, 런던 동물원 277; 370
하이드 파크 코너 225
하이포인트 277
런던 재판소 246
런던시의회:
    로햄프턴 주택단지 277; 371
런던탑 172
레 자르카데 뒤 라크, 마르세유 288
레드 하우스, 벡슬리히스 258; 346
레버 하우스, 뉴욕 281; 378
레스터 대학, 공학관 290~291; 362
레오나르도 다 빈치 180, 182, 184, 193
레요낭 양식 163
레이덴 273
레이크 쇼어 드라이브 아파트먼트, 시카고 281
렌 경, 크리스토퍼 210, 236, 237
    세인트 폴 대성당, 런던 183, 214; 277
로저스, 에르네스토:
    토레 벨라스카, 밀라노 287; 384
로름, 필리베르 드 195
    샤토 드 슈농소 194; 244
    생테티엔 뒤 몽, 파리 195; 242
로마 116~118, 136, 181~182, 202
    막센티우스의 바실리카 115; 128~129
    미네르바 메디카 신전 121
    바실리카 포르키아 114
    비토리오 에마누엘레 2세 기념비 250
    산 아녜세 후오리 레 무라 120
    산 안드레아 알 퀴리날레 교회 209, 210, 211
    산 이보 델라 사피엔차 교회 209
    산 조바니 라테라노 성당 119
    산 카를로 알레 콰트로 폰타네 교회 205, 208, 209, 262~263
    산 파울로 후오리 레 무라 120
    산 피에트로 대성당 115, 183~185, 207~208; 226~227, 266
    산타 마리아 델라 비토리아 교회 207; 264
    산타 마리아 마지오레 교회 119; 132
    산타 사비나 교회 118, 119, 120; 133
    산타 안나 데이 팔라프레니에리 교회 209
    산타 콘스탄차 교회 122, 144; 130, 138
    산타 트리니타 데 몬티 교회 213
    스페인 계단 213; 272
    옛 산 피에트로 바실리카 120, 121; 135
    일 제수 교회 187, 211, 233; 232~233

카라칼라 욕장 112; 123
카타콤베 116; 131
카피톨리누스 언덕 185~186
칸첼레리아 181
콘스탄티누스의 개선문 108; 118
콜로세움 105~107, 181; 116
클로아카 막시마 111
템피에토 183, 215; 225
트레비 분수 212; 271
티투스의 개선문 108
판테온 신전 110~111, 123, 124, 125, 176, 208, 237; 120~122
팔라초 델 세나토레 186
팔라초 마시모 알레 콜론네 186; 231
팔라초 베네치아; 224
팔라초 파르네세 182
피아차 나보나 212
피아차 나보나의 산 아녜세 교회 209, 212
피아차 델 포폴로 212
황제 포룸 102, 105; 112
로마 제국 88, 92, 102~115, 116~119, 224
로마네스크 건축 116, 130~143, 158, 161, 252
로물루스 아우구스툴루스, 황제 118
로버트 매슈, 존슨 마샬 앤드 파트너스 건축사무소 291
로비 하우스, 시카고 260~264; 353
로사, 살바토르 224
로어 대수도원 202
로열 퍼빌리언, 브라이턴 226; 293
로열 페스티벌 홀, 런던 277
로이드 빌딩, 런던 292
로저스, 리처드:
    로이드 빌딩, 런던 292
    상트르 퐁피두, 파리 292; 400
로즈 크리켓 경기장 291
로지에, 아베 223
로체스터 성 142; 166
로치, 에이먼:
    포드 재단 본부, 뉴욕 289
로코코 양식 204, 215~217, 218, 230
로티, 피에르 54
로햄프턴 주택단지 277; 371
록펠러 센터, 뉴욕 279
롬바르드족 132
롬바르디아 141
론게나, 발다사레:
    산타 마리아 델라 살루테 교회 213; 275
롱릿, 월트셔 197
롱샹, 노트르담 뒤 오 270~271; 289; 361
롱펠로 하우스, 캠브리지, 메사추세츠 235; 306
료안지, 교토 80
루반벨리 다가바, 아누라다푸라 48

루뱅, 대학 292
루베트킨, 베르톨트 277
    펭귄 풀, 런던 동물원 277; 370
루벤스, 페테르 파울 201
루브르 궁전, 파리 172, 190, 194, 195; 245
루스, 아돌프 259~260
루아르 강 유역 190, 194
루앙 165
    생 마클루 교회 162
    성당 166
루이 12세, 프랑스 왕 182, 194
루이 14세, 프랑스 왕 190, 215, 216
루이 16세, 프랑스 왕 229
루이 7세, 프랑스 왕 160
루이 9세(생 루이), 프랑스 왕 163, 166
루이지애나 230, 232
루첼라이 가 178
루트비히 2세, 바이에른 왕 249
룩소르 39
    아몬 레 신전 35, 41; 35
르 노트르, 앙드레:
    보르비콩트 궁전 221; 287
    베르사유 궁전 221
르 루아, 줄리앙 다비드 223
르 보, 루이:
    베르사유 궁전 215
    보르비콩트 궁전 209
    오텔 랑베르; 251
르 코르뷔지에 61, 266~271, 276, 277, 282, 290, 292
    교육보건부 청사, 리우데자네이루 282
    국무부 건물, 찬디가르 271
    노트르담 뒤 오 순례자 예배당, 롱샹 270~271, 289; 361
    도미노 주택 계획안 268; 357
    라 투레트 수도원 271
    모듈러 인간 268~269; 358
    빌라 사부아, 푸아시 268; 356
    사법부 건물, 찬디가르 271
    위니테 다비타시옹, 마르세유 269~270; 360
    입법부 건물, 찬디가르 271; 362
    파비용 스위스, 시테 위니베르시테르, 파리 269; 359
    르 프티 트리아농, 베르사유 227, 229; 295, 297
르네상스 16, 108, 110, 112, 171, 175, 176~189, 190~201, 202, 268~269
르두, 클로드-니콜라 227, 228
    라 바리에르 드 라 빌레트, 파리 227
    라 살린 드 쇼, 아르크에스낭 227
르포트르, 피에르 215
르퓌 137
리델, 에두아르트:
    노이슈반슈타인 249; 330

리마 성당 233
리버풀 284
   앨버트 독 244
   오리엘 회관 246; 323
리벳, 니컬러스 223
리슐리외, 추기경 190
리시크라테스 코라고스 대좌, 아테네 92, 238; 100
리아리오, 추기경 181
리야드, 대 모스크와 사법부 건물 296
리옹 - 사톨라 공항, TGV 역사 288, 301; 407
리우데자네이루 282
리즈 시청사 244; 319
리처드 의학 연구 센터, 펜실베이니아 대학 287; 385
리처드슨, 헨리 홉슨 252
   마셜 필드 상회, 시카고 252; 335
   크레인 도서관, 퀸시, 매사추세츠 252; 336
리치먼드 하우스, 런던 294
리트벨트, 게리트:
   슈뢰더 하우스, 위트레흐트 273~276; 368
리틀 메트로폴리탄, 아테네 126
린더호프 성 249
릴라이언스 빌딩, 시카고 254; 338
링가라자 사원, 부바네스와르 ; 50
링컨 성당 167, 169
링컨, 매사추세츠 279
마누엘 양식 164
마니에리스모 185, 186~187, 189, 190
마데르나, 카를로 208
   산 피에트로 대성당, 로마 184, 208
   산타 트리니타 데 몬티 교회 213
마두라, 대 사원 52~53; 52
마드라사 154
마드라스 50, 52, 239
마르세유
   레 자르카데 뒤 라크 288
   위니테 다비타시옹 269~270; 360
마를리 215
마리 앙투아네트, 프랑스 왕비 227, 229
마셜 필드 상회, 시카고 252; 335
마술사의 피라미드, 욱스말 82~83
마스지드 이 샤, 에스파한 150; 180, 182
마스타바 33~34
마야족 76, 79, 80, 81~83, 84; 82
마욜리카 하우스, 빈 259; 350
마우리아 왕조 45, 46
마우리츠호이스, 헤이그 200; 253
마운드 스탠드, 로즈 크리켓 경기장 291
마운트버논, 버지니아 235
마운트플래전트, 필라델피아 235~236
마이돔 35
마이소르 52

마이어, 아돌프: 파구스 공장, 알펠트안더라이네 272; 364
마자랭, 추기경 190
마천루 252~254, 286~287
마추픽추 85; 95
마치, 세인트 웬드레다의 교회 169; 206
마티외 다라스 164
마틴 하우스, 버펄로 261; 352
마하발리푸람 50; 48
   해안 사원 52; 51
마호메트, 예언자 144, 146~147, 153
마호메트의 집, 모스크, 메디나 151~152
막센티우스의 바실리카, 로마 115; 128~129
막시밀리안 2세 에마누엘, 바이에른의 선제후 217
만국박람회(1851) 246
만리장성 56, 66; 67
만주 58
만코 2세, 잉카족 왕 85
만토바
   성당 186
   팔라초 델 테 186, 194; 230
   팔라초 듀칼레 186
   산 안드레아 교회 181; 222
말로, 크리스토퍼 27
말리 ; 3
말버러, 공작 215
맘루크 왕조 154
망사르, 쥘 아르두앵:
   샤토 드 라 메나주리(동물원) 215
   베르사유 궁전의 유리의 방 215; 279
망사르, 프랑수아 193
   샤토 드 블루아 194
   샤토 메종 라피트 209
망사르드 지붕 193
매슈, 로버트 277
매콰리, 래클런 239
매킨토시, 찰스 레니 258
   글래스고 미술 학교 258; 349
매킴, 미드 앤드 화이트 건축설계사무소:
   보스턴 공공도서관 251; 333
머내드녹 빌딩, 시카고 254; 337
메가론 15, 90; 8
메나주리, 샤토 드 라 215
메네스, 왕 28
메데스 19
메디나 146, 148, 153
   모스크, 마호메트의 집 151~152
메디치 가 178, 185
메디치 가의 예배당, 산 로렌초 교회, 피렌체 185; 229
메러워스, 켄트 218
메리, 스코틀랜드 여왕 173

메소 아메리카 76~85
메소포타미아 10, 18~25, 26, 28, 151, 153, 156~157
메종 라피트, 샤토 209
메카 147, 148, 151, 152
   카바 146, 153; 171
메타볼리즘 286, 293
메토프 89
멕시코 76~78, 232, 234, 283
멕시코시티 76, 78~79, 80
   라비르헨밀라그로사 교회 283; 380
   메트로폴리탄 성당 232~233; 301
   산 아구스틴 아콜만 교회 233
   산타 세실리아 피라미드 신전 78; 83
멘고니, 주세페:
   갈레리아 비토리오 에마누엘레, 밀라노 250; 332
멘델존, 에리히:
   아인슈타인 타워, 포츠담 272; 363
멘카우레의 피라미드, 기자 35, 36~37; 28~29
멜버른 238
   파크빌 313
멜크, 베네딕투스회 수도원 213; 276
멤피스 28, 34
명 왕조 58, 62, 66, 68
모데르니스모 256
모리스, 로저 222
모리스, 윌리엄 257, 272
모스크 144~146, 147~148, 149, 150~154, 155, 296;
   168~174, 180~184, 186
모스크바, 성 바실 성당 128~129; 152
모자이크 121, 125
모직 회관, 이프르 171; 207
모직물 수출상 조합 회관, 요크 171
모차르트, 볼프강 아마데우스 202, 228
모트와 베일리(토루와 성벽에 둘러싸인 넓은 공간) 142
모튼, H. V. 38~39
모헨조다로 13, 42, 45
   대욕장 42; 37
모호이 노디, 라슬로 272
목구조 주택 13
몬드리안, 피에트 273
몬테베르디, 클라우디오 202
몬테수마 2세, 황제 76
몬테알반 79
몬테카시노 142
몬테펠트로, 페데리고 다, 우르비노의 공작 178~179
몬트리올 국제 박람회(1967) 289; 389
몬트리올, 아비타 주거관 289; 390
몬티셀로, 샬러츠빌 189, 236~237; 309
몽고 56, 58, 125, 155
무덤
   마스타바 33~34

339

이슬람 156, 157; 185
   이집트의 석굴 사원 37
무어, 찰스 288
   이탈리아 광장, 뉴올리언스 288; 388
   크레스지 칼리지, 샌터크루즈 대학 288
무어족 133
무테지우스, 헤르만 259
뮌헨
   네포무크의 장크트 요하네스 교회 209; 258
   아말리엔부르크 별장 209, 217; 281
   알테 피나코테크 249~250; 331
   올림픽 스타디움 291; 393
므네시클레스:
   프로필라이온, 아테네 90, 93, 96; 97
미겔, 프란시스코 234
미국 230, 232, 234~238
   고전주의 236~238
   국제주의 양식 278~282
   팔라디오 양식 220
   19세기 건축 251, 252~255, 260~265
   20세기 건축 289, 295
미국 고고학회 99
미국 국회의사당, 워싱턴 DC 183, 238, 251; 312
미국 전신전화회사 건물, 뉴욕 295
미국건축가협회 284
미국관, 1967년 국제 박람회 289; 389
미나레트 153~154
미나스제라이스 234
미네르바 메디카 신전, 로마 121
미노스 궁, 크노소스 25; 18
미노아 문명 25, 88
미들랜드 호텔, 세인트 팬크러스 역, 런던 243, 298
미래파 284
미술공예운동 243, 257~259
미스 반 데어 로에, 루트비히 272~273, 279~281, 289, 295
   독일관, 바르셀로나 국제 박람회 273; 366~367
   레이크 쇼어 드라이브 아파트먼트, 시카고 281
   바이센호프지틀룽, 슈투트가르트 272
   시그램 빌딩, 뉴욕, 머리말 281~282, (책 머리에)
미스트라 126
미얀마 45, 49, 58
미첼/지우골라(Guirgola)와 소릅 사:
   국회의사당 건물, 캔버라 294
미케네 15, 23, 88, 91; 8
   사자의 문 23; 13
미켈란젤로 187, 202, 207, 208
   메디치 가의 예배당, 산 로렌초 교회, 피렌체 185; 229
   비블리오테카 라우렌치아나, 피렌체 185; 228
   산 피에트로 대성당 184~185; 226

캄피돌리오 광장, 로마 185~186
팔라초 델 세나토레, 로마 186
팔라초 파르네세, 로마 182
미크, 리샤르:
   르 프티 트리아농, 베르사유 227; 295
미테랑, 프랑수아 297
미틀라, 기둥 궁전 84
믹스텍족 79, 84
밀라노 118
   갈레리아 비토리오 에마누엘레 250; 332
   성당 164, 176; 196
   토레 벨라스카 287; 384
밀레투스의 이시도루스 125
밀레투스의 히포다모스 100
바그너, 오토 259, 278
   마욜리카 하우스, 빈 259; 350
   우편 저축 은행, 빈 259
바그다드 19, 149~150
바그수에르 교회 295~296
바드란, 라셈 296
   대 모스크와 사법부 건물, 리야드 296
바로크 건축 202~215, 218, 224, 232, 233~234
바르셀로나 256
   구웰 공원 256
   사그라다 파밀리아 256; 343
   산타 콜로마 데 세르벨로 교회 257; 345
   성당 155
   카사 밀라 256; 344
   카사 바틀로 256
바르셀로나 국제 박람회 273; 366~367
바리, 카스텔 델 몬테 172
바벨탑 22
바빌론 13, 19, 20, 21~23, 26, 27, 35, 149; 11, 15
   에테메난키 신전 22
   이슈타르 문 22~23; 16
바빌론의 공중 정원 22
바사리, 조르조 160, 298
   우피치 궁, 피렌체 185
바실리카 114~115, 116, 118~120, 121; 128~129, 132~135
바실리카 포르키아, 로마 115
바실리카(팔라초 델라 라조네), 비첸차 189
바알베크 105, 112
   바쿠스 신전 107; 117
바우하우스 272, 273, 279, 281; 365
바위의 돔, 예루살렘 144~146; 169
바이마르 272
바이센호프지틀룽, 슈투트가르트 272
바이아 50
바이아, 상 프란시스쿠 교회 233; 302
바이커 월, 뉴캐슬 291~292

바이킹족 132
바쿠스 신전, 바알베크 107; 117
바하이 사원, 델리 294
바흐리 시대의 맘루크 왕조 154
박물관 292
반 데이크, 앤서니 201
반 종교개혁 196, 204, 205
반, 호수 18
반비텔리, 루이지:
   팔라초 레알레, 카세르타 212
반비텔리, 카를로 212
반원통형 볼트 109, 141
반원통형 천장 → 볼트
반츠 대수도원 교회 209; 269
발렌시아, 견직물 시장 171
발로, W. H. 243
발바스, 헤로니모 데 발바스 세 왕의 예배당, 멕시코시티 232~233
발칸 제국 122, 125~126
방돔, 라 트리니테 교회 162
배럴 볼트 → 반원통형 볼트
배리, 찰스:
   개혁 클럽, 런던 242~243
   여행자 클럽, 런던 242
   의회의사당, 런던 242, 243; 317
배수로 111~112
배스 221, 226
배어 우드, 버크셔 247; 324
백년관, 브레슬라우 260
백악관, 워싱턴 DC 237
밴 앨런, 윌리엄:
   크라이슬러 빌딩 279; 375
밴브루 경, 존 208, 210, 214~215, 222
   블레넘 궁전, 옥스퍼드셔 214, 215
   하워드 성, 요크셔 214, 215; 278
버넘과 루트 254
   릴라이언스 빌딩, 시카고 254; 338
   머내드독 빌딩, 시카고 254; 337
버드, 윌리엄:
   웨스트오버, 찰스시티 군 236
버렐 컬렉션, 글래스고 292
버지니아 대학 237; 298, 310
버터필드, 윌리엄:
   올세인츠 교회, 마거릿 가, 런던 246~247
   키블 칼리지, 옥스퍼드 298
버튼, 데시머스:
   하이드 파크 코너, 런던 225
버팀벽 111, 162, 166
버펄로:
   개런티 빌딩 254
   마틴 하우스 261; 352

벌링턴 백작 3세, 리처드 보일 218
　치즈윅 하우스, 런던 218; 282~3
　홀컴 홀, 노퍽 220; 286
베네딕투스, 성 138
베네딕투스회 수도사 137
베네딕투스회 수도원, 멜크 213; 276
베네치아 126, 174~175, 181, 187~188, 198
　도제 궁전 174~175; 213
　산 마르코 성당 127; 149~150
　산 조르조 마조레 교회 189
　산타 마리아 델라 살루테 교회 213; 275
　일 레덴토레 189; 236
베니하산 41
베다 44
베두인족 147, 149
베드로, 성 183
베들레헴, 예수 탄생지 교회 119~120; 134
베르니니, 잔 로렌초 205, 207~208, 212
　산 안드레아 알 퀴리날레 교회, 로마 209, 210, 211
　산 피에트로 대성당, 로마 207~208; 266
　〈성녀 테레사의 법열〉 205; 264
　스칼라 레자, 로마 212~213
　트레비 분수, 로마 212; 271
베르메르, 얀 199
베르사유 215, 216, 221, 250; 279
　르 프티 트리아농 227, 229; 295, 297
베르크, 막스:
　백년관, 브레슬라우 260
베를라헤, H. P.:
　증권거래소, 암스테르담 259
베를린
　샤우스필하우스 228
　알테스 무제움 228; 296
　필하모닉 콘서트 홀 289~290; 391~392
베미슈 앤드 파트너스:
　올림픽 스타디움, 뮌헨 291; 393
베수비오, 산 113
베스파시아누스, 황제 106
베이징 62, 66~68; 72
　자금성 67; 70~71
　천단 66; 68~69
　하궁 68~69; 73
베즐레 137
베켓, 성 토마스 아 136, 171
베티의 집, 폼페이; 125~126
벡슬리히스, 레드 하우스 258; 346
벡퍼드, 윌리엄 226
벤투리, 로버트 287~288
　프랭클린 정원, 필라델피아 287
　체스트넛 힐 하우스, 필라델피아 287; 386~387
벨기에 292

벨베데레 궁전, 빈 204, 207; 260
벨지오조소-페레수티-로저스 건축 사무소:
　토레 벨라스카, 밀라노 287; 384
벵갈 45
벽감 피라미드, 엘타힌 80, 84; 94
벽기둥 107
병기고, 아우크스부르크 196; 246
보가스쾨이 19
보니파스, 교황 132
보도, 아나톨 드:
　생장드몽마르트르 교회, 파리 254~255
보로미니, 프란체스코:
　산 이보 델라 사피엔차 교회, 로마 209
　산 카를로 알레 콰트로 폰타네 교회, 로마 205, 208, 209; 262~263
　피아차 나보나의 산 아녜세 교회, 로마 204, 207, 208~209, 214, 234
보로부두르 사원, 자바 54, 55, 80; 38, 55
보르도 229
보르비콩트 궁전 209, 221; 287
보마리스 성 172~173; 209
보베 성당 166
보스턴
　크라이스트처치 237
　공공 도서관 251; 333
보이에 가(家) 194
보이지, 찰스 엔슬리 258
보주 광장, 파리 199
보프랑, 제르맹, 수비즈 저택 216; 280
보필, 리카르도 288
　레 자르카데 뒤 라크, 마르세유 288
　팔레 아브락사스 288
보헤미아 167, 169
보현사, 묘향산 60
복합식 기둥 91, 107; 98
볼로냐 171
　가리센다 탑 142
　아시넬리 탑 142
볼리비아 76
볼턴 성, 요크셔 172
볼트 109, 141~142, 161~162, 165, 170
볼티모어, 가톨릭 성당 237; 311
봄 제수스 두 몬테 교회, 브라가 213, 234; 273
봄베이, 엘레판타 사원 50
봉건제 133~136
봉헌교회, 빈 249
뵤도인, 우지 69; 74
부르고뉴 139
부르고스 성당 164, 169, 198; 197, 250
부르주 175
　성당 163, 166, 167; 194

자크 쾨르의 집 173; 212
부르크 극장, 빈 249
부바네스와르:
　브라메스바라 사원 53; 53
　링가라자 사원 ; 50
부처 46, 104
부헨 30
북극 10
북아메리카 인디언의 티피 10; 2
북아프리카 79, 153
북쪽의 집, 사카라 35; 26
북해 연안 저지대 국가 175, 199
불교 45~46, 47~49, 50, 55, 58, 62, 69
불레, 에티엔 루이 227, 228, 282
뷔르츠부르크, 주교관 211, 212; 270
빌랑, 장:
　샤토 드 슈농소 194; 244
브라가, 봄 제수스 두 몬테 교회 213, 234; 273
브라만테, 도나토 182~183, 204
　산 피에트로 대성당, 로마 184; 226~227
　템피에토, 로마 183, 215; 225
브라메스바라 사원, 부바네스와르 53; 53
브라운, 랜슬롯 222
브라운슈바이크 성당 167
브라이스, 데이비드:
　왕립 진료소 246
브라이턴, 로열 퍼빌리언 226; 293
브라질 232, 233, 282
브라질리아, 정부 청사 282~283; 379
브래드퍼드어폰에이번, 세인트 로렌스 교회 132, 168; 157
브레슬라우, 백년관 260
브로드릭, 커스버트:
　그랜드 호텔, 스카버러 244
　리즈 시청사 244; 319
브로이어, 마르셀 279
브루넬, 이점바드 킹덤 244
브루넬레스키, 필리포 179, 204
　고아원, 피렌체 176, 178; 217
　산 피에트로 대성당, 피렌체 176, 185; 216
　산토 스피리토 교회, 피렌체 176; 220
　예배당, 산 로렌초 교회, 피렌체 176
　파치 예배당, 산타 크로체 교회, 피렌체 176; 218~219
브루털리즘 284
브루흐잘, 주교관 209, 212
브뤼셀 199, 255
　오텔 솔베 255
　오텔 타셀 255; 342
　재판소 250
브리스, 한스 브레데만 드 195

341

브리스틀 성당 166; 203
브리지먼, 찰스 211~212
브장송 227
블라디미르, 키예프의 대공 129
블레넘 궁전, 옥스퍼드셔 214
블레이즈 햄릿 226
블루아, 샤토 드 214, 215; 241
비뇰라, 자코모 다 179, 187
 산 피에트로 대성당, 로마 184
 산타 안나 데이 팔라프레니에리, 로마 209
 일 제수 교회 187, 211, 233; 232~233
 팔라초 파르네세, 카프라롤라 187, 198
비문 신전, 팔랑케 82
비블리오테카 라우렌치아나, 피렌체 185; 228
비스마르크, 오토 폰 249
비어즐리, 오브리 257
비올레 르 뒤크, 외젠 248, 255
비자야나가라 왕조 45
비잔티움 → 콘스탄티노플을 보라
비잔틴 제국 114, 115, 119~129
비첸차 188
 바실리카(팔라초 델라 라조네) 189
 빌라 카프라(로톤다) 188~189, 218, 236; 234~235
비토리오 에마누엘레 2세 기념비, 로마 251
비트루비우스 8, 91, 102~104, 109, 110, 179, 180, 181, 298
빅토리아, 잉글랜드 여왕 243
빈 259
 마욜리카 하우스 259; 350
 벨베데레 궁전 204, 207; 260
 봉헌교회 249
 부르크 극장 249
 쇤브룬 궁 216
 슈테판스돔(또는 성 스테파누스 성당) 162
 우편 저축 은행 259
 입법부 건물 249
빈세드빌, 고트리브:
 토르발센 박물관, 코펜하겐 248; 327
빌라 사부아, 푸아시 268; 356
빌라 카프라(로톤다), 비첸차 188~189, 218, 236; 234~235
빌라, 로마 113~114; 125~127
빌라르 드 온쿠르 161
빙켈만, J. J. 223
사그라다 파밀리아, 바르셀로나 256; 343
사그라리오, 오코틀란 234; 304
사라센인 132~133, 137~138
사르곤, 아시리아의 왕 20, 111
사리넨, 에로:
 TWA 터미널, J. F. 케네디 국제 공항 286, 287; 383
사마라, 알말뤼야 모스크 153; 168

사마르칸트 148, 157
 구르에아미르 157; 188
 대 모스크 150~151
사무라이; 4
사바, 파리뷔르츠:
 바하이 사원, 델리 294
사법부 건물, 찬디가르 271
사브라타 106
사산 왕조 26, 123
사우디아라비아 196
사원(신전)
 그리스 41, 88~89, 90~93; 96, 99, 101~106
 로마 107, 110, 116; 117, 120~122
 메소 아메리카 76, 78, 80~82; 81, 83, 86~87, 89
 메소포타미아 20~21
 불교 47~49
 이집트 39~41; 21, 31~36
 중국 60~61; 61~63, 68~69
 힌두 47, 49~54; 47~53, 55
사자의 문, 미케네 23; 13
사자의 문, 하투사; 14
사카라 34
 남쪽의 집 35
 북쪽의 집 35; 26
 조세르 왕의 계단식 피라미드 34~35; 24~25
사카테카스 성당 233
사코니, 주세페:
 비토리오 에마누엘레 2세 기념비 250
사크사우아만 요새, 쿠스코 84~85
사포텍족 79, 80, 84
사프디, 모셰:
 아비타 주거관, 몬트리올 289; 390
산 로렌초 교회, 토리노 207, 210; 265
산 로렌초 교회, 피렌체 176, 185; 229
산 마르코 성당 127
산 마르코 성당, 베네치아 127; 149~150
산 미니아토 알 몬테 교회, 피렌체 130, 140; 154
산 비탈레 교회, 라벤나 123, 132; 140, 146
산 아구스틴 아콜만 교회, 멕시코시티 233
산 아녜세, 피아차 나보네, 로마 209, 212
산 아녜세 후오리 레 무라, 로마 120
산 안드레아 교회, 만토바 181; 222
산 안드레아 알 퀴리날레 교회, 로마 209, 210, 211
산 이보 델라 사피엔차 교회, 로마 209
산 조르조 마조레 교회, 베네치아 189
산 조반니 라테라노 성당 119
산 지미냐노 142; 167
산 카를로 알레 콰트로 폰타네 교회, 로마 208, 209; 262~263
산 파올로 후오리 레 무라, 로마 120
산 프란시스코 교회, 틀락스칼라 233

산 프란체스코 바실리카, 아시시 163
산 피에트로 대성당, 로마 115, 183~185, 207~208; 226~227, 266
산소비노, 자코포 186
산업 혁명 228, 240, 244~245
산치, 대 스투파 47, 54; 41~42
산타 마리아 노벨라 교회, 피렌체 180~181
산타 마리아 델라 비토리아 교회, 로마 207; 264
산타 마리아 델라 살루테 교회, 베네치아 213; 275
산타 마리아 마지오레 교회, 로마 119; 132
산타 사비나 교회, 로마 118, 119, 120; 133
산타 세실리아 피라미드 신전, 멕시코시티 78; 83
산타 신도네 예배당, 토리노 207, 209, 210
산타 안나 데이 팔라프레니에리, 로마 209
산타 코스탄차 교회, 로마 121, 144; 130, 138
산타 콜로마 데 세르벨로 교회, 바르셀로나 257; 345
산타 크로체 교회, 피렌체 176; 218~219
산타 트리니타 데 몬티 교회, 로마 213
산타 포스카 교회, 토르첼로 123; 141
산토 도밍고 성당 233; 303
산토 스피리토 교회, 피렌체 176; 220
산토리니 26, 109
산티아고 데 콤포스텔라 141, 234
 세인트 제임스 순례자 교회 136~137; 158
살라만카 대학 196; 247
살라미스 100
살레르노 171
상 프란시스쿠 교회, 바이아 233; 302
상 프란시스쿠 데 아시스 교회, 오루프레투 234; 305
상갈로, 안토니오 다:
 팔라초 파르네세, 로마 182
상갈로, 줄리아노 다:
 산 피에트로 대성당, 로마 184; 226
상스 성당 162, 165
상스의 기욤 164, 167
상인방 12~13
상크티스, 프란체스코 데:
 스페인 계단, 로마 213; 272
상트 소피아 대성당, 키예프 128
상트르 퐁피두, 파리 292; 400
새 웨스트민스터 궁전, 런던 245
샌터크루즈 대학, 크레스지 칼리지 288
샌터페이, 총독관저 232; 300
샌프란시스코, 하이엇 리전시 호텔 289
생 마클루 교회, 루앙 162
생 세르냉 교회, 툴루즈 141; 165
생드니 137, 158~160, 163, 165; 190~191
생레미 교회, 랭스 120
생장드몽마르트르 교회, 파리 254~255
생트 즈네비에브 교회(팡테옹), 파리 183; 289
생테티엔 뒤 몽, 파리 195; 242

생트 즈네비에브 도서관, 파리 248; 329
샤룬, 한스:
　베를린 필하모닉 콘서트 홀 289~290; 391~392
샤르트르 성당 158, 162, 163, 165~6, 245; 193, 199~200
샤를마뉴 대제 130~2, 146
샤우스필하우스, 베를린 228
샤탈 휘위크 18
샤토(성) 172, 192~3; 238~41, 244
샬리마르 공원, 달 호 148; 177
샹보르, 샤토 드 192~3, 194; 238~40
서고트족 132
서머싯 하우스, 런던 225
석가탑, 포궁사 62~63; 66
석기 시대 14
선불교 73
선하우스, 햄스테드 276
설리번, 루이스 260
　카슨 피리 스콧 백화점, 시카고 254; 339
　개런티 빌딩, 버펄로 254
성 72, 136, 141, 142, 143, 171, 172~173; 58, 159~160, 166, 209~210
성경 18, 24, 179
성당
　고딕 158~170; 190~205
　르네상스 176; 216
성모 예배당 164
성묘, 예루살렘 121
성 바빌라스 순교 기념 성당, 안티오크 카오웃시에 123
성 바실 성당, 모스크바 128~129; 152
성 사도 교회, 콘스탄티노플 122, 126
성 시메온 교회, 콸라트 심안 122; 139
성전 기사단 138
성지 137~138, 144
세 왕의 예배당, 멕시코시티 232~233
세계 7대 불가사의 22, 92
세고비아 111, 133
세관, 더블린 225
세나케리브, 아시리아 왕 23, 111
세를리오, 세바스티아노 179, 186, 209
　샤토 드 앙시르프랑 193
세비야, 알라미요 다리 288
세위네트살로 시청사 278; 374
세위네트살로 시청사 278; 374
세인트 길스 교회, 치들 243; 318
세인트 로렌스 교회, 브래드퍼드어폰에이번 132, 168; 157
세인트 마이클 교회, 찰스턴 237
세인트 마틴인더필즈 교회, 런던 220; 285
세인트 에이든 132
세인트 웬드레다의 교회, 마치 169; 206

세인트 제임스 교회, 시드니 220, 239; 314
세인트 제임스 순례자 교회, 산티아고 데 콤포스텔라 136~137; 158
세인트 팬크러스 역, 런던 298
세인트 폴 대성당, 런던 124, 183, 214; 277
세인트 피터스 칼리지, 카드로스 271
세인트루이스, 프루트 이고우 아파트 284
세일럼 235
센트럴 베헤어 빌딩, 아펠도른 292
셀리누스 247
셀리미예카미, 에디르네 157
셀주크 왕조 153, 154, 155
셜리 플렌테이션 235; 307
셴양 56
소닝, 디너리 가든 258~259; 348
소아시아 92, 100
소크라테스 99
속량회 수도원, 키토 230; 299
손턴, 윌리엄 237
　미국 국회의사당, 워싱턴 DC 238, 251; 312
솔즈베리:
　가금 시장 십자가 건물 171
　성당 168; 205
송 왕조 61~62
쇤브룬 궁, 빈 216
쇼, 리처드 노먼 258
쇼토쿠, 태자 72
수니온 곶, 포세이돈 신전 41, 86; 96
수도교 111, 136; 111
수도원 126, 138; 148
수도원 교회, 다프니 125~126; 147
수리아바르만 2세 54
수메르 19~20, 22, 24, 26
수비즈 저택, 파리 216; 280
수아송 성당 166
수아예, 알렉시스 242
수정궁, 런던 245, 246; 316, 321
수직 고딕 양식 164
수페르가 바실리카 213; 274
수플로, 자크 제르맹:
　팡테옹, 파리 233; 289
순례 여행 136~137; 144
술탄 하산의 마드라사, 카이로 154
숭악사 12면탑, 숭산, 62; 64
숲속의 화장터, 스톡홀름 278; 372
쉬제, 대수도원장 138, 158, 163
쉰들러, 루돌프:
　러벌 비치 하우스, 뉴포트비치 278
쉴레이만 모스크, 이스탄불 154; 183
슈농소, 샤토 드 194; 244
슈뢰더 하우스, 위트레흐트 273~276; 368

슈리브와 램, 하먼:
　엠파이어 스테이트 빌딩, 뉴욕 279
슈웨다곤 파고다, 양곤 49
슈코 73
슈타인하우젠 순례자 교회 211
슈테판스돔(성 스테파누스 성당), 빈 162
슈투트가르트
　노이 슈타츠갈레리 292; 398
　바이센호프지틀룽 272
슈프렉셀슨, 요한 오토 폰:
　그랑드 아르케 드 라 데팡스, 파리 294
슐레지엔 260
스리랑카 45, 49
스머크 경, 로버트:
　대영박물관, 런던 225; 291
스미스슨, 로버트:
　롱릿, 월트셔 197
　울러턴 홀, 노팅엄셔 197, 247
　하드윅 홀, 더비셔 197
스미스슨, 피터와 앨리슨:
　이코노미스트 빌딩, 런던 290; 395
스와얌부나트 스투파, 카트만두 강 유역 49; 43
스웨덴 260
스위든, V. B. B.:
　쿠웨이트 물탑 294
스위스 138
스카라 브레 14
스카버러, 그랜드 호텔 244
스칸디나비아 13, 132, 204, 278
스컬리, 빈센트 90
스코틀랜드 13, 14, 218, 225, 259
스콧 경, 조지 길버트 243, 298
　세인트 팬크러스 역, 런던 243, 298
스콧, 제프리 204
스콧브라운, 드니스 288
스컨치 123, 156
스키드모어-오윙스-메릴 건축사무소:
　레버 하우스, 뉴욕 281; 378
스타디움 100
스타워헤드 정원, 월트셔 222~223; 288
스타일로베이트 92
스탠스테드 공항 291
스털링, 제임스:
　공학관, 레스터 대학 290~291; 394
　노이에 슈타츠갈레리, 슈투트가르트 292; 398
스토, 버킹엄셔 222
스토아 99; 108
스토아 학파 99
스톡세이 성 173; 210
스톡홀름
　숲속의 화장터 278; 372

시청사 260; 351
왕궁 204
스톤헨지 12, 25; 7
스투파 47~49; 38, 41~43
스투피니지 별장, 토리노 205
스튜어트, 제임스 223
스트라스부르 성당 163, 166
스트로베리 힐, 트위크넘 226~227; 294
스트로치 가 178
스트리트, G. E.:
  재판소, 런던 246
스트릭런드, 윌리엄:
  필라델피아 상인 증권거래소 237~238
스티븐슨, 로버트 244
스티븐슨, 조지 244
스파니수아프 레슈친스키, 폴란드 왕 216
스팔라토, 디오클레티아누스 황제의 궁전 114, 121, 224
스페이스 프레임 286
스페인 230
  고딕 건축 164, 165, 169, 170
  르네상스 196, 197
  무어 양식 133
  바로크 건축 202
  아르 누보 256~257
  20세기 건축 288
스페인 계단 213; 272
시그램 빌딩, 뉴욕 281~282, (책머리에)
시난 코카:
  쉴레이만 모스크, 이스탄불 154; 183
시드니 238
  세인트 제임스 교회 220, 239; 314
  시드니 오페라 하우스 293~294; 381~382
시리아 16, 120, 122, 148, 152
시메온, 성 122
시아누리스 230
시에나, 팔라초 푸블리코 175; 215
시온 하우스, 런던 225; 290
시장 십자가 건물 171
시청 175; 214
시청, 오데나르데 174; 214
시칠리아 125, 133, 156
시카고
  가정보험회사 건물 252
  레이크 쇼어 드라이브 아파트먼트 281
  로비 하우스 260~264; 353
  릴라이언스 빌딩 254; 338
  마셜 필드 상회 252; 335
  머내드녹 빌딩 254; 337
  오크 파크 261
  유니티 사원 261

카슨 피리 스콧 백화점 254; 339
시카고 파 252~254, 260
시토 수도회 138, 167~168
식스투스 3세, 교황 119
신경험주의 284
신고전주의 218~229
신도 56, 69, 72
신드 42
신메타볼리즘 286
신성로마제국 204
신야수주의 290
신조형주의 284
이화원, 베이징 68~69; 73
실로에, 디에고 데:
  에스칼레라 도라다, 부르고스 대성당 198; 250
십삼릉; 59
십자군 전쟁 137~138, 144, 149, 155, 158, 164, 171
싯달라 고타마 46
싱가포르 64
싱켈, 카를 228
  샤우스필하우스, 베를린 228
  알테스 무제움, 베를린 228; 296
아가멤논 왕 23
아고라 99
아그라, 타지 마할 157; 187
아그리젠툼 247
아그리파 111
아글라비드 모스크, 알카이라완 153
아길키아 섬 30
아나톨리아 13, 16, 19, 23, 26, 122, 154, 155
아누라다푸라
  공작 궁전 49
  루반벨리 다가바 48
  청동 궁전 49
아니 성당 127~128; 151
아들러와 설리번 사 254
아랍인 14, 137, 144, 147
아르 누보 255~257, 259
아르 데코 279, 298
아르메니아 128
아르카디우스, 황제 118
아르케에스낭, 라 살린 드 쇼(제염소) 227
아르탁세르크세스, 페르시아 왕 26
아르테미스 신전, 에베소 92
아를 106, 137
아리스토텔레스 16, 88, 99
아리스토파네스 99
아리아인 44, 46
아말리엔부르크 별장, 뮌헨 209, 217; 281
아말피 142
아몬 레 신전, 룩소르 35, 41; 35

아몬 레 신전, 카르나크 33, 37, 39~41, 91; 32~33
아미앵 성당 166; 202
아바스 왕 150
아부 심벨, 람세스 2세의 대신전 31; 21
아비뇽 138, 171, 172
아비타 주거관, 몬트리올 289; 390
아소카, 황제 45, 46~47, 48
아슈르 19, 21
아슈르바니팔, 왕 21, 24
아스완 32, 33
아스완 댐 30
아스텍족 76, 78~79, 232, 233
아스플룬드, 군나르:
  숲속의 화장터, 스톡홀름 278; 372
아시넬리 탑, 볼로냐 142
아시리아 19, 21, 23~24, 26, 153
아시시, 산 프란체스코 바실리카 163
아우구스투스, 황제 102, 105, 111, 113
아우구스트 2세, 작센 선제후 205
아우구스티누스, 성인 130
아우크스부르크
  병기고 196; 246
  시청사 195~196
아유왕 사, 닝보 63
아이기나, 아파이아 여신의 신전 92
아이젠먼, 피터:
  웩스너 시각 예술 센터, 오하이오 주립 대학 297; 405
아이홀레, 하차파야 사원 51
아인슈타인 탑, 포츠담 272; 363
아인하르트; 161
아일랜드 13, 132
아잔타 50; 46
아잠, 에기트 크비린 209
  네포무크의 장크트 요하네스 교회, 뮌헨 209; 258
아잠, 코스마스 다미안 209
아제르리도, 샤토 드 194
아치 12, 13; 5
  개선문 108; 118
  고딕 160~161
  로마 109
아카드 19
아케메네스 왕조 26~27
아퀴나스, 성 토마스 166
아크로폴리스, 아테네 90, 92~96; 102~103
아키텐 141
아키텐의 기욤 138
아키트레이브 89
아탈로스의 스토아, 아테네 99; 108
아테나 니케 신전, 아테네 93; 101
아테네 86, 88, 92~99, 100, 223
  디오니소스 극장 99

리시크라테스 코라고스 대좌 92, 238; 100
리틀 메트로폴리탄 127
아크로폴리스 90, 92~96; 102~103
아탈로스의 스토아 99; 108
아테나 니케 신전 93; 101
에렉테움 신전 96; 104
올림피아 제우스 신전 92
파르테논 13, 86, 96~97, 248; 105~106
프로필라이온 90, 93, 96; 97
헤파이스토스 신전(테세이온) 88, 90
아테네의 보물창고, 델피 101; 110
아토스 산 126; 148
아트리움 102, 113
아파이아 여신의 신전, 아이기나 91
아펠도른, 센트럴 베헤어 빌딩 292
아폴론 신전, 델피 101; 110
아프가니스탄 51
아프리카 32
아헨 성당 132; 153
안드라 52
안마당 15; 3
안트웨르펜 196
안티오크 카오웃시에, 성 바빌라스 순교 기념 성당 123
안티파테르 92
알 만수르, 칼리프 149~150
알 아자르 모스크, 카이로 154
알 아크사 모스크, 예루살렘 144, 146; 170
알 왈리드, 칼리프 144, 146
알라리크, 고트족 왕 118
알라미요 다리, 세비야 288
알람브라 궁전, 그라나다 149, 156; 178~179
알레이자디뉴, 상 프란시스쿠 데 아시스 교회, 오루프 레투 234; 305
알렉산드로스 대왕 27, 35, 46, 86~88, 100
알렉산드리아 35, 90, 126
알말뤼야 모스크, 사마라 154; 168
알베로벨로 12; 6
알베르티, 레온 바티스타 178, 179, 180~181, 182~183, 188, 200, 268~269
산 안드레아 교회, 만토바 181; 222
산타 마리아 노벨라, 피렌체 180~181
팔라초 루첼라이, 피렌체 181, 210; 223
팔라초 베네치아, 로마; 224
알카이라완
대 모스크, 알카이라완 142, 152, 153; 174
아글라비드 모스크 152
알테 피나코테크, 뮌헨 249~250; 331
알테스 무제움, 베를린 228; 296
알토, 알바 278, 292
세위네트살로 시청사 278; 374
파이미오 사나토륨 278; 373

알프레트안더라이네, 파구스 공장 272; 364
암스테르담 199~200; 252
국립박물관 250
시청사 295
증권거래소 259
암흑 시대 116, 130
앗데이르(수도원) 신전, 페트라 108; 119
앙리 4세, 프랑스 왕 199
앙시르프랑, 샤토 드 193
앙코르와트 53, 54~55; 54
애덤, 로버트 224~255, 226, 230
샬럿 광장, 에든버러 220~221
스토, 버킹엄셔 222
시온 하우스, 런던 225; 290
애덤, 제임스 224
애머셤, 하이 앤드 오버 하우스 276
앤, 잉글랜드 여왕 200
앤테블러처 90
앨버트 공 244
앨버트 독, 리버풀 244
앨퀸 130, 132
야마사키, 미노루:
프루트 이고우 아파트, 세인트루이스 284
야요이 문화 59, 69
야요이 시대의 천막집 13
야즈드, 자미(금요일) 모스크 155; 184
야쿠시 사, 나라 71~72; 75
약스칠란; 82
양곤, 슈웨다곤 파고다 49
어도비 232
어스킨, 랠프:
바이커 월, 뉴캐슬 291~292
에그모르트 172
에덴 동산 18
에도 73
에드워드 1세, 잉글랜드 왕 171, 173
에든버러 198, 220~221, 224, 225, 226
그리크 로열 고등학교 225
왕립 진료소 246
에디르네, 셀리미예카미 157
에레, 후안 데:
에스코리알 궁전 197, 198, 233; 248
에렉테움 신전, 아테네 96; 104
에리두 19
에베소, 아르테미스 신전 92
에스코리알 궁전 197, 198, 233; 248
에스키모 10
에스파한 150, 164
마스지드 이 샤 150; 180, 182
에자르하돈, 왕 24
에콜 드 보자르 287

에테메난키 신전, 바빌론 22
에트루리아, 스태퍼드셔 224
에트루리아식 기둥 107
에티엔 드 보뇌유 164
에펠, 귀스타브:
에펠 탑, 파리 248~249; 328
에피다우로스, 극장 99~100; 107
엑서터 성당 169
엔비크, 프랑수아 254
엔징어, 울리히:
울름 뮌스터 167
엔타시스(배흘림) 96
엘람 25
엘레판타 사원, 봄베이 50
엘레판티네 섬 28
엘로라, 카일라사 사원 50; 47
엘리베이터 254
엘리스, 피터:
오리엘 회관, 리버풀 246; 323
엘리자베스 1세, 잉글랜드 여왕 190
엘타힌, 벽감 피라미드 80, 84; 94
엠파이어 스테이트 빌딩, 뉴욕 279
여행자 클럽, 런던 242
역사주의 284
영국 13
고딕 건축 164~165, 167~170, 172~173, 174
고전주의 218~227
국제주의 양식 267~267
노르만 양식 132
대영제국 239
르네상스 190, 197~198, 200~201
미술공예운동 257~259
바로크 건축 214~215
산업혁명 240
아르 누보 257, 259
조경 정원 221~222
조지 왕조 시대의 건축 188, 198
19세기 건축 240~247
20세기 건축 290~292, 294~295
영국 국교회 246
영국 축제(1951년) 277
영혼의 집 32; 23
예루살렘 120, 136, 144
바위의 돔 144~146; 169
성묘 121
알 아크사 모스크 144, 146; 170
예리코 18; 10
예수 탄생지 교회, 베들레헴 119~120; 134
예수회 204, 230, 233
옛 산 피에트로 바실리카, 로마 120, 121; 135
오더 → 기둥을 보라

345

오데나르데, 시청 174; 214
오드랑, 클로드 215
오랑주, 극장 105; 114~115
오루프레투, 상 프란시스쿠 데 아시스 교회 234; 305
오르내리 창 198
오르타, 빅토르:
　오텔 솔베 255
　오텔 타셀 255; 342
오르티스, 호세 다미안:
　메트로폴리탄 성당, 멕시코시티 232
오름스 성당 ; 164
오리사 51, 53
오리엘 회관, 리버풀 246; 323
오벨리스크 37, 38; 32
오세르 성당 166
오스만 제국 154, 157
오스만 투르크족 154, 155
오스트레일리아 238~239, 251, 293~294
오스트리아 - 헝가리 제국 248
오스트리아 202, 204, 249
오스티아안티카, 112; 124
오악사카 84
오케스트라, 그리스 극장 99
오코틀란, 사그라리오 234; 304
오크 파크, 시카고 260
오크니 섬 14
오텔 랑베르; 251
오텔 솔베, 브뤼셀 255
오텔 타셀, 브뤼셀 255; 342
오토, 프라이:
　올림픽 스타디움, 뮌헨 290, 393
오토보이렌 204
오툉 성당 140, 142; 163
오페라 하우스, 파리 247~248; 325~326
오하이오 주립 대학, 웩스너 시각 예술 센터 297, 405
옥스퍼드 대학 171
옥스퍼드
　래드클리프 카메라실 183
　키블 칼리지 298
온두라스 76
올림피아 100
올림피아 제우스 신전, 아테네 92
올림픽 스타디움, 도쿄 292~293; 401
올림픽 스타디움, 뮌헨 291; 393
올멕족 76, 79, 81
올브리히, 조제프 마리아:
　다름슈타트 전시관 259
올세인츠 교회, 마거릿 가, 런던 246~247
와르카 신전, 이라크 22
와이엇, 제임스 239 폰트힐 대수도원, 윌트셔 226
와이엇, 찰스:

정부 청사, 캘커타 239; 315
왕궁, 스톡홀름 204
왕궁, 팔레르모 156
왕들의 계곡 37
왕립 진료소, 에든버러 246
외스트베리, 랑나르:
　스톡홀름 시청 260; 351
외젠 공, 사보이 204
요 왕조 58
요르단 13, 16, 296
요시마사, 쇼군 73
요적탑, 개원사 62; 65
요크
　모직물 수출상 조합 회관 171
우나스 왕의 피라미드, 기자 36
우드, 존, 아들 200~221, 226
우드, 존, 아버지 200~201, 226
우드손, 외른:
　바그수에르 교회 295~296
　시드니 오페라 하우스 293~294; 381~382
우루크 18
우르 19, 20~21, 24; 12
우르바누스 8세, 교황 208
우르비노, 궁전, 178, (권두 삽화)
우지, 뵤도인 69; 74
우트럼, 존:
　양수 발전소, 런던 부근 294
우편 저축 은행, 빈 259
우피지 행정청, 피렌체 185
욱스말
　거북이 집 83; 90
　마술사의 피라미드 82~83
　통치자의 궁전 80, 81, 83; 91
울러턴 홀, 노팅엄셔 197; 249
울름 민스터 167
웁살라 성당 164
웜블리 197
워싱턴 DC 237
　국회의사당 183, 238, 251; 312
　백악관 237
워싱턴, 조지 235
워츠, 존 239
워터하우스, 앨프레드:
　자연사박물관, 런던; 322
워튼 경, 헨리 8
원 왕조 58
원형극장, 로마 106~7; 116
월터, 토머스 어스틱:
　미국 국회의사당, 워싱턴 DC, 312 238, 251; 312
월폴, 로버트 218
월폴, 호러스 214, 221

스트로베리 힐, 트위크넘 226~227; 294
웨브, 존:
　윌턴 하우스, 월트셔 201
　퀸스 하우스, 그리니치 200~201; 254~255
웨브, 필립:
　레드 하우스, 벡슬리히스 258; 346
웨스트민스터 대수도원, 런던 162, 198, 170; 204
웨스트오버, 찰스시티 군 236
웨지우드, 조사이어 224
웩스너 시각 예술 센터, 오하이오 주립 대학 297; 405
웰스 성당 162, 163; 195
위니테 다비타시옹, 마르세유 269~270; 360
위트레흐트, 슈뢰더 하우스 273~276; 368
위트필드, 윌리엄:
　리치먼드 하우스, 런던 294
　헤리퍼드 성당 도서관 294
윌리스 파버 앤드 뒤마 빌딩, 입스위치 291; 396
윌리엄 그레벌의 집, 치핑 캄덴 173; 211
윌리엄 앤드 메리 대학, 윌리엄스버그 236; 308
윌리엄, 정복왕 132
윌리엄스버그:
　윌리엄 앤드 메리 대학 236; 308
　총독 관저 236
윌킨스, 윌리엄 237~238
　국립미술관 225
윌턴 하우스, 월트셔 200, 201, 222; 257
유교 69
유기체설 286
유니티 사원, 시카고 261
유대교도 146
유대인 104
유럽 10, 15
유럽 일주 여행 224
유리 286
유바라, 필리포 207
　수페르가 바실리카, 토리노 213; 274
　스투피니지 별장, 토리노 205
유스티니아누스, 황제 118, 120, 121, 124, 125
유카탄 반도 76, 80, 83
유프라테스 강 18, 21
율리아누스, 황제 136
의사당 건물, 빈 249
의회의사당, 런던 242, 243; 317
이계(李誡) 61
이글루 10
이드푸, 호루스 신전 37, 41; 31
이라크 18, 22
이란 18, 157
이반 뇌제 128
이븐 툴룬 모스크, 카이로 151; 181
이사회관, 캠브리지 대학 220

이세 신사 56; 57
이슈타르 문, 바빌론 22~23; 16
이스라엘 23
이스탄불 154
    푸른 모스크 157; 186
    쉴레이만 모스크 154; 183
    → 콘스탄티노플도 보라
이슬람교 125, 132~133, 144~157
이시스 신전, 필라이 섬 30
이에야스, 도쿠가 70~71
이오니아식 기둥 88, 91, 92, 181; 98
이즈모 신사 56
이집트 122, 154, 296
이집트, 고대 10, 13, 16, 26, 27, 28~41, 88
이코노미스트 빌딩, 런던 290; 395
이탈리아
    로마네스크 건축 130~142
    르네상스 176~189, 190
    바로크 건축 202, 205~213
    19세기 건축 250~251
이탈리아 광장, 뉴올리언스 288, 388
이프르, 모직 회관 171; 207
익티노스 파르테논 신전, 아테네 96~97; 105~106
인더스 강 27, 42~44
인도네시아 59, 230~232
인문주의자 179, 180
인술라 112~113; 124
일 레덴토레, 베네치아 189; 236
일리 사제관 169
일본 10, 13, 27, 42, 56, 59, 69~75, 292~293; 4
일 제수 교회, 로마 187, 211, 233; 232~233
일투트미시, 술탄; 185
임페리얼 호텔, 도쿄 264
임호테프 41
    조세르 왕의 계단식 피라미드 34~35; 24
입법부 건물, 찬디가르 271; 362
입스위치, 월리스 파버 앤드 뒤마 빌딩 291; 396
입체파 268
잉글랜드 → 영국을 보라
잉카족 84~85, 90, 232
자그로스 산맥 16
자미(금요일) 모스크, 야즈드 155; 184
자바 54
자연사박물관, 런던 246; 322
자유의 여신상, 뉴욕 249
자이나교 46, 47, 49
자카리아스, 교황 130
자크 쾨르의 집, 부르주 173; 212
장식 고딕 양식 163
장안 68
장크트 미하일 교회, 힐데스하임 139

장크트갈렌 139, 179; 161
재판소, 브뤼셀 250
전성기 르네상스 181~183, 250
정부 청사, 브라질리아 282~283; 379
정부 청사, 캘커타 239; 315
정원
    이슬람 148; 177
    일본 73~74; 80
    중국 68~69
제1신전 피라미드, 티칼 81
제1차 세계대전 252, 265, 266
제2차 세계대전 266
제니, 윌리엄 르 배런:
    가정보험회사 건물 252
제임스 1세, 잉글랜드의 왕 200
제임스 오브 세인트 조지 172
제퍼슨, 토머스 188, 236~237
    몬티셀로 189, 236~237; 309
    버지니아 대학 237; 298, 310
젬퍼, 고트프리트:
    부르크 극장, 빈 249
조경 정원 221~222
조문 문화 59, 69
조세르 왕의 계단식 피라미드, 사카라 34~35; 24~25
조지 왕조 시대의 건축 188, 198, 234
조지, 섭정궁 226
존스, 오언 248
존스, 이니고 190, 195, 200, 218, 224
    대연회장, 화이트홀 200, 201; 256
    윌턴 하우스, 윌트셔 200, 201; 257
    퀸스 하우스, 그리니치 200~201; 254~255
존슨, 필립 279
    글래스 하우스 281; 376~377
    미국전신전화회사 건물, 뉴욕 295
주교관, 뷔르츠부르크 211, 212; 270
주교관, 브루흐잘 209, 212
주의사당 건물, 데카 287
주철(무쇠) 238
줄리오 로마노 179, 186
    만토바 성당 186
    팔라초 델 테, 만토바 194; 230
    팔라초 두칼레, 만토바 186
중국 13, 27, 42, 56~69
중동 10, 27, 296
중세 시대 23
중앙 아메리카 27
증권거래소, 암스테르담 259
지구라트 24~25, 47, 153; 12, 17
지멘스 254
지슬베르 139~140; 163
지오데식 돔 286; 389

지중해 18, 28, 105
지킬, 거트루드 258
진 왕조 56, 66, 69
진시황제 56, 66
진흙 벽돌 10, 19~20, 24, 32; 1
짐무, 일본 황제 104
자금성(紫禁城), 베이징 67; 70~71
차르스코예셀로 218~220; 284
차이티야 50; 44, 45
찬드라 굽타, 마우리아 제국 45, 46
찬디가르
    국무부 건물 271
    사법부 건물 271
    입법부 건물 271; 362
찰스 1세, 잉글랜드 왕 201
찰스턴 235
    세인트 마이클 교회 237
창문
    고딕 163~164
    르네상스 197~198
채츠워스, 더비셔 205~207, 246
천단, 베이징 66; 68~69
철 245
철교, 콜브룩데일 245; 320
청 왕조 62
청동 궁전, 아누라다푸라 49
청동기 시대 19
체임버스 경, 윌리엄 225
    서머싯 하우스, 런던 225
체코 공화국 200
체말루 성당 125, 133, 156
초가 잠빌의 지구라트 25; 17
초서, 제프리 136
총독 관저, 뉴델리 258; 347
총독 관저, 샌터페이 232; 300
추리게라 양식 202, 230, 232, 233
취미, 베르나르:
    파르크 드 라 빌레트, 파리 297; 406
    츠빙거, 드레스덴 205; 261
치들, 세인트 길스 교회 234; 318
치머만 형제:
    슈타인하우젠 순례자 교회 211
치바우 문화 센터, 누메아, 뉴칼레도니아 301; 408
치즈윅 하우스, 런던 218; 282~283
치첸이트사 78~79, 81
    구기장 81; 85
    카라콜 천체관측소 80; 84
    카스티요 피라미드 82; 92~93
치핑 캄덴, 윌리엄 그레벌의 집 173; 211
칠레 76
카나번 성 172

카드로스, 세인트 피터스 칼리지 271
카라아 스그리라; 9
카라칼라 욕장, 로마 112; 123
카라콜 천체 관측소, 치첸이트사 80; 84
카롤링거 왕조 시대의 건축 132
카르나크 39
    아몬 레 신전 33, 37, 39~41, 91; 32~33
    콘스 신전 37, 40; 34
카르나크, 태양(수리아) 사원 50; 49
카르카손 172; 208
카를 4세, 보헤미아 왕 164
카를 5세, 신성로마제국 황제 190, 193, 196
카를 마르텔 133, 147
카를로스 1세, 스페인 왕 76
카를로스 3세, 스페인 왕 212
카를리, 차이티야의 넓은 실내 50, 51; 44~45
카바, 가면 궁전 83
카바, 메카 146, 153; 171
카사 밀라, 바르셀로나 256; 344
카사 바트로, 바르셀로나 256
카세르타, 팔라초 레알레 212
카스텔 델 몬테, 바리 172
카스텔 베랑제, 파리 255
카스티요 피라미드, 치첸이트사 82; 92~93
카스피 해 18
카슨 피리 스콧 백화점, 시카고 254; 339
카이로 35, 153
    술탄 하산의 마드라사 154
    알 아자르 모스크 154
    이븐 툴룬 모스크 151; 181
카이사르, 율리우스 102
카일라사 사원, 엘로라 50; 47
카타콤베 116; 131
카트럴, 레너드 18
카트만두 강 유역, 스와얌부나트 스투파 49; 43
카프라롤라, 팔라초 파르네세 187, 198
카프레의 피라미드, 기자 35, 36~37; 28~29
카피톨리누스 언덕, 로마 185~186
칸, 루이스 I.:
    주의사당 건물, 데카 287
    킴벨 아트 뮤지엄, 포트워스 292; 399
    펜실베이니아 대학 리처드 의학 연구 센터, 필라델피아 287; 385
칸딘스키, 바실리 272
칸첼레리아, 팔라초 델라, 로마 181
칼데아인 19
갈라 플라치디아의 마우솔레움, 라벤나 121; 137
칼라일 백작 214
칼라트라바, 산티아고 288
    알라미오 다리, 세비야 288
    TGV 역사, 리옹 - 사톨라 공항 288, 298; 407

칼리크라테스
    파르테논 신전, 아테네 96~97; 105~106
    아테나 - 니케 신전, 아테네 93; 101
캄보디아 53, 54~55
캄파닐레 120
캄펜, 야코프 반:
    마우리초이스, 헤이그 200; 253
    암스테르담 시청사 196
캐나다 230, 234, 289
캐머런, 찰스:
    차르스코예셀로 218~220; 284
캔델라, 펠릭스 283, 286
    라비르헨밀라그로사 교회, 멕시코시티 283; 380
캔버라, 국회의사당 건물 294
캔터베리 136
    성당 164, 167
캘커타, 정부 청사 239; 315
캠벨, 콜린 218
    호턴 홀, 노퍽 218
    메러웨스, 켄트 218
    스타워헤드, 월트셔 222~223
캠브리지
    상원 220
    킹스 칼리지 예배당 169
캠브리지, 메사추세츠, 롱펠로 하우스 235; 306
커, 로버트:
    배어 우드, 버크셔 247; 324
컬리넌, 에드워드 295
컴버랜드 테라스, 리전트 공원, 런던 225; 292
케랄라 52
케찰코아틀 76, 78; 86
케찰코아틀 신전, 테오티우아칸; 86
케찰코아틀 신전, 툴라 80; 87
케찰코아틀의 피라미드, 호치칼코 84
켄트, 윌리엄 221, 222
    치즈윅 하우스 218; 282~283
    홀컴 홀, 노퍽 220; 286
켈트족 118, 132
코늘, 에이미어스:
    하이 앤드 오버 하우스, 애머셤 276
코니스 89~90
코란 147
코르나로 가 207
코르도바, 대 모스크 146, 155; 172
코르사바드 19
코르테스, 에르난도 233
코린트식 기둥 88, 91, 92, 107, 181; 98
코스타, 루시우 282
코이페르스, 페트루스:
    국립박물관, 암스테르담 250
코펜하겐, 토르발센 박물관; 327

콕스와 리처드슨과 테일러 294
콘스 신전, 카르나크 37, 40; 34
콘스탄티노플 35, 115, 118, 120, 144
    성 사도 교회 122, 126
    하기아 소피아 124~125, 128; 143~145
    → 이스탄불도 보라
콘스탄티누스 대제 35, 108, 115, 118, 119~220, 122, 144, 213
콘스탄티누스의 개선문, 로마 107; 118
콘스탄티아 122
콘위 성 172
콘크리트 109
    철근 콘크리트 254~255
콜럼버스, 크리스토퍼 76
콜로세움, 로마 105~107, 181; 116
콜베르, 장 밥티스트 190
콜브룩데일, 철교 245; 320
콤파냐 교회, 쿠스코 233
콥트인 그리스도교도 151
콩케 132, 136
콩코르드 광장, 파리 229
콸라트 심안, 성 시메온 교회 122; 139
쾰른 성당 166
쿠빌라이 칸 49, 58
쿠스코 84~85, 233
    성당 233
    콤파냐 교회 233
쿠와트울이슬람 사원, 델리; 185
쿠웨이트 294
쿠탕스 성당 163
쿠푸, 파라오 35
쿠푸의 피라미드, 기자 33, 35, 36~37; 28~30
퀴빌리에, 프랑수아 217
    아말리엔부르크 별장, 뮌헨 209, 217; 281
퀸스 하우스, 그리니치 200~201; 254~255
퀸시, 메사추세츠, 크레인 도서관 252; 336
큐 국립 식물원 225
크노소스 25~26, 88, 91, 111
    미노스 궁 25; 18
크라이스트처치, 보스턴 237
크라이슬러 빌딩, 뉴욕 279; 375
크라크 데 슈발리에 138; 159~160
크럭 구조 13
크레스지 칼리지, 샌터크루즈 대학 288
크레인 도서관, 퀸시, 메사추세츠 252; 336
크레타 섬 25~26, 27, 88
크롤, 루시앵 루뱅 대학 292
크메르 루즈 54
크세르크세스 1세, 페르시아 왕 26, 27, 35
크세시폰 궁전 26, 149; 20
클라세의 산 아폴리나레 교회, 라벤나 120; 136

클라크, 케네스 16
클레르보의 성 베르나르두스 138
클렌체, 레오 폰:
    알테 피나코테크(평면도), 뮌헨 249~250; 331
클로드 로랭 223
클로아카 막시마, 로마 111~112
클뤼니 138, 158
키로키티아 18
키블 칼리지, 옥스퍼드 298
키예프, 상트 소피아 대성당 128
키지 섬, 프레오브란젠스카야('예수의 변모') 교회 126
키토, 속량회 수도원 230; 299
키프로스 18, 100
킴벨 아트 뮤지엄, 포트워스 292; 399
킹스 칼리지 예배당, 캠브리지 169
타지 마할, 아그라 157; 187
타치투스 112
탄게, 겐조:
    올림픽 스타디움, 도쿄 292~293; 401
탐페레 292
탑문 37, 38; 31
태양 신전, 팔랑케; 89
태양(수리야) 사원, 코나라크 50; 49
태즈메이니아 239
터키 19, 154
테노치티틀란 76, 78~79
테메노스 96
테베 28, 32, 39, 41, 109
테신, 니코데무스:
    왕궁, 스톡홀름 204
테오티우아칸 80, 83~84
    케찰코아틀 신전; 86
텍스코코, 호수 78
텍튼 277, 291
    하이포인트, 런던 277
텐트 10, 14; 2
텔리에신 웨스트, 피닉스 264~265; 355
텔포드, 토마스 244
템플풀, 조지:
    토지부 건물 239
    특허청 건물 239
템피에토, 로마 183, 215; 225
토레 벨라스카, 밀라노 287; 384
토르발센 박물관, 코펜하겐 248; 327
토르첼로, 산타 포스카 교회 123; 141
토리노
    산타 신도네 예배당 207, 209, 210
    산 로렌초 교회 207, 210; 265
    스투피니지 별장 205
토마르, 그리스도 수도회 교회 196; 198
토속 건축 15, 296

토스카나 118
토지부 건물, 퍼스 239
토토낙족 79, 80
톨레도 성당 166
톨레도, 후안 바우티스타:
    에스코리알 궁전 197, 198, 233; 248
톨로스, 델피 101
톨사, 마누엘:
    메트로폴리탄 성당 232
톨텍족 79, 80~81, 83~84
톰슨, 앨릭잰더 225
통치자의 궁전, 욱스말 80, 81, 93; 91
투르 120, 130
    성당 166
투탕카멘, 파라오 35, 37
투트모세 1세, 파라오 37; 32
투트모세 3세, 파라오 41
툴라, 케찰코아틀 신전 80; 87
툴루즈 118
    생 세르냉 교회 141; 165
튀니지 147
트라야누스의 정자, 팔라이 섬 30; 22
트랄레스의 안테미우스 125
트레비 분수, 로마 212; 271
트롱프 뢰유 205~207
트룰로 12, 14; 6
트리글리프 89
트리어 116, 119
트리엔트 공의회(1545) 205
트리포리움 165
특허청 건물 239
틀라텔롤코 78, 79
틀락스칼라, 산 프란시스코 교회 233
티그리스 강 18, 21, 26, 149
티라 섬 26, 109
티리다테스:
    아니 성당 128; 151
티린스 23, 88
티무르 27, 155, 157
티볼리, 하드리아누스의 빌라 114; 127
티에폴로, 조반니 바티스타 211
티칼 81, 88
    제1신전 피라미드; 81
티투스, 황제 106
티투스의 개선문, 로마 108
티피 10; 2
파간 49
파고다 62~63, 71~72; 64~66, 75
파구스 공장, 알프레트안더나이네 272; 364
파르크 드 라 빌레트, 파리 297; 406
파를레르슈, 페트르 164

파리 만국박람회(1889) 248
파리 136, 190, 236
    국립도서관 248
    그랑드 아르케 드 라 데팡스 294
    노트르담 166
    노트르담 뒤 랭시 교회 255; 341
    라 바리에르 드 라 빌레트 227
    라 생트샤펠(가시면류관 예배당) 163; 189
    루브르 궁전 172, 190, 194, 195; 245
    루브르 박물관의 유리 피라미드 294; 403
    보주 광장 199
    상트르 퐁피두 292; 400
    생장드몽마르트르 교회 254~255
    생트 즈네비에브 교회(팡테옹) 183; 289
    생테티엔 뒤 몽 195; 242
    생트 즈네비에브 도서관 248; 329
    수비즈 저택 216; 280
    에펠 탑 248~249; 328
    오텔 랑베르; 251
    오페라 하우스 247~248; 325~326
    지하철 255
    카스텔 베랑제 255
    콩코르드 광장 229
    파르크 드 라 빌레트 297; 406
    파비용 스위스, 시테 위니베르시테르 269; 359
    팔레 다브락사스 288
    팡테옹 183; 289
    프랑클랭 가 25번지 아파트 255; 340
파비용 스위스, 시테 위니베르시테르, 파리 269; 359
파슨 카펜 하우스, 탑스필드, 메사추세츠 234
파시, 하산 296
파에스툼, 헤라 신전 92, 96; 99
파이미오 사나토륨 278; 373
파이스토스 25
파치 예배당, 산타 크로체 교회, 피렌체 176; 218~219
파크빌, 멜버른; 313
파탈리푸트라 46
판니니, G. P.; 122
판테온 신전, 로마 110~111, 123, 124, 125, 176, 208, 237; 120~122
판테온 신전, 아테네 13, 86, 96~97, 248; 105~106
팔라디오 양식 218~221, 239
팔라디오, 안드레아 179, 185, 187~188, 198, 200, 218, 220, 224, 236
    바실리카(팔라초 델라 라조네), 비첸차 189
    빌라 카프라(로톤다), 비첸차 188~189, 218, 236; 234~235
    산 조르조 마조레 교회, 베네치아 189
    일 레덴토레, 베네치아 189; 236
팔라바 왕조 50
팔라초 델 세나토레, 로마 186

팔라초 델 테, 만토바 186, 194; 230
팔라초 듀칼레, 만토바 186
팔라초 레알레, 카세르타 212
팔라초 루첼라이, 피렌체 181, 210; 223
팔라초 마시모 알레 콜론네, 로마 186; 231
팔라초 베네치아, 로마; 224
팔라초 베키오, 피렌체 175
팔라초 파르네세, 로마 182
팔라초 파르네세, 카프라롤라 187, 198
팔라초 푸블리코, 시에나 175; 215
팔라초 피티, 피렌체 181
팔랑케 82
   비문 신전 83
   태양 신전 ; 89
팔레 다브락사스, 파리 288
팔레르모 125
   왕궁 156
팔레스타인 144
팜필리 가 212
팡테옹, 파리 223; 289
팩스턴, 조지프:
   수정궁, 런던 245; 316, 321
팸브로크 성 172
퍼니스, 프랭크, 펜실베이니아 미술 아카데미 251; 334
퍼블릭 서비스 빌딩, 포틀랜드 295; 404
퍼스(오스트레일리아)
   토지부 건물 239
   특허청 건물 239
펀자브 45
페데, 얀 반:
   오데나르데 시청 175; 214
페레, 오귀스트:
   노트르담 뒤 랭시 교회, 파리 255; 341
   프랑클랭 가 25번지 아파트, 파리 255; 340
페레수티, 엔리코:
   토레 벨라스카, 밀라노 287; 384
페로, 클로드 195
   루브르 궁전, 파리 190, 195; 245
페루 76, 79, 84~85, 90, 232, 233
페루치, 발다사레 186
   팔라초 마시모 알레 콜론네, 로마 186; 231
페르가몬 100
페르가몬의 폴리크라테스 111
페르세폴리스 26~27; 35
   다리우스 대왕의 아파다나 27, 91; 15, 19
페르스텔, 하인리히 폰:
   보티프키르세(봉헌교회), 빈 248
페르시아 19, 23~24, 26~27, 88, 104, 123, 141, 148, 155, 156~157
페르시아 만 18, 19
페리클레스 93, 99, 100

페브스너, 니콜라우스 284
페이, I. M.:
   루브르 박물관의 유리 피라미드 294; 403
페이디아스 93~96
페트라, 앗데이르(수도원) 신전 108; 119
펜던티브 123~124; 142
펜실베이니아 미술 아카데미, 필라델피아 251; 334
펠로폰네소스 전쟁 93
펠리페 2세, 스페인 왕 190, 196, 197, 233
팽귄 풀, 런던 동물원 277; 370
포광사, 우타이 산 59; 61
포궁사 66
포드 대수도원장의 저택, 도싯 173
포드 재단 본부, 뉴욕 289
포라를베르크 204
포르타, 자코모 델라:
   산 피에트로 대성당, 로마 184
   일 제수 교회, 로마 187, 211, 233, 232~233
포르투갈 165, 230, 232
포세이돈 신전, 수니온 곶 41, 86; 96
포스터 노먼:
   스탠스테드 공항 291
   윌리스 파버 앤드 뒤마 빌딩, 입스위치 291; 396
   홍콩 상하이 은행, 홍콩 291; 397
포스트모더니즘 286, 288
포조 브라치올리니, G. F. 179
포츠담, 아인슈타인 타워 272; 363
포트먼, 존:
   하이엇 리전시 호텔, 샌프란시스코 289
포트워스, 킴벨 아트 뮤지엄 292; 399
포틀랜드, 퍼블릭 서비스 빌딩 295; 404
폰타나, 도메니코 182
   산 피에트로 대성당, 로마 184
폰타나, 카를로 207, 220
폰트힐 대수도원, 월트셔 226
폴 클레 272
폴론나루와, 갈 비하라 46; 40
폴리네시아 79
폴리클레이토스:
   에피다우로스의 극장 99~100; 107
폴링워터, 베어런 264; 354
폼페이 108~109, 113 베티의 집, 125~126
퐁텐블로, 샤토 드 194; 237
푀펠만, 마트하우스:
   츠빙거, 드레스덴 205; 261
표현주의 284
푸른 모스크, 이스탄불 157; 186
푸아, 생트 132, 136
푸아시, 빌라 사부아 268; 356
푸아티에, 노트르담 대성당 140; 162
푸에블로; 1

푸크 양식 83
푸테올리 109
풀라르트, 조제프:
   브뤼셀 재판소 250
풀러, 버크민스터:
   미국관, 1967년 국제 박람회 289; 389
풀리아 12
풍수 58~59, 64~66
퓨진, A. W. N. 243~244, 246~247, 257~258
   영국 의회의사당, 런던 242, 243; 317
   세인트 길스 교회, 치들 243; 318
프라이, 멕스웰:
   선하우스, 햄스테드 276
프라토 172
프라하 성당 164
프란체스코 디 조르조 179, 180; 221
프란체스코 수도회 230
프란체스코, 성 138, 160
프란타우어, 야코프:
   베네딕투스회 수도원, 멜크 213; 276
프랑수아 1세, 프랑스 왕 190, 192, 193, 194
프랑스
   고딕 건축 158~164, 165~167, 173~174
   고전주의 227~229
   도시 주택 198~199
   로코코 양식 215~216
   르네상스 190~195
   바로크 건축 202~204
   정원 221
   19세기 건축 247~249
   20세기 건축 288, 292, 294
프랑스 혁명 218, 223, 229, 240
프랑크족 130~132
프랭클린 정원, 필라델피아 287
프랭클린, 벤저민 162
프레드릭, 황태자 225
프레오브란젠스카야('예수의 변모') 교회, 키지 섬 126
프로테스탄티즘 190, 197, 214
프로필라이온, 아테네 90, 93, 96, 97; 97
프뢰벨, F. W. A. 260
프루트 이고우 아파트, 세인트루이스 284
프리드리히 2세, 황제 172
프리드리히 대왕, 프로이센 왕 228
프리마티초, 프란체스코 195
   프랑수아 1세 갤러리, 샤토 드 퐁텐블로 194; 237
프리에네 100; 109
플라테레스코 양식 165, 196, 230, 233
플라톤 99
플랑부아양 고딕 양식 165, 167
플레이페어, 윌리엄 226
플로리다 230

플로리스, 코르넬리스 195, 196
피닉스, 텔리에신 웨스트 264~265; 355
피라네시, 조반니 바티스타 224, 226
피라미드:
    메소아메리카 76, 78~79, 81~84; 81, 83, 92~93
    이집트 28, 32~37, 38~39; 24~25, 28~30
피레에프스 96, 100
피렌체 178, 232
    고아원 176, 178; 217
    메디치 가의 예배당, 산 로렌초 교회 185; 229
    비블리오테카 라우렌치아나 185; 228
    산 로렌초 교회 176
    산 미니아토 알 몬테 교회 130, 140; 154
    산타 마리아 노벨라 교회 180~181
    산토 스피리토 교회 176; 220
    성당 176, 185; 216
    우피치 궁 185
    파치 예배당, 산타 크로체 교회 176; 218~219
    팔라초 루첼라이 181, 210; 223
    팔라초 베키오 175
    팔라초 피티 181
피루자바드 123
피사 142; 156
    성당 130
피사로, 프란시스코 84
피셔 폰 에를라흐, 요한 베른하르트 207
    쇤브룬 궁, 빈 216
피아노, 렌조:
    상트르 퐁피두, 파리 292; 400
    장 마리 치바우 문화 센터, 뉴칼레도니아 301, 408
피어첸하일리겐 순례자 교회 202, 209~210; 267~268
피에로 델라 프란체스카 178
피에틸레, 레이마 292
    핀란드 대통령 관저 292
피티 가 178
피핀, 프랑크족의 왕 130
픽처레스크 양식 222, 225, 226, 297
핀란드 292
필라델피아 은행 237
필라델피아
    체스트넛 힐 하우스 287; 386~387
    펜실베이니아 대학 리처드 의학 연구 센터 287; 385
    펜실베이니아 미술 아카데미 251; 334
    프랭클린 정원 287
    필라델피아 상인 증권거래소 237~238
필라이 섬 28
    이시스 신전 30
    트라야누스의 정자 30; 22
필립 2세, 프랑스 왕 172
필하모닉 콘서트 홀, 베를린 289~290; 391~392
하기아 소피아, 콘스탄티노플 124~125, 128; 143~145

하드리아누스의 빌라, 티볼리 114; 127
하드리아누스, 황제 92, 110
하드윅 홀, 더비셔 197
하라파 42
하룬 알 라시드, 칼리프 149
하워드 성, 요크셔 183, 214, 215; 278
하이 앤드 오버 하우스, 애머셤 276
하이델베르크 성 195; 243
하이드 파크 코너, 런던 225
하이엇 리전시 호텔, 샌프란시스코 289
하이포인트, 런던 277
하이포코스트 112
하차파이야 사원, 아이홀레 51
하투사 19, 23
    사자의 문; 14
하트셉수트 여왕 41; 32, 36
하트셉수트 여왕의 장제전, 다이르알바리 41; 36
하틀리, 제시:
    앨버트 독, 리버풀 244
한 왕조 62
한국 60
한센, 테오필루스:
    의사당 건물, 빈 249
한자 동맹 171
할레비드, 호이살레슈바라 사원 45~46; 39
할레크 성 172
함무라비 21, 27
함부르크 171
해밀턴, 토머스:
    그리크 로열 고등학교, 에든버러 225
해체주의 296~297
햄스테드, 선하우스 276
헝가리 202, 204
헤라 신전, 파에스툼 92, 96; 99
헤렌힘제 궁전 249
헤로도토스 21~22, 24~25
헤르쿨라네움 113
헤리퍼드 성당 도서관 294
헤르츠버거, 헤르만:
    센트랄 베헤어 빌딩, 아펠도른 292
헤어우드 하우스, 요크셔 205
헤이그, 마우리초이스 200; 253
헤이안 70
헤파이스토스 신전(테세이온), 아테네 89, 90
헨리 2세, 잉글랜드 왕 171
헨리 8세, 잉글랜드 왕 190
헬레니즘 시대 86~88, 90, 100
호노리우스, 황제 118, 120
호루스 신전, 이드푸 37, 41; 31
호류지, 나라 72; 76
호바트 239

호번, 제임스:
    백악관, 워싱턴 DC 237
호시오스 루카스 125~126
호어, 헨리와 리처드:
    스타워헤드 정원, 월트셔 223; 288
호이살레슈바라 사원, 할레비드 45~46; 39
호치칼코, 케찰코아틀의 피라미드 84
호턴 홀, 노퍽 218
호흐, 피에테르 데 200
혹스무어, 니컬러스 210, 214, 215
    하워드 성의 영묘, 요크셔 183, 215
홀, 엘리아스:
    병기고, 아우크스부르크 196; 246
    아우크스부르크 시청사 195~196
홀과 리틀모어, 토드의 팀 293
홀러버드와 로시 254
홀런드, 헨리 226
홀컴 홀, 노퍽 220; 286
홉킨스, 마이클:
    마운드 스탠드, 로즈 크리켓 경기장 291
홍예석 13, 109
홍콩 상하이 은행, 홍콩 64, 291; 397
홍해 18
황제 포룸, 로마 102, 105; 112
황허 강 27, 56, 59
후니, 파라오 35
후마윤의 무덤, 델리 157
흑사병 170
흑해 18
히메지 성 72; 58
히타이트 19, 23
히토르프, J. I. 247
힌두교 44, 45~46, 47, 49~54
힐데브란트, 루카스 폰 207
    벨베데레 궁전, 빈 204~205, 207; 260
    주교관, 뷔르츠부르크 211, 212; 270
힐데스하임, 장크트 미하일 교회 139
힐링던 시민회관 291
힐베르숨 시청사 276; 369
CIAM → 근대건축국제회의를 보라
TGV 역, 리옹 - 사톨라 공항 288, 301; 407
TWA 터미널, J. F. 케네디 국제 공항 286, 287; 383

건축 이야기
The Story of Architecture

초판 1쇄 발행일 / 2001년 12월 20일
초판 2쇄 인쇄일 / 2003년 5월 30일
초판 2쇄 발행일 / 2003년 6월 30일

지은이 / 패트릭 넛갠스
옮긴이 / 윤길순
감　수 / 김석만
펴낸이 / 이건복
제　작 / 정락윤
편　집 / 이금숙 이효진 김정민 성기훈 김영주 한계영
영　업 / 최승호
관　리 / 서숙희 임현정
전산편집 / 디자인 시
펴낸곳 / 도서출판 동녘

주　소 / (122-831) 서울특별시 은평구 녹번동 118-20 경기도 파주시 교하면 산남리 파주출판문화정보산업단지 37-5
등　록 / 제9-107호 1980년 3월 25일
전　화 / 영업(代) 358-6164, 편집(代) 358-6480 (031)955-3000
전　송 / 358-6715
홈페이지 / http://www.dongnyok.com
전자우편 / planner@dongnyok.com

잘못된 책은 바꾸어 드립니다.

Original title : The Story of Architecture
ⓒ 1997 Phaidon Press Limited

This edition published by Dongnyok Publishers under license from Phaidon Press Limited.
Regent's Wharf, All Saints Street, London N1 9PA, UK.
First published 1983.
Reprinted 1999.

Dongnyok Publishers
118-20, Nokbon-dong, Unpyong-ku, Seoul, Korea
37-5, Pajubookcity, Sannam-ri, Kyoha-eup, Paju-si, Gyeonggi-do

ISBN 89-7297-435-8 03610

All rights reserved. No part of this publication
may be reproduced, stored in a retrieval system or
transmitted, in any form or by any means,
electronic, mechanical, photocopying, recording or
otherwise, without the prior permission of Phaidon Press Limited.

Printed in China

이 책은 Phaidon Press Limited와의 독점 계약으로
도서출판 동녘에서 출판되었습니다.
저작권법의 보호를 받는 저작물이므로
무단 전재와 무단 복제를 금합니다.